普通高等教育“十四五”规划教材

# 环境经济学

宋有涛　主编

宋效中　朱京海　王　俭　副主编

中国环境出版集团·北京

图书在版编目（CIP）数据

环境经济学/宋有涛主编．—北京：中国环境出版集团，2021.5（2023.1）
普通高等教育“十四五”规划教材
ISBN 978-7-5111-4407-2

Ⅰ．①环… Ⅱ．①宋… Ⅲ．①环境经济学—高等学校—教材 Ⅳ．①X196

中国版本图书馆 CIP 数据核字（2020）第 152627 号

出 版 人 武德凯
责任编辑 宾银平
责任校对 任 丽
封面设计 彭 杉

出版发行 中国环境出版集团
（100062 北京市东城区广渠门内大街 16 号）
网 址：http：//www.cesp.com.cn
电子邮箱：bjgl@cesp.com.cn
联系电话：010-67112765（编辑管理部）
发行热线：010-67125803，010-67113405（传真）
印 刷 北京市联华印刷厂
经 销 各地新华书店
版 次 2021 年 5 月第 1 版
印 次 2023 年 1 月第 2 次印刷
开 本 787×1092 1/16
印 张 20.5
字 数 480 千字
定 价 68.00 元

# 序　言

自工业革命以来，工业生产规模急剧扩大，能源使用方式发生变革。自然界中本来以高品位形式存在的物质和能量，经过开采、加工、转换、使用和排放，变成了低品位形式。这种改变极大地影响了大气、土壤和水体的质量。

科技进步使人们能够了解自然系统发生的非常微小的变化。因而，人们能够比过去更加清楚环境问题的后果。现代化的发展过程产生了一些新的合成物质，这些物质对于生态系统的影响是未知的、不确定的。有些物种可能会适应自然环境的改变，有些则因不能适应而发生变异，甚至灭绝。另外，生活水平的普遍提高使人们开始向往和追求一个清洁、安全、舒适的环境。这表明，当温饱问题解决之后，环境需求是一种高层次的需求。

进入21世纪，人类社会面临着一个重要的挑战——既要保证社会经济的高速发展，又要保护和维持地球上的自然资源。大规模运输、工业生产、电信和人造化学产品等，不但带来了生活方式的巨大变革，而且在很大程度上造成了现在的环境恶化问题。我们开始反思人类活动，逐渐认识到权衡经济增长和环境质量之间关系的重要性。重要的是了解经济活动和自然界之间的关系，并据此做出更为合理的决策。当然，决策总是需要做出一些权衡，这正是经济学所要解释的问题。我们既不能期望拥有完全纯净的空气和水，也不能继续无视未来而只图经济增长。但是有一种解决方法，虽然它只是一种妥协的方式，即确定可以接受的环境质量水平，同时对市场行为做出适当的调整，在社会继续发展的同时使环境质量得到保证。

这种调整过程并非易事，且需时日。我们仍处于学习之中——了解生态环境和市场经济行为，以及两者之间的重要关系，寻求有效的解决方案。

由宋有涛、宋效中、朱京海、王俭等编写的《环境经济学》教材，以习近平生态文明思想中关于环境污染治理、保护生态环境的讲话为引领，理论结合实践，国外经验结合国内探索，从实际应用角度出发，全面地介绍了环境介质污染治理及生态补偿的政策和措施，梳理了国家层级的自改革开放以来的环境保护方面的重要法律、法规，并从经济学的角度找出我国现行污染治理不足之处及实现路径。该教材不仅可作为高校大学生、研究生教材，同时对社会上生态环境管理及技术人员也将具有重要的参考作用。

朱京海同志曾任职辽宁省环境保护厅副厅长、厅长多年，现在担任辽宁省政协人口资源与环境委员会副主任、辽宁省环境科学学会理事长，在辽河流域干流水污染“摘帽”、国家水体污染控制与治理科技重大专项、辽宁省“蓝天工程”“碧水工程”等实施过程中发挥了重要的作用，积累了丰富的经验。这次很高兴看到他和他的学生辽宁大学环境学院院长、人口资源与环境经济学博士生导师宋有涛教授一起，集聚了经济学理论、生态环境管理、生态环境技术等诸多方面人才，历时七年、十二次修改，共同编写完成了这本面向全国的《环境经济学》教材，希望该教材能对环境经济学在全社会的推广和发展起到积极的作用。

吴晓青

2021 年 4 月

# 前　言

随着人口数量的不断增加和生产力水平的逐步提高，人类对自然环境的干预能力越来越强，超过了自然环境的承受能力，由此导致了环境问题。环境经济学研究的实质就是运用经济学理论和方法来分析如何实现自然资源和环境资源的有效配置和利用，即解决环境问题。通过分析和研究环境保护与经济发展之间的关系，可以最大限度地利用经济手段，实现环境保护优化经济增长，实现总体效益的最大化，实现经济的可持续发展。因此，无论是理论工作者，还是实践工作者都应该学习环境经济学。

为了教学工作的需要，我们从 2014 年就开始着手编纂一本面向普通高等学校环境类专业本科生学习的教材——《环境经济学》，以适应国家的“新工科”和“新文科”建设需求，同时期待本教材也可作为环境、生态、经济类等专业研究生和社会上生态环境管理及技术人员的参考书。在编纂本教材时，首先，我们大量研读了国内外环境经济学及其相关的教材、专著，并广泛检索、搜寻相关论文、案例，进行系统梳理；花费两年多时间，编成初稿，并对其进行多次修改和补充，于 2016 年开始给本科生讲授环境经济学。其次，边教学、边改进。我们已使用本教材给环境科学与工程和生态学两个专业的学生授课六个轮次。每次授课都特别注意章节间的逻辑是否通畅，哪部分内容充实，哪部分内容薄弱，哪部分内容过于晦涩，并且课下给学生布置作业。其中，有一项内容就是请学生针对教材中的薄弱环节、缺失内容和难以理解的地方加以补充或修订。这样，学生得到了锻炼，教材的质量也得到了提高。历时七年，十二次修改，方定此稿。

本教材具有以下特点：

（1）系统性强

纵观现在国内流行的环境经济学教材，大多是以板块式结构为主，即理论部分、政策部分、实践部分截然分开，看不出理论是如何指导实践，实践又是如何反映理论的。为了克服这个缺点，本教材在结构设计上，先讲基本理论，后讲中美两国以及世界上其他国家在基本理论指导下实施的应对政策和污染治理措施，从而使教材内容前后照应，系统性强。

（2）全面地介绍了环境介质污染治理及生态补偿的政策和措施

现在流行的环境经济学教材，大多侧重于环境经济学理论和政策的分析，而对环境介质污染治理措施介绍得很少。我们认为这样做是喧宾夺主，其实理论和政策的介绍都是为环境介质污染治理措施服务的，应该把重心后移。所以，本教材用了一半以上的篇幅介绍空气污染、水污染、固体废物和有毒物质污染的治理及生态补偿政策，以及可持续发展战略，重点突出。

（3）通过比较分析，找出我国现行污染治理不足之处及国外可借鉴的经验

我国环境污染治理起步较晚，现在还处于经济增长中高速阶段，而发达国家在经济中高速增长期有许多污染治理的教训和经验。本教材在介绍环境介质污染治理的各章中，通过中美比较，找出我国污染治理不足之处及美国可借鉴的经验，以供参考。

（4）梳理了国家层级的自改革开放以来环保方面的重要法律、法规，并将习近平同志关于保护生态环境的讲话贴切地引用到教材的相关之处

环保法律、法规是治理污染、保护环境的依据。为此，我们梳理了国家层级的自改革开放以来特别是 2014 年以来环保方面的重要法律、法规，并对必要的法律、法规进行了摘录和说明。习近平同志对治理污染、保护环境高度重视，近些年在许多场所，利用各种机会发表了很多保护环境的重要讲话。我们把这些讲话贴切地引用到教材中，使读者既可以深刻理解教材的内容，又可以深刻领会习近平生态文明思想。

本教材是编委集体智慧的结晶。特别感谢我的父亲——燕山大学经济管理学院、辽宁大学经济学院博士生导师宋效中教授，我的导师——辽宁省环境科学学会理事长、辽宁省生态环境厅原厅长朱京海教授，在经济学理论和生态环境管理方面做出的重要贡献，感谢辽宁大学环境学院副院长王俭教授对本教材在本科教学适用性方面的贡献。感谢中国环境出版集团为本书出版付出的辛勤劳动。另外，在本教材撰写期间，辽宁省环境科学学会秘书长张国徽教授，辽宁大学环境学院布乃顺副教授、王丽涛副教授，经济学院孙玉阳讲师，博、硕士研究生王欣若、朱延宇、孔涛、郑业伟、尹浙霖、杨骁、郭宏、柴雨等，燕山大学经济管理学院江波讲师，硕士研究生赵静、刘雪娜、付文建、孟丽、沈佳鹏等都曾帮助收集资料、整理、校对，他们做了大量烦琐的工作。在此对他们的鼎力相助表示由衷的感谢。

在本教材编写过程中，我们参阅了国内外许多相关教材、专著和论文，得到了不少信息和启发，受益匪浅，从而使本教材得以按计划完成。参考的文献尽可能在教材中列出，如有遗漏，敬请谅解。借此教材出版之际向各位作者表示衷心的感谢。

敬请各位读者、专家、同行朋友惠予指正。

宋有涛

2021 年 3 月 17 日

# 目　录

# 第1章　绪 论

进入21世纪，人类社会面临着一个重要的挑战——既要保证社会经济的高速发展，又要保护和维持地球上的资源。从工业革命开始的经济快速发展，造成了自然环境的巨大破坏。大规模运输、工业生产、电信和人造化学产品等，不但带来了生活方式的巨大变革，而且在很大程度上造成了现在的环境恶化问题。我们开始反思人类活动，逐渐认识到权衡经济增长和环境质量之间关系的重要性。

重要的是了解经济活动和自然界之间的关系，并据此做出更为合理的决策。当然，决策总是需要做出一些权衡，这正是经济学所要解释的问题。我们既不能期望拥有完全纯净的空气和水，也不能继续无视未来而只图经济增长。但是有一种解决方法，虽然它只是一种妥协的方式，即确定可以接受的环境质量水平，同时对市场行为做出适当的调整，在社会继续发展的同时使环境质量得到保证。

这种调整过程并非易事，且需时日。我们仍处于学习之中——了解生态环境和市场经济行为，以及两者之间的重要关系。经济学对于该学习过程而言是一个有用的分析工具，可以帮助我们分析市场和环境之间的相互关系及其影响，寻求有效的解决方案。

本章将介绍有关环境经济学的基本知识。基本思路是：首先，介绍环境经济学的产生和发展、环境经济学的理论基础及作用、环境经济学研究的主要内容等。其次，利用一些简单但有效的模型来证明这些观点，这些模型说明了经济活动和自然界之间的联系。这种内在联系促发了我们对环境问题的经济分析，讨论和明确环境经济学的主要研究目的。最后，介绍了环境破坏的原因及其分类，如何确定环境目标以及环境政策。

## 1.1　环境经济学的产生和发展

环境经济学是在经济社会发展过程中环境问题日益突出的情况下，随着人类对经济与环境关系认识的逐步深入而形成的一门新兴学科。

### 1.1.1　环境与环境问题

环境是相对于中心事物而言的，它因中心事物的不同而不同。环境经济学中的环境是以人为中心的人类生产和生活的场所。《中华人民共和国环境保护法》(简称《环境保护法》)第二条明确指出："本法所称环境，是指影响人类生存和发展的各种天然的和经过人工改造的自然因素的总体，包括大气、水、海洋、土地、矿藏、森林、草原、湿地、野生生物、自然遗迹、人类遗迹、自然保护区、风景名胜区、城市和乡村等。"

环境问题是指构成环境的因素遭到损坏，环境质量发生不利于人类生存与发展的变化，甚至给人类造成灾害。环境问题是在经济发展过程中逐步形成的。在人类社会发展初期，人口数量少，生产力水平低，人类对环境的影响很微弱，基本上不会产生环境问题。随着人口数量的不断增加和生产力水平的逐步提高，人类对自然环境的干预能力越来越强，超过了自然环境的承受能力，由此导致了环境问题。关于生态环境问题，2017 年 5 月 26 日，习近平同志在十八届中央政治局第四十一次集体学习时指出："生态环境问题，归根到底是资源过度开发、粗放利用、奢侈消费造成的。"

环境问题分为两类：一是由于自然灾害如地震、洪水、海啸、火山爆发等引起的环境问题；二是由于人类活动引起的环境问题，一般称为次生环境问题。环境科学中研究的环境问题主要是次生环境问题。

人类活动引起的环境问题主要表现在两个方面：一是生态破坏，如水土流失、土壤沙化、盐碱化、资源枯竭、生态平衡失调等；二是环境污染，人类活动产生的大量污染物，如废水、废气、固体废物、噪声等排入自然环境，使环境质量下降，从而影响和危害人体健康，损害生物资源。

环境问题可以给人类的生存和发展造成严重的危害，如降低环境质量、危害人体健康、破坏自然景观、危及后代发展等。面对日益严重的环境问题，人类开始采取相关措施。

人类解决环境问题的实践大致经历了简单禁止、末端治理、综合防治三个阶段。随着解决环境问题的实践不断深入，人们逐渐意识到，环境问题的涉及面相当广泛，解决环境问题需要综合运用法律、经济、行政、技术、教育等手段①。

### 1.1.2 环境经济学的产生和发展概述

#### 1.1.2.1 环境问题的实质是经济问题

环境问题的实质是经济问题，这可以从以下三个方面进行阐述。

（1）环境问题是经济发展的"副产品"

目前，人类关注的环境问题是伴随经济的发展而逐渐形成的。

---

① 李克国. 环境经济学. 3 版. 北京：中国环境出版社，2014：24-27.

（2）环境问题会造成严重的经济损失

环境问题的日益恶化，会对社会经济造成严重的损失。据世界银行测算，2007 年大气污染和水污染对中国经济造成的健康和非健康损失的总和约为 1 000 亿美元（约为中国当年 GDP 的 3%）。

（3）环境问题的最终解决依赖于经济的发展

我们不能通过简单的停止经济发展来解决环境问题，只能通过优化经济发展来解决环境问题。

因此，解决环境问题必须从经济方面入手，即从经济学角度分析环境问题产生的原因及危害，并提出解决环境问题的对策。

### 1.1.2.2 环境经济学的产生①

解决环境问题的前提就是要对其进行经济学分析。传统的经济学理论在分析、解决环境问题时存在明显的缺陷。因此，为了满足环境保护实践的需要，一门新的学科——环境经济学诞生了。

自工业革命以来，工业生产规模急剧扩大，能源使用方式发生变革。自然界中本来以高品位形式存在的物质和能量，经过开采、加工、转换、使用和排放，变成了低品位形式。这种改变极大地影响了大气、土壤和水体的质量。

科技进步使人们能够了解自然系统发生的非常微小的变化。因而，人们能够比过去更加清楚环境问题的后果。现代化的发展过程产生了一些新的合成物质，这些物质对于生态系统的影响是未知的、不确定的。有些物种可能会适应自然环境的改变，有些则因不能适应而发生变异，甚至灭绝。另外，生活水平的普遍提高使人们开始向往和追求一个清洁、安全、舒适的环境。这表明，当温饱问题解决之后，环境需求是一种高层次的需求。

在这种社会发展背景下，从经济学角度思考环境问题的学者们显然会得到十分重要的启示，发现需要深入研究的领域和问题。环境经济学开始真正进入形成和发展阶段。

20 世纪 70 年代以来，随着经济学的发展和环境问题的恶化，环境经济学不断吸收和借鉴新的理论工具和方法，其学科理论体系和应用领域得到了不断的发展与完善。如今，环境经济学发展速度之快、应用范围之广、研究层次之深，不但远远超出经济学家、环境学家乃至全社会的预料，而且是环境经济学奠基者们始料不及的。为了适应社会需求的变化，各国政府纷纷成立了环境保护管理部门，代表国家和地方行使管理环境的职能。保护环境要有政策和管理手段，需要投资。而什么样的政策和管理最有效，保护环境需要花多少钱，谁来出这笔钱，怎么花这笔钱，这一系列问题都需要做出具体、有效的回答。

环境经济学研究的实质就是运用经济学理论和方法来分析如何实现自然资源和环境

---

① 钱翌，张培栋. 环境经济学. 北京：化学工业出版社，2015：2.

资源的有效配置和利用，实现经济的可持续增长。从经济学科角度来说，环境经济学就是运用经济学的基本理论和方法，分析和研究环境保护与经济发展之间的关系，最大限度地利用经济手段，实现环境保护优化经济增长，实现总体效益的最大化，实现经济的可持续发展的学科。但是，环境经济学是研究人与环境关系的经济学。环境经济学研究必须基于环境科学原理和实践，否则就偏离了学科的本源。如果没有环境科学理论和实践做支撑，闭门造车地研究环境经济学，就会使环境经济学的研究失去根基和方向。所以环境经济学的研究就是运用经济学思维和经济学工具对环境问题进行分析、归纳、总结和判断。环境经济学的发展需要经济学家和环境学家紧密合作。

### 1.1.2.3 环境经济学的研究热点与展望

近年来我国有关环境经济学方面的研究逐渐增多，但多数文章均基于经济学理论、环境经济学研究内容进行研究分析，运用文献计量学方法从宏观上把握环境经济学的研究现状以及发展趋势的相关论文却很少。本教材综合使用 CiteSpace 和 SPSS 文献计量软件对中国知网（CNKI）数据库中环境经济学领域的研究现状及进展进行了多方面的分析，并讨论了其热点研究主题及未来发展前景，以期为相关环境经济学研究领域的学者提供参考。

（1）数据来源与方法

选取 CNKI 数据库作为数据来源，在 CNKI 数据库中检索条件有：主题词为“环境经济学”，发表年度为 1964—2019 年。共检索到相关文献 2 080 篇，其中期刊论文 746 篇，硕士、博士学位论文 162 篇，会议论文 46 篇，中国重要报纸全文数据库 6 篇，外文文献 1 120 篇。使用 CiteSpace 软件中的文献计量分析功能对上述检索到的文献，从历年的发文数量、主要发文期刊、主要研究机构、主要涉及学科、高产作者及关键词进行分析，并且对结果进行可视化与定量化的分析。

（2）研究结果分析

1）文献总体分析。1964—2019 年 CNKI 数据库中文献数量趋势见图 1.1。由图 1.1 可知，环境经济学领域的发展始于 20 世纪 60 年代初期，其发展趋势大致分为 3 个阶段：1964—1990 年发文量逐年平稳上涨，没有较大的浮动；1991—2008 年发文量呈指数形式增长；2009—2019 年发文量呈下降趋势，并伴随有较大波动。

2）主要研究机构情况分析。对 CNKI 数据库检索发现：①首先，生态环境部环境与经济政策研究中心在环境经济学研究方面处于领先地位。其次，中国社会科学院数量经济与技术经济研究所、中国人民大学、中国科学院的研究实力较强。②各机构的主要研究领域不同，关注的主题也不尽相同。总体来说，经济发展、可持续发展、生态环境、生态文明、经济增长、环境问题、生态保护、生态经济学等方面是各主要研究机构关注的热点。

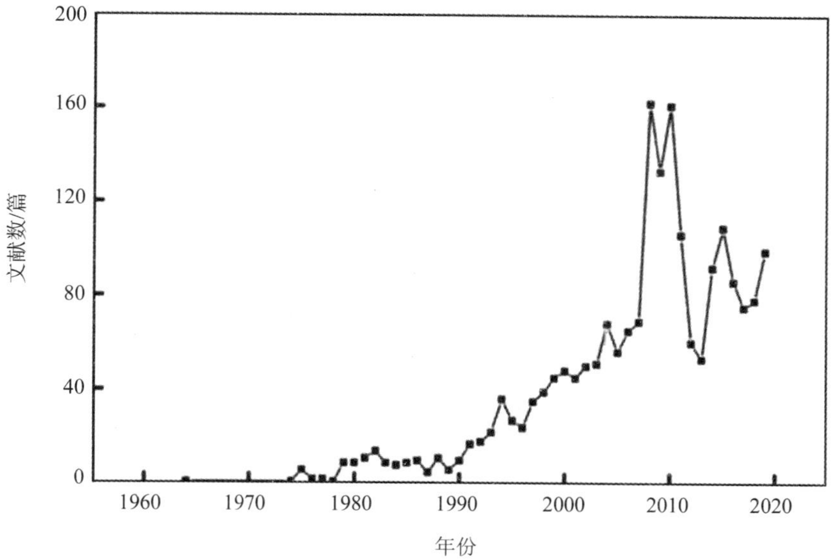


图 1.1 1964—2019 年环境经济学发文数量

3）关键词及研究热点分析。对文章中的关键词进行分析，频次较高的关键词在一定程度上可以看作该领域的研究热点。借助 CiteSpace 软件对高频关键词进行挖掘和提取，对频次≥7 的关键词进行了汇总并简要概述如下：①环境经济学研究最热的领域出现在“可持续发展”“经济学”“生态经济学”中，关键词词频超过了 178 次，占统计高频关键词的 46.6%，平均占比为 16.5%，远高出平均水平。研究范围相对较明确，内容更加具体。②“生态补偿机制”“可持续发展”“生态环境”“生态文明”“机制”“对策”“补偿机制”“补偿标准”“环境保护”“流域”“法律制度”“流域生态补偿”“矿产资源”“水土保持”是其中的高频关键词。从中我们不难发现，我国对环境经济学的研究主要集中在机制、标准、政策以及环境与资源保护等方面。

（3）研究展望

1）开展更加实用的环境经济评价方法研究与更加全面的环境经济评价研究。对环境经济评价的理论基础进行调整，提高环境经济评价的实用性与准确性是环境经济发展面临的一个挑战。开展自然资源与环境质量价值评估，体现可持续发展的战略要求。

2）开展绿色国民经济核算研究，加快建立能够体现全面、协调和可持续的科学发展观的绿色国民经济核算体系。

3）研究制定更加有效的环境经济政策。随着我国市场经济体制的不断完善，设计一套更适合我国国情的环境经济政策，是环境经济学需要重点研究的问题。研究的重点将集中在环境税及生态补偿政策方面。

4）研究面向环境基础设施的环境投融资工具。需要进一步研究经济发展与环境保护投入比例的关系，同时，要研究如何提高环境保护投资的资金效率。在环境融资方面，应研究拓宽融资渠道，在融资手段上不断创新，促进环境保护融资渠道多元化。

5）加强经济全球化对我国环境的影响与环境对我国对外贸易的影响研究。随着经济全球化的加剧，我国环境也面临来自国外的严重威胁。污染跨国转移已经加剧了我国的环境问题。同时，为加强对外贸易、促进我国经济发展，我国的环境问题在我国对外贸易中所扮演的角色及其影响程度也值得深入探讨。

## 1.2 环境经济学的理论基础及作用

### 1.2.1 环境经济学的理论基础

1870 年以后，新古典经济学成为西方经济学的主流体系。新古典经济学建立在“理性经济人假设”“完全信息假设”“完备市场假设”等基本假设的基础上，并采用边际分析技术方法。新古典经济学认为，价值取决于交换，反映了偏好和成本；相对稀缺论代替了绝对稀缺论，这些都为福利经济学的发展做了铺垫。但很多经济学家认为新古典经济学存在一些固有缺欠，导致在现实经济生活中产生了大量环境问题。在这种背景下，环境经济学家以新古典经济学分析框架为起点，以福利经济学为理论基础，弥补了传统经济学的固有缺欠，即在继承前人研究成果的基础上，对外部性理论、成本-效用理论、产权理论和公共选择理论等进行了修正和扩展，探求如何实现环境资源的有效配置。

20 世纪初，意大利社会学家、经济学家帕累托从经济理论的意义上探讨资源配置效率问题，并提出了“帕累托最优”（Pareto optimality）理论。这一理论后来被环境经济学家奉为圭臬。外部性理论是环境经济学建立和发展的理论基础。外部性概念源于马歇尔 1890 年出版的《经济学原理》中提出的“外部经济”概念。他的学生庇古在 1920 年出版的《福利经济学》中首次从福利经济学的角度系统分析了外部性问题，用外部性理论解释环境问题。1960 年科斯在《社会成本问题》中提出产权理论（Coase’s theory of property）。产权理论认为产权不明晰是外部性产生的一个典型原因。解决外部性理论问题可以用市场交易形式替代“庇古税”。

成本-效益分析法可以用来分析环境政策的社会总成本和总收益，并评估其可行性。20 世纪三四十年代现代福利经济学创始人希克斯和卡尔多提出的希克斯-卡尔多标准（Hicks-Kaldor criterion）推动了成本-效益分析法在环境政策评估中的广泛应用，一系列环境价值评估方法（如意愿调查法、旅行成本法、生产函数法等）也成了环境经济学不断探索的领域。

环境经济学一般具有公共产权或开放性特征，这也是环境资源被浪费的原因。1954 年经济学家戈登在《公共财产资源的经济理论：渔业》一文中指出，海洋渔场的公共资源属性导致渔民过度捕捞，结果使渔业总产量下降。1968 年哈丁在《科学》上发表的论文提出了“公地悲剧”（tragedy of the commons）理论模型，即政府既可以通过管制或税收，也可以通过将公有资源变为私有资源的途径解决这些问题。

公共选择理论为人们探讨环境问题提供了又一新的工具。公共选择理论认为：个人是以自利为本性的，而所有团体的行为最终都可以归结为组成团体的个人行为；政府追求的是某种特殊集团利益而不是全民利益，也是通过权衡成本-效益来进行最优选择的。环境经济学家应用公共选择理论对环境经济问题进行分析，认为政府失灵也是环境问题产生的根源之一。同时，不能否认政府在环境管理中的作用，更不能排除政府对环境问题的干预。大多数环境经济学家认为，提高环境管理决策者和执行机构对环境问题全面正确的理解，制定具有可操作性的环境政策，是解决环境问题的关键所在。

### 1.2.2 经济学分析在环境研究中的作用

人们常用道德原因解释为什么要保护环境。相对于道德原因来说，经济原因可能是更有力或者更现实的解释。这一点对说服政策制定者更为重要。经济学家首先指出在环境保护和资源配置的选择、决策上的必要性，进而寻找环境恶化的经济原因，最后设计经济机制来减缓以至消除环境恶化。经济学家说，天上不会掉馅饼，保护环境必须投入金钱，必须耗费宝贵的资源。这些资源之所以宝贵，是因为它们可以用于其他方面，如可以用于经济发展，解决吃饭问题。因此存在选择问题，必须做出决策。最有效地分配资源，能使经济发展和环境保护两者的关系在可能的条件下得到最好的调和。

经济学为环境和自然资源分析及有关政策的制定提供了系统的分析工具，环境和自然资源这一新的研究对象也使经济学获得新的发展。对环境和自然资源的改善或恶化进行的测量或计量就是现代经济学的一个新的研究领域。由于具有公共产品特性，许多环境和自然资源变化的具体价值都难以确定。而要确定环境污染的程度，也需要对环境变化的经济价值做出评估。环境经济学可以利用成本-效益分析法来解决这个问题，从而为决策者确定消耗自然资源的速度或保护自然资源的力度，处理环境污染和经济发展关系提供决策依据。

资源和环境问题一般不能依靠单独一个学科来研究。在 20 世纪 50 年代，生物学、化学、地理学等自然科学的科学家对资源和环境问题进行了讨论，在环境污染机理和治理技术方面取得了重大进展。随后，经济学家从理论上对环境污染产生的根本原因进行了探讨，并意识到依靠传统的经济学理论已经不能解决环境污染、资源破坏和枯竭等问题。经济学家在分析市场经济缺欠的基础上，提出解决环境外部不经济性问题的各种手段及市场工具，并从宏观经济学和微观经济学的角度，对资源与环境经济政策手段、环境质量价值评估方法和具体环境治理工具等进行了大量的理论和实证性研究。

宏观经济学的主要内容包括国民收入决定理论、经济周期理论、经济增长理论、货币与通货膨胀理论以及宏观财政与货币政策等。它以整个国民经济活动为考察对象，研究经济中各有关指标总量的确定及其变化。环境问题也是宏观经济学研究的内容之一。宏观经济政策与环境研究开始于 20 世纪 70 年代末期，主要集中于衡量经济增长的标准和宏观经济政策与环境之间的关系两个方面。经济学家认为，作为经济增长的主要指标——国民生产总值（GNP）所反映的“经济发展速度”并不能全面反映社会福利水平的提高。因此，一些经济学家提出将资源退化、环境污染和破坏以及家庭主妇劳务价值等纳入国民收入核算体系的理论和方法中。近年来，这些理论和方法逐步走向规范化并被推广应用。

微观经济学主要包括价格理论、生产理论、消费者行为理论、厂商行为理论和分配理论等。它以单个经济单位为研究对象，研究单个经济单位的经济行为以及相应经济变量如何确定。传统的微观经济学研究单个经济单位的经济行为时，一般不考虑外部经济性。这一缺陷会使市场产品价格和资源配置发生扭曲，其后果就是一些产品的价格与其边际社会成本偏离甚远，从而直接影响地球或地域环境质量。经济学家针对这一现象，提出市场外部性理论、环境质量公共产品理论、环境质量改善或破坏的经济评估方法以及解决外部性环境问题的手段等[①]。

## 1.3 环境经济学研究的主要内容

### 1.3.1 环境经济学的基本知识

环境经济学的基本知识包括：环境经济学的产生和发展、环境经济学的理论基础、环境经济学的主要内容、环境与经济的相互关系、环境破坏的原因、环境目标、环境政策规划等，其中环境与经济的相互关系是核心内容。

环境与经济的相互关系是环境经济学中一个历史最悠久的研究领域，也是环境经济学的理论基础。鲍尔丁在 20 世纪 60 年代中期提出“太空船地球经济理论”（the economics of the coming spaceship earth）。他将地球经济体系比喻为在浩瀚的太空中孤立无援、与世隔绝的宇宙飞船，可供使用的资源和污染物的净化能力都是有限的；人们必须在循环生态系统中寻求到平衡点，以实现资源的持续供给。他指出，第一，根据热力学第一定律，生产和

---

① 李克国. 环境经济学. 3 版. 北京：中国环境出版社，2014：12-30.

消费过程产生的废弃物，其物质形态并没有消失，必然存在于物质系统之中，因此在设计和规划经济活动时，必须考虑环境吸纳废弃物的容量；第二，虽然回收利用可以减轻对环境容量的压力，但是根据热力学第二定律，不断增加的熵意味着 100%的回收利用是不可能的。“太空船地球经济理论”让经济学界认识到，在大规模开发和利用环境资源的过程中，外部性是一种无处不在的普遍现象，环境负外部性广泛影响着经济运行。

20 世纪 70 年代初期，克尼斯、艾瑞斯和德阿芝出版了《经济学与环境》。他们依据热力学第一定律的物质平衡关系，对传统的经济系统作了重新划分，提出了著名的物质平衡模型（a materials balance approach）。他们还利用一般均衡理论分析了包括环境因素在内的投入-产出关系，首次从经济学的角度指出了环境污染的实质。

### 1.3.2 微观经济学的基本知识

我们将学习市场的基本组成和微观经济学中的基本概念，并重点分析循环流动模型的运行，因为它是物质平衡的核心问题。为了更好地了解市场行为、消费者和厂商的决策动机以及价格决定机制，我们首先学习供给和需求的基本原理。其次，在此基础上我们提出了必要的分析工具，研究环境问题的市场失灵。讨论的内容主要集中在两个经济模型上：第一个模型基于环境质量的公共物品特点，第二个模型基于外部性理论，用这两个模型来说明市场激励在解决生产或消费产生的污染问题上是如何失灵的。最后，通过对产权及其在环境市场失灵中扮演的角色等问题的讨论，将这两个模型结合起来。

### 1.3.3 管理环境的方法

环境经济学在环境政策领域的研究包括两个方面：一是如何在政府命令控制型政策和经济方法之间做出选择；二是需要什么形式的政府干预。经济学家多半主张使用经济方法，因为经济方法更能提高经济效率和促进技术进步。但是，在环境管理实践中，大多数国家的政府更倾向于使用命令控制型方法。

另外，经济学界对具体采用哪种经济方法管理环境也有不同的看法。以“庇古税”为基础的排污收费主要是通过征税或者补贴来矫正当事人的私人成本。而根据科斯的产权理论和戴尔斯最早提出的许可证交易，其基础是新建一个排污交易市场，此时，环境质量是由排污许可证的供给来保证的，而且这种供给是可调节的：持证的排污者可以根据市场价格的变化情况，来决定买入还是售出排污许可证。

### 1.3.4 环境价值评估及其作用

环境价值评估是环境经济学学科建立以来发展最快的一个领域，也是争议最多的领域。评估环境价值主要有两个目的：一是完善经济开发和环境保护投资可行性分析；二是为制定环境经济政策、实施环境管理提供决策依据。

首先，我们必须学会发现、识别、评估环境危害的风险，然后告知政策制定者。政府根据这些信息评估环境问题的严重程度，并制定适当的政策以减少风险，这一过程被称为风险管理。其次，我们将在理论上探讨、评估环境收益的动机以及方法。这个理论框架将支持我们随后对各种收益评估方法的研究。再次，我们将讨论有关成本评估的主要问题，介绍现行成本评估的方法。最后，我们将介绍成本-收益分析的主要内容，即对收益和成本按照时间差异进行调整，将环境收益和成本进行比较，在上述结果的基础上，分析在政策制定中，成本-收益分析如何发展成为指导政策决策的主要工具。

### 1.3.5 案例分析

本教材以前述环境经济学的理论和方法为依据，以空气污染治理、水污染治理、固体废物和有毒物质污染治理及生态补偿为对象进行了案例分析。需要说明的是，因为我国环境经济学研究起步较晚，相关的法律法规不配套，又缺乏系统的理论和实践经验总结，信息平台的构建也不健全，所以，很难在短的时间内系统总结出我国在环境污染治理中比较成熟的理论与经验。在案例分析过程中，我们主要将环境治理比较早、环境经济学较为发达的美国与我国进行介绍与比较分析。

1）关于空气污染治理案例分析。首先，分析了美国环保部门环保政策和标准的制定程序，其中，我们特别关注政府是如何运用标准定义空气质量，并评估这种以标准为基础的方法的经济效率，介绍美国对移动污染源、固定污染源的治理方法及其成本-收益分析。其次，对我国空气污染的现状，治理的立法、措施，取得的成果及存在的问题进行了分析。

2）关于水污染治理案例分析。首先，对水资源和水污染源进行了概述；其次，分析了美国《清洁水法》的政策目标及如何用标准定义水质量，介绍了美国如何治理点源污染和非点源污染从而改善水质量，运用经济分析工具评估美国政府在应对水污染时的效率；最后，对我国水污染现状，水污染治理的法规、措施，取得的成果及存在的问题进行了详细分析。

3）关于固体废物和有毒物质污染治理案例分析。首先，分析了固体废物和有毒物质导致的环境和社会问题；其次，介绍美国治理固体废物和有毒物质的政策措施，运用经济分析工具评估美国政府应对固体废物和有毒物质污染的效率；最后，对我国固体废物和有毒物质污染的现状，固体废物和有毒物质污染治理的法规、措施，取得的成果及存在的问题进行了详细分析。

4）关于生态补偿综合性案例分析。首先，介绍了生态补偿的基础理论；其次，介绍了美国生态补偿机制的发展历程、具体案例；最后，对我国生态补偿的现状、法规、措施、取得的成果及存在的问题进行了详细分析，探讨了我国生态补偿今后的发展方向。

### 1.3.6 环境保护与可持续发展

我们从讨论可持续发展的概念出发，通过研究经济增长对环境质量改善的意义来探究其动机，在此基础上我们主要关注工业生态学和污染预防的可行性计划。首先，对工业生态学进行概述，为了便于讨论并提供相关背景，重新介绍前面已经讨论过的物质平衡模型，该模型清晰地解释了工业活动和自然界的关系——工业生态学的核心；其次，研究污染预防在实践中的意义以及现行的一些自愿性的工业生态学和污染预防计划；最后，探究践行工业生态学和污染预防的我国循环经济的发展现状及问题。

环境经济学家认为，在发展过程中，应当遵守可持续性准则，即对环境费用和效益的经济价值进行评估，对重要的自然资源进行保护；严格避免不可逆转的损害；对可再生资源的利用严格限制在可持续产出的范围内。

## 1.4 经济活动的基本模型

经济学理论最广泛的应用之一，是合理地解释我们所观察到的现实。例如，通过微观经济学分析，我们能够了解消费者和厂商的行为以及市场决策。经济学理论同样可以用于环境问题的分析——分析问题产生的原因和寻求解决问题的方法，不是从深奥的科学角度研究污染怎样发生和资源如何耗尽，而是从基本的关系入手，答案来自家庭和厂商的决策。消费和生产消耗着地球上的自然资源，并会对环境造成污染，这意味着有关经济活动的任何决策都与环境问题直接相关。为了阐述这种关系，我们首先建立一个经济活动的基本模型，然后将该模型扩展，解释这种关系是如何产生的。

### 1.4.1 循环流动模型

与所有经济理论的基础相同，在经济活动和环境之间建模的基础是循环流动模型

（图 1.2）。循环流动模型就是描述经济活动中要素市场和产品市场的实物流与货币流。该模型通常是经济学入门的第一个模型。

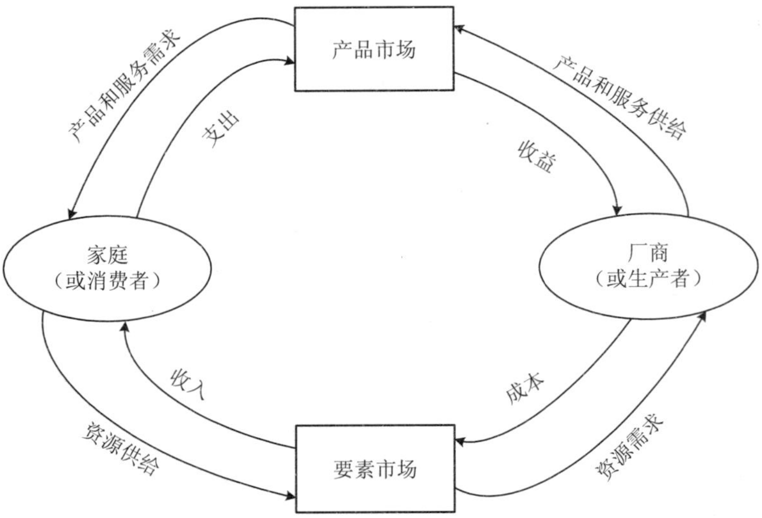


**图 1.2　经济活动的循环流动模型**

首先考虑在其他条件不变的情况下，流动是如何进行的。注意，在家庭（或消费者）和厂商（或生产者）两个市场部门之间的实物流动是逆时针运行的。家庭为要素市场提供生产资源，厂商需要这些资源来制造产品或提供服务。这些产品或服务供应给产品市场，以满足家庭所需。货币流动则顺时针运行：要素市场中劳动力的交易形成流向家庭的货币流，表示为厂商的成本；同时，货币流入产品市场，表示家庭通过购买产品和服务给厂商带来的收益。

现在让我们来考虑，经济活动及流动规模将怎样受到人口增长、技术变化、劳动生产率、资本积累及干旱和洪水等自然现象的影响。例如，当其他因素保持不变时，技术进步将会提高经济活动的生产能力，进而扩大流动规模。同样，人口增长将导致对产品和服务需求的增加，这将会需要更多的生产活动，从而造成更大规模的循环流动。

通过分析流动和经济规模的变化，我们就能够理解经济系统的基本功能，以及家庭与厂商之间的市场关系。但是，这个模型没有清晰地表示出经济活动和环境之间的关系。为了解释这种依赖关系，我们必须将循环流动模型扩展为物质平衡模型，把自然环境作为其中的一个组成部分。

## 1.4.2 物质平衡模型

物质平衡模型描述了经济活动和自然环境之间的直接关系，如图 1.3 所示[①]。注意，循环流动模型中的实物流动在该扩展模型中表示经济决策和自然环境之间的关系。

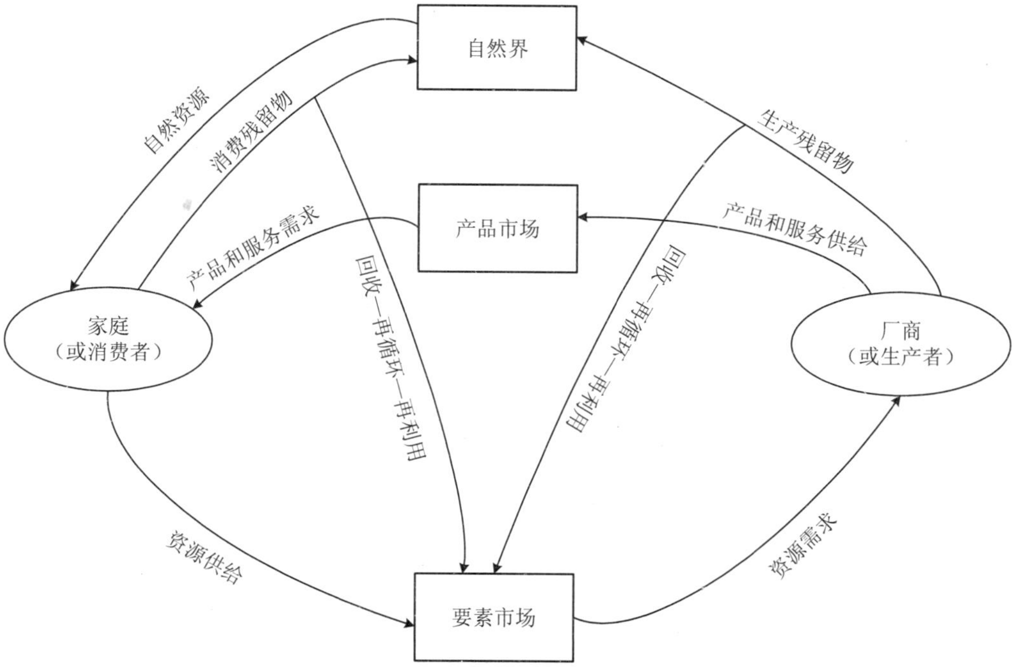


**图 1.3 物质平衡模型：经济活动与自然界的相互依赖关系**

### 1.4.2.1 资源的流动：自然资源经济学

图 1.3 表示自然界和两个市场部门（家庭和厂商）之间的关联，特别要注意箭头的指向。经济系统与自然界联系的一个途径，是物质或自然资源从环境向经济系统的流动，特别是通过家庭（通过消费，家庭成为包括自然资源在内的所有生产要素的所有者）。这种流动描述了经济活动是怎样消耗地球上的自然资源（如石油、矿产和水）的。这是自然资源经济学研究的基本内容，即研究资源从自然界向经济活动领域的流动。

### 1.4.2.2 残留物的流动：环境经济学

图 1.3 中的第二组关系按相反的方向运行，即从经济系统流向环境。这个流动表示进

① Kneese A V, Ayres R U, Arge R C. Economics and the environment: a materials balance approach. Routledge, 2015.

入经济系统的原料最终如何作为副产品或残留物又回到自然界。大部分残留物以气体的形式被排放到空气中。从短期来看，它们大部分都没有危害。实际上，其中一些可以通过环境的分解能力被自然吸收。例如，地球上的海洋和森林能够吸收燃料（如石油、煤和天然气）燃烧所释放出的部分二氧化碳，但有些释放出来的气体却不容易被吸收，甚至在短期内造成危害。还有液体残留物和固体残留物，如工业废水、城市垃圾和某些有害的废弃物，可能对人体和生态环境有潜在的危害①。从图 1.3 中可以看到两种残留物流，两个市场部门各产生一种残留物流，表明残留物来自消费和生产活动两个方面。这种流动就是环境经济学研究的主要内容。

回收—再循环—再利用过程，虽然不能阻止残留物回到自然界，但是可以延迟其流回到自然界的时间。注意，在模型里的两个残留物流中，有的可以通过内部流动流回要素市场。内部流动说明一些残留物可能以另一种有用的形式被再循环利用，或者以现有的形式被回收利用。

虽然重复利用很重要，但只是短期措施。因为即使是回收再利用的产品，最终还是会成为残留物流回到自然界。物质平衡模型真正表达的是所有来自环境的资源最终都会以残留物的形式返回环境。这两种流动是平衡的，并且这个事实有其科学依据。

#### 1.4.2.3 物质平衡的科学原理

根据热力学第一定律，物质和能量既不能被创造也不能被毁灭，将这个基本定律应用到物质平衡模型中可以理解为：长期来看，从自然界流入消费和生产领域的物质和能量的总量与从这些活动流回到环境中的残留物的总量相等，或者说，当自然资源在经济活动中被使用时，它们只是转化为另一种物质或能量的形式，其间没有任何损失。经过一段时间之后，所有这些物质都会变成残留物返回自然界，其中一些可在短期内转化，例如在生产过程中产生的废弃物，另一些则首先转化为商品，直到其使用价值耗尽才变成残留物。因此，残留物具有各种不同的形式，例如汽油燃烧产生的一氧化碳、城市垃圾填埋场处置的垃圾等。即使可以回收残留物进行再循环或再利用，也只是暂时的，长期来看，它们最终也会变为废弃物。

进一步来看，因为物质和能量不能被毁灭，所以物质流动似乎可以一直持续下去。但是，热力学第二定律表明自然界转化物质和能量的能力并不是无限的。在能量转换过程中，一些能量变得无法利用。这些能量虽然仍旧存在，但是不能在其他过程中被利用。因此，经济活动所依赖的自然基础是有限的。

这些支持物质平衡模型的科学定理向我们传递了既重要又实用的信息。首先，我们必须认识到所有进入经济活动的资源最终都将成为残留物，并有可能危害环境，虽然这个过

---

① Kneese A V, Ayres R U, Arge R C. Economics and the environment: a materials balance approach. Routledge, 2015.

程能够通过再循环而被延缓，但不能被终止；其次，自然界把资源转化为其他物质和能量形式的能力也是有限的。总之，这些理论有助于对环境问题及经济活动与自然界之间重要关系的全面理解，正是这种关系的存在促使了环境经济学的产生。

## 1.5 环境破坏的原因及其分类

环境经济学是关于确定和解决与残留物流有关的环境破坏或污染问题的学科。污染在不同文献中有不同的定义，例如在一些法律中，污染一般被定义为物质或者能量的一切自然状态、位置或者数量等对环境造成的负面影响。实际上，任何物质的某一特征都能够单独造成污染，例如它们的基本构成、所处的位置或者数量。这意味着寻求解决环境问题的方法，关键在于确定污染的原因、来源和破坏范围。

### 1.5.1 确定污染物的种类

我们该怎样认定哪种物质造成了环境破坏呢？一种方法是从其来源进行识别——是来自自然界的天然污染物，还是来自人类活动的人为污染物。

天然污染物来自自然界的非人为过程，例如火山爆发产生的颗粒物、海盐和花粉等。

人为污染物是由人类活动引起的，包括所有消费和生产过程产生的残留物，例如燃烧产生的气体和某些生产过程产生的化学废弃物。

环境经济学家在这两类污染物中更关注人为污染物，特别是那些自然界没有分解能力或者分解能力很小的人为污染物。

### 1.5.2 确定污染源

当认定污染物之后，下一个步骤就是确定其来源。污染源的数量和种类很多，从汽车到废物堆放点，甚至一个表面上很干净的地方也可能是污染源。例如，如果雨水将农田的化学杀虫剂带到附近的湖泊或者河流，农田就成了污染源。污染源的差异较大，通常都是根据具有政策意义的比较宽泛的标准进行分类。例如，由于环境介质（大气、水和陆地）不同，污染源一般可根据其具有的流动性和可识别性来分类。

#### 1.5.2.1 根据流动性分类

污染源是否固定于某个地点直接影响到采取何种方法来控制污染。相应地，污染源一般分为固定污染源和移动污染源。

固定污染源是指产生地点固定的污染源，如燃煤发电厂和养猪场；移动污染源是指产生地点不固定的污染源，如汽车和飞机。这种分类方式一般用来描述大气污染源，因为它们需要不同的控制方法。

#### 1.5.2.2 根据可识别性分类

在一些情况下，污染源的可识别性很重要，据此可以将其划分为点污染源和非点污染源。点污染源是指任何可识别的单一污染源，如工厂的烟囱、管道或者轮船；非点污染源是指不能被准确识别的污染源，它在相对较大的范围内以扩散、间接的方式造成环境污染。

这种分类方法是控制水污染的政策中最常用的方法，因为非点污染源对这类特定问题非常重要。如同定义所表示的，从非点污染源排放的污染物要比从点污染源排放的污染物更难控制。

### 1.5.3 确定环境破坏的范围

虽然环境破坏是一个全球性问题，但是有些污染只对某一地区造成危害，而有些则会在更大范围内造成危害，问题在于污染危害涉及的范围差别很大，这对政策规划相当重要。因此，通常根据环境污染影响的地理区域范围，将其划分为地方性污染、区域性污染和全球性污染。

#### 1.5.3.1 地方性污染

地方性污染是指污染范围距离污染源不远的环境污染，一般是局限于某一个地区。虽然地方性污染的负作用局限在一定范围内，但是它对整个社会都会产生影响，而且难以控制。城市烟雾是一种常见的地方性污染，它是由一定数量起化学反应的污染物产生的深黄色薄雾，这种情况在大城市中特别严重。

另一种逐渐受到重视的地方性污染是固体废物。废物管理法规的不足使含有铅和汞等重金属的废弃物侵入土壤和附近的水源中。除完善废物管理措施外，还应该从源头上努力减少废物产生的数量。统计数据已经表明，人均城市固体废物产生量和人均国民生产总值呈正相关，值得注意的是，这些数据总体表明废物产生量与工业化之间呈正相关关系。

#### 1.5.3.2 区域性污染

区域性污染是指造成的危害超出污染源地区的环境污染，如酸雨。酸雨之所以被归类为区域性污染，是因为酸雨能够使有害排放物从源头传播到数百千米之外。

#### 1.5.3.3 全球性污染

一些环境问题的影响非常广泛，被称为全球性污染。因为其危害范围非常广泛，有效地解决这些问题需要国际合作，所以全球性污染很难控制。例如，全球气候变暖。它是温室效应不断积累的结果，即阳光穿过大气层照射到地球表面，又反射到大气中被温室气体（如二氧化碳）吸收，从而导致温度上升，造成全球气候变暖。虽然这个变暖过程是自然发生的，但是诸如矿物燃料燃烧等活动使温室气体超过正常水平，造成地球的自然温度上升。气候的反常影响到农业生产、天气状况和海平面等，所有这些影响都是全球性的。

## 1.6 确定环境目标

因为基本的环境问题都具有普遍性，所以解决环境问题是全人类的目标。然而，在明确有关目标的细节以及接受这些目标时仍然存在一些争议。实际上，这正是 1992 年联合国在巴西召开的环境与发展大会的主旨，各国首脑、工商界人士和环保主义者在会上交换了关于确定目标和互相合作的意见。

虽然在目标制定过程中有时会遇到困难，而且经常陷入政治争论，但这个过程还是在不断推进。实际上，今天制定每一个环境决策都是以世界性目标为指导的。这些目标包括环境质量、可持续发展和生物多样性。

### 1.6.1 环境质量

在认识到地方性污染、区域性污染和全球性污染的普遍影响后，几乎没有人对把环境质量改善纳入全球目标持有疑义。但是，在实际操作上如何定义这个概念还没有统一的认识。大多数人认为，环境质量就是指洁净的空气、水和土壤。但是，当环境质量被用来指导政策制定时，我们必须确定“怎样的洁净才算洁净”。因此，环境质量改善是指将人为污染物减少到社会可以接受的水平。

争论通常从这样的问题开始，即为什么环境质量改善并不意味着不含任何污染。答案是，因为这个目标不可能实现，至少在绝对意义上是不可能的。前文提到，某些污染是天然的，因而无法控制。实际上，只有禁止所有代表现代生活的产品和服务，才可能消除所有人为的污染物。这意味着，对环境质量改善的合理理解是将人为污染物减少到社会“可接受”的水平。当然，这种“可接受”的污染水平对不同的污染物是不同的，但在任何情况下，都有某些因素起决定性作用。这些因素包括人类健康和生态系统改善、减少污染所需的经费、技术的实用性和环境危害的相对风险等。

虽然全球改善环境质量的工作取得了一定的成效，但仍有大量工作要做。在世界的一些地方，环境污染极其严重，而减少污染的进展却很缓慢。

认识到环境质量改善是一个世界范围的目标触发了全球对其长远重要性的意识。社会已经开始认识到促进经济增长会对自然资源产生不利影响，将威胁到后代人的生产能力和福利水平。这种代际平衡意识增强了我们对未来的责任感，并最终形成了两个相互联系的目标：可持续发展和生物多样性。

### 1.6.2 可持续发展

经济增长被定义为实际国内生产总值（GDP）的增长。虽然增长是我们希望的结果，但是如同物质平衡模型表示的，它会造成长期的环境影响。在经济增长和自然资源保护之间达成一个适当的平衡是可持续发展的基本目标，它要求对地球的资源进行管理，以保证资源的质量和数量①。这提醒我们，认识不到经济活动的循环是怎样适应更广泛的自然环境系统，就不能恰当地理解这一循环。但在最近几年，经济学家和社会公众才开始普遍接受这个更广泛、更实际的观点，并提出了一些新方法来衡量宏观经济政策的生态影响。所谓可持续发展，是指管理地球资源，使它们的质量和数量能够满足未来子孙后代的需求。

在 1992 年联合国环境与发展大会上通过的《里约热内卢宣言》，提出了内容更广泛的 27 项原则，旨在为各国在环境与发展领域采取行动和开展国际合作提供指导。《21 世纪议程》也有同样的承诺，该议程是一份旨在鼓励发展的同时保护环境的全球可持续发展计划，其主要内容是关于可持续发展，重点放在对实现可持续发展目标更为关键的地区，如发展中国家②。

### 1.6.3 生物多样性

#### 1.6.3.1 生物多样性的价值

生物多样性具有巨大价值，因此，生物多样性的保护是可持续发展战略的重要组成部分。生物多样性的价值表现在以下几个方面：①生物多样性为人类提供了广泛的食物来源；②生物多样性可以为人类提供工业原料；③生物多样性是人类药物的主要来源；④野生物种是培育新品种的基础；⑤生物多样性具有很高的科研价值；⑥生物多样性有助于保护生

---

① Council on Environmental Quality, Executive Office of the President. Incorporating biodiversity considerations into environmental impact analysis under the National Environmental Policy Act. 1993.

② Parson，Haas，Leay (October 1992).

态系统的平衡；⑦生物多样性有很高的美学价值；⑧生物多样性是国际交流与合作的重要领域。

目前，如何评估生物多样性的价值，是一个难题。生物多样性的价值评估成了众多经济学家关注的焦点。生物多样性具有多种多样的价值，包括直接价值和间接价值，选择价值、存在价值和遗产价值，或者说包括有具体物质形态的物品价值和无具体物质形态的功能性服务价值。生物多样性不仅具有已被利用的和已被认知的巨大价值，而且具有难以估量的潜在价值。

#### 1.6.3.2 生物多样性的危机及原因分析

物种灭绝速度前所未有。“我们和其他物种赖以生存的生态系统，其健康状况正在以前所未有的速度恶化。我们正在侵蚀全球经济、人类生计、粮食安全、健康和生活质量的基础。”生物多样性和生态系统服务政府间科学政策平台（IPBES）主席罗伯特·沃特森表示。

2019 年 5 月，联合国发布的《生物多样性和生态系统服务全球评估报告》显示，目前全球约 100 万个物种面临灭绝，其中许多物种可能在几十年内灭绝，比人类历史上任何时候都要多。具体来看，超过 40%的两栖动物、约 33%的珊瑚礁、超过 1/3 的海洋哺乳动物面临灭绝。有专家解释说，报告只给出了“几十年内”物种灭绝的时间框架，是因为其依赖于许多变量因素，包括人类是否认真对待这个问题，这可能会影响预测结果的严重性[①]。

根据目前的证据初步预计，10%的昆虫受到威胁。而大部分昆虫作为授粉者，对维护植物多样性至关重要。从经济角度来看，授粉昆虫的减少将会威胁价值高达 5 770 亿美元的农作物。

自 16 世纪以来，至少有 680 种脊椎动物因人类活动影响而灭绝。截至 2016 年，为粮食和农业产业驯养的 6 190 种哺乳动物中有约 560 种已经灭绝，约占总数的 9%，此外至少还有 1 000 多种受到威胁。参与报告撰写的有关专家指出，生态系统恶化，物种数量萎缩，地球上必不可少、相互联系的生命网络正在变得越来越脆弱。

这份报告超越了物种范畴，呈现出近 50 年来自然资源和生态环境受人类活动的影响。报告称，在自然环境帮助人类生存发展的 18 种方式和途径中，有 14 种正在下降，特别是大自然提供清洁空气、水资源、良好土壤和其他必需品的能力呈下降趋势。

容易遭到灭绝的生物类群有：具有较高营养级别的物种，即处于食物链上层的种群；增殖速度较慢的大型稀有动物；地方特有物种；发展缓慢的小规模种群的物种；生物依赖集团中的最大成员，如大象；缺乏散播和迁移能力的物种；具有群集巢居习性的物种；迁徙动物；依赖不可靠资源的物种；对干扰没有进化经验的物种。通过食物链的作用，地球

---

① 告急！百万物种濒临灭绝. 中国自然资源报，2019-05-22.

上每消失一种植物，就会有 10～30 种依附于这种植物的动物和微生物随之消失。每一个物种的丧失，都将减少自然和人类适应变化条件的选择余地。每一个物种都是一个基因库，物种的急剧丧失和生态系统的大规模破坏，必将导致遗传多样性的丧失。这使作为生命支持系统重要组成部分的生态系统功能和承载力、恢复力、抗干扰能力等失衡，物质循环过程受阻，严重威胁人类生存的基础。

## 1.7 环境政策概述

制定环境政策涉及社会各个方面，包括政府部门、私营企业、科学界和环保主义者。虽然每一个参与者有着不同的背景，但在政策制定过程中各自扮演着重要的角色，各方的努力都会为决策提供必要的支持。

环境政策的制定需要依靠不同领域专家的深入研究和分析，如来自生物学、化学、经济学、法学和医学等领域的专家。这些领域和其他领域的研究结果被用来进行数据评估和决策，最终形成政策规划。政策规划使用的主要工具是风险分析。风险分析包括两个决策程序：风险评价和风险管理。

### 1.7.1 风险评价

在任何时候，环境目标的实现总是受到有限经济资源的约束。这意味着，当环境问题被确定后，还必须确定它们的优先次序。一般是采用风险评价方法，对某种环境风险给人类健康和生态带来的相对风险进行定量和定性评价及科学评估。评估必须确定危害与健康或生态影响之间是否存在因果关系，如果得到确认，科学家们就要研究随着危害的增加其影响是怎样发生变化的。这些研究至关重要，因为它们决定了制定相应政策的必要性和紧迫性。

### 1.7.2 风险管理

如果风险评价是合理的，规划过程就进入下一个阶段，即风险管理。它是评估和选择应对环境风险决策的过程，例如对污染物排放采取法律限制或者对产生污染的产品征税。风险管理的目标非常明确——用政策手段减少社会风险。相对而言，不太明确的是政府如何确定社会可以承受的风险水平以及确定进行政策评估的基础。

### 1.7.2.1 政策评估标准

现在已经有了一些可以指导这些重要决策的风险管理策略。这些策略运用一些标准来评估政策选择，而标准一般是基于风险、成本和收益及其比较来制定的。有两个从经济角度考虑的标准：配置效率和成本-效益。

配置效率要求资源使用的社会边际收益与边际成本相等。成本-效益要求以最少的资源达到目标。实际上，标准的选择要经过法律批准，或者至少是法律允许的。例如，美国立法中的一些规定禁止在政策制定过程中考虑成本因素，这实际上妨碍了配置效率或成本-效益目标。

### 1.7.2.2 政府的综合政策方法

风险管理中的一个重要方面是政府选择的规制方法。直接控制污染的政策是典型的行政管制方法，它通过制定法规或者标准来控制污染排放。实际上，标准是对污染物的最大排放量或者必须使用的排污削减技术做出的规定。在这两种情况下，污染者都必须无条件地遵守法律规定，无论污染者所处的地理位置、获得资源的方法、现有的排放水平或技术条件如何，都必须达到同样的标准。在过去几十年中，行政管制方法已经成为政府控制污染的主要手段，但是在最近几年的战略性政策计划中加入了更多的经济激励，这意味着政策正在向市场方法转变。

市场方法以激励为基础，旨在鼓励实施环保措施或减少污染的战略，而不是迫使污染者遵守某个条例。许多政策手段能够达到这个效果，如排污收费或对产生污染的产品征税。这些方法的共同点是引入了市场力量，从而使污染者的最优决策有益于环境①。

### 1.7.2.3 设定时间范围

风险管理决策的另一个重要因素是为政策的执行确定最有效的时间计划。一种方法是为更急迫的或短期的问题制定政策，这种类型的政策被称为管理战略，因为其目的是解决现实问题，改善环境。在物质平衡模型中，使用这样的战略是为了减少残留物回流到环境中所产生的损害。

另一种方法以预防为目的，旨在解决未来的环境恶化问题。这种长期战略被称为污染预防，旨在减少回流到自然界的残留物或者减少残留物的有害成分，或者说旨在减少排放到自然界的残留物的数量或降低其毒性。预防战略在众多工业化国家已经成了主要的政策手段。政府在修正法律时应纳入更多预防措施和激励手段，以减少污染和保护资源。

---

① OECD（1999）appendix1，pp.100-108.

## 思考题

1. 环境经济学是如何产生与发展的？
2. 环境经济学的理论基础是什么？
3. 经济学分析在环境研究中起到什么作用？
4. 概述经济活动的两个基本模型的内容，并说明其区别。
5. 阐述环境质量、可持续发展及生物多样性的含义。
6. 环境风险包括哪些内容？

## 案例讨论

近几年，废电池对环境的影响成为国内媒体的热门话题之一。有的报道称电池对环境污染很严重，一节电池可以污染数十万立方米的水；有的甚至说废电池随生活垃圾处理可以引起诸如日本水俣病之类的危害。这些报道在社会上引起了很大反响。有很多热爱环保的人士和团体开展或参加了回收废电池的活动。

1. 废电池是怎样污染环境的？
2. 请你设计相关政策以利于废电池的回收。
3. 请你设计一个关于废电池回收的循环经济案例。

# 第 2 章　市场过程建模

根据物质平衡模型，环境问题与市场活动有着直接关系。消费者和生产者做出的基本决策影响着地球上自然资源储备的数量和质量。环境经济学研究的是资源损耗，需要对两个问题进行详细讨论，即市场活动怎样产生具有污染性的残留物，以及为什么市场力量不能解决这个问题。环境经济学运用市场失灵等模型分析问题，并寻找解决方法。因此，在运用这些模型之前，我们要对市场机制本身进行全面剖析。

本章中，我们将学习市场的基本组成和微观经济学的基本概念，并重点分析需求和供给模型的运行，因为它是物质平衡模型的核心。为了更好地了解市场行为、消费者和生产者的决策动机及定价机制，我们首先学习供给和需求的基本原理。本章提到的所有分析模型和工具都是为第 3 章中研究市场失灵模型做准备的。

## 2.1　市场模型

### 2.1.1　定义相关市场

在经济分析中所使用的市场概念比日常生活中市场的概念更为广泛。市场是指消费者（或买方）和生产者（或卖方）为了交易某种商品而进行的互动。这个更理论化的定义既综合又抽象地描述了市场的本质。经济学所谓的市场，是指交易的过程和大范围经济活动交易的条件。这个定义既包括了超市中的货物交易，也包括了要素市场中劳动力的买卖。我们将在后面的章节中看到，该定义还可以用于“环境质量市场”对污染控制的分析。因此，经济分析的关键步骤之一是为所研究的商品和服务定义相关市场。

### 2.1.2　确定市场模型

定义了相关市场，也就必须确定市场模型及其特点。模型的形式取决于研究目的及其复杂程度，经济变量之间简单的定性关系可以用一个二维图形来建模。为了量化这些关系，模型需要以方程式或者公式的形式表达①。正式检验是用真实数据对这些理论关系进行实证分析②。

## 2.2 需求与供给模型

根据定义，任何商品的市场交易都包括两个独立的决策者：消费者和生产者。他们都有各自不同的动机，受到不同经济因素的影响甚至限制。消费者的决策通过需求函数来表示，而生产者的决策通过供给函数来表示。在同时考虑市场的双方时，需求与供给模型就决定了均衡产量和均衡价格。

### 2.2.1 建模目的

建立需求与供给模型的基本目的是帮助分析市场条件和价格变化。通过对价格变化进行分析，可以了解是否出现短缺或过剩、资源配置是否有效率和政府政策的经济影响。例如，环境经济学家可以运用需求与供给模型，来研究旨在减少汽油消费的燃油税对改善城市空气质量的作用。通过研究市场条件和汽油价格的相关变化，经济学家能够确定消费模式如何受到影响，消费者和生产者如何分担税收以及收入分配受到怎样的影响。

当市场失灵时，则需要进行更为复杂的分析。这时，必须修改传统的需求与供给模型来说明市场力量减弱的原因。经济学理论认为，诸如城市烟雾和水污染等环境问题的持续存在，是市场失灵或者失效的结果。当然，为了理解问题产生的原因和寻求解决方法，我们必须很好地掌握市场运行过程、影响需求与供给的基本因素以及价格机制。

### 2.2.2 基本模型：私人物品竞争性市场

为建立一个需求与供给的基本模型，我们做出以下假设：第一，假设商品市场是竞争性的，其主要特点是：①存在大量相互独立的买方和卖方，他们都不能控制价格；②产品无差异或者是标准化的；③不存在进入壁垒；④信息完备。第二，为了简化模型，假设要素市场也是竞争性的，即每个生产者都不能控制投入要素的价格。第三，假设在市场上出售的产品是私人物品。私人物品具有两个特征：消费竞争性和排他性。这意味着一个人消费了某种商品，其他人就不可能消费，而只有消费的人才能获益。这个私人物品（与公共物品相反）的假设在传统的数量和价格决定分析中是非常严格的。

---

① 为了简便，本教材使用线性方程式。

② 在以后的章节中我们将直接使用一些在环境经济学中的重要研究成果。

## 2.3　市场需求

需求是指消费者在一定时期内在各种可能的价格水平下愿意且能够购买的某种商品的数量。消费者通过调整购买决策来达到最大的满足，即经济学术语中的效用最大化。影响消费者决策的因素有很多，如商品的价格、消费者的收入水平、相关商品的价格、消费者的偏好、消费者对该商品的价格预期，以及消费者的人数等。但是，市场分析的核心是该商品的价格，在其他影响因素保持不变的情况下，需求函数被定义为需求量和价格之间的关系。消费者支付能力表示约束消费选择的收入限制。支付意愿表示消费者预期从消费某种商品中得到的价值或者收益。实际上，这种支付意愿或者需求价格被认为是对边际收益的衡量，边际收益与增加单位商品的消费有关。

扫码获取

消费需求和环境问题

在确定需求时，假定保持不变的主要经济变量包括消费者的财富和收入、相关商品（如替代品和互补品）的价格、偏好以及对价格的预期，其中任何一个变量的变化都将改变整个价格-数量关系，即需求变化。需求变化对消费的影响与对价格变化的影响不同，后者仅仅引起需求量的变化。例如，当某种商品的价格下降时，消费者通常会购买更多的该种商品，这只是由商品价格变化导致的对该种商品数量需求的一种简单变化。另外，如果消费者的偏好改变了，在任何可能的价格水平上他们都需要更多的某种商品。其结果是需求发生了变化。消费者在任何可能的价格水平上倾向于“环境友好”产品的偏好变化就属于这种情况。表 2.1 中的数据可以反映出这种现象和对市场需求的影响，$q_d$ 表示某消费者的需求量（瓶），$P$ 是 1 L 瓶装水的价格（元）。

表 2.1　单个消费者对瓶装水的需求数据

| 价格 $P$/元 | 需求量（$q_d=-4P+20$）/瓶 | 价格 $P$/元 | 需求量（$q_d=-4P+20$）/瓶 |
|---|---|---|---|
| 0.50 | 18 | 3.00 | 8 |
| 1.00 | 16 | 3.50 | 6 |
| 1.50 | 14 | 4.00 | 4 |
| 2.00 | 12 | 4.50 | 2 |
| 2.50 | 10 | 5.00 | 0 |

### 2.3.1　需求定理

通常情况下，需求量和价格之间存在负相关关系，称为需求定理。它表示在其他因素保持不变的情况下，价格的提高会导致需求量的下降，反之则相反。确切地说，需求定理是在其他因素保持不变的情况下，某种商品的需求量和价格之间存在负相关关系。这是一个非常直观的定理，因为在收入限制的条件下，消费者把价格视为限制消费的障碍①。

### 2.3.2 个人需求建模

我们可以用表 2.1 中的某个人对 1 L 瓶装水需求的假设数据说明需求定理。表 2.1 中的价格表示在一个月内，消费者在每瓶 0.5～5 元的一组价格下效用最大化的数量决策，虽然这些数据只给出了价格-数量组合的有限样本，但表示这种关系的方程式则反映了消费者对所有可能的价格-数量组合。在这里，需求函数是简单的线性函数，即 $q_d = -4P + 20$。

把表 2.1 中的任一 $P$ 值代入方程式的右端，就可以计算出相应的 $q_d$ 值。例如，如果 $P = 3$ 元，则 $q_d = -4 \times 3 + 20 = 8$ 瓶。需求变化的图解一般习惯使用需求函数的反函数，即 $P = f(q_d)$，求解该方程，可以得 $P = -0.25q_d + 5$。图 2.1 表示某个消费者的需求曲线（$d$）。

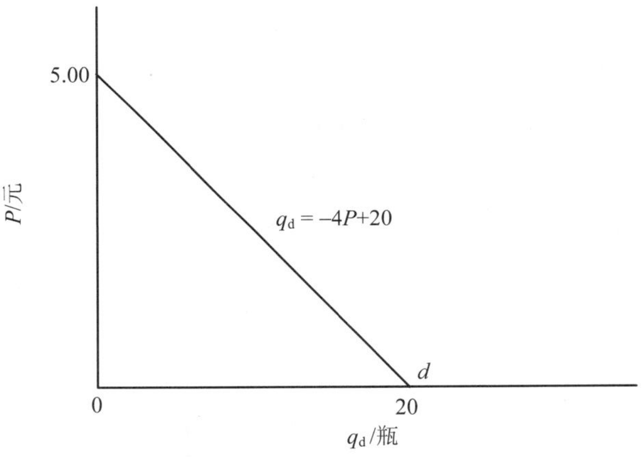


图 2.1 单个消费者对瓶装水的需求

### 2.3.3 由个人需求推导出市场需求

在有关的经济学研究中，大多数是分析在一个给定的市场中所有消费者的集体决策，而不是单个消费者的决策。因此，更为合适的概念是市场需求，它表示所有愿意并且能够购买商品的消费者需求。市场需求是集合了所有单个消费者的需求总量推导而来的。对于私人物品而言，这个总量是将每个价格水平上的所有需求加总得到的。因为通常图中横轴

① 有关需求定理的详细解释，特别是关于收入和替代品的影响，可参考微观经济学对这些概念的解释。

表示数量，所以被称为水平加总。

虽然价格对所有的消费者都是相同的，但由于每个消费者的收入、财富、偏好和预期的不同，他们做出的数量决策也各不相同。

为了简化起见，通过在前面的模型上加上另外一个消费者的需求来解释这个加总的过程。表 2.2 给出了两个假设的消费者 1 和消费者 2 的个人需求数据。这两个消费者的总需求通过将每个价格水平上的两栏数量加总得到，其结果在表的最右边一栏。通过将两个需求方程式的对应项相加的代数方法也可以得到同样的结果，方法如下：

消费者 1 的需求：　　$q_{d1} = -4P + 20$

＋ 消费者 2 的需求：　$q_{d2} = -2P + 10$

---

消费者 1 和消费者 2 的总需求：$q_{d(1+2)} = (q_{d1}+q_{d2}) = -6P + 30$

**表 2.2　两个消费者对瓶装水的总需求数据**

| 价格 $P$/元 | 消费者 1 的需求量（$q_{d1} = -4P + 20$）/瓶 | 消费者 2 的需求量（$q_{d2} = -2P + 10$）/瓶 | 消费者 1 和消费者 2 的总需求量（$q_{d(1+2)} = q_{d1} + q_{d2} = -6P + 30$）/瓶 |
|---|---|---|---|
| 0.50 | 18 | 9 | 27 |
| 1.00 | 16 | 8 | 24 |
| 1.50 | 14 | 7 | 21 |
| 2.00 | 12 | 6 | 18 |
| 2.50 | 10 | 5 | 15 |
| 3.00 | 8 | 4 | 12 |
| 3.50 | 6 | 3 | 9 |
| 4.00 | 4 | 2 | 6 |
| 4.50 | 2 | 1 | 3 |
| 5.00 | 0 | 0 | 0 |

为了得到市场需求，我们使用同样的方法计算所有消费者的需求。保持竞争性市场的假设不变，我们假设瓶装水市场有 100 名消费者。假设数据如表 2.3 所示，在每个价格水平上，表中的第 2 列数据表示的是消费者 1 和消费者 2 的总需求量，第 3 列数据是其余 98 名消费者的总需求量，第 4 列数据是市场需求量（$Q_D = \sum q_d$）。相应的方程式为

消费者 1 和消费者 2 的需求：　　$q_{d(1+2)} = -6P + 30$

＋ 消费者 3 到消费者 100 的需求：　$q_{d(3\sim100)} = -94P + 1\ 120$

---

市场需求：　　$Q_D = -100P + 1\ 150$

表 2.3　瓶装水的市场需求数据

| 价格 $P$/元 | 消费者 1 和消费者 2 的总需求量（$q_{d(1+2)}=-6P+30$）/瓶 | 消费者 3 到消费者 100 的总需求量（$q_{d(3\sim100)}=-94P+1\,120$）/瓶 | 市场需求量（$Q_D=-100P+1\,150$）/瓶 |
|---|---|---|---|
| 0.50 | 27 | 1 073 | 1 100 |
| 1.00 | 24 | 1 026 | 1 050 |
| 1.50 | 21 | 979 | 1 000 |
| 2.00 | 18 | 932 | 950 |
| 2.50 | 15 | 885 | 900 |
| 3.00 | 12 | 838 | 850 |
| 3.50 | 9 | 791 | 800 |
| 4.00 | 6 | 744 | 750 |
| 4.50 | 3 | 697 | 700 |
| 5.00 | 0 | 650 | 650 |

市场需求的反函数曲线如图 2.2 所示。

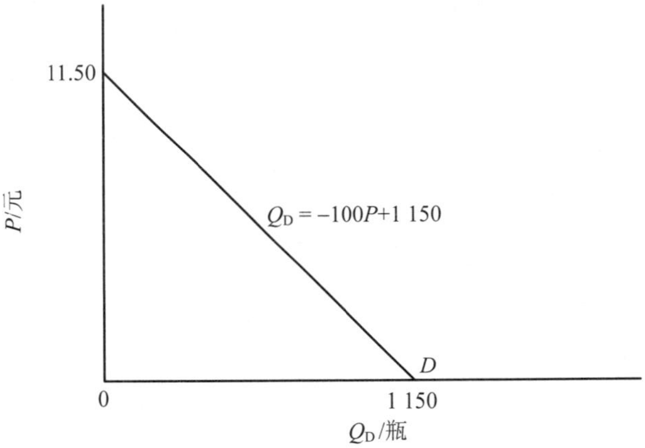


图 2.2　瓶装水的市场需求

## 2.4　市场供给

供给是指生产者在一定时期内在各种可能的价格下愿意且能够提供出售的某种商品的数量。在市场的另一方，我们根据以利润为动机的生产者的决策得到供给关系。虽然供给会受到很多其他因素的影响，如生产的成本、技术水平、相关商品的价格、生产者对未来的预期以及生产者的人数等，在其他因素不变的情况下，我们可以将每个厂商的供给决策模型简化为价格的函数。与市场需求类似，这些因素的改变将影响整个价格-数量关系，导致供给的变化，而价格的变化影响供给量的变化。

### 2.4.1　供给定理

在通常情况下，供给量和价格之间的关系是正相关关系，称为供给定理。它表示在其他因素保持不变的情况下，价格的提高导致供给量的增加。厂商追求利润最大化的传统假设表示，较高的价格会刺激厂商向市场提供更多的产品。二维码中的内容讨论了利润动机在绿色市场上是如何发挥作用的。

扫码获取

利润动机对环境有利吗?

对于利润动机与环境治理的关系，2014 年 3 月 7 日，习近平同志在参加十二届全国人大二次会议贵州代表团审议时指出："绿水青山和金山银山决不是对立的，关键在人，关键在思路。……保护生态环境就是保护生产力，改善生态环境就是发展生产力。让绿水青山充分发挥经济社会效益，不是要把它破坏了，而是要把它保护得更好。"

2017 年 10 月 18 日，习近平同志在党的十九大报告中再次强调："建设生态文明是中华民族永续发展的千年大计。必须树立和践行绿水青山就是金山银山的理念，坚持节约资源和保护环境的基本国策，像对待生命一样对待生态环境，统筹山水林田湖草系统治理，实行最严格的生态环境保护制度，形成绿色发展方式和生活方式，坚定走生产发展、生活富裕、生态良好的文明发展道路，建设美丽中国，为人民创造良好生产生活环境，为全球生态安全作出贡献。"

对供给定理更为正式的解释是基于厂商生产成本的性质。当厂商制造更多的产品（$Q$），总成本（TC）以更大的比例增长时，这意味着 TC 的增长（ΔTC）与 $Q$ 的增长（$\Delta Q$）的比值增加。这个比值（$\Delta \mathrm{TC}/\Delta Q$）定义了厂商的产品边际成本（MC），表示每多生产一个单位产品的额外成本。因为当 $Q$ 增加时，MC 也随之增加，厂商需要对生产的每一个额外的单位产品制定更高的价格。因此，MC 的增加支持了由供给定理决定的价格-数量关系的正相关关系。

### 2.4.2　单个厂商供给模型

我们利用表 2.4 中某个瓶装水生产企业的假设数据来说明供给定理。表中右侧一列的数据表示一家企业在价格为 0.50～5.00 元的利润最大化的生产决策。注意，供给价格和供给数量之间始终存在正相关关系。与这些数据相关的线性方程式为 $q_s = 16P - 4$，$q_s$ 表示单个厂商的供给数量。表 2.4 中的每一对价格-数量都满足这个方程式。

表 2.4　单个瓶装水生产者供给数据

| 价格 $P$/元 | 供给量（$q_s=16P-4$）/瓶 | 价格 $P$/元 | 供给量（$q_s=16P-4$）/瓶 |
|---|---|---|---|
| 0.50 | 4 | 3.00 | 44 |
| 1.00 | 12 | 3.50 | 52 |
| 1.50 | 20 | 4.00 | 60 |
| 2.00 | 28 | 4.50 | 68 |
| 2.50 | 36 | 5.00 | 76 |

### 2.4.3　由单个厂商供给推导出市场供给

与需求分析相似，将所有单个厂商的供给量进行垂直加总，就能得到私人物品的市场供给，也就是生产者的集体决策，以此来分析产品的总产量水平。由于假设产品市场是竞争性的，所以将供给加总的过程更为简单，因为在这样的市场条件下，所有的厂商都是相同的。见图 2.3。

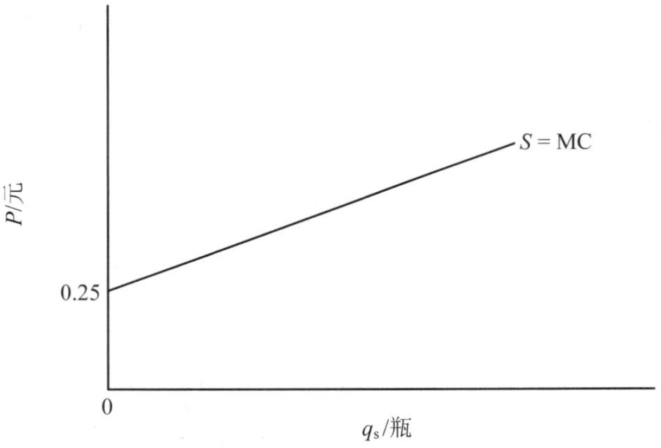


图 2.3　单个瓶装水生产者的供给

与需求分析相同，我们先用两个厂商的例子来分析这个加总过程。表 2.5 给出了两个瓶装水生产商的假设数据，相应的代数式为

生产者 1 的供给：　　$q_{s1}=16P-4$

＋ 生产者 2 的供给：　　$q_{s2}=16P-4$

---

生产者 1 和生产者 2 的总供给：　　$q_{s(1+2)}=(q_{s1}+q_{s2})=32P-8$

表 2.5　生产者 1 和生产者 2 的总供给数据

| 价格 $P$/元 | 生产者 1 的供给量（$q_{s1}=16P-4$）/瓶 | 生产者 2 的供给量（$q_{s2}=16P-4$）/瓶 | 两个生产者的总供给量（$q_{s(1+2)}=q_{s1}+q_{s2}=32P-8$）/瓶 |
|---|---|---|---|
| 0.50 | 4 | 4 | 8 |
| 1.00 | 12 | 12 | 24 |
| 1.50 | 20 | 20 | 40 |
| 2.00 | 28 | 28 | 56 |
| 2.50 | 36 | 36 | 72 |
| 3.00 | 44 | 44 | 88 |
| 3.50 | 52 | 52 | 104 |
| 4.00 | 60 | 60 | 120 |
| 4.50 | 68 | 68 | 136 |
| 5.00 | 76 | 76 | 152 |

为了将供给关系上升到市场水平，我们假设有 25 个生产者，继续用相同的方法将该行业中的所有厂商进行加总。假设市场的供给数据如表 2.6 所示，在每个市场价格上，第 2 列数据表示生产者 1 和生产者 2 的总供给量，第 3 列数据是其余的 23 个生产者的总供给量，最后一列为市场供给量（$Q_S=\sum q_s$）。相应的供给方程为

生产者 1 和生产者 2 的供给：　　$q_{s(1+2)}=32P-8$

\+ 生产者 3 到生产者 25 的供给：　$q_{s(3\sim25)}=368P-92$

---

市场供给：　　$Q_S=400P-100$

表 2.6　瓶装水的市场供给数据

| 价格 $P$/元 | 生产者 1 和生产者 2 的总供给量（$q_{s(1+2)}=32P-8$）/瓶 | 生产者 3 到生产者 25 的总供给量（$q_{s(3\sim25)}=368P-92$）/瓶 | 市场供给量（$Q_S=400P-100$）/瓶 |
|---|---|---|---|
| 0.50 | 8 | 92 | 100 |
| 1.00 | 24 | 276 | 300 |
| 1.50 | 40 | 460 | 500 |
| 2.00 | 56 | 644 | 700 |
| 2.50 | 72 | 828 | 900 |
| 3.00 | 88 | 1 012 | 1 100 |
| 3.50 | 104 | 1 196 | 1 300 |
| 4.00 | 120 | 1 380 | 1 500 |
| 4.50 | 136 | 1 564 | 1 700 |
| 5.00 | 152 | 1 748 | 1 900 |

图 2.4 用反函数的形式表示了市场供给曲线（$S$）。在每个价格水平上，纵轴和 $S$ 之间的水平距离等于 25 个生产者各自供给曲线的水平距离加总得到的总量。而且，因为每个竞争性厂商的供给曲线都是其 MC 曲线，所以市场供给是每一个生产者的水平加总。

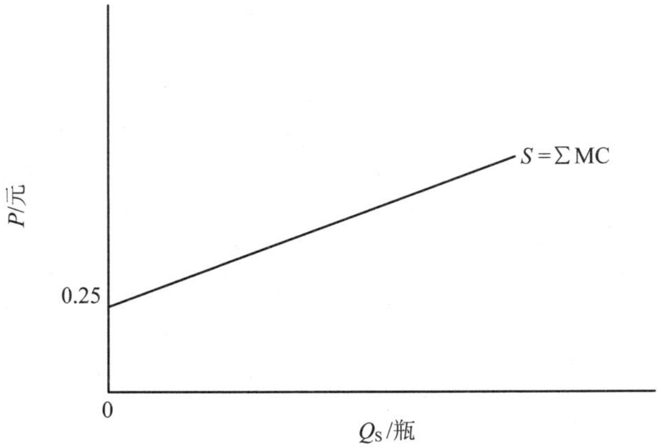


**图 2.4　瓶装水的市场供给**

## 2.5　市场均衡

我们已经分别分析了市场双方各自的经济决策模型。为了建立价格决定模型，需要同时考虑需求与供给，以体现消费者和生产者在市场上的互动关系。价格由需求与供给同时决定，这是一般的价格理论，也是所有经济分析中最重要的理论之一[①]。需求与供给决定了唯一的均衡价格（$P_E$），在这一价格水平上市场系统“停止移动”，即达到均衡或市场出清。$P_E$ 是 $Q_D$ 和 $Q_S$ 相等时的价格。只有在 $P_E$ 上的均衡数量（$Q_E$）才能同时使厂商和消费者分别达到利润最大化的生产水平和效用最大化的消费水平。

表 2.7 显示的是我们假设的瓶装水市场的均衡，它同时给出了市场供给和需求的数据。注意，该市场的均衡价格是 2.5 元，此时的 $Q_S$ 和 $Q_D$ 相等且唯一，都为 900 个单位。另外，市场均衡可以通过市场需求函数和供给函数联合求解，得到相同的结果。市场均衡还可以通过图示的方法即市场需求曲线和市场供给曲线得到，如图 2.5 所示。注意：均衡点位于 $D$ 和 $S$ 的交点，在该点上 $Q_D = Q_S$。

① 这个理论由阿尔弗雷德·马歇尔（Alfred Marshall）提出，1890 年他首次将这个假设发表于 *Principles of Economics*。

表 2.7　瓶装水的市场供给和需求数据

| 价格 $P$/元 | 市场供给量（$Q_S = 400P - 100$）/瓶 | 市场需求量（$Q_D = -100P + 1\ 150$）/瓶 | 市场过剩或是短缺 |
|---|---|---|---|
| 0.50 | 100 | 1 100 | 短缺=1 000 |
| 1.00 | 300 | 1 050 | 短缺=750 |
| 1.50 | 500 | 1 000 | 短缺=500 |
| 2.00 | 700 | 950 | 短缺=250 |
| 2.50 | 900 | 900 | 均衡 |
| 3.00 | 1 100 | 850 | 过剩=250 |
| 3.50 | 1 300 | 800 | 过剩=500 |
| 4.00 | 1 500 | 750 | 过剩=750 |
| 4.50 | 1 700 | 700 | 过剩=1 000 |
| 5.00 | 1 900 | 650 | 过剩=1 250 |

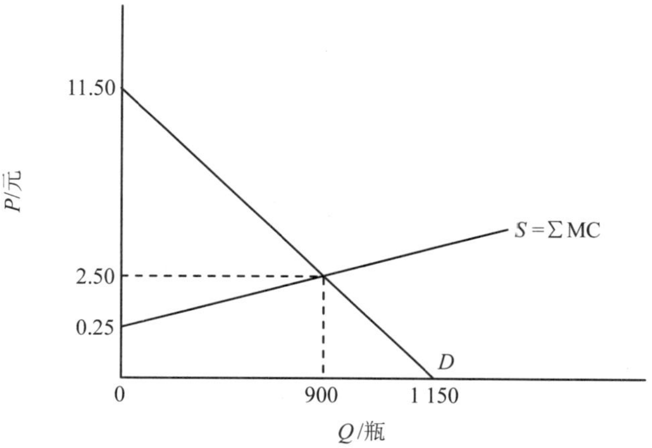


图 2.5　瓶装水市场的均衡：市场供给和市场需求

## 2.6　对非均衡的市场调整

如果市场价格水平不是均衡水平，那么一定是 $Q_D \neq Q_S$，此时的市场处于非均衡，其结果是消费者和生产者都会做出一些调整，使市场重新达到均衡。调整的动机和过程取决于市场是需求过度（短缺）还是供给过度（过剩）。

## 2.6.1 短缺

如果实际价格 $P$ 低于均衡价格 $P_E$，那么就存在需求过度。在这个价格水平上，$Q_D>Q_S$，其结果是商品的市场短缺。短缺的数量为 $Q_D-Q_S$。或者说当某一商品的实际价格低于均衡价格时，即会出现需求过度。在表 2.7 中，在价格水平低于 2.5 元时瓶装水市场就会出现短缺。这表示在该价格水平上，消费者对商品的需求量大于厂商愿意和能够提供给市场的数量。厂商将会对此做出反应，增加供给数量，使市场供给量沿曲线向上移动，同时提高价格。这个过程将持续到改变供给数量的动机不存在为止，即当价格上升到均衡水平的时候。

## 2.6.2 过剩

当实际价格 $P$ 高于均衡价格 $P_E$ 时，厂商不能将所有的产品都售出，并开始关注库存数量。在这种情况下，存在过度供给，即在这个价格水平上 $Q_S>Q_D$，其结果就是市场过剩，过剩的数量等于 $Q_S-Q_D$。从表 2.7 中可以看到，当瓶装水市场价格高于 2.5 元时，会出现供给过剩。因为供给过剩未售出，厂商会愿意降低价格，售出过剩的商品，价格持续降低到所有未出售的过剩库存都被售出时的水平，就达到均衡价格。

扫码获取

再循环的成就和新闻用纸的市场变化

注意，价格是市场存在短缺或过剩的信号，而价格稳定时意味着均衡。由于市场内在力量的作用，当市场出现非均衡时就会进行调整。如果该模型的假设有效，则不需要通过政府干涉来达到均衡。二维码中的内容以报纸回收市场为例，分析了市场调整过程。

至此，我们已经讨论了竞争性市场的基本构成要素，并阐述了需求和供给决策如何同时影响均衡价格的确定。但是，我们需要在更深层次上理解竞争性均衡——首先是经济资源的配置，然后是社会福利。

# 2.7 效率的经济标准

经济分析需要特定标准的指导，这些标准之一是合理配置生产资源，称为配置效率；另一个重要标准是关于生产资源的节约，称为技术效率。这些标准都与应用经济学科有关，其中包括环境经济学。我们首先讨论配置效率。

## 2.7.1　配置效率

正如物质平衡模型中分析的，市场系统使用资源的方法不但对生产者和消费者非常重要，对自然环境也有重要影响。但是如何评估资源配置呢？对这个问题的回答包括以下两个部分：评估收益和成本、运用边际分析。

我们已经在前面关于需求和供给的分析中对它们做了介绍，现在，利用它们得出的关于决策和竞争条件下均衡的重要结论进行分析，首先是在市场层次上，然后扩展到厂商层次上。

### 2.7.1.1　市场的资源配置评估

竞争性市场被认为是市场的理想状态，也是我们评价其他市场的标准。如果我们认真了解竞争性均衡的含义，就可以更好地理解这个性质。我们知道，在均衡点上市场需求与市场供给相交叉。从资源配置角度来看，我们将用价格沿着需求曲线的移动来表示边际收益（MB），每个需求价格都表示消费者从消费下一个（或边际）单位商品中期望得到的增加收益。在供给方面也是从边际角度解释，但在这里价格表示的是经济成本。因为竞争性市场的供给是单个厂商的边际成本曲线的水平加总，每个供给价格代表需要制造另一单位商品时的新增成本。经济成本包括显性成本或现款支付的成本，即与生产相关的成本，还包括全部隐性成本，即基于对任何经济资源可供选择的最高利用价值。

将这两点论述结合起来，我们可以得到一个重要的结论。在竞争性均衡时，社会认可的某一商品价值与放弃该商品生产的资源价值相等，也就是使社会的收益增量与成本增量相等，表示为 MB = MC。根据定义，这个结果确定了稀缺经济资源存在有效配置，或者说是达到了配置效率。配置效率要求社会对新增一个单位产品的附加价值与社会所放弃该商品生产的资源价值相等。认识到这个结论只是竞争模型的一部分是重要的，但是，理解其中的缘由更为关键。为此，我们需要讨论在这些市场条件下单个生产者的决策。

### 2.7.1.2　厂商的资源配置评估

我们通常假设厂商的决策动机是利润最大化，还假设生产者的选择变量是产出。因此，所有的厂商，不论是否在竞争条件下，都会选择利润最大化的产出水平。总利润（$\pi$）被定义为：总收益（TR） − 总成本（TC）。总收益仅仅是厂商销售量的货币价值，是市场价格（$P$）和售出产品数量（$q$）之乘积（TR = $Pq$）。总成本包括所有与产品生产有关的经济成本。

为了达到可以实现最大利润的生产量，厂商要考虑生产每新增一单位产品的相关收益和成本，然后根据边际水平做出决策。从厂商的观点来看，收益由 TR 来衡量，而成本由 TC 来衡量。因此，我们可以通过考虑 TR 和 TC 的相应改变，来讨论新增每一单位产品的利润含义。如果生产新增一个单位的产品所增加的 TR 比 TC 多，厂商将增加产量，如果所增加的 TC 比 TR 多，厂商则会降低产量。这一过程将持续到没有继续增加生产的动机时为止，这时，来自最后一个单位产出的总利润的变化（$\Delta\pi$）为零，继续增加产出将使总利润下降。因此，在这一点上，总利润达到最大化。这里说的利润最大化是指在 MR = MC 或者边际利润（$M_\pi$）= 0 时的产出水平上获得的利润。

注意，整个决策过程取决于变化量，也就是边际分析。在这里，相关的边际变量如下：

边际收益（MR）是与产量（$q$）相关联的总收益（TR）的变化，即 $MR = \Delta TR/\Delta q$；

边际成本（MC）是与产量（$q$）相关联的总成本（TC）的变化，即 $MC = \Delta TC/\Delta q$；

边际利润（$M_\pi$）是与产量（$q$）相关联的总利润（$\pi$）的变化，即 $M_\pi = \Delta\pi/\Delta q$。

因此，厂商根据以下规则做出利润最大化的决策：

当 MR＞MC 或者 $M_\pi$＞0 时，厂商将增加生产；

当 MR＜MC 或者 $M_\pi$＜0 时，厂商将减少生产；

当 MR = MC 或者 $M_\pi = 0$ 时，厂商达到利润最大化的生产水平。

注意，这时单个厂商正好达到最佳产出水平，在这一点上厂商的边际收益正好与所使用资源的边际成本相抵。虽然这个结果证明了边际收益和边际成本分析是有效的，但产出却不一定达到配置效率。为什么呢？因为 MR 是厂商的边际收益，它与用价格衡量的社会边际收益不一定相等。事实上，厂商实现配置效率的唯一合理方法是使 MR 等于 $P$，而这只在竞争条件下才会实现。为了理解这一点，我们需要再一次考虑厂商的利润最大化的决策怎样受竞争性市场的影响。

作为价格的接受者，在竞争性市场上的每个厂商必须被动接受市场决定的价格，不能对商品收取高价格，因为根据假设，市场上所有其他厂商生产的产品是同质的。所以，如果一个厂商要提高产品价格，则消费者将从其他供给者那里购买，就不会对这个厂商的产品有任何需求。而且，厂商没有主动降低价格的动机，因为他们在市场决定的价格下能够卖出所有产品。因为竞争性厂商不能控制市场条件，它所面对的是一个不变的价格。所以，厂商销售的每一个新增单位的产品带来的总收益增量都应该等于该产品的价格。这个结果可以用竞争性市场的一个重要等式来表示，即 $P$ = MR。虽然竞争性厂商遵循着利润最大化决策规则，但是，在配置效率可以自动实现的情况下，均衡结果有很大差异。这可以归纳为以下的推导：

利润最大化要求：MR = MC

竞争性市场意味着：$P$ = MR

因此，竞争性厂商的利润最大化要求：$P$ = MC

现在，我们应该清楚，为什么竞争性市场均衡可以实现配置效率，因为在 $P$ = MC 的市场中，每一个厂商都独立地进行生产。

为了说明这一结论，表 2.8 中列出了瓶装水市场中一个典型厂商的收益和成本数据。

**表 2.8　瓶装水市场中一个典型厂商的收益和成本数据**

| 价格（$P_E$）/元 | 数量（$q$）/瓶 | 总收益（TR）/元 | 边际收益（MR）/元 | 边际成本（MC）/元 |
|---|---|---|---|---|
| 2.50 | 4 | 10.00 | 2.50 | 0.50 |
| 2.50 | 12 | 30.00 | 2.50 | 1.00 |
| 2.50 | 20 | 50.00 | 2.50 | 1.50 |
| 2.50 | 28 | 70.00 | 2.50 | 2.00 |
| 2.50 | 36 | 90.00 | 2.50 | 2.50 |
| 2.50 | 44 | 110.00 | 2.50 | 3.00 |
| 2.50 | 52 | 130.00 | 2.50 | 3.50 |
| 2.50 | 60 | 150.00 | 2.50 | 4.00 |
| 2.50 | 68 | 170.00 | 2.50 | 4.50 |
| 2.50 | 76 | 190.00 | 2.50 | 5.00 |

首先，我们要确认在所有产出水平上都有 $P$ = MR。根据竞争性模型，厂商面对的价格是市场确定的 2.50 元的不变均衡价格。求 TR 的变化值与 $q$ 的变化值的商，就可以得到 MR 的值。例如，当产出从 28 个单位增长到 36 个单位时，就会使 TR 从 70.00 元增加到 90.00 元，即 $\mathrm{MR} = \Delta\mathrm{TR}/\Delta q$ =（90.00 − 70.00）/（36 − 28）= 2.50 元。可以按此公式计算表 2.8 中 $q$ 每一变化的结果，都有 MR = 2.50 元，与 $P_E$ 恰好相等。

现在我们来分析厂商如何选择生产水平使得利润最大化。表 2.8 中的最后一列显示了 MC 的值，正如竞争性模型显示的，它等于厂商供给的一组价格水平。厂商在进行生产决策时，在每一个产出水平上都根据 MR 考虑 MC。在这个案例中，利润最大化的均衡产出是在 $q_E = 36$ 的水平上，这时 MR = MC = 2.50 元。

因为在任何 $q$ 的水平上 $P$ = MR，这一决策也确保了 $P$ = MC，意味着资源是在一种有效率的方式下配置于生产的。图 2.6 描述了这种均衡。

最终观察到的两个结论并不重要，重要的是结论产生的原因。关于第一个结论，为什么其他的生产决策选择不能使利润最大化？注意，图 2.6 中显示在任何低于 $q_E$ 的产出水平上，厂商的 MR 均大于 MC，意味着 $M_\pi > 0$。因此，厂商能够通过扩大产量增加利润。相反，在高于 $q_E$ 的产出水平上，厂商的 MR 均小于 MC，意味着 $M_\pi < 0$ 或者 $\pi$ 在下降。因此，厂商最好减少生产。

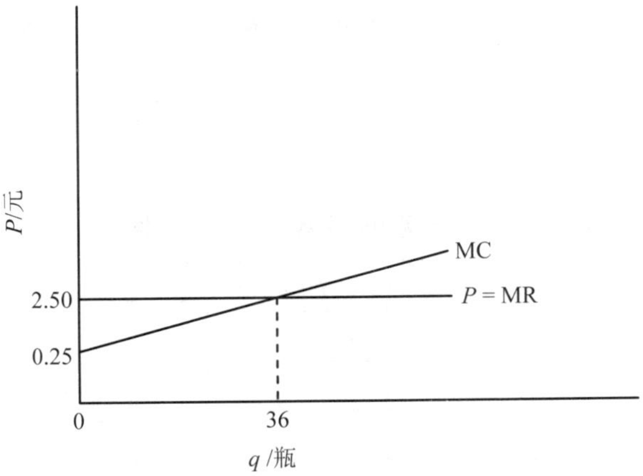


图 2.6 竞争性厂商的利润最大化均衡

只有在 $q = 36$ 的产出水平上，MR = MC，或者 $M_\pi = 0$，这意味着通过继续增加产量来增加利润是不可能的，也就是利润达到最大化。

关于第二个结论，瓶装水市场中的其他 24 个厂商都遵循这一决策过程，都将达到相同的均衡产出（$q_E$ = 36）。因为竞争性厂商面临的市场条件都是相同的，所以，市场均衡产出 $Q_E$ 等于 900 个单位，即该市场上的厂商数量（25 个）与厂商的均衡产出水平（$q_E$ = 36）之乘积。注意，这个结论与由市场供给和需求模型决定的均衡数量一致。

### 2.7.2 技术效率

另一个在市场分析中使用的重要经济标准是技术效率，即在资源数量一定时，可实现产出最大化的生产决策，或使用最少资源数量生产一定数量产品的决策。在物质平衡模型中，达到技术效率可以保护自然资源的储量，同时使利用资源而产生的残留物最小化。而且，在生产和成本之间关系一定的条件下，技术效率意味着当生产达到一定产出水平时，可以实现经济成本最小化。从这个角度来看，技术效率显然是第 1 章所介绍的成本-效益这个一般标准的具体应用。

理解这个问题的关键是，只要是在竞争条件下，市场力量就能够达到技术效率。竞争性厂商为了生存，必须使成本最小化，因为它不能通过提高产品价格来支付由于非效率生产导致的额外费用。如果厂商试图采取提高产品价格的策略，则市场对它所生产的产品的需求量将降至为 0，因为许多其他的厂商都能够给市场提供价格更低的同样商品。了解在这样的理想市场条件下怎样达到技术效率，能够帮助经济学家确定在其他市场条件下达不到技术效率的原因。更重要的是，技术效率决策的有效性能够通过对比最终成本和市场自由运行时的成本进行评估。

## 2.8　福利的衡量：消费者剩余和生产者剩余

在经济学中一个重要的问题是分析市场价格的变化对社会产生的收益和损失。供给和需求模型使用消费者剩余和生产者剩余的概念，提供了进行这种分析的必要信息。通过比较市场波动前后的情况，就可以评估社会所受到的影响。

### 2.8.1　消费者剩余

为了理解消费者剩余，我们先给出它的定义。消费者剩余是指在市场上购买某种商品的消费者愿意支付该商品总量的价格超过其实际支付的价格所产生的净收益。或者说在消费者购买的某种商品总量中，每一单位商品获得的边际收益均超过其实际支付的市场价格所产生的净收益的总和。注意，消费者剩余取决于两个截然不同的价格概念：一个衡量支付意愿，另一个衡量实际支付。消费者愿意为不同数量的某种商品支付的一系列价格被定义为需求曲线，每个需求价格都是消费的边际收益。相反，消费者实际必须支付的价格是由供给和需求决定的市场通行价格。

这两个价格之间有两个主要的差异。首先，它们的决定因素不同。需求价格是由需求单独决定的，是一种基于消费者怎样评价商品的心理价格，而市场价格取决于供给和需求的力量，由生产者和消费者共同决定。其次，虽然存在一系列的需求价格，但是销售的全部商品只有一个市场价格。市场价格一旦确定，即使需求价格要比这个价格高很多，所有的商品也都要以这个价格销售。因此，当消费者购买每一单位商品支付的市场价格低于需求价格时，就得到了剩余收益。

在图 2.7 中，我们在 2.50 元的均衡价格上沿水平方向画了一条参考价格线。注意，在低于 900 这个均衡点的每一个产出水平上，需求价格都高于市场价格。因此，消费者购买的每一单位商品都为其带来了超过他们必须支付价格的剩余收益。

例如，为买第一瓶水，根据市场需求函数的反函数，消费者愿意支付 11.49 元的价格，但是他们实际上只需要支付 2.50 元的价格。这意味着消费者从消费第一单位商品中获得了一个净收益，等于 11.49 元和 2.50 元之差，即 8.99 元。在图中，这一净收益值表示为需求曲线与当 $Q = 1$ 时的价格线之间的垂直距离 $ab$。为了用图形来解释消费者剩余，图 2.7 再次引入前面介绍的瓶装水市场需求曲线。

因为在均衡点之前消费者在购买每一单位的商品时都得到了一个净收益，所以，将所有商品消费的这个净收益加总就得到了消费者剩余。在图 2.7 中，表示为价格线以上和需求曲线以下的三角形面积，即瓶装水市场的消费者剩余是 $WXY$ 区域。整个低于需求曲线的区域表示来自消费的全部收益，即来自每一单位商品的边际收益之和，价格线下面的方形区域是消费这种商品实际支付的全部费用，两者之差则是消费者净收益。

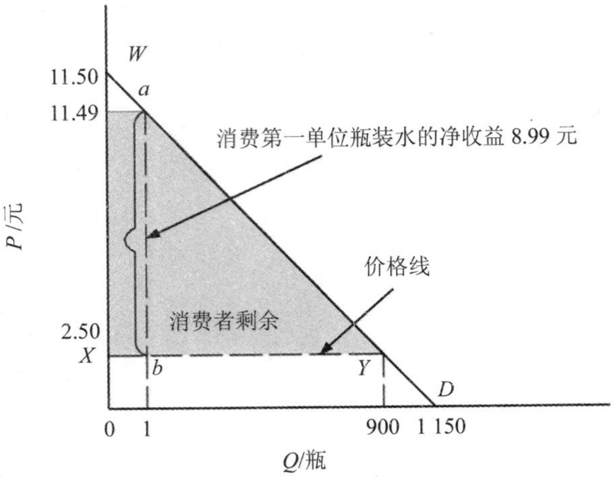


**图 2.7 竞争性瓶装水市场的消费者剩余**

消费者剩余的价值能够通过计算图中的三角形面积 *WXY* 得到。三角形的底是从纵轴到均衡点的距离，即 900，高是 9.00 元，即需求曲线的纵截距（11.50 元）和价格线（2.50 元）的差额，则三角形 *WXY* 的面积$=\frac{1}{2}\times 900\times 9.00=4\,050.00$，即消费者剩余的价值为 4 050.00 元。因此，这个市场中消费者剩余的价值与消费者剩余的数量、均衡价格、均衡数量有关。所以任何对市场均衡的干扰都将改变消费者剩余。因为消费者剩余衡量的是消费者收益，所以消费者剩余价值的任何改变都能够被用来评估有关的消费者福利的增加或者减少。

## 2.8.2 生产者剩余

在市场的供给方，相应的福利衡量方法是生产者剩余。厂商每销售一产品均可获得市场价格超过边际成本的净收益，将所有销售产品的净收益相加得到的总和即为生产者剩余。

通过对供给决策进行分析，我们知道厂商的产品必须根据 MC 曲线定价，而且，竞争性市场的供给曲线是所有厂商 MC 曲线的水平加总。因为市场价格是由市场供给和需求的交点决定的，所以在竞争性均衡时有 $P=\mathrm{MC}$。但是在均衡点以下的任何产出水平上，MC 都低于 $P$。如果市场价格低于 $P$，厂商将减少供给。厂商对每一个产出水平上“愿意接受的”价格也就是他们的供给价格，这个价格由 MC 曲线表示。因此，在每个低于均衡点的产出水平上，厂商的净收益等于 $P-\mathrm{MC}$。

图 2.8 说明了这种净收益。图中给出了竞争性瓶装水市场的供给曲线，或称 MC 曲线，

以及均衡价格 2.50 元的水平参照线。在达到均衡产量 900 之前，生产者在供给每一个单位产品中得到的剩余等于 $P$ 超过 MC 的值。例如，在生产第一单位瓶装水时，根据供给函数，MC 为 0.252 5 元。但是，厂商能够以 2.50 元的市场价格销售这一单位产品。因此，这一单位产品的净收益为 2.247 5（2.50 − 0.252 5）元。在图中为从供给曲线到 $Q = 1$ 时的价格线的垂直距离，记为 $cd$。

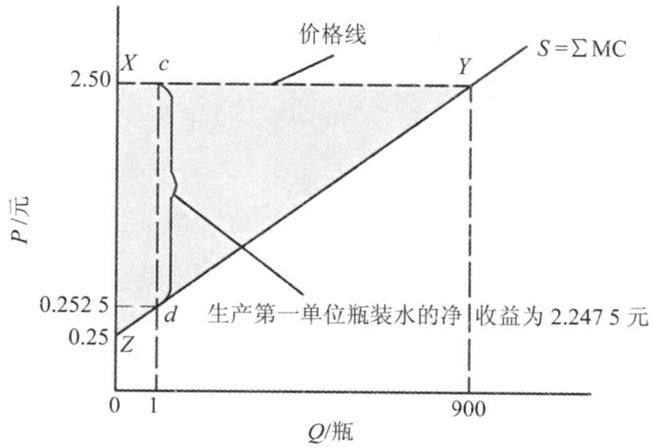


图 2.8　竞争性瓶装水市场中的生产者剩余

与市场需求方相同，把在均衡水平以下销售的所有单位产品得到的净收益加总即为生产者剩余。在图中，生产者剩余是将所有 MC 曲线和价格线之间的纵向距离相加得到的，即可以通过计算图中表示生产者剩余的三角形面积，得到生产者剩余的价值。在图 2.8 中，三角形 $XYZ$ 的底为 900，高为 2.25 元，即 2.50 元的价格线和供给曲线纵截距之差，则在瓶装水市场均衡时的生产者剩余是 $\frac{1}{2} \times 900 \times 2.25 = 1\,012.50$ 元。注意，生产者剩余的数量与消费者剩余的数量都是基于均衡价格和均衡数量得到的。因此，任何市场波动都会改变剩余数量，所以需要一种计算厂商福利收益和损失的方法，即与均衡点之间的三角形面积（$XYZ$）。

## 2.8.3　社会福利：消费者剩余和生产者剩余的总和

经济学家利用消费者剩余和生产者剩余的总和来衡量市场双方的收益，即社会福利。将这个概念应用于瓶装水市场，社会得到的剩余总量为 5 062.50（4 050 + 1 012.50）元。这个剩余是基于竞争性均衡的，其价值达到了最大化，这是因为资源配置效率是竞争性市场的特征，也就是说，不可能通过资源再配置来进一步改善社会福利。这意味着任何没有达到配置效率标准的市场结果都会对社会福利产生负面影响。在这个例子中，损失可以通过对比消费者剩余和生产者剩余的总量与达到配置效率的福利总量来进行衡量。

### 2.8.4 衡量福利的变化

让我们用图示的方法来说明福利是如何变化的，假设政策促使瓶装水市场的价格高于MC，达到每瓶 6.50 元。为了衡量其对社会福利的影响，我们需要对比政策执行后的消费者剩余和生产者剩余的水平与竞争性市场的基准水平（5 062.50 元）。在图 2.9 瓶装水市场模型中分别加上了政策价格 6.50 元和数量 500 瓶。这里我们用大写字母 $A$ 到 $F$ 帮助进行讨论，基准水平的消费者剩余由区域 $A+B+C$ 表示，生产者剩余由区域 $D+E+F$ 表示。

现在，我们用政策决定的价格和数量来计算消费者剩余。在 6.50 元的价格水平上，消费者剩余减少为三角形面积 $A$，价值为 1 250.00 元，比政策执行前减少了 2 800.00 元，所以政策造成了消费者的损失。在 6.50 元的价格水平上，生产者剩余为区域 $B+D+F$，价值为 2 812.50 元，即四边形面积（$B+D$）和三角形面积（$F$）之和。因为这个价值比最初的剩余增加了 1 800.00 元，所以生产者是政策的受益者。

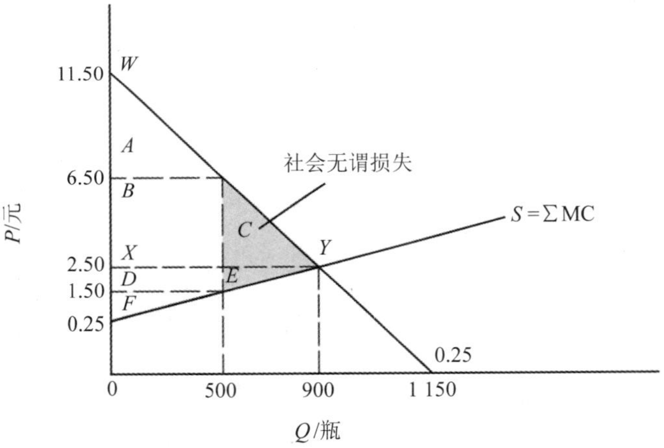


图 2.9 调整瓶装水市场价格造成的社会无谓损失

最后，考虑全部的影响。新政策下的全部剩余是 4 062.50（1 250 + 2 812.50）元，比最初的价值减少了 1 000.00 元。虽然生产者得到了 1 800.00 元的净收益，但是消费者损失的 2 800.00 元超过了这个收益。因此，新的价格政策导致整个社会福利下降了 1 000.00 元，该数值可以通过对比图中政策前后的剩余区域的变化得到。

| | | |
|---|---|---|
| 消费者剩余的变化： | $A-(A+B+C)$ | $=-(B+C)$ |
| + 生产者剩余的变化： | $(B+D+F)-(D+E+F)$ | $=+(B-E)$ |
| 社会无谓损失： | | $=-(C+E)$ |

区域（$C+E$）所代表的价值为 1 000.00 元，被看成社会无谓损失。社会无谓损失是市场资源配置无效所导致的消费者剩余和生产者剩余的净损失。因为这个价值曾经是配置效率条件下生产者和消费者剩余总和的一部分，但是，政策造成了价值损失或者未将此价值考虑在内。注意，在区域 $B$，虽然消费者受损，但是厂商获益。因此价值产生了从一个市场部门到另一个市场部门的再分配。这个结果可能不公平，但这个转移是有效率的，因为转移的数量被市场中的某一方获得了。关键问题在于政策使得 $P$ 高于 MC，造成了社会福利的损失，违反了配置效率原则。

竞争性模型还解释了经济系统在没有阻碍市场自然力量的情况下是怎样运行的。认识一个完全自由运行的市场，有助于我们了解经济学在解决环境污染问题时发生的市场失灵——第 3 章的主题。运用本章使用的模型工具和扩展边际收益及边际成本的概念，我们将提出更为复杂的市场模型，以便更深入地分析这个相互依赖的关系。这些模型将表明，市场在解决环境问题时是怎样失灵和为什么失灵的，进而提出寻求有效的政策手段的方法。

## 思考题

1. 私人物品竞争市场的基本假设有哪些？
2. 简述市场需求的含义、市场需求定理及市场需求模型。
3. 简述市场供给的含义、市场供给定理及市场供给模型。
4. 什么是市场均衡、短缺及过剩？
5. 什么是配置效率？如何评估市场和厂商的资源是否达到配置效率？
6. 什么是消费者剩余、生产者剩余及社会福利？如何评价社会福利变化？

## 案例讨论

由于生活和生产用电激增，我国一些城市用电紧张，电力供给不足。请设计一种方案供政府来缓解或消除这一现象，并回答以下问题：

1. 这种措施对消费者剩余有什么影响？
2. 这种措施对生产资源的配置会产生哪些影响？
3. 这种措施对消费者收入会产生什么影响？政府又可以做些什么？

# 第 3 章　市场失灵建模

从经济学的观点来看，环境问题的存在是因为它违背了市场功能充分发挥作用的假设。当一般情况下可以获得有效解决方法的激励机制无法运行时，政府不得不进行干预。但是，如果能够了解市场失灵，我们就能够通过环境政策重建激励机制。从理论上看，我们的思路是首先找出价格机制失效的原因，然后对这些原因进行分析，最后采取措施使市场成为解决污染问题的有效手段。

本章中，我们提出了必要的分析工具，研究环境问题的市场失灵。讨论的内容主要集中在两个经济模型上，第一个模型基于环境质量的公共物品特点，第二个模型利用外部性理论，说明市场激励在解决生产或消费产生的污染问题上是如何失灵的。最后，我们通过对产权及其在环境市场失灵中扮演的角色等问题的讨论，将这两个模型结合起来。

## 3.1　环境问题在于市场失灵

古典微观经济学理论是在价格、产量、成本条件和进入壁垒等相关假设条件下，预测效率结果的。如果其中的任何一个假设不成立，市场都不能自由运行，其结果将造成各种无效率的市场情况，总称为市场失灵。这些情况包括不完全竞争、不完全信息、公共物品和外部性。例如，如果我们放宽对竞争性市场模型的自由进入假设，就会在一定程度上形成市场垄断力量，当发生这样的情况时就会出现社会福利降低和资源配置无效率。

经济学家运用公共物品理论或外部性理论，建立了关于环境问题的市场失灵模型。这两种理论的区别在于如何定义市场：

如果市场被定义为“环境质量”，则市场失灵是因为环境质量属于公共物品。

如果市场被定义为其生产或消费造成环境破坏的产品，则市场失灵是因为外部性。

尽管每个模型都提出了不同的解决方法，但这些理论并不是彼此完全无关的。我们首先要分析的是公共物品的市场失灵。

## 3.2 环境质量是公共物品

### 3.2.1 公共物品理论基础

经济学家根据物品的内在性质来区分公共物品和私人物品，而不是根据物品是由公共还是私人提供来区分[①]。公共物品，或理论上的纯公共物品，是指具有以下性质的物品：消费的非竞争性和收益的非排他性[②]。

非竞争性是指与消费有关的收益不可分割，这意味着当某个人消费一件物品时，另一个人可以同时消费该物品，也就是说，另一个人同时消费这件物品的边际成本为零。我们可以 NBA 决赛的电视转播为例来理解这个特点：当又有人打开电视观看转播时，现有观众的收益完全不受影响。而私人物品（如个人电脑）使用时的情况则刚好相反：一旦有人使用电脑，其他人就不能同时使用该电脑。

非排他性是指阻止他人分享消费某种商品的收益是不可能的（或阻止的成本很高）。操场跑道能够很好地说明这一特点，因为在实际中不可能在跑步者中间进行跑道的使用分配。相反，一般的私人物品具有内在的排他性，如宾馆的客房。宾馆服务很容易实现对付费消费者的排他性配给，同时，产生的相关收益也只属于那个消费者。

虽然非竞争性和非排他性看起来很相似，但它们是不同的。非竞争性表示不需要对物品进行配给，而非排他性指不可能对物品进行配给[③]。实际上，一种物品完全可能只具有其中一种特性。再考虑一下前面的两个例子，虽然 NBA 比赛的电视转播是非竞争性商品，但它能够通过有线网络只供那些付费的观众收看，从而具有排他性。同样地，禁止其他人使用跑道的成本很高，所以跑道具有非排他性而不具有非竞争性，但是越来越多的跑步者将会导致跑道拥挤，这将影响每一个在这条跑道上跑步的人。

公共物品的两个典型案例是灯塔和国防。它们提供服务产生的收益都具有非竞争性和非排他性。从研究的问题来看，更具有代表性公共物品的例子是环境质量。就像灯塔一样，洁净的空气也是具有非竞争性和非排他性的。不可能将空气质量的收益只提供给某一个人，只因为某个人为此付费了，其他人就不能够呼吸洁净的空气。相反，一旦空气为了某一个人清洁干净，其他人都能同时享受呼吸更清新空气带来的收益。

接受了环境质量是公共物品这一理念，我们仍需要解释这种或者其他形式的公共物品为什么会造成市场失灵。为此，我们需要建立一个公共物品模型。

---

① Rosenthal R, DiMatteo M R. Meta-analysis. Stevens' handbook of Experimental Psychology. 2002.
② Samuelson P A. The pure theory of public expenditure. The Review of Economics and Statistics, 1954: 387-389.
③ Stiglitz J E. Economic organization, information, and development. Handbook of Development Economics, 1988 (1): 93-160.

### 3.2.2 环境质量公共物品市场建模

公共物品造成市场失灵的原因是其非竞争性和非排他性阻止了可以自然达到配置效率的市场激励。为了解释这一点，我们再次引入供给模型和需求模型，不过这一次将市场定义为公共物品，即空气质量市场。当市场定义为公共物品市场时，原来在私人物品市场条件下的市场需求推导方法就行不通了。建模的难点在于公共物品问题本身。

#### 3.2.2.1 公共物品市场的配置效率

与私人物品市场相同，研究公共物品市场达到配置效率均衡，也取决于对供给函数和需求函数的明确定义。为了得到空气质量的供给函数和需求函数，就需要对市场的定义进行调整，使得产出能够被量化。空气质量可以被定义为“可接受的污染削减水平”。在本教材的研究中，假设空气质量为二氧化硫（$SO_2$）排放削减百分比。

（1）空气质量的市场供给

虽然公共物品的市场供给一般由政府进行生产决策，但是供给函数的一般推导与我们在第 2 章中用于私人物品的方法相似。假设有一定数量的生产者，在其他因素不变的情况下，每一个生产者都愿意并且能够在不同的价格水平上提供不同的 $SO_2$ 排放削减量。这些生产决策的总和即为市场供给。表 3.1 提供了有关假设数据，$P$ 的单位是百万元，$Q_S$ 是 $SO_2$ 排放削减百分比，函数表达式为市场供给：$P = 4 + 0.75Q_S$。

表 3.1 空气质量市场的假设供给数据

| 空气质量供给 $Q_S$（$SO_2$ 排放削减百分比）/% | 市场供给价格（$P = 4 + 0.75Q_S$）/百万元 |
|---|---|
| 0 | 4.00 |
| 5 | 7.75 |
| 10 | 11.50 |
| 15 | 15.25 |
| 20 | 19.00 |
| 25 | 22.75 |
| 30 | 26.50 |

（2）空气质量的市场需求

在需求方面，公共物品模型与私人物品模型完全不同。回顾第 2 章的分析，私人物品的市场需求是通过将单个消费者的需求水平加总得到。为此，需要询问每一个消费者：“在以下几个价格水平上你将消费多少这种商品？”但是这个问题不适合公共物品的需求，因为一旦提供了某种公共物品，提供给所有消费者的数量就都相同，这是非竞争性的直接后果。如果消费数量不是决策变量，那么应该怎样确定公共物品的市场需求呢？问题的关键是即使公共物品数量不变，但其需求价格是可变的。所以为了推导需求，应该提出的问题是："你愿意为不同数量的公共物品支付什么样的价格？"在理论上，每个消费者因为对消费公共物品的预期收益不同，所以具有不同的支付意愿（WTP）。公共物品的市场需求是市场中所有消费者的需求总和。在其他因素不变的情况下，将每个人的需求垂直加总可以得到公共物品的市场价格（$P=\sum p$）和每个可能的市场需求量（$Q_D$），见表 3.2。

**表 3.2　空气质量公共物品市场的假设需求数据**

| 空气质量需求 $Q_D$（$SO_2$ 排放削减百分比）/% | 消费者 1 的需求价格（$p_1=10-0.1Q_D$）/元 | 消费者 2 的需求价格（$p_2=15-0.2Q_D$）/元 | 消费者 1 和消费 2 总的需求价格（$p_1+p_2=25-0.3Q_D$）/元 |
|---|---|---|---|
| 0 | 10.00 | 15.00 | 25.00 |
| 5 | 9.50 | 14.00 | 23.50 |
| 10 | 9.00 | 13.00 | 22.00 |
| 15 | 8.50 | 12.00 | 20.50 |
| 20 | 8.00 | 11.00 | 19.00 |
| 25 | 7.50 | 10.00 | 17.50 |
| 30 | 7.00 | 9.00 | 16.00 |

为了研究 $SO_2$ 排放削减市场，我们首先分析只有两个消费者的市场。假设进行一项调查，询问两个消费者对 $SO_2$ 的不同排放削减量每年愿意支付多少钱。结果如表 3.2 所示，第一列表示不同的削减水平，以供所有的消费者选择。$p_1$ 和 $p_2$ 分别表示消费者 1 和消费者 2 的需求价格，或称支付意愿反应。这些反应是基于以下用反函数形式来表示的需求方程式，价格为因变量：

消费者 1 的需求：$p_1=10-0.1Q_D$

消费者 2 的需求：$p_2=15-0.2Q_D$

注意，每个消费者对某个 $Q_D$ 的支付意愿各不相同。例如，当 $SO_2$ 的排放量减少 5% 时，消费者 1 每年愿意支付 9.50 元，而消费者 2 每年愿意支付 14.00 元。消费者的反应之所以不同，是因为他们在收入、财富、偏好及其他方面存在差别。因此，我们可以想象得到两个消费者对空气质量拥有不同的偏好，甚至对相关收益的看法也完全不同。例如，消费者 2 可能因为他是某个环境组织的成员，更了解清洁空气的收益，所以支付意愿比较高。

将不同消费者在每一个数量水平上的出价加总就能得到空气质量总需求，表 3.2 最右侧一栏表示相加后得到的结果。相应的总需求函数通过将等式的右边各项相加得到。

| | |
|---|---|
| 消费者 1 的需求： | $p_1=10-0.1Q_D$ |
| + 消费者 2 的需求： | $p_2=15-0.2Q_D$ |
| 消费者 1 和消费者 2 的总需求： | $p_1+p_2=25-0.3Q_D$ |

图 3.1 是该模型的图解，对于两个消费者总需求曲线上的 $SO_2$ 任何排放削减量而言，其价格等于两个消费者各自的需求曲线 $d_1$ 和 $d_2$ 上等量的 $SO_2$ 排放削减量所对应的价格的垂直加总。

有了一般的推导方法，现在我们可以通过假设两个消费者的总需求代表了 100 万个消费者的决策，将需求关系提升到市场需求水平。注意，$P$ 的单位变为百万元，这样才能符合市场供给函数。市场需求函数表示如下：

市场需求：$P = 25 - 0.3Q_D$

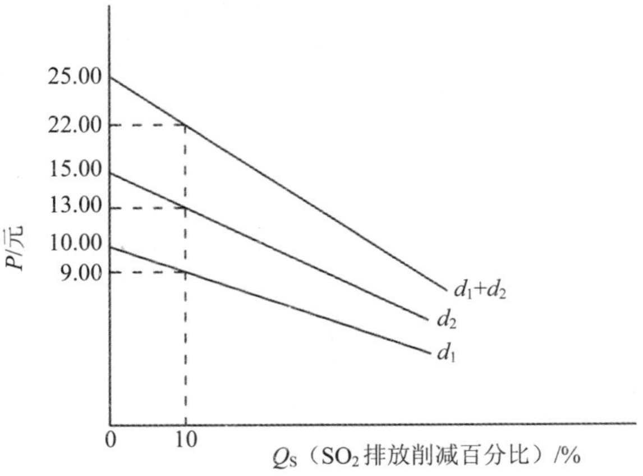


图 3.1 两个消费者对空气质量的总需求

（3）空气质量市场的均衡

为了确定 $SO_2$ 排放削减市场的均衡点，我们先将表 3.3 中的市场需求数据和供给数据结合起来。由此可以观察到，当 $Q_E$ 等于 20%时，供给价格和需求价格都等于 1 900 万元，即为均衡价格 $P_E$。这个结果也可以用代数方法同时求解市场供给和需求函数得到。图 3.2 是相应的模型图解，在市场供给曲线（$S$）和市场需求曲线（$D$）的交点上得到的 $P_E$ 和 $Q_E$。

表 3.3 假设的空气质量的市场需求和供给数据

| 数量 $Q$<br>（$SO_2$ 排放削减百分比）/% | 市场需求价格<br>（$P = 25 - 0.3Q_D$）/百万元 | 市场供给价格<br>（$P = 4 + 0.75Q_S$）/百万元 |
|---|---|---|
| 0 | 25.00 | 4.00 |
| 5 | 23.50 | 7.75 |
| 10 | 22.00 | 11.50 |
| 15 | 20.50 | 15.25 |
| 20 | 19.00 | 19.00 |
| 25 | 17.50 | 22.75 |
| 30 | 16.00 | 26.50 |

注：通过联立市场需求函数（$P = 25 - 0.3Q_D$）和市场供给函数（$P = 4 + 0.75Q_S$）进行检验，当 $Q_S = Q_D$ 时达到均衡。

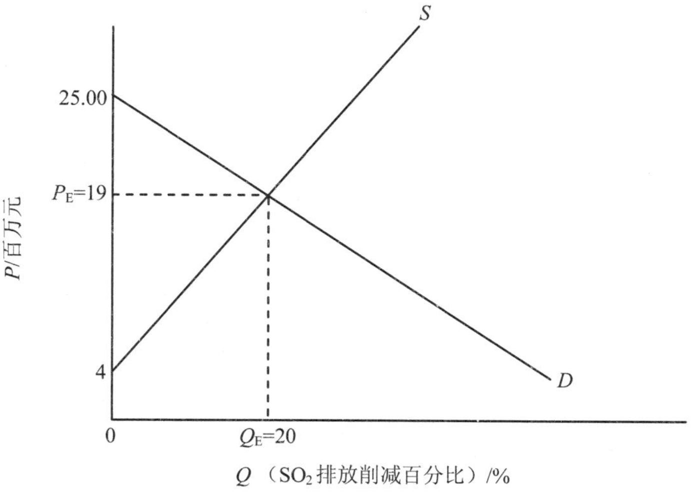


**图 3.2　空气质量的市场供给和需求**

（4）均衡的含义

对于任何类型污染物的排污削减量，$P_E$ 和 $Q_E$ 的确定都是一个重要的结果。正如在后面几章中将要讨论的，这是经济学家在研究环境污染的市场解决方案时的重要参照依据。注意在图 3.2 中，$Q_E$ 表示有效率的排污削减量或者最佳排污削减量，数量从左至右逐渐增大，这意味着空气污染的最佳水平从右至左逐渐升高。正如图中所表示的，最佳水平并不一定为零。

从一般的观点来看，100%的排污削减水平意味着将污染降到零，涉及禁止污染的机会成本包括放弃任何造成污染的商品的生产和消费。即使是最少量的污染，以我们现有的技术水平，零污染的世界就意味着没有电和先进的交通系统，以及任何的制造业产品。而如果这样的话，讨论消除环境中所有的污染就没有意义了①。

### 3.2.2.2　公共物品的市场失灵

正如前面所言，公共物品市场有效率配置的结果依赖于定义明确的需求函数和供给函数。虽然我们已经假设了空气质量市场的这两个函数，但是市场需求函数中暗含着一个严格的假设——消费者明确表示自己对 $SO_2$ 排放削减量的支付意愿。但是，如果没有第三方的干预，该公共物品或其他公共物品的非排他性使得这种信息的获得很困难。如果消费者的支付意愿反应是不可知的，市场需求就不能确定，也就不能达到效率结果。正是在自由的市场中得不到消费者对公共物品的支付意愿，从而造成了市场失灵。

需求在私人物品与公共物品中的含义是不同的。一般而言，市场需求表示消费的预期

① Ruff L E. The economic common sense of pollution. The Public Interest, 1970, 19: 69.

收益。如果商品是私人物品（可排他），其收益只能够通过购买获得。因此，消费者对私人物品的支付意愿代表消费该商品的预期边际收益。但是，在具有非排他性的公共物品中，即使是别人付费，消费者也可以享受消费收益。所以，对一些不必付费的产品，理性的消费者没有主动支付意愿。或者说由于缺乏市场激励，理性的消费者不愿意主动付费。

通常，这个问题被称为偏好非显性，其产生的原因是更为基础性的困境，即“搭便车”。理性的消费者意识到公共物品的收益可以通过他人付费来得到，自己就可以成为“搭便车”者。如果每个消费者关于公共物品的偏好都是非显性的，就无法定义市场需求。当公共物品是环境质量时，造成的结果就是严重的生态恶化。

如果我们放松对完全信息的常规假设，在模型中加入一些现实情况，要确定市场需求就变得更困难了。在许多公共物品市场上，消费者并没有完全意识到消费收益。环境质量市场的情况正是如此，大部分人没有意识到与排污削减有关的健康、休闲和美学的收益。因此，即使消费者能够表达他们对清洁环境的支付意愿，其结果也会是需求价格低估真实收益。造成这种情况的原因是不完全信息，而这是市场失灵的另一个根源。

从这些分析中能够得出什么样的结论呢？正如我们在开始时所指出的，单靠市场力量不能实现公共物品的配置效率。这个认识有助于我们解释公共物品市场上的一种现象——以政府为代表的第三方干预。但是政府应该在多大程度上参与市场过程？为了有效地解决问题，政府又应该采取什么措施？回答这些问题很难，但是公共物品理论给出了解决问题的途径。

### 3.2.2.3 解决方案：政府干预

在实践中，政府解决“搭便车”和偏好非显性问题的常用方法是直接供给公共物品。我们可以看到，许多公共物品，如消防、公园和铁路，都是由政府提供的。同时，政府也参与了自然资源的保护和环境质量的供给。一些政府机构的职责中包含环境责任，特别是国家环保局①。

为了解决信息不完全问题，政府应定期向公民提供关于公共物品的培训或者公共信息，例如我国环境保护产品认证。

扫码获取

我国环境保护产品认证

## 3.3 外部性引起市场失灵

另一个建立环境问题模型的方法是外部性理论。该方法并不是定义环境质量或排污削减市场，而是定义由于产品的生产或消费造成的环境污染相关市场，这些环境影响发生在市场交易之外，此类市场外部影响被定义为外部性。

① Rosen H S. Public finance: essay for the encyclopedia of public choice (No. 122). 2002.

### 3.3.1　外部性理论的基础

微观经济学理论认为价格是市场过程中最重要的信号机制。均衡价格是消费者消费某一产品获得的边际收益等于厂商生产该产品的边际成本时的价格。在通常情况下，这个理论能很好地预示市场情况。但是有时候，价格在衡量市场交易的所有收益和成本时会失效。例如，当生产或消费某种商品时有第三方受到影响，就会出现市场失灵。第三方受到的影响被称为外部性，即与生产或者消费有关的涉及场外第三方的溢出效应。如果外部影响使第三方产生了成本，就称为负外部性；如果外部影响使第三方得到了收益，就称为正外部性。

尽管外部性的概念看起来有些晦涩，但经常看到。例如，汽车产量的增加给汽车市场及其互补品市场注入了一针强心剂，但同时对城市的交通与环境产生了负外部性，而负外部性没有反映在汽车的价格上。相反，如果一个厂商开展改善生产工艺的研究，则能使整个行业受益，但在厂商的投资决策中并没有考虑到这些正外部性。

以上两个案例是发生在市场交易之外的外部影响，因为商品交易的价格不能体现这种外部影响。如果价格不能反映生产和消费的所有收益和成本，那么，价格就不是可靠的信号机制，从而出现市场失灵，结果造成稀缺资源的不合理配置。如果消费过程中产生正外部性，市场价格低估了商品的价值，则会导致这种产品生产得过少。如果存在负外部性，市场价格没有反映出外部成本，则会导致这种产品生产得过多。有一个例子是关于后者的，即东京商家由于过度使用即时送货系统而造成的拥挤和污染。二维码中 1 的内容对这个案例中不寻常的困境进行了深刻的剖析。

扫码获取

1. 东京的及时送货系统造成的负外部性
2. 我国汽车消费的负外部性

### 3.3.2　环境外部性

环境经济学家感兴趣的是那些损害空气、水等自然资源和整体生活质量的外部性问题。最典型的案例是与生产有关的负外部性，例如，航空运输产生了噪声污染，损害了空气质量，并降低了附近地区房地产的价值。航空公司或者乘客都没有意识到这些真实存在的成本。因为这些成本发生在运输市场之外的第三方，而没有在航空公司的机票价格中体现出来。此外，环境的外部性与消费也有一定关系。二维码中 2 的内容讨论了我国汽车消费的负外部性。

正外部性有助于解释环境问题的存在。我们可以用排污削减设备（如除尘设备）的市场来说明。除尘设备是一种用来清洁工厂烟囱排放物的复杂系统。当一个发电厂购买并安装了一套除尘设备时，所有居住在附近的居民都能够获得清洁空气带来的收益。因为这些居民没有参与市场交易，所以，外部收益在除尘设备的价格中也没有得到体现。因为出现资源配置不当，所以市场中只出售了少量的除尘设备。

注意，在排污削减的外部收益和污染产生的外部成本之间存在关系，它们之间具有负相关性。一方面，如果市场是关于排污削减设备的行业，就存在正外部性，外部收益表现为改善人体健康、保护自然资源和提升美学价值等；另一方面，如果市场是诸如发电厂的行业，则存在负外部性，外部成本就是对人体健康、自然资源和美学价值的损害。显然，这两个模型都依赖于市场是如何定义的。

公共物品和外部性的关系。环境外部性是对具有公共物品特性的空气、水或者陆地的影响。这意味着虽然公共物品和外部性不是同一个概念，但它们之间是相关的。实际上，如果外部性对社会大部分人产生影响，并且这种影响是非竞争的和非排他的，则外部性本身就是一个公共物品。如果外部影响只影响了一小部分人或者厂商，则这些影响就更适合被定义为外部性。

### 3.3.3 环境负外部性建模

在外部性概念的基础上，我们可以建立环境负外部性模型。之所以选择建立一个生产的外部性模型，是因为生产过程是最常见的污染源。

#### 3.3.3.1 定义相关市场

通常，建模的第一步是定义相关市场。在这个例子中，我们将市场定义为汽油产品。选择这个市场的原因是炼油厂是水的主要污染者。根据美国国家环保局的统计，1995 年炼油工业向地表水中排放了 410 万磅①的有毒化学物质。其相关的外部成本是有毒化学物质对利用这些河流和湖泊的居民产生的严重危害。

#### 3.3.3.2 汽油私人市场模型

在不完全竞争的条件下会发生市场失灵。为了避免分析复杂化，我们假设汽油私人市场是完全竞争的。假设汽油的供给函数和需求函数为

供给：$P = 10.0 + 0.075Q$

需求：$P = 42.0 - 0.125Q$

其中，$Q$ 的单位为千桶，$P$ 是每桶汽油的价格。

---

① 1 磅（lb）= 0.45 kg。

回顾第 2 章的内容，供给代表生产的边际成本，需求代表消费的边际收益，两者都是以私人或内部决策为基础的。在这个市场上，由于存在外部成本，所以有必要区分内部成本（或私人成本）和外部成本。为此，我们把供给函数定义为生产的边际私人成本（MPC）。为了保持一致，把需求函数定义为边际私人收益（MPB），即假设该市场不存在外部收益。因此，两个函数可以替换为

$$\text{MPC} = 10.0 + 0.075Q$$

$$\text{MPB} = 42.0 - 0.125Q$$

### 3.3.3.3　竞争均衡的无效性

在供给和需求动机既定的条件下，当 MPB = MPC 时，竞争性市场能够出清或者达到均衡，此时 MPB − MPC = 0。通过求解 MPB 函数和 MPC 函数可以得到竞争性市场的均衡价格（$P_C$）为每桶 22.00 美元，市场均衡产量（$Q_C$）为 160 千桶。图 3.3 显示，市场在 MPB 曲线和 MPC 曲线的交点达到了均衡。

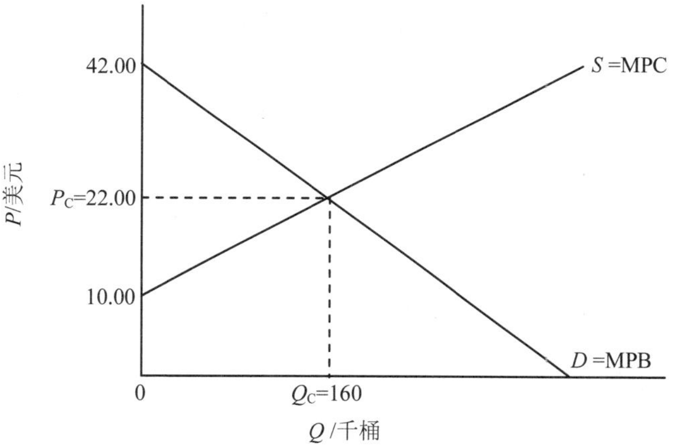


**图 3.3　汽油市场的竞争性均衡**

此种均衡的问题在于忽视了汽油在生产过程中产生的污水对社会造成的外部成本。注意，自然的市场力量促使厂商满足他们自己的利益，而不是社会的利益。这些污水的成本发生在市场交易之外，因此没有被纳入私人决策，结果造成了严重污染。因为市场的配置效率要求生产的边际收益必须等于生产的全部边际成本，但外部成本没有被包含到私人决策中，所以，事实上，MPC 低估了生产的机会成本，其结果是最终的产出水平过高。

从现实来看，经济学家希望能够确定并量化外部成本，但是用货币化的方法来计算这些外部成本非常困难。例如，量化水污染对水生生物的损害，或者量化人类在污染的湖水中游泳受到的健康危害很困难。虽然有一些经济学方法可以用来评估这些成本，但非常复

杂，在下面几章中我们将讨论这些方法。现在我们先简单地认为这些成本的确存在，并假设它们可以被量化。

### 3.3.3.4 外部成本模型

为了对汽油市场进行分析，我们假设边际外部成本（MEC）函数为

$$MEC = 0.05\,Q$$

这个函数的经济学意义在于，固定斜率为 0.05 时，水污染的 MEC 是汽油产量的 0.05 倍。因为 $Q$ 的单位是千桶，所以这就意味着每增加 1 000 桶汽油，污染的边际外部成本就增加 1 000 桶的 0.05 倍乘以其单价。

### 3.3.3.5 边际社会成本和边际社会收益模型

为了实现配置效率，在决定均衡价格和均衡产量时必须考虑外部成本。为此，需要通过在厂商的 MPC 上增加 MEC 来导出边际社会成本（MSC）函数：

$$\begin{aligned} MSC &= MPC + MEC \\ &= 10.0 + 0.075Q + 0.05\,Q \\ &= 10.0 + 0.125Q \end{aligned}$$

MSC 是生产汽油的全部成本，因而它与生产决策有关。也就是说，生产的边际社会成本包括生产的私人成本及其对社会环境损害而产生的外部成本。

在需求方面，也存在类似的收益关系，称为边际社会收益（MSB），即 MPB 和所有边际外部收益（MEB）的总和。我们已经假设不存在消费的正外部性，即 MEB = 0。因此，在这个例子中 MPB = MSB。

### 3.3.3.6 效率均衡

当确定了 MSC，就可以在 MSC 与 MSB 相等的条件下，确定 $P_E$ 和 $Q_E$。在这个例子中，效率水平是以每天每桶 26.00 美元的价格销售 128 千桶汽油。将这个结果与竞争均衡的结果 $Q_C = 160$ 千桶和 $P_C = 22.00$ 美元进行比较，可以发现，当存在负外部性时，竞争均衡出现了生产资源配置过度的问题，并且 MEC 在市场交易过程中没有体现出来，导致竞争价格过低。

图 3.4 显示了该结果，MSC 曲线由 MEC 曲线和 MPC 曲线的垂直加总得到，MSC 和 MSB 的交点决定了效率均衡水平 $P_E = 26.00$ 美元，$Q_E = 128$ 千桶。图中还显示了竞争均衡水平 $P_C = 22.00$ 美元，$Q_C = 160$ 千桶，即 MPC 和 MPB 的交点，或者说竞争均衡是指 MPB=MPC，$M_\pi = 0$。

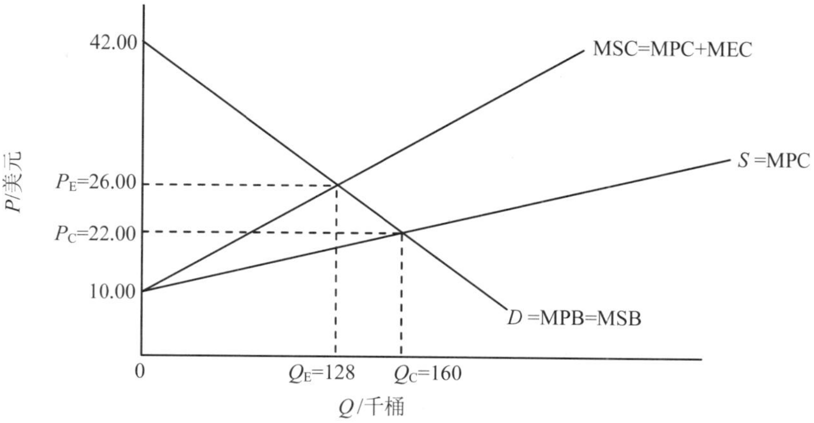


图 3.4　运用边际收益和边际成本比较竞争均衡和效率均衡（以存在负外部性的汽油市场为例）

注意，在产量为 $Q_C$ 时，MSB＜MSC，这表示与消费汽油获得的收益相比，社会生产汽油所消耗稀缺资源的成本更高。为了重新达到配置效率水平即 MSB = MSC，必须减少产量——这与前面理论分析所得出的结论一致。

另一种分析这两种均衡的方法是确定相应的 $M_\pi$ 水平。在竞争均衡中，$M_\pi = 0$，因为它处于均衡点上，即 MPB = MPC。而在效率均衡中，MSB = MSC 或 MSB − MSC = 0，也可以表述为 MPB − MPC = MEC，或者说效率均衡是指 MSB=MSC，或者 $M_\pi$= MEC。所以，在效率均衡点，$M_\pi$ = MEC。可以将上述推导总结如下：

竞争均衡：MPB = MPC

MPB − MPC = 0

$M_\pi = 0$

效率均衡：MSB = MSC

MPB + MEB = MPC + MEC

MEB = 0

MPB − MPC = MEC（因此 $M_\pi$ = MEC）

图 3.5 表示了 $M_\pi$ 与 MEC 之间的关系。图 3.4 和图 3.5 中的曲线是直接相关的，图 3.5 中的 $M_\pi$ 函数等于图 3.4 中 MPB 和 MPC 曲线之间的垂直距离，图 3.5 中的 MEC 函数等于图 3.4 中 MSC 和 MPC 曲线之间的垂直距离。

在效率均衡点 $Q_E$=128 千桶，$M_\pi$ 与 MEC 相交。注意，在这点上 MEC 和 $M_\pi$ 都等于 6.40 美元：

MEC = 0.05$Q$ = 0. 05 × 128 = 6.40（美元）

$M_\pi$ = MPB − MPC = 42.0 − 0.125 × 128 −（10.0 + 0.075 × 128） = 6.40（美元）

在竞争均衡点，$Q_C$ = 160 千桶，这时 $M_\pi$ 与横轴相交，即 $M_\pi = 0$。但是，在这点上 MEC =

8.00（0.05 × 160）美元。因此，在竞争均衡点，$M_\pi \neq$ MEC，即结果无效率。

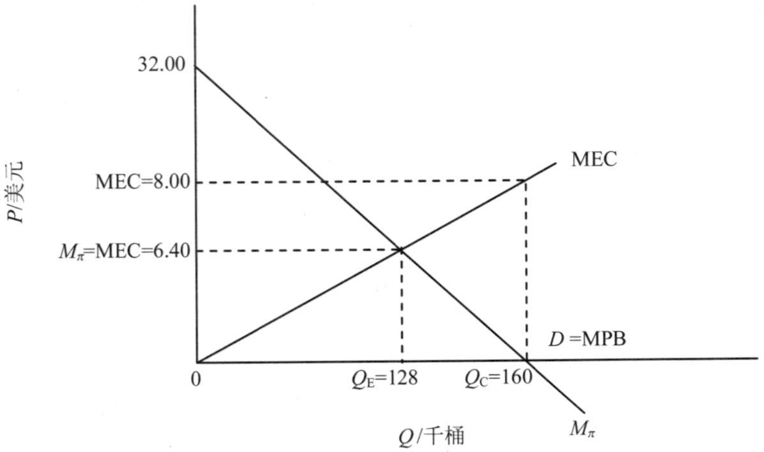


**图 3.5 运用边际利润和边际外部成本比较竞争均衡和效率均衡（以存在负外部性的汽油市场为例）**

关于这个结论的解释是，当存在负外部性，效率条件要求厂商进行生产决策时，不仅要使商品的价格补偿边际私人成本，而且要补偿边际外部成本。这个例子中，外部成本是对环境的损害，这些成本应该都纳入生产者的利润决策中。

#### 3.3.3.7 衡量社会获得的福利

前面分析得出的一个重要结论是：如果每天汽油的产量减少 32 千桶，即产量由 160 千桶减少到 128 千桶，汽油市场的效率将提高。并且，这个产量调整会提高社会福利。为了说明这一点，图 3.6 再次做出 MPC 曲线、MSC 曲线和 MPB 曲线，并且加入一些符号。通过这个模型，可以分析产量下降时炼油厂和社会分别受到的影响。

从厂商的角度来看，产量下降将会导致利润减少。需要注意的是，产量 $Q$ 从 160 千桶减少到 128 千桶，炼油厂的利润减少量为每一单位产品的 MPB 超过 MPC 的部分。将 $Q_E$ = 128 千桶和 $Q_C$ = 160 千桶之间的 $M_\pi$ 价值加总就得到利润的总减少量，即三角形 *WYZ* 所表示的部分。但是，从社会角度来看，产量下降会使社会福利得到大幅增加。其增加的幅度等于产量减少造成 MEC 累计的减少。外部成本的减少代表汽油生产对健康和生态损害的降低。

在图 3.6 中，代表外部成本减少的区域是 *WXYZ*。重新达到的效率水平造成社会福利净增长的数量为 *WXY*。注意，虽然最终达到的效率产出水平使得福利增加，但外部性并没有完全被消除。尽管厂商在 $Q_E$ 水平上仍然造成一定程度的污染，但污染的程度低于产量为 $Q_C$ 的水平。

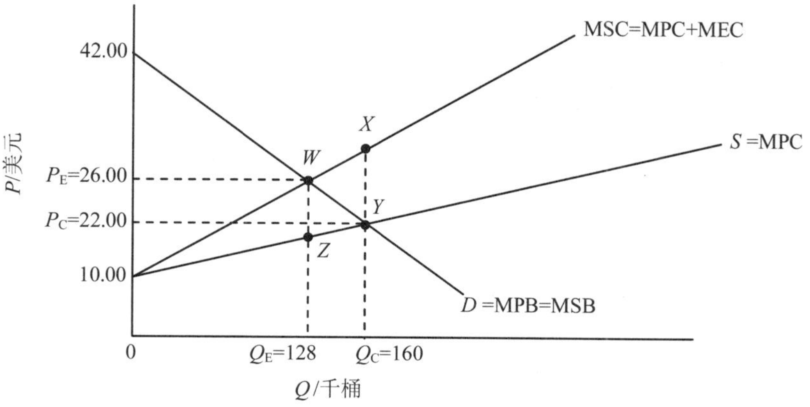


图 3.6　评估汽油市场重建效率时社会的净收益

总之，如果一种商品的生产产生了负外部性，则市场因为生产配置过多的资源而造成无效率后果。如果外部性可以内在化，则整个社会福利将会增加。当然，问题的关键是为了重新达到效率水平如何解决外部性问题。

### 3.3.3.8　市场失灵分析

了解自然的市场过程对直接计算外部成本缺乏激励这一点是非常重要的。炼油厂的生产受私人利益所驱动，而不是社会利益。虽然这些厂商可能意识到其生产会造成环境损害，但是他们没有动机——事实上存在障碍——来考虑这些成本，因为这样做会对利润产生负面影响。虽然厂商为社会福利支付了外部成本，但是市场不存在任何激励机制，让一个理性的厂商为了社会的利益承担更高的成本。

但这些观点不会阻止反而会鼓励人们为解决环境损害问题而做出各种努力。市场失灵模型让我们更好地理解了为什么随着全球工业生产的不断发展，自然环境的损害不断加剧。这个理论还从市场的角度解释了环境问题的存在，并说明政府干预的必要性。找到解决问题的适当政策并非易事，但是通过理解市场如何失灵和为什么会失灵可以帮助我们寻找解决问题的方法。如果我们同时考虑公共物品问题和外部性模型，有一个重要的共同因素将引导我们找到所有环境问题的根源——产权缺失。

## 3.4　产权缺失

在本章的模型中，市场无法提供有效率的方法。运用经济学理论的基本知识，已经论证了市场如何失灵，并利用过度生产的例子对市场失灵进行了量化。虽然在每个例子中我们已经从概念上研究了市场失灵，但是还没有触及问题产生的根本原因。

让我们重温负外部性模型。如果外部性对社会产生了较大范围的影响，那么，外部性就是公共物品。在模型中，外部成本是对供水的损害，因而符合这个特征，并且，洁净的水具有公共物品的两个基本特性。再回顾一下空气质量市场的公共物品模型。这两个公共物品有哪些共同的特点呢？答案是在这两个例子中公共物品的产权都没有被定义，而且这些公共物品的市场根本就不存在。产权是一组有关物品或资源的有效权利束，其权利主体可以使用和通过交易转让这些权利。这些权利通常由法律和（或）社会习惯进行限定。

在环境公共物品中，究竟谁“拥有”水源或谁“拥有”空气是不明确的。例如，游泳者拥有洁净水的权利吗？或者炼油厂拥有污染水的权利吗？每个人都拥有呼吸洁净空气的权利吗？或者造成污染的厂商拥有污染空气的权利吗？由于对这些问题没有明确的回答，因而也就没有内在的市场机制能解决环境问题。这表明，产权对于完善市场系统的功能至关重要。实际上，正如诺贝尔经济学奖得主科斯所言，即使存在外部性，产权明晰也能够提供一个有效的解决方案。

2019 年 4 月，中共中央、国务院印发了《关于统筹推进自然资源资产产权制度改革的指导意见》。作为构建中国特色自然资源资产产权制度体系的重要顶层设计，该指导意见主要以完善自然资源资产产权体系为重点，以落实产权主体为关键，以调查监测和确权登记为基础，着力促进自然资源集约开发利用和生态保护修复，以期在完善产权制度、明确产权主体的基础上，促进自然资源资产要素的流转顺畅、交易安全、利用高效，实现资源开发利用与生态保护相结合的改革初衷。

### 3.4.1 科斯定理

科斯关于产权和外部性问题的有关理论具有很大影响，我们称之为科斯定理（Coase theorem）。该定理表明，无论最初将产权分配给哪一方，在允许交易的条件下，即便存在外部性，产权分配也能够获得效率。这个定理有两个重要的潜在假设：交易无须成本；损害可以确定和衡量。

为了解释科斯定理，我们再次来分析汽油市场模型，讨论产权的分配和交易是怎样重建效率的。我们利用上面的假设，通过将一条河流的产权分配给不同主体来验证科斯定理的正确性。一种产权分配方式是私人拥有使用河流的权利，另一种产权分配方式是炼油厂拥有向河流排放有毒化学物质的权利。

### 3.4.2 当产权属于炼油厂时的交易

我们首先将产权分配给炼油厂。这意味着炼油厂在生产过程中，拥有向河流排污的权利。

尽管这种产权的分配看起来有些不恰当，但是科斯定理认为这对最后的结果没有任何影响。

炼油厂的动机是在利润最大化水平上进行石油产品的生产——对于厂商而言，这种动机在自由市场体系中是普遍存在的。厂商造成的污染是生产过程中无意产生的副产品。但是，将河流当作休闲娱乐用途的使用者却受到了污染的危害，或者说，他们的效用受到了负面影响。在得知炼油厂拥有污染的权利和追求其自身效用最大化动机的情况下，这些休闲者就有进行协商的动机。对于每一单位产量的改变，休闲者将愿意支付给炼油厂相应的费用来减少生产中的污染，即当$\rho<$（MSC－MPC）时，休闲者愿意支付补偿（$\rho$），使其不至于对他们的效用造成负面影响；对于炼油厂而言，如果接受的补偿大于因降低产量而导致的利润损失，即当$\rho>$（MPB－MPC）时，炼油厂愿意接受补偿（$\rho$），而不再造成污染。

我们可以通过图 3.7 来解释交易过程，图中描述了一个负外部性模型。与前面的分析一样，$Q_C$ 表示利润最大化时的竞争均衡产量，$Q_E$ 表示达到效率均衡时的均衡产量。假设当交易开始的时候，市场位于 $Q_C$，因为拥有产权的炼油厂将选择这点。图中还给出了双方的成本和收益曲线。

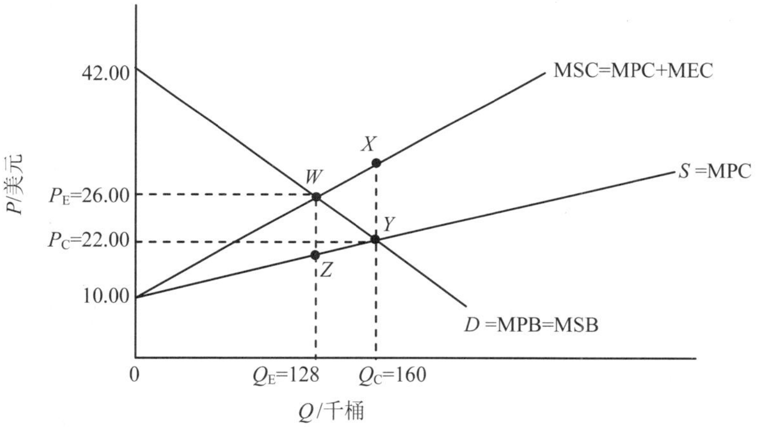


图 3.7　产权明晰条件下的汽油市场交易

注意 MSC 与 MPC 的垂直距离的价值是 MEC，即每增加一单位产品产生的污染对休闲者的边际损害价值。MPB 与 MPC 的垂直距离是炼油厂每增加一单位产品的生产获得的边际利润。在理论上，只要补偿费用大于炼油厂的损失，同时小于休闲者受到的损害，双方的交易就会一直持续下去。当模型中存在下面的情况时，交易双方将接受补偿费用$\rho$：（MSC－MPC）$>\rho>$（MPB－MPC），或者，MEC$>\rho>M_\pi$ 。

在图 3.7 中可以找到这些垂直距离。注意在达到竞争均衡时炼油厂的 $M_\pi=0$，即 MPB－MPC= 0。另外，在 $Q_C$ 点的 MEC 为正，即 MSC － MPC>0，由 $XY$ 表示。因此，双方之间的交易在竞争均衡点是可行的，因为在 $Q_C$ 点有 MEC$>M_\pi$。而且，因为在 $Q_C$ 和 $Q_E$ 之间的所有产出水平都存在这种情况，双方将会将交易持续到 $Q_E$ 这一点，这时交易将会停止。

原因是什么呢？这是因为在 $Q_E$ 点，MSC－MPC=MPB－MPC，即 MEC = $M_\pi$，数量等于 $WZ$ 的距离。超过该点以后，产量的下降将会使炼油厂的利润损失大于休闲者支付的补偿费用，即 $M_\pi$＞MEC，因而这时交易将会停止。

这个结果非常有意义。在科斯模型的假设下，将产权分配给炼油厂将会在双方之间进行交易，而最终是在没有第三方的干预下达到了一个有效率的结果。

### 3.4.3 当产权属于休闲者时的交易

现在将产权分配给休闲者。根据科斯定理，无论哪一方拥有产权最终都将达到有效率的结果。我们可以预期将得到与前面相同的结果，只是交易的起始点不同。如果休闲者拥有河流的产权，则炼油厂不能进行生产，除非它对污染的权利付费。因此，我们假设交易开始点在 $Q = 0$。

休闲者拥有追求洁净河流的权利，并且，是为了追求自身的效用最大化而不是故意阻碍炼油厂的生产。但是，炼油厂的利润目标受到了阻碍，因此，现在是炼油厂具有与休闲者进行交易的动机，其试图通过支付赔偿费得到污染河流的权利。与前面的情景相比，除现在是由炼油厂提出交易，而休闲者处于接受的位置之外，交易的过程是相似的。

参照图 3.7，考虑双方在 $Q = 0$ 的时候。对于产量的每一单位变化，炼油厂都将为污染的权利（即能够进行生产的权利）支付赔偿费，当$\rho$＜（MPB－MPC）时，炼油厂愿意支付补偿（$\rho$），直到赔偿费等于进行生产获得的边际利润（$M_\pi$），即图中 MPB 和 MPC 之间的垂直距离。如果休闲者得到的赔偿费超过他们因为河水受污染遭到的损害，即当$\rho$＞（MSC－MPC）时，休闲者愿意接受补偿，即他们将愿意交换对于洁净水的权利。休闲者遭受的损害为 MEC，等于 MSC 和 MPC 之间的距离。

因此，如果存在以下情况，交易双方就会有交易的动机。

（MPB－MPC）＞$\rho$＞（MSC－MPC），或者 $M_\pi$ ＞$\rho$＞MEC

图 3.7 的模型确定了在 $Q = 0$ 时将会发生交易，并一直持续到 $Q_E$ 的产出水平。在 $Q_E$ 点，交易将会停止，因为在这一点 MPB－MPC=MSC－MPC，即 $M_\pi$= MEC，图中表示为 $WZ$。注意，超过 $Q_E$ 之后，当增加产量产生的边际损害超过炼油厂得到的边际利润，即 MEC＞$M_\pi$ 时，交易将停止。再次需要说明的是，这一次产权是分配给了休闲者，在没有任何的政府干预情况下，最终达到效率结果。

### 3.4.4 公共财产资源

产权不是导致市场失灵的全部原因。如果产权以某种形式存在，但是被定义得不合理，结果也将是无效率的。例如，公共财产资源是产生外部性的另一个原因。公共财产资源是那些被某一个群体内的成员分享产权的资源。

注意，公共财产资源介于纯公共物品和纯私人物品之间。与纯公共物品不同，公共财产资源不是每个人都可以使用，即存在一定程度的排他性。但是，因为产权是被扩展到一个人之外的更多人，所以就不能像纯私人物品那样被清楚地定义。渔场和油田就是公共财产资源的典型例子。

公共财产资源的问题是群体内的成员对资源的使用没有受到任何控制，因此造成了负外部性。问题出现的原因是群体内拥有产权的每个人都基于私人成本和私人收益做出使用资源的决策，而忽视了决策将会对其他拥有者产生怎样的影响。例如，一个渔业资源非常丰富的湖泊，不能排除当地居民对它的使用，除非用某种方法限制捕捞，否则每个人都会基于私人动机捕捞湖中的鱼，而忽视鱼的数量减少对他人利益产生的影响。而且，每个人都没有动机考虑使湖中鱼的数量重新增加的最终成本，因为他们每个人分担的成本都非常小，结果导致稀缺资源的过度使用或耗竭。

### 3.4.5 解决方案：政府干预

经济学家认为，解决外部性问题的一般方法是使外部性内在化，即促使市场参与者承担外部成本和收益。解决方法之一是产权分配。在模型中，如果炼油厂拥有污染的权利，休闲者可以通过支付补偿费使外部性内在化。相反，如果休闲者拥有洁净水的权利，炼油厂可以通过为污染支付赔偿费使外部性内在化。但这些权利初始是如何被分配的？在现实中，必须由政府做出决策并强制执行这些权利。

另一种使环境外部性内在化的方法是制定政策，即通过考虑外部成本和收益来改变产品的效率价格。例如，在汽油市场，可以对每单位产品征税使汽油的价格上升到 MEC 的水平。目前的政策多是用最直接的形式使环境外部性内在化，如建立市场和为污染定价。这些方法都是基于市场失灵理论的，我们将在下面的章节中进一步研究。

## 思考题

1．什么是市场失灵？市场失灵的原因是什么？

2．以空气质量市场供给、市场需求及市场均衡为例，说明公共物品市场是如何实现配置效率的。

3．公共物品的市场失灵原因是什么？如何解决？

4．环境外部性引起市场失灵的原因是什么？如何解决？

5．以汽油产品市场为例说明如何将外部成本内部化，从而实现配置效率。

## 案例讨论

一个清澈的小湖泊，岸边有三所用于居住的房子，房子的住户把湖水用于娱乐，但不幸的是，湖水被湖边一家后来关闭的老工厂污染了。污染物以百万分之一（$10^{-6}$）来计量。现在湖水的污染物含量为 $5\times10^{-6}$，有一种非常昂贵的水处理工艺能够净化湖水，每位业主也都愿意为改善水质付些钱。下表给出了对应于水质的每一个整数值、业主的边际支付意愿、总边际支付意愿、清污的边际成本。

**降低湖泊污染的个人需求与总需求**

| 污染物水平/$10^{-6}$ | 业主的边际支付意愿/（元/a） | | | 总边际支付意愿/（元/a） | 清污的边际成本/（元/a） |
|---|---|---|---|---|---|
| | 业主 A | 业主 B | 业主 C | | |
| 4 | 110 | 60 | 30 | 200 | 50 |
| 3 | 85 | 35 | 20 | 140 | 65 |
| 2 | 70 | 10 | 15 | 95 | 95 |
| 1 | 55 | 0 | 10 | 65 | 150 |
| 0 | 45 | 0 | 5 | 50 | 240 |

假设湖水已变得清澈，达到了社会效率的水平，并假设业主平摊净化湖水的成本（仍是整数值）。三位业主都受益了吗？平分公共物品的成本会带来什么问题？

# 第4章　解决环境问题的方法

建立经济模型的一个重要发现是，纠正环境市场失灵，需要政府的干预，但这仅仅是第一步。运用这些模型我们还能够确定，为了获得有效的政策措施，政府应该如何做出反应。例如，经济学理论认为，为了获得配置效率，政府应该设定一定的目标，使得社会边际成本等于边际收益。然而，政府通常不是由效率所驱动的，即使政府确实是被效率所驱动的，想准确地估算成本与收益也几乎是不可能的。尽管如此，在应该确定何种政策目标以期获得最优效用水平时，效率标准仍然是非常有效的，而且成本-效益标准还能用于评价政策目标的贯彻实施，即使所设定的政策目标处于某一无效率水平。

本章主要分析政府是如何运用传统政策措施和市场方法解决环境市场失灵的。我们首先了解环境标准及其在政策演变中的作用，并根据配置效率评估相关标准，以界定环境目标；其次，简要介绍两种实现这些以标准为基础的环境目标的方法，即行政管制方法和市场方法；最后，分析两种方法的成本-效益。

## 4.1　解决环境问题的行政管制方法

### 4.1.1　环境政策中的标准

标准是很多环境政策的基石。政府制定标准意味着包括科学研究和一系列正式审核在内的冗长程序。在我国，这些事务主要由生态环境部负责，并且要在会同有关部门协商的基础上，对如何确立标准提出正式建议，最终由政府将这些标准以法律形式发布，然后主要由生态环境部继续负责监督这些标准的贯彻执行。

#### 4.1.1.1　环境标准类型

在美国，一旦环境标准以法律形式得到确认，它们就可以被区分为环境标准、技术标准或执行标准。环境标准指环境的构成要素（如户外空气或某一水体）的理想质量水平，一般表示为周围环境中允许排放的污染物的最大值。常用环境标准来规定大气和水的质量。但是，环境标准并非可执行标准，而是作为一个通过污染限制而能达到的目标，该目标必须通过其他类型的环境标准来实现。

技术标准规定了受到管制的污染源必须使用的排污削减技术类型。在美国，由国家环保局负责调研可获得的技术，并根据法律规定的相关标准评价其有效性，然后选择“最佳”技术，所有受到管制的污染者随即必须采用该技术。技术标准的目的不言而喻，即通过控制技术手段来保证污染物排放量达到特定标准。更确切地说，它是利用指定设备或方法以消除一定量的污染。例如，为了控制 $SO_2$ 的排放量，美国国家环保局要求所有煤炭发电厂使用除尘系统，强制它们通过相同的手段达到相同的排污削减水平。

执行标准规定了每个被管制的污染者的排放限额，但并不指定达到这一限额的技术。根据定义，执行标准比技术标准更为灵活，只要求污染物排放量符合执行标准，但不指定相关技术。

2017 年 4 月 10 日，我国环境保护部印发《国家环境保护标准“十三五”发展规划》。根据规划，“十三五”期间，环境保护部（现生态环境部）将全力推动约 900 项环保标准制修订工作；同时，将发布约 800 项环保标准，包括质量标准和污染物排放（控制）标准约 100 项，环境监测类标准约 400 项，环境基础类标准和管理规范类标准约 300 项，以支持环境管理重点工作。

#### 4.1.1.2 运用标准的经济含义

尽管运用标准看起来是理所当然的，但仍然有必要了解其背后的两个经济含义。第一个经济含义涉及在何种水平下设定标准。这是一个非常重要的问题，因为它直接关系到定义环境质量的标准。例如，关于一氧化碳（CO）排放量的标准直接定义了社会的“可接受水平”。从经济学的角度来看，相关的问题是该水平可否获得配置效率，如果所设定的标准不能获得配置效率，社会福利就会受损。

第二个经济含义是如何实施这些标准。标准的实施直接涉及管制手段的选择，这些管制手段主要指排污限额或排污税等。而管制手段的选择既关系到目标能否实现，又关系到能否以成本-效益方式实现目标。如果目标的实现不能遵循成本-效益原则，那么这种管制就是在浪费资源。

我们可以通过两个步骤来阐述上述标准的经济含义：第一步，要考察定义环境目标的标准是否设定在具有配置效率的水平上，或者，排污削减的边际社会成本是否等于边际社会收益吗；第二步，要考察预设的环境目标是否以成本-效益的方式实现。以下对这两个步骤做详细阐述。

#### 4.1.1.3 定义环境目标的标准是否设定在具有配置效率的水平上

标准确定环境目标，因此这些目标是否能够获得配置效率非常重要。当所设定的标准使排污削减的边际社会成本等于其边际社会收益（配置效率标准）时，就实现了资源的配置效率。

所以，我们需要将成本和收益的概念扩展到排污削减市场上，并在第 3 章中详细论述了这些问题。这样做的目的在于，详细了解确定一个具有配置效率的排污削减水平所需要的条件，从而能够评估政府通过设定以标准为基础的政策目标获得配置效率的可能性。

（1）排污削减的边际社会收益

污染治理使社会能够从更清洁的环境中获得各种收益，例如健康、生态系统、美学等方面的改善。如果要测算这些收益是如何随着对排污削减力度的加大而增加的，就要涉及排污削减的边际社会收益这一概念。排污削减的边际社会收益是指随着排污削减的增加而增加的社会收益。

同样，边际社会收益还可以用来衡量由污染造成的损害或成本的减少。从理论上讲，将所有污染市场上因污染减少而带来的环境外部边际成本的减少量加总，所得的和就是边际社会收益。在第 3 章关于交易的讨论中我们曾用有限的篇幅阐述了损害减少的情况，通过向炼油厂付费减少污染排放，从而减少了休闲者所承担的与炼油生产过程相关的边际外部成本。二维码中的内容提供了关于污染损害的实例，该实例主要描述了我国湖南桃源工业污染导致的损害。

扫码获取

工业污染及对人类健康的损害：湖南省常德市桃源案例

从市场的角度来看，排污削减的边际社会收益是指对排污削减的社会需求，或者说是社会对环境质量的需求。正如休闲者愿意为获得清洁的河水付费一样，社会也愿意为获得清洁的环境而付费。根据需求定理我们可以得出：随着排污削减水平的上升，这种付费的意愿会不断下降，因此 MSB 曲线的斜率为负。

（2）排污削减的边际社会成本

从供给的角度来看，污染者减少有害物质排放时社会也是要付出成本的，我们称之为排污削减的边际社会成本。为了更好地理解边际社会成本的含义，可以把其分为以下两个组成部分：①每一个污染者排污削减活动的边际成本之和；②政府在监督和强制排污削减行动中发生的边际成本。

我们以一个典型污染者为例来观察它是如何减少污染的。

1）厂商的边际排污削减成本。让我们回到科斯定理关于交易的讨论，仍然假定炼油厂减少有毒有害物质排放就必须减少产量。此时，炼油厂排污削减付出的边际成本就相当于所放弃的利润，在模型中表示为沿着边际利润线自右向左地运动。因此，如果决策变量是产量，单个污染企业面对的边际排污削减成本等于其放弃的 $M_\pi$。然而，该模型关于污染者只有通过减产才能达到环境标准的假定，是一个限定性非常强的假定，鉴于还有其他方法可供使用，我们需要将这个以产量为基础的模型加以拓展。

如果污染企业是利润最大化的追求者，也就是说他们是成本最小化的偏好者。为了达到排污标准，企业会充分考虑各种可能的排污削减方法，最终选定一个成本最小的方法。除了减产，可供选择的排污削减方法还包括使用消除污染的技术，或改变生产过程。考虑到企业的这些选择，我们建立一个边际排污削减成本（MAC）函数。边际排污削减成本运用成本最小法来测算随着排污削减数量（$A$）的增加经济成本的变化情况。二维码中的内容讨论了采用成本最小的排污削减技术清除漏油和有害废物的重要性。

扫码获取

排污削减成本：补救技术的希望

每一个污染源都有一条 MAC 曲线，厂址、排放污染物的类型、生产的性质以及技术的可得性都会影响 MAC 曲线的形状和位置。但总体来讲，典型的 MAC 曲线斜率为正，而且以一个递增的比率增长，如图 4.1 所示。考虑一下其中的含义，当污染水平较高时，使用任何一种有效的排污削减技术都会奏效。尽管控制污染的成本会增加，但增加的速度慢于排污削减量增长的速度。随着这个过程的推进和环境的日益清洁，再增加排污削减量就非常困难，此时边际排污削减成本增加的速度快于排污削减量增长的速度。

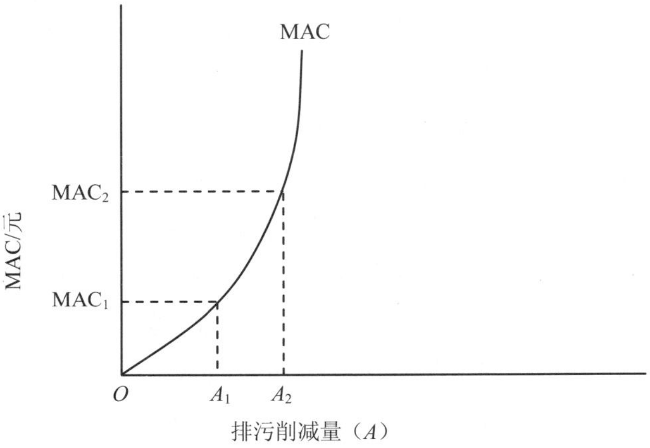


**图 4.1　单个污染者的边际排污削减成本（MAC）**

这一条典型的 MAC 曲线，斜率为正，并快速向右上方倾斜。如图 4.1 所示，当厂商的排污削减量从 $A_1$ 增加到 $A_2$ 时，MAC 也以一定的比例从 $MAC_1$ 增加到 $MAC_2$。这表明，随着排污削减过程的深入，环境变得越来越清洁，而排污削减难度则在逐渐增加，即增加一单位的排污削减量，成本越来越高。

排污削减技术不同，MAC 曲线的位置也不同。例如，引入一项成本节约型的排污削减技术会使 MAC 曲线以原点为轴心向下转动，如图 4.2 所示，污染者某一种污染物的 MAC 曲线就会低于其他污染物。因此，MAC 函数一般定义为在某一给定技术下的排污削减成本。

2）市场的边际排污削减成本。所有污染者 MAC 的总和就是市场的边际排污削减成本（$MAC_{mkt}$），即将每一个厂商的 MAC 水平加总就能得到 $MAC_{mkt}$，即 $MAC_{mkt} = \sum MAC$。这一过程和第 2 章所描述的市场供给情况相同。需要指出的是，这里所指的 $MAC_{mkt}$ 代表最低成本决策，因为在任一排污削减水平上的单个厂商的 MAC 是相等的。

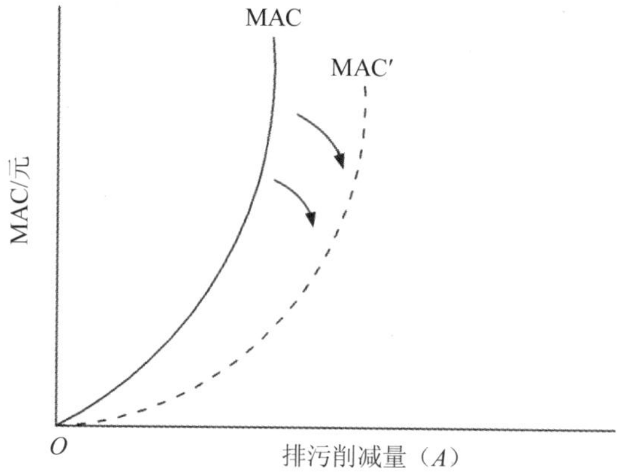


图 4.2 成本节约型技术对污染者 MAC 的影响

3）边际执行成本。现在分析排污削减的边际社会成本的第二个组成部分。实际上，整个市场的边际排污削减成本函数还应当加上政府在执行和监督排污削减活动过程中发生的边际成本，通常将这部分成本称为边际执行成本。

图 4.3 向我们展示了将 MEC 垂直叠加在 $MAC_{mkt}$ 曲线上就可以推导出 MSC 函数（为了方便起见，假定所有函数都是线性的）。在任一排污削减水平上，$MAC_{mkt}$ 和 MSC 曲线之间的垂直距离就是 MEC。由图 4.3 可知，排污削减水平越高，这一垂直距离越大。排污削减标准越高，污染者越倾向于躲避法律的排污削减要求，也就越需要更加复杂的、成本更高的监督执行计划。

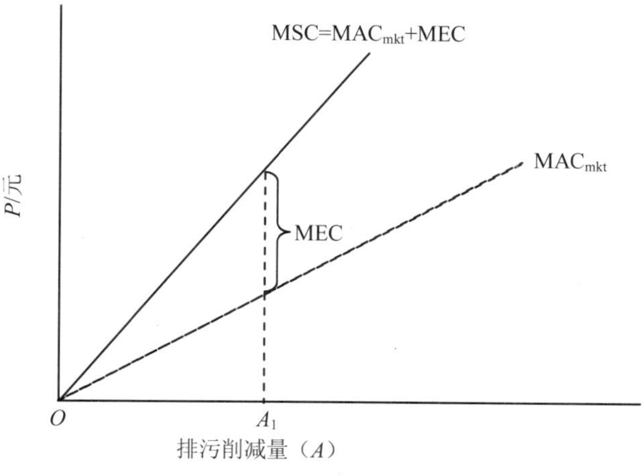


图 4.3 推导排污削减的边际社会成本函数

### 4.1.1.4 预设的环境目标是否以成本-效益的方式实现

根据第 3 章的阐述，MSB 和 MSC 共同决定有效率的排污削减水平，如图 4.4 所示。

为了简便起见，假定这两个函数是线性的，两条曲线的交点就是有效率的排污削减水平（$A_E$）。政府设定的标准能否实现有效率的排污削减水平受很多因素的影响，其中 4 个因素为：①立法限制；②信息不充分；③地区差异；④污染物差异。

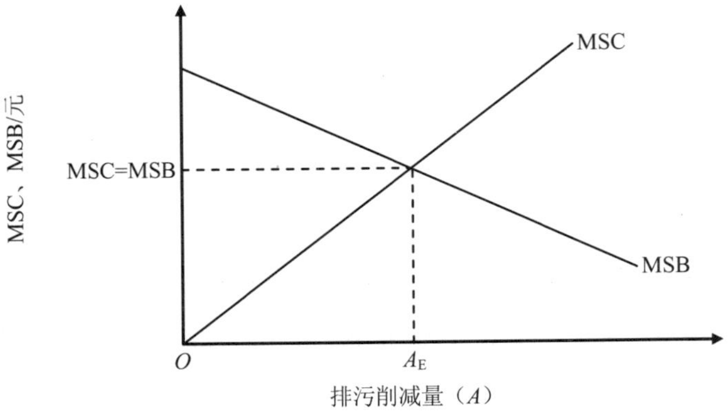


**图 4.4 有效率的排污削减水平**

（1）立法限制

以标准为基础的方法在设定污染物限额时并不一定考虑相关的收益和成本。在美国法律中，很多标准是以收益为基础的，标准的设定以提高整个社会的福利为目标，而不考虑补偿相关成本。如果在标准设定过程中不考虑相关成本，显然社会资源会被过多地分配给排污削减活动。

（2）信息不充分

即使是法律要求平衡成本和收益，但信息的不充分常常会阻碍政府确定 MSB 和 MSC。让我们首先考虑 MSB 问题。第 3 章在关于市场失灵的讨论中提到排污削减是一种公共物品，因为偏好的非显性，社会对它的需求即 MSB 曲线也就无法确定。在实践中，有一些方法能够估算出排污削减带来的损害减少的社会价值。然而，诸如健康状况改善和寿命延长等无形的收益难以用货币衡量，因此准确建立 MSB 模型的概率非常小。

确定 MSC 也面临同样的问题。除了要估计 MEC，政府还必须知道每一个污染者的 MAC。考虑到生产以及排污削减技术的多样性，要获得厂商的相关信息几乎是不可能的。此外，MAC 还必须包括削减排污的隐性成本，而这种成本难以量化。

在信息不充分的条件下，尽管是出于法律意图。政府也很可能不自觉地将排污削减成本设定在缺乏配置效率的水平上。在图 4.4 的基础上，图 4.5 将有配置效率的 $A_E$ 与另外两个可能的排污削减水平 $A_0$ 和 $A_1$ 进行比较。如果排污削减标准设在 $A_0$，MSB 显然大于 MSC，表明社会对减少污染赋予的价值远远大于消除污染所付出的资源，因此 $A_0$ 的排污削减水平显得过于宽松；相反，$A_1$ 的排污削减水平又显得过于苛刻。仅 $A_E$ 代表的排污削减水平才是有配置效率的法定排污削减界限。然而，发现这一最优排污削减水平所需的信息量极其巨大。

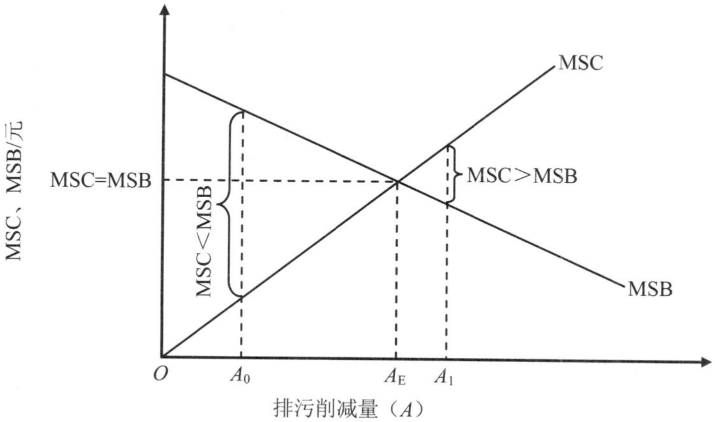


**图 4.5　设定环境质量标准：是否有配置效率**

（3）地区差异

即使法律允许平衡成本和收益并且信息充分，就全国的污染源而言，仍然存在将 $A_E$ 用作全国性标准的限制，其原因是根据 MSB 和 MSC 得出的最优排污削减水平并没有考虑到各个地区排污削减的成本和收益。$A_E$ 作为有配置效率的排污削减水平的唯一条件是，所有地区的 MSB 和 MSC 是相等的。

举例来讲，假定有两个地区 $X$ 和 $Y$，它们的 MSC 相等（即 $MSC_X = MSC_Y$），而 MSB 不同（即 $MSB_X < MSB_Y$），即在所有排污削减水平上 $MSB_X$ 都低于 $MSB_Y$。这种差异可能是由两个地区的收入、教育或人口方面的差别引起的。这时，最多也只有一个地区会认为全国性的排污削减标准有效率。图 4.6 将两个地区的 MSB 和 MSC 置于同一坐标系中，$X$ 地区有配置效率的排污削减水平（$A_X$）比 $Y$ 地区的（$A_Y$）低。由此可见，即使对于全国来讲存在一个最优的排污削减水平，但它对于这两个地区而言并非都是最优的。

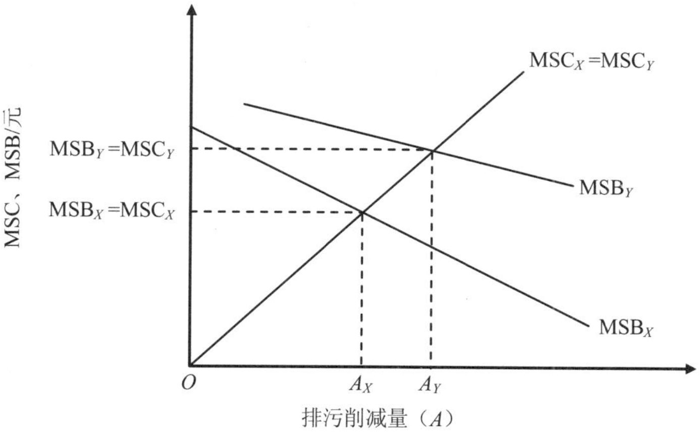


**图 4.6　地区差异对配置效率的影响**

（4）污染物差异

即使在同一地区，如果各污染源排污量的变化没有形成对环境的一致性影响，也会导致低效率。当排污的变化量与变化方向之间呈非线性关系或不直接成比例时，上述情况就容易发生。当污染源与暴露在污染环境中的人口或生态系统之间的距离不同时，即使污染物的排放量相同，也会出现影响不一致的情况①。总之，污染源距被影响人越远，损害就越小，因为会有更多机会将污染物质稀释②。这意味着排污削减的边际社会效益与污染源和受影响人群或资源之间的距离呈负相关关系。因此，即使排污削减的边际社会成本相等，但对于所有的污染源而言，最有效率的排污削减水平也是不同的。如同地区差异导致的结果一样，一个全国统一的排污削减标准并非对所有污染源都是最优的。

通过上述讨论可知，在实际应用中，立法限制、信息不充分、地区差异或污染物差异等因素中至少有一个是存在的。因此，设定一个有配置效率的排污削减水平作为标准的概率极低。考虑到这些因素，我们的评价体系必须有不同的标准，并且，问题的重点不是评价标准如何设置，而是评价标准如何执行。

## 4.1.2 执行环境政策的行政管制方法

前面的分析给了我们一个非常深刻的印象，政府设定的环境标准可能没有配置效率，但这样一个非最优的标准也可以通过使用最少的资源得到实施，这时称政府的环境政策具有成本-效益。成本-效益政策是指利用最少的经济资源实现目标的政策，同时它也是一个次优的选择。这个次优选择能否实施，最终取决于在减少污染的过程中所使用的方法。

### 4.1.2.1 各国政府采用的行政管制方法

各国政府纷纷采用不同的政策手段以期达到环境质量要求，我们将这些政策手段分为两大类：第一类是行政管制方法（也称命令控制方法），通过设定排污限定量或技术约束直接管制污染源；第二类是市场方法，使用激励性的政策手段通过市场力量促进排污削减行动。

在这两类方法中，行政管制方法更为传统，而且在大多数国家的环境政策中处于主导地位。这是因为在最初没有经验并且正处于紧急的社会困境时，这类方法能够迅速奏效。

在实践中，大多数国家首先倾向使用命令控制方法，然后考虑使用市场方法。虽然

---

① National Acid Precipitation Assessment Program (US). National acid precipitation assessment program: 1992—report to congress. 1993.

② Tietenberg T. Environmental and natural resources economics. 4th edition. New York, 1996.

市场方法在不断发展，也越来越受到重视，但命令控制方法在环保领域的主要地位并没有动摇。

#### 4.1.2.2　我国已实行的命令控制方法及其分析

命令控制方法在我国环境管理手段中占主导地位，我国现有的命令控制方法见表4.1。

表4.1　我国现有的命令控制方法分类

| | | |
|---|---|---|
| 命令控制方法 | 事前控制 | 环境规划、环境影响评价制度、“三同时”制度等 |
| | 事中控制 | 排污许可证制度、污染总量控制制度等 |
| | 事后控制 | 污染限期治理制度、关停并转手段、污染限期治理制度等 |

下面主要对环境影响评价制度和“三同时”制度、排污许可证制度、污染总量控制制度及污染限期治理制度进行解释说明。

（1）环境影响评价制度和“三同时”制度

我国的《环境影响评价法》规定，实施环境影响评价是为实施可持续发展战略，预防因规划和建设项目实施后对环境造成不良影响。“三同时”制度是指新建、改建、扩建项目以及区域性开发建设项目的污染治理设施必须与主体工程同时设计、同时施工、同时投产。这就体现了“预防环境污染”的制度目标。总体来说，这两项制度的目标比较明确，都比较好地体现了命令控制方法的原理和特点。首先，这两项制度都有其法律依据；其次，都有处罚措施；最后，都有审批权限，政府执行此制度的能力较强。在评判标准方面，环境影响评价制度和“三同时”制度都具有很强的确定性。由于是事先控制，其经济效率高于其他命令控制方法，但也有提高的空间。

从上述分析可以看出，我国的命令控制型环境政策是以强化行政管理为特点的，重视自上而下的行政强制管理，还需要进一步发挥市场和市场本身的自我规划、自我控制、自我完善机制。因此，要想使我国的命令控制型政策取得更好的效果，就需要从控制目标出发，筛选和明确主要的制度，提高立法的质量和效率，更加注重制度间的连接，建立健全监测监督和惩罚机制，保证政策的执行效果。在命令控制型政策的选择方面，我国应进一步倾向于环境污染和资源浪费、破坏的源头控制，即事先控制型命令控制政策，如环境规划、环境影响评价制度、“三同时”制度等，引导排污者建立自我规划、自我控制、自我完善的管理模式，使命令控制的对象从最终污染物转移到原料、生产过程等，把末端治理前移、上移。

扫码获取

我国工业和信息化部针对淘汰落后产能采取了多项措施

（2）排污许可证制度

排污许可证制度的政策目标是促进“达标排放”和污染源排放总量控制，提高排污削减的确定性。因此，其政策目标明确。

许可证是一个“打包”的制度体系，即将排污申报、环境标准管理、环评、环境监测、排污口管理、环保设施监管、排污收费、限期治理等制度以及违法处罚等方面的规定结合在一起，体现在一份“许可证”上面。执法机关根据许可证，对各排污者的排污行为提出具体要求，是实现污染源稳定达标排放的较为有效的命令控制方法。

2020 年 12 月 9 日国务院第 117 次常务会议通过了《排污许可管理条例》，该条例自 2021 年 3 月 1 日起实施。我国的排污许可管理将更上一个新的台阶。《排污许可管理条例》共设六章，分为总则、申请与审批、排污管理、监督检查、法律责任、附则，对排污许可做了更为详细和严格的规定。《排污许可管理条例》的关键内容包括：第一条，明确了设立《排污许可管理条例》的目的，即为了加强排污许可管理，规范企业事业单位和其他生产经营者排污行为，控制污染物排放，保护和改善生态环境。第二条，依照法律规定实行排污许可管理的企业事业单位和其他生产经营者（以下称排污单位），应当依照本条例规定申请取得排污许可证；未取得排污许可证的，不得排放污染物。第六条，排污单位应当向其生产经营场所所在地设区的市级以上地方人民政府生态环境主管部门申请取得排污许可证。第十条，审批部门应当对排污单位提交的申请材料进行审查，并可以对排污单位的生产经营场所进行现场核查。第十三条，排污许可证应当记载生态环境主管部门所规定的各种信息。第十七条，排污许可证是对排污单位进行生态环境监管的主要依据。第二十二条，排污单位应当按照排污许可证规定的内容、频次和时间要求，向审批部门提交排污许可证执行报告。第二十五条，生态环境主管部门应当加强对排污许可的事中事后监管。第三十二条，生态环境主管部门在排污许可证审批或者监督管理中有违反本条例规定的行为由上级机关则令改正；对直接负责的主管人员和其他责任人员依法给予处分。第三十三条，对违反本条例规定的排污单位由生态环境主管部门责令改正或者限制生产、停产整顿，处 20 万元以上 100 万元以下罚款；情节严重的，报经有批准权的人民政府批准，责令停业、关闭。

我国的排污许可证制度仍然处于发展阶段。首先，我国的排污许可证制度的相关法律尚不完善，从法律规定来看，仅就污染物的排放规定了申报登记要求，具体执行细则尚需进一步明确规定。其次，惩罚力度相对较小，对没有使用排污许可证的企业，尚未形成足够的惩罚威慑。最后，适用范围有限，执行能力尚待加强。

（3）污染总量控制制度

通常情况下，污染总量控制制度与排污许可证制度、污染限期治理制度配合使用。总体来看，我国的污染总量控制制度处于发展阶段。2014 年，《北京市大气污染防治条例》已确定实施削减存量与控制增量相结合的“双控制度”，在治理大气污染的措施上实现了由单纯的浓度控制向浓度与总量控制并重转变，明确了对机动车数量和燃煤总量进行控制。福建省首个海洋环境保护规划——《福建省福清市海洋环境保护规划》针对海洋环境污染治理提出，到 2015 年，企业生活污水接入率和城镇污水处理率均不低于 90%；沿海地区构建起较完善的污水处理系统，完成重点工业污染企业环保在线监控。

（4）污染限期治理制度

污染限期治理制度的目标是通过政府的强制方法，对污染严重的企事业单位规定期限，令其完成应负的责任。污染限期治理制度希望能在较短的时间内集中治理企业污染。其政策对象是严重污染的企事业单位，政策目标明确。污染限期治理制度是我国一项重要的命令控制方法，该制度与污染集中控制制度相辅相成，特别是在重点污染源防治方面发挥着积极而重要的作用。

扫码获取

我国环境政策失灵在水资源保护方面的表现：以淮河水污染治理为例

### 4.1.3　行政管制方法有成本-效益吗

评价行政管制方法是否具有成本-效益，是看社会在获得一定的环境质量时发生的成本是否大于所必需的成本。为了讨论的需要，我们将某一排污削减标准看作社会需要的水平（可能与效率目标相悖），目的是保护人类的健康。从理论上讲，为了达到成本-效益，政策制定者往往要分别计算达到这一目标的各种管制措施的相对成本，最终选择其中成本最小的。根据这个一般假定，我们分别讨论两个可能违背成本-效益标准的行政管制决定：一个使用技术标准，另一个使用统一标准。

#### 4.1.3.1　无成本-效益的技术标准

在本章前面部分我们提到了三类标准，即环境标准、执行标准和技术标准，请重温一下这些标准的定义，并思考每个标准的成本含义。显然，技术标准导致污染者在达到给定排污削减水平时无法使成本最小化，而 MAC 曲线的假定前提是污染者选择成本最小的排污削减方法。如果政府强迫污染者采用某一特定技术达到某一排放限额，这无形中会妨碍厂商采用成本-效益方法减少污染。除非政府指定的技术对所有污染者来讲恰好是成本最小的排污削减方法，否则肯定有些厂商是在大于其 MAC 的水平上运营的。这也同时表明，社会付出的成本高于排污削减的 MSC，结果浪费了社会资源，却没有得到相应的增加收益。如果采用执行标准，每个污染者都会选择一个能够达到给定目标的方法。如果没有进一步的引导，厂商会根据自己的利益选择成本最低的排污削减方法，社会能从更清洁的环境中获益，而达到这个目标使用的资源也相对较少。然而有一点需要注意，尽管与技术标准相比，执行标准更具成本优势，但这种选择本身并不能确保是具有成本-效益的解决方法。实际上，不管采用哪种标准，如果这种标准被毫无区别地施加于所有污染者，那么肯定存在资源浪费。

#### 4.1.3.2 无成本-效益的统一标准

在严格的行政管制框架下，常常用统一标准限制所有污染源。操作时面临的问题是，这样的政策方法是否具有成本-效益。答案是：只要污染源的控制成本不同，所有污染源都执行统一标准就会导致经济资源的浪费。当然，实际上有很多因素会导致成本差异，其中一个因素是污染企业的老化程度，新上项目的企业往往要安装先进的排污削减设备，从而能以比老企业更低的边际成本达到排污削减标准的要求。另一个因素是投入要素价格的地区差异，不同地区的厂商面对的劳动力、土地和资本的成本很难相同。只要投入要素价格不同，厂商达到排污削减标准的成本就不同。

假定污染者的排污削减成本是不同的，那么它是如何导致统一标准缺乏成本-效益的呢？问题在于，统一标准强制高成本排污削减者将污染水平减少到低成本排污削减者的水平，因此，为获得更清洁的环境，投入的资源大于实际需要。要想节约成本就应该让低成本厂商消除更多的污染。我们可以用一个简单的模型来分析这个重要观点。

首先，假定某一地区只有两个污染源，每个都产生 10 单位的污染物，则总共有 20 单位的污染物被排放到环境中。政府要求该地区将污染量必须减少 10 单位，以达到社会可接受的水平：

污染者 1 的边际排污削减成本（$MAC_1$）：$MAC_1 = 2.5A_1$

污染者 1 的排污削减总成本（$TAC_1$）：$TAC_1 = 1.25\ (A_1)^2$

污染者 2 的边际排污削减成本（$MAC_2$）：$MAC_2 = 0.625A_2$

污染者 2 的排污削减总成本（$TAC_2$）：$TAC_2 = 0.312\ 5\ (A_2)^2$

其中 $A_1$ 是污染者 1 的排污削减量，$A_2$ 是污染者 2 的排污削减量。

假定政府根据 10 单位排污削减量实行统一标准，要求每个污染者削减 5 单位的污染物（$A_1 = A_2 = 5$）。此时，污染者 1 的 MAC 是 12.5（$2.5 \times 5 = 12.5$）元，TAC 是 31.25（$1.25 \times 5^2 = 31.25$）元；污染者 2 的 $MAC_2$ 是 3.13 元，$TAC_2$ 是 7.81 元。则该地区排污削减总成本（不考虑监督和执行）为 39.06 元，这也是为了达到排污削减标准所投入的经济资源的价值。那么，达到 10 单位排污消减量的成本还能再降低吗？

由假设可知，污染者 2 比污染者 1 更具成本优势，污染者 2 消除 5 单位污染物的成本为 7.81 元，小于污染者 1 的成本。因此，污染者 2 削减更多污染的成本比较低。当然，两个厂商必须达成互利的协议，污染者 2 才有足够的动机去增加污染物的削减量。然而，如果政府要求每一个污染者必须按同样的数量削减，两个厂商之间根本没有进行这种协商的机会。因此，只要不同污染者的 MAC 不同，在传统行政管制下采用统一标准就不会达到成本-效益标准。

有没有能使政府通过在污染者中重新分配排污削减水平获得成本-效益的方法呢？答案是肯定的，经济学理论能精确地告诉我们如何得到这样一种方法。不同污染者之间排污削减量的分配使得各自的 MAC 相等时的排污削减水平就是成本-效益削减标准，这意味着应该以最低成本达到环境标准。这个方法就是微观经济学理论中“等边际最优原则”的应用。

让我们再次回到两污染者模型，看一下采用上述方法的成本节约情况。仍然假定总的排污削减水平是 10 单位，我们需要找到使每个污染者排污削减的 MAC 相等时的排污削减水平。利用代数方法求解如下：

步骤 1：令 $MAC_1 = MAC_2$，即 $2.5A_1 = 0.625A_2$

步骤 2：令 $A_1 + A_2 =$ 排污削减标准，即 $A_1 + A_2 = 10$

步骤 3：联立方程组，解得：$A_1 = 2$，$A_2 = 8$

图 4.7 也展示了同样的结果。两个厂商的 MAC 曲线被置于同一坐标系内，沿横轴从左到右测量污染者 1 的排污削减量 $A_1$；反之，沿横轴从右到左测量污染者 2 的排污削减量 $A_2$。在横轴上，无论沿哪个方向测量，排污削减水平都是从 0 到政府管制当局的排污削减标准 10，因此横轴上的每一点都代表一个满足政府排污削减标准要求的排污削减量组合。

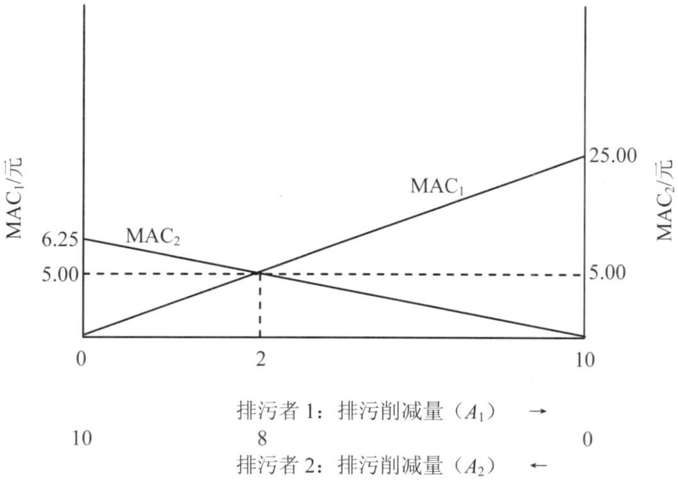


**图 4.7　两污染者模型中的成本-效益方法**

由图 4.7 可知，两条 MAC 曲线的交点确定了具有成本-效益的分配方法（$A_1 = 2$ 和 $A_2 = 8$）。此时，$MAC_1 = MAC_2 = 5$ 元。如果给定每个污染者上述特定的排污削减目标，达到环境目标所付出的成本就能最小化。将这两个有成本-效益的排污削减水平代入每个厂商的 TAC

方程，就能得到排污削减成本：

$$TAC_1 = 1.25 \times 2^2 = 5\text{（元）}$$

$$TAC_2 = 0.312\ 5 \times 8^2 = 20\text{（元）}$$

根据“等边际最优原则”，为达到 10 单位的排污削减标准社会付出的成本为 25 元，比采用统一标准节省了 14.06 元。这 14.06 元也是把统一排污削减标准施加于具有不同边际排污削减成本条件的排污者时，所付出的不必要的成本，见图 4.7。

最后，问题的关键是，在实际操作中政府如何才能在行政管制框架下获得每个厂商特定的排污削减标准呢？答案是，政府需要知道其所管制的各个厂商的排污削减成本。但是，这类信息几乎不可能得到，当政府管制成百上千个污染厂商时，更是如此。不用行政管制方法，我们还可以通过其他方法解决这个问题。在 4.2 节我们将发现，在缺乏污染者成本信息的情况下，利用市场方法可以得到具有成本-效益的解决方案。那应该怎么做呢？可以用市场激励和价格机制替代缺乏灵活性的规则。

## 4.2 解决环境问题的市场方法

尽管行政管制方法具有很多优点，但由于它主要是使用缺乏灵活性的规制和排污限额，并且通常对所有排污者施加统一的限制，并非总是有效。因此，随着时间的推移，政策制定者开始寻求其他的政策选择。美国和其他工业化国家正在逐渐把市场方法纳入环境政策计划。把以激励为导向的市场方法与传统方法结合起来，已经成为当前环境政策的主要发展趋势。

与传统的行政管制方法不同，市场方法运用价格或其他经济变量激励污染者削减有害物质的排放。市场方法之所以得到经济学家的极力推荐，是因为市场方法解决环境问题具有成本-效益，这些效率是如何获得的呢？主要是制定政策法案，使污染者根据自身的利益做出反应。市场方法的目的是将环境损害的外部成本内在化于厂商和消费者的决策。基于市场失灵理论，市场方法试图通过对环境质量赋值或污染定价，重建经济激励机制。这样一来，厂商和消费者就能根据市场条件的变化，调整自身的最优行为。

私人部门和公共部门都逐渐意识到以市场为基础的手段能产生收益，因此了解市场方法及其相对于传统方法的优势非常重要。本节主要阐述以市场激励为基础的控制手段的理论和实际含义。我们的主要分析工具是经济模型，并使用配置效率和成本-效益标准，对政策进行评估。

为了便于研究，首先对以市场为基础的手段进行简要概述，然后运用这些工具展开经济分析。在每一个类别中，将建立模型、评估结果并提供实际应用案例。

### 4.2.1 市场方法概述

市场方法与行政管制方法的区别在于实现目标的途径，而不是环境目标的设定水平，即政策手段的设计。市场方法是指以激励为基础的政策，是一种旨在鼓励保护性行动或污染削减的策略。

国际上利用市场激励的控制方法繁多，可以将这些方法划分为以下主要类型：污染收费、环境税、环境补贴、保证金/还款制度和排污许可交易制度。表 4.2 对这些方法进行了简要阐述[①]。

表 4.2　市场方法分类与描述

| 市场方法 | 描述 |
| --- | --- |
| 污染收费 | 根据污染物的排放量，向污染者收取费用。通常通过以下几种途径实施：<br>①排污收费：根据实际污染物排放量收费；<br>②产品收费：根据污染物数量或者污染特征，调高产生污染的产品的价格。产品收费可以通过差别税收执行，即根据产品对环境的潜在影响征收不同费用；<br>③使用者收费：根据污染处理成本或污染物对资源的负面影响，对环境资源使用者收费<br>④管理费：管理当局因监管或登记污染物而收取的服务费 |
| 环境税 | 把环境污染和生态破坏的社会成本内化到生产成本和市场价格中 |
| 环境补贴 | 通过直接支付或税收减免的形式向减少污染或未来的污染削减计划提供财务资助 |
| 保证金/还款制度 | 预先为潜在污染损害支付一定费用，然后返还有利于环保的行动，例如返还给合理处置或再循环利用的产品 |
| 排污许可交易制度 | 通过信用或许可，建立排污权市场：<br>①排污信用：在排污信用制度下，污染者若将污染物排放量控制在排放标准以下就可以赢得市场信誉；<br>②排污许可：在排污许可制度下，污染者有权利排放一定量的污染物。污染物排放量通过交易可以增加或减少 |

资料来源：Opschoor J B, Vos H B. Economic instruments for environmental protection. Organization for Economic, 1989.

### 4.2.2 对重要市场方法的经济学分析及其应用实例

世界各国都借助以市场为基础的手段控制污染。事实上，一项对 24 个国家的国际调查发现，1998 年每个国家平均采取了 11 种市场方法[②]。该调查还显示，作为国家政策的一

① 参见 U. S. EPA, Office of Policy, Economics，and Innovation（2001）。

② OECD (1999a), pp.100-108.

部分，所采用的每一种经济方法都涵盖了所有的环境介质。本节将阐述 5 种重要市场方法，并利用经济学原理分别对其进行分析。

#### 4.2.2.1 污染收费

污染收费的理论前提是，通过对产生污染的行为定价，将环境损害的成本内在化。这一前提遵循“污染者付费”原则，该原则认为污染者应该承担污染控制成本，把环境质量维持在社会可接受的水平①。污染收费通常有两种类型：一是根据污染物排放量收费，即排污收费模型；二是根据污染物数量或污染后果，对产生污染的产品加价收费，即产品收费模型。

我们首先建立产品收费模型，其中收费以税收的形式体现——这也是解决负外部性问题的传统方法。

（1）产品收费模型

假定在完全竞争市场上，某种产品的生产过程产生了环境负外部性。因为生产者的决策仅仅建立在 MPC 上，忽略了环境损害产生的 MEC，因此过多的资源分配给该产品的生产。如图 4.8 所示，在厂商的产出水平 $Q_C$ 处，消费该产品的 MSB 等于生产该产品的 MPC。注意，此处的均衡产出 $Q_C$ 高于由 MSB 等于 MSC 所确定的效率产出 $Q_E$。

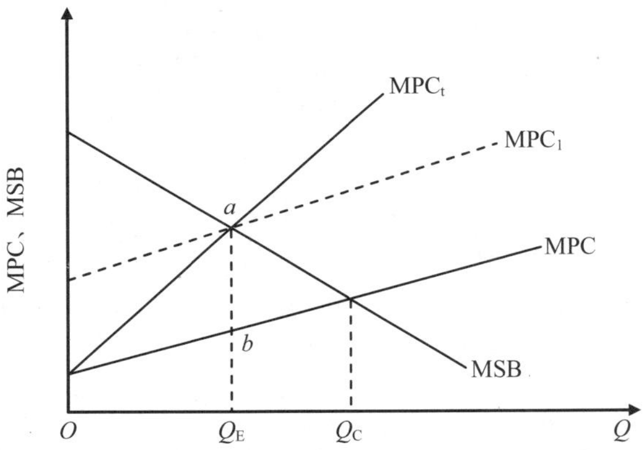


图 4.8 运用庇古税获取效率

通过对污染产品征税的办法，获得高效率产出 $Q_E$，此时单位税的征收量，等于效率产出 $Q_E$ 处的 MEC。收费的政策动机在于引导厂商在生产决策中考虑 MEC，从而将外部性内在化。这种类型的税收被称为庇古税，它是对产生负外部性的产品按单位收费。这个税种以首次提出该理论的英国经济学家庇古（Arthur Cecil Pigou）命名。这一政策措施有效地将 MPC 曲线上移 $a\,b$ 的距离至 $MPC_t$，从而达到一个有效率产出水平均衡，如图 4.8 所示。

① OECD (1989), p.27.

从理论上看，庇古税要求厂商将产量减少至效率产出的水平。这尽管在理论上可行，但在实际中却难以运用。其原因之一是难以确定效率产出水平 $Q_E$ 所对应的 MEC，进而无法确定庇古税的水平。另一个原因是，该模型假定减少产量以削减污染，这是一种不现实的限制措施。为了解决上述两个问题，我们将介绍一种更为实用的模型，可以将污染收费以排污收费的形式实施，排污收费对污染征税而不是对产品收费。因此，该模型不再通过减少产量来限制污染者。

（2）排污收费模型：单个污染者

排污收费是分别对每个污染行为定价，即直接按实际污染物数量收费。典型的方式是税收。一旦价格机制启动，污染者就不能再忽视污染给社会带来的危害。排污收费迫使污染者面对环境损害，并为环境损害付费，从而将环境损害看作生产成本的一部分。面对这一附加成本，污染者或通过付费方式保持原有的排污水平，或引进排污削减技术，减少污染物排放量以减轻税负。根据市场激励机制，污染者将选择成本最小的方案。

建立一个满足污染者成本最小化的排污收费模型相当简单。首先，假定政府把排污削减标准设在某一“可接受水平”（$A_{ST}$），然后考虑政府提供给污染者的政策选择，污染者可以单独采用其中一种或联合采用两种政策。

假设污染者对现有排污削减水平（$A_0$）与排污削减标准（$A_{ST}$）之间的差额部分支付固定的单位税额（$t$），税收总额 $=t$（$A_{ST}-A_0$），即污染者支付的排污削减成本。

在图 4.9 中，我们利用边际曲线将单个厂商的这些选择用图形表示。因为单位税额固定在 $t$ 水平，边际税收（MT）曲线是一条平行于横轴的直线，距离横轴的距离为 $t$，排污削减的边际成本用 MAC 曲线表示。在每一单位的排污削减水平 $A$ 上，追求成本最小化的厂商通过比较 MT 和 MAC，选择成本较小的一个。在该模型中，厂商将削减排污量到 $A_0$，因为在达到 $A_0$ 前，MAC 小于 MT。假设没有固定成本，MAC 以下区域 $OaA_0$ 的面积代表排污削减总成本（T'AC）。显然，这一总成本小于对 $A_0$ 左边的污染水平的征税额，即区域 $OtaA_0$ 的面积。在 $A_0$ 至 $A_{ST}$ 区间，厂商选择交税，因为此时 MT＜MAC，厂商在 $A_0$ 至 $A_{ST}$ 之间支付的税收额为 $A_0acA_{ST}$，小于采用排污削减技术付出的成本，即区域 $A_0abA_{ST}$ 的面积。总之，污染者执行政策所付出的总成本为区域 $OabA_{ST}$ 的面积，该面积包含以下两个部分：①$OaA_0$ 是削减 $A_0$ 单位污染付出的总成本；②$A_0abA_{ST}$ 是在污染削减到 $A_{ST}$ 单位之前缴纳的税金。

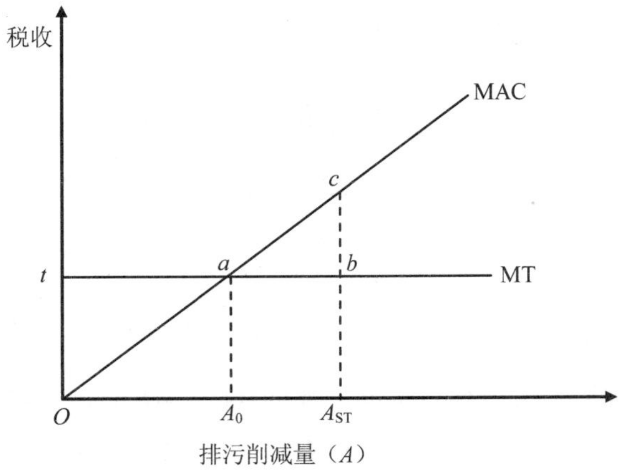


**图 4.9 单个厂商排污收费模型**

该模型说明单个厂商面对支付税[$t$（$A_{ST}-A_0$）]或排污削减成本所做的选择。MT 曲线代表税收负担，MAC 曲线代表厂商的边际排污削减成本。在该模型中，追求成本最小化的厂商将排污削减到 $A_0$，因为在 $A_0$ 以左的部分 MAC＜MT。

应该注意的是，排污收费激发了污染者的原始经济动机。在任何时点上，静态激励促使污染者根据现有技术在各种可能的选择中做出决策，为确保自身利益最大化，污染者在交税和排污削减之间寻求成本最低的决策。其结果是运用最少资源将外部性内在化。动态激励则促使厂商改进排污削减技术，更高效的排污削减技术能够使厂商以更低成本实现排污削减。另外，较低的排污削减成本甚至可以使厂商不再支付排污费。技术进步将使 MAC 向下旋转至 MAC′，见图 4.10。

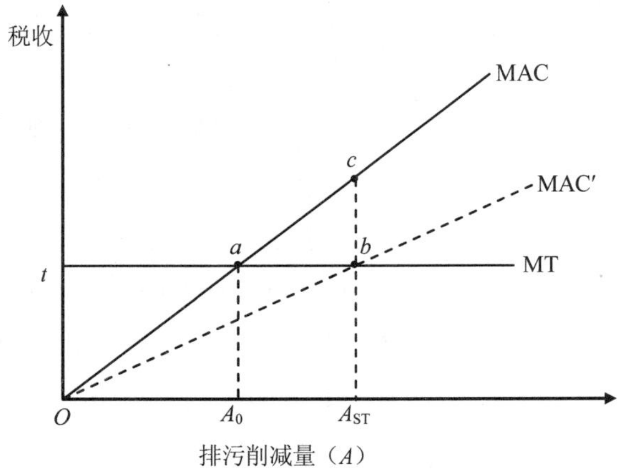


**图 4.10 技术进步对厂商成本最小化决策的影响**

在这种情况下，如果厂商仍然面对同样的政策选择，排污标准仍然是 $A_{ST}$，厂商会把污染一直削减到标准要求，排污削减总成本为 $ObA_{ST}$，并且没有支付排污费。相比技术进

步前的支出 $OabA_{ST}$，厂商节省了 $Oab$ 的成本。

（3）排污收费模型：多个污染者

为了评估多个污染者排污收费的成本-效益，我们运用 4.1 的两污染者模型进行分析。如前所述，假定政策要求该地区完成 10 单位的排污削减标准。为了便于讨论，简单回顾 4.1 的成本函数：

污染者 1 的边际排污削减成本（$MAC_1$）：$MAC_1 = 2.5\ A_1$

污染者 1 的排污削减总成本（$TAC_1$）：$TAC_1 = 1.25\ (A_1)^2$

污染者 2 的边际排污削减成本（$MAC_2$）：$MAC_2 = 0.625\ A_2$

污染者 2 的排污削减总成本（$TAC_2$）：$TAC_2 = 0.312\ 5\ (A_2)^2$

其中 $A_1$ 是污染者 1 的排污削减量，$A_2$ 是污染者 2 的排污削减量。

假定政府对每个污染者征收的排污费相同，即税收总额 $= t\ (A_{ST} - A_0)$。在本案例中，$A_{ST} = 10$，所以排污费为 $t\ (10 - A_0)$。若假定税率 $t$ 为 5 元，则每个污染者支付的税收总额为 $5 \times (10 - A_0)$ 元。

接下来考察每个厂商对税收的反应。图 4.11 运用 4.1 中的两污染者模型，并增加了一条水平线（MT）代表 5 元的单位排污费。面对 5 元的单位排污费，比较污染者 1 边际税收成本（MT）与边际排污削减成本（$MAC_1$），如果 $MAC_1 < MT$，污染者 1 将选择减少污染；反之，如果 $MAC_1 > MT$，污染者 1 将选择交税。

因此，污染者 1 将选择排污削减，直到 $MAC_1 = MT$（$A_1 = 2$），而剩下的 8 单位排污削减，污染者 1 选择交税。对于污染者 2 而言，在 $MAC_2 = MT$（$A_2 = 8$）的右边，选择排污削减，而剩下的 2 单位排污削减则选择交税。相应的计算过程如下：

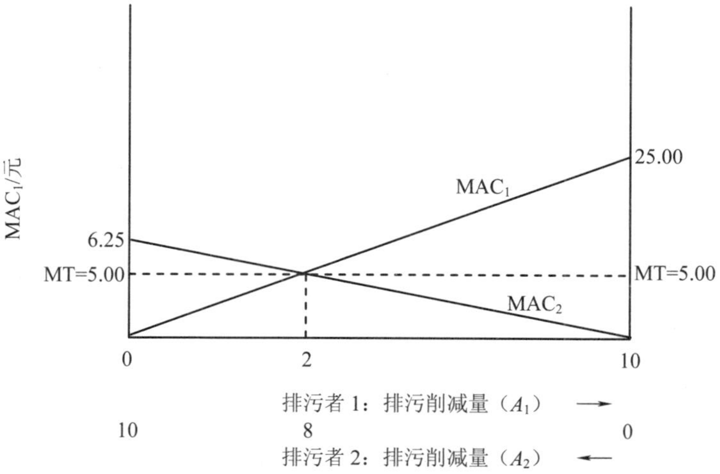


图 4.11　两污染者模型排污收费效果

污染者 1：

排污削减，直到 $MAC_1 = MT$；$2.5 \times A_1 = 5$（元）或 $A_1 = 2$

排污削减总成本：$TAC_1 = 1.25 \times 2^2 = 5$（元）

支付的税收总额：税收总额 $= 5 \times (10 - 2) = 40$（元）

污染者 2：

排污削减，直到 $MAC_2 = MT$；$0.625 \times A_2 = 5$（元）或 $A_2 = 8$

排污削减总成本：$TAC_2 = 0.312\,5 \times 8^2 = 20$（元）

支付的税收总额：税收总额 $= 5 \times (10 - 8) = 10$（元）

该地区的总体情况：

排污削减总水平 ＝10 单位

排污削减总成本 ＝25 元

支付的税收总额 ＝50 元

结果中有两点值得注意：第一，5 元的单位税收达到了 10 单位的排污削减水平；第二，在污染者之间，运用具有成本-效益的排污削减资源配置，达到了预定目标。因为每个污染者的排污削减水平都是由 MAC＝MT 决定的，因此，依据具有成本-效益的排污削减标准，所有的 MAC 都相等。由该模型可知，大部分排污削减是由低成本排污削减者完成的，即污染者 2。高成本的污染者 1 排污削减水平低，但相应地以税收形式支付了更高的排污费。

排污收费激发了污染者追求成本最小化策略的原始动机。其结果是，低成本排污削减者清除了大部分污染物，而高成本排污削减者为其产生的更多损害支付了更多的税额。对于社会收益而言，谁削减排污量并不重要，重要的是排污削减的成本。在本案例中，污染者 2 承担了大部分排污削减责任，它之所以这样做并不是社会目标激励的结果，而是自身利益的驱使。另外，政府获取了财政税收，而这些税收可以帮助政府支付执行和监督成本。

虽然排污收费因其自身的优势值得强调和提倡，但仍然有几点值得注意：第一，排污费的设定，事实上，政府并不知道把税率设定在什么水平上才能促使污染者们的排污削减总水平达到环境标准，因此政府必须不断调整税率直至达到环境目标，这样的税率调整过程需要花费大量的时间；第二，必须考虑潜在监控成本的增加，当每个污染者从自身的角度出发对政策分别做出反应时，监控就会变得更为复杂；第三，需要考虑成本转嫁问题，面临高额税收时，污染者通常会通过提高价格将税收负担部分地转嫁给消费者，污染者为了适应税收负担或改变技术增加污染控制量的行为还可能造成失业；第四，厂商通常会通过非法处置污染物而逃税，为了最大限度地减少这种行为的发生，政府必须加大监管力度，而这会导致管理成本增加。

（4）发达国家的排污收费制度

在美国，排污权交易是主要的控污经济手段。相比之下，欧洲很多发达国家以及亚洲的日本则普遍采用排污收费制度，并取得了相当的收效[①]。

在法国，规定向空气中排污的工厂收费是为了促使排污工厂尽早使用控污设备。收取的排污费用则作为引进控污设备的一种补助金返还给那些缴纳费用的工厂。法国的收费体系是从 1985 年开始运作的，1990 年对此收费体系做了新的调整。新收费方案规定对所有具备 5 万 W 和更大发电能力的工业单位或每年排放量大于 2 500 t 硫和氮氧化物的工业单位征收费用。收取的费用中大约 90%作为引进控污设备的补助金返还给了支付费用的企业，剩下的 10%则用于新技术的研发。但是由于法国的收费水平过低，人们普遍认为难以起到理想的激励作用[②]。

在日本，排污收费有着与法国不同的目的，其目的在于增加收入来弥补大气污染给人们造成的伤害，1973 年日本通过了《对于污染物质有关的健康损害的补偿》。根据该法律，经证明确定患有两类疾病的受害者可以取得医疗费用、损失收入和其他费用：第一类是由已确定的污染源造成的具体疾病；第二类是所有排污者都有责任的呼吸道疾病。该法律规定所需要的费用来自对 $SO_2$ 排放工厂的收费和对机动车收取重税。税收的水平由补偿基金的需求来决定。

与排污权交易相比，污染收费的水平必须由政府部门来决定而非由市场自由调整。当为了达到特定目的而需调整费率时，费率就会由实现该目的的成本来决定。如果所需成本上涨，为了保证该目的的实现，收费水平就会上涨。

（5）我国的排污收费制度

1）我国排污收费制度的发展历程。

①我国排污收费制度的提出。1978 年，国务院环境保护领导小组向中央提交了《关于环境保护工作汇报要点》。1978 年 12 月 31 日，中共中央 19 号文件批转了这个汇报要点。中共中央在通知中指出："排污单位实行排放污染物的收费制度，由环境保护部门会同有关部门制定具体收费办法。"这是国家重要文件中第一次提出在我国建立排污收费制度的设想。"超过国家规定的标准排放污染物，要按照排放污染物的数量和浓度，根据规定收取排污费。"《环境保护法（试行）》的颁布为我国建立排污收费制度提供了法律依据，标志着排污收费制度开始建立。

1979 年 9 月，江苏省苏州市开始在 15 家企业开展征收排污费的试点工作。1979 年 12 月，河北省发布文件，确定全省于 1980 年 1 月 1 日起实施排污收费制度。此后，其他省（区、市）也相继进行征收排污费的试点工作。截至 1981 年年底，除西藏、青海外，全国其他省（区、市）都开始了征收排污费的试点工作。

②排污收费制度的建立与实施（1982 年 2 月—1987 年年底）。1982 年 2 月 5 日，国务

---

① OECD (1999), pp.22-24, 26, 27, 100-108.

② OECD (1999), pp.29-35.

院发布了《征收排污费暂行办法》，这标志着排污收费制度在我国正式建立。

③改革与发展。1988 年 7 月 28 日国务院发布《污染源治理专项基金有偿使用暂行办法》，由此拉开了我国的排污收费制度改革的帷幕。

1998 年 5 月 26 日，国家环境保护总局等部门联合发布《关于在杭州等三城市实行总量排污收费试点的通知》。该文件规定，自 1998 年 7 月 1 日起，杭州市、郑州市、吉林市开始进行总量收费的试点工作。三城市实行总量排污收费试点，标志着我国已初步建立了总量收费制度。

2003 年 2 月 28 日，国家发展改革委等部门发布了《排污费征收标准管理办法》《排污费征收使用管理条例》，标志着新排污收费制度在我国正式建立。

2014 年 9 月 1 日，国家发展改革委等部门联合印发《关于调整排污费征收标准等有关问题的通知》，要求各省（区、市）结合实际，调整污水、废气主要污染物排污费征收标准，提高收缴率，实行差别化排污收费政策。

2014 年 9 月，国家发展改革委、财政部、环境保护部颁布了《关于调整排污费征收标准等有关问题的通知》，这是我国对排污收费标准的又一次重大改革[①]。

2002—2013 年，除个别年份外，我国排污费征收额总体上呈现逐年递增趋势。2013 年达到 216.05 亿元，是 2002 年 67.4 亿元的 3.2 倍。从排污费的内部构成来看，废水、废气排污费在排污费中占绝大部分比重，且排污费总量增收主要来自废气排污费收入的增长；污水收费呈逐年递减趋势；噪声收费和固体废物排污费收入年际变化不大。污水和垃圾处理收费改革在稳步推进，收费标准弥补运营成本是改革趋势。

2）我国排污收费制度的立法。

我国与排污收费相关的环境保护行政法规、部门规章、地方性法规和规章从时间上看比较早，从内容上看也比较周密。包括：1989 年 12 月 26 日修订施行的《环境保护法》、1996 年 5 月 15 日修正的《中华人民共和国水污染防治法》（简称《水污染防治法》）、2000 年 4 月 1 日修订后施行的《中华人民共和国海洋环境保护法》、2000 年 9 月 1 日修订后施行的《中华人民共和国大气污染防治法》（简称《大气污染防治法》）、1996 年 4 月 1 日施行的《中华人民共和国固体废物污染环境防治法》（简称固废法）、1997 年 3 月 1 日施行的《中华人民共和国环境噪声污染防治法》。

与排污收费相关的环境保护行政法规：《水污染防治法实施细则》《排污收费征收使用管理条例》等国务院发布的行政法规，将排污收费制度的内容进行了细化规定，使其可操作性更强。

此外，还有部门规章、地方性法规和规章。为了配合《排污费征收使用管理条例》的实施，国家环境保护总局（现生态环境部）、财政部、原国家计委、国家经贸委等发布了

① 李克国. 环境经济学. 3 版. 北京：中国环境出版社，2014：235-237，241-243，229，282-283.

一系列部门规章，各省、自治区、直辖市以及较大城市的人大及其常委会、人民政府制定了一系列有关排污收费的地方性法规和规章。例如，2015 年 6 月 18 日，财政部、国家发展改革委、环境保护部以财税〔2015〕71 号印发《挥发性有机物排污收费试点办法》，该办法共 19 条，自 2015 年 10 月 1 日起施行。

3）我国的排污收费标准。

1982 年颁布的《征收排污费暂行办法》，规定了向污水、废气、废渣征收排污费。1991 年 6 月颁布的《关于调整超标污水和统一超标噪声排污费征收标准的通知》，对我国的污水超标排污费收费标准进行了修订，同时，统一了我国的噪声超标排污费收费标准。

2003 年发布的《排污费征收标准管理办法》制定了我国的总量收费标准，原有收费标准被废止。总量收费是指一切排污单位和个体工商户按照排放污染物的种类和数量，以污染当量计征排污费。污染当量是指根据各种污染物或污染物排放活动对环境的有害程度、对生物体的毒性以及处理的技术经济性，规定有关污染物或污染物排放活动相对数量的一种关系。

我国最终形成的排污收费标准主要包括：水污染物收费标准、大气污染物收费标准、固体废物收费标准。我国排污收费标准偏低，导致企业选择交排污费而不愿治理。为了改变这一状况，《国务院关于印发节能减排综合性工作方案的通知》（国发〔2007〕15 号）明确了提高收费标准："按照补偿治理成本原则，提高排污单位排污费征收标准。"根据这一通知要求和总量减排目标，各地纷纷出台二氧化硫、化学需氧量、氮氧化物排污费征收标准政策文件，提高排污费征收标准。2014 年 9 月，国家发展改革委、财政部、环境保护部颁布了《关于调整排污费征收标准等有关问题的通知》，这是我国对排污收费标准的又一次重大改革。通知规定："国家鼓励污染重点防治区域及经济发达地区，制定高于上述标准的征收标准。"通知还制定了差别收费政策[①]。

#### 4.2.2.2　环境税

环境税（environmental taxation），也称为生态税（ecological taxation）、绿色税（green tax），是 20 世纪末国际税收学界才兴起的概念。目前，学术界对环境税没有形成统一的定义。它是把环境污染和生态破坏的社会成本内化到生产成本和市场价格中去，再通过市场机制来分配环境资源的一种经济手段。部分发达国家征收的环境税主要有 $SO_2$ 税、水污染税、噪声税、固体废物税和垃圾税 5 种。

环境税是为了保护环境而征收的税。就其内容来讲可以划分为针对破坏、污染相关行为征收的税，以及其他税种中与保护环境和资源利用相关的规定。欧盟统计局根据税基将环境税划分为能源税、交通税、污染税和资源税。环境税并不是单一的税种，而是一整套的税收体系。

---

① 李克国. 环境经济学. 3 版. 北京：中国环境出版社，2014：235-237，241-243，229，282-283.

（1）发达国家的环境税

环境税作为一种管制工具被越来越多的国家所关注。如果按照加权平均进行计算，经济合作与发展组织（OECD）国家与环保相关的税收收入已达到 GDP 的 2%左右和总税收收入的 6%左右。

发达国家的环境税各有特点，但也存在共同特点。这些共同特点有：

1）征收范围广，税种多样化。国外环境税以能源税为主，征收范围涉及环境污染和环境资源保护。征收对象包括自然资源、生态资源、能源产品和污染物排放以及高耗能、高耗材行为等。征收税种包括能源税、硫税、二氧化碳税、水污染税、垃圾税、轮胎税、固体废物税、机动车税、电池税等。

2）注重税率差别和税收减免。在环境税制设计上注重税率差别和税收减免，限制性与鼓励性措施并举，发挥税收在环境保护中的作用。

3）推行“谁污染谁付费”原则。依据“污染者付费”原则进行补偿成本形式的收费，建立起完整的经济与环境相协调发展的税制，使其成为行之有效的经济管理手段。发达国家环境税运行成本低廉，已经产生了明显的环境效益和经济效益①。

（2）我国的环境税（费）

2018 年以前，我国的税制体系中，并没有直接针对环保方面的税种。我国环保政策主要是以收费为主，征税为辅。这些具有环保概念的税收零散地存在于增值税、消费税、资源税、车船税和企业所得税等中，直接或间接地对保护生态环境起到了一定的作用。按照 OECD 对环境税的定义，税基为交通燃油、供暖及加工燃料、废弃物和污染排放等与环境相关的税收都可以归类为环境税的范畴，主要有以下几类：

1）对环境保护和资源合理开发利用具有直接意义的税种。主要是资源税和耕地占用税。2011 年 11 月 1 日资源税改革全面实施，将石油、天然气的税额从以前的从量计征改为从价计征，税率为销售额的 5%～10%，其他五项税目仍然是从量计征，但对焦煤和稀土矿等的资源税税额标准进行了一系列调整。资源税计征范围又在石油、天然气的基础上扩展到其他资源产品，如煤炭等。

2）有利于环保的各项税收措施。①增值税：增值税的优惠政策立足于鼓励资源综合利用、促进废旧物资回收、鼓励清洁能源和环保产品、鼓励污水处理，优惠手段包括免税、减半征税、即征即退、允许抵扣税额和简易征收；②企业所得税：企业所得税的优惠政策一度条目较多，“两税”（国内企业所得税和外资企业所得税）合并后进一步统一和规范，政策取向更加清晰；③消费税：消费税从设立税种到税目调整，环保用意非常明显，对小汽车、摩托车的重新分类和税率调整体现了按污染程度设计税负的环保理念；④关税和进出口税：自 2010 年 6 月 1 日起，对符合规定条件的国内企业为生产国家支持发展的大型环保和资源综

---

① 李克国. 环境经济学. 3 版. 北京：中国环境出版社，2014：235-237，241-243，229，282-283.

合利用设备而确有必要进口部分关键零部件、原材料，免征关税和进出口环节增值税。

3）以保护环境为目标的排污收费制度。1982 年我国《征收排污费暂行办法》发布实施，2003 年修订完善为《排污费征收管理条例》。我国征收排污费的范围包括废水、废气、固体废物、噪声、放射性废物 5 大类 113 项。我国环境相关税收主要是能源与机动车相关税收，消费税、车辆购置税和车船税三项之和所占比例超过 85%[1]。

（3）《中华人民共和国环境保护税法》

2011 年 12 月，财政部同意适时开征环境税。2016 年 12 月 25 日，十二届全国人大常委会第二十五次会议通过了《中华人民共和国环境保护税法》，将排污费更改为环境税，于 2018 年 1 月 1 日起开征。这是中央提出落实“税收法定”原则要求后，全国人大常委会审议通过的第一部单行税法，也标志着运行了 38 年的排污收费制度成为历史。

独立环境税具有独特的优势。“绿色红利”是环境税改革的直接目标，有助于实现负外部性的内部化，保障生产的社会均衡，形成有效的生态补偿机制；另外也有助于积极创造实现“蓝色红利”的条件，实现经济、社会和生态的和谐发展。环境税具有增加收入和行为矫正的双重功能，在筹集充足的“生态补偿”资金的同时，积极引导企业和消费者的生态补偿行为，向生态补偿目的靠拢，以提高生态补偿的效率。积极开征独立的环境税，综合考虑税种、税基、课税对象、纳税人、税率、税收优惠等要素，保持总税负标准实现税收中性，既有利于筹集生态补偿资金，又能够激励生态补偿行为的环境税制，以更好地实现生态补偿的效果[2]。

扫码获取

中华人民共和国环境保护税法（节选）

### 4.2.2.3　环境补贴

（1）环境补贴的类型

减少环境损害的另一个市场方法是通过环境补贴对污染者不污染的行为进行补贴。环境补贴主要有两种类型——排污削减设备补贴和单位污染减少补贴。

1）排污削减设备补贴模型。排污削减设备补贴是旨在减少排污削减技术的成本补贴。补贴相当于“负税收”，因此它和排污收费有着相同的激励机制，只不过它是对不污染行为给予奖励，而不是对污染行为给予惩罚。在实际应用中，排污削减设备补贴主要有拨款、低息贷款或税收宽减等形式，这些都可以激励污染者向排污削减技术投资。

从理论上讲，上述补贴旨在将排污削减活动产生的正外部性内在化。如果对安装特殊排污削减装置（如除尘设备）提供补贴，其结果是降低了除尘设备的实际价格，使需求量增加。为了达到效率均衡，补贴必须在效率产量水平下等于使用除尘设备的边际外部收益，也称庇

---

① 李克国. 环境经济学. 3 版. 北京：中国环境出版社，2014：235-237，241-243，229，282-283.

② 朱红琼. 环境税的生态补偿效应. 特区经济，2014（11）：113-115.

古补贴，即对产生消费正外部性的产品，按单位支付，确保在 $Q_E$ 处支付费用等于 MEB。

假定除尘设备市场是竞争市场，其模型为 MSC = 70.0 + 0.5$Q$

$$\begin{array}{r} \text{MPB} = 350.0 - 0.9Q \\ + \text{MEB} = 56.0 - 0.2Q \\ \hline \text{MSB} = 406.0 - 1.1Q \end{array}$$

其中，$Q$ 是除尘设备的年均生产量，MSC、MPB 和 MEB 以百万元表示，相应的曲线见图 4.12。在 MPB = MSC 处，即 $Q_C$ = 200 个和 $P_C$ = 17 000 万元时达到竞争性均衡。

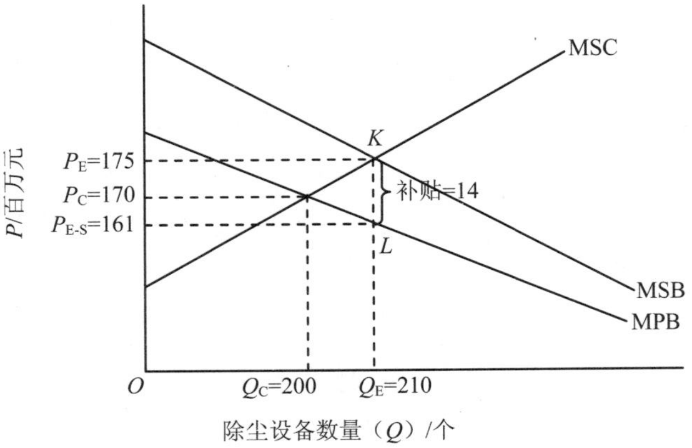


**图 4.12 除尘设备市场的庇古补贴**

然而，在 MSB = MSC 处，即 $Q_E$ = 210 个和 $P_E$ = 17 500 万元才会获得效率均衡。在不受管制的竞争市场上，因为清洁环境产生的外部收益没有被市场参与者意识到，所以只有很少的除尘设备以很低的价格进行交易。如果在效率产出水平上，向除尘设备的需求者（即污染者）提供等于 MEB 的补贴（$S$），除尘设备的交易量将会增加。本例中，庇古补贴（MEB）= 56.0 − 0. 2 ×（210）= 1 400 万元，如图 4.12 中 $KL$ 的距离。对于污染者而言，有效价格即有效市场价格减去补贴（$P_E - S$），即 17 500 − 1 400 = 16 100 万元。同庇古税类似，使用庇古补贴的问题也在于 MEB 的测度。

因为对更健康和更稳定生态系统等无形的边际外部收益进行货币化相当困难，所以，排污削减设备补贴获得配置效率几乎是不可能的。但是，实际价格降低还是会促使排污设施使用量增加。

简单起见，我们假定没有边际外部成本（MEC），因此 MPC = MSC。

即使不考虑获得效率结果的难度，设备补贴还存在其他缺点。常见的批评认为这种控制政策妨碍了污染者最佳削减排污的决策。从财政角度来看，补贴影响了相对价格，降低了其他排污削减选择的吸引力，而有些排污削减选择在减少污染上可能更有效。由于同样原因，政府对现有的设备进行补贴的做法很可能阻碍了更有发展潜力的排污削减技术的开发。最后，补贴资金往往来源于税收或政府借款。因此，实际上是把收入从社会转移支付给污染者了。尽管我们获得了清洁环境的收益，但仍然有些人会认为这无法接受。

2）单位污染减少补贴模型。基于排放量减少的补贴称为单位污染减少补贴，也就是对低于规定水平的每单位污染减少支付的补贴。政府将对低于规定水平或标准（$Z_{ST}$）的每一单位污染减少给予补贴。模型如下：

$$总补贴 = S（Z_{ST} - Z_0）$$

其中，$Z_0$代表实际污染水平，假定$Z_{ST}$为每月排放200 t污染物，每月每吨污染物补贴（$S$）100元。如果一个污染者将污染物排放量减少到每月180 t，可以得到的补贴为100 ×（200 − 180）= 2 000元。

从积极的意义来看，单位污染减少补贴可能比设备补贴缺点少，因为它与排污削减技术无关，因此避免了技术因素的影响。但从另一个角度来看，单位污染减少补贴可能导致污染总量增加的负效应。这个矛盾是如何产生的呢？这是因为单位污染减少补贴有效地降低了污染者的单位成本，进而增加了污染者的收益。如果该行业容易进入，这项收益会引导其他厂商进入该行业。从长远角度来看，尽管每个污染者都减少了污染物排放量，但补贴仍可能会引起市场扩张，从而导致总污染物排放量高于初始水平①。如果禁止进入该行业或进入障碍很多，就可以解决这一难题。当然，这一假设是否能够实现取决于行业结构、环境损害程度以及相关成本。

（2）环境补贴的实际应用

环境补贴实际应用的案例很多。拨款或低息贷款是国际上常见的环境补贴形式，包括澳大利亚、丹麦、芬兰、日本、荷兰和土耳其在内的很多国家都采用这种形式②。在美国，最常用的补贴形式是对诸如公共处理设施等项目提供联邦资助。联邦补贴还用于促进使用污染控制设备、鼓励使用和开发清洁燃料以及排污量较低的交通工具③。

在大多数国家中，补贴通常采用直接拨款、优惠贷款和税收优惠等方式，其资金来源主要是环境方面的税收、费用、许可证和收费等，而不是普通的税收。在实际工作中，各个国家的补贴对象和补贴资金的来源有所不同。例如，法国提供补贴以鼓励工业减轻水污染，补贴制度基于贷款而不是拨款；意大利补贴固体废物的回收，并支持工业界致力于削减废物；荷兰补贴鼓励对污染控制设备的研究及安装；德国实行补贴制度主要是为了促进其环境计划的实现和帮助突然额外的资金需求而遇到困难的生产者。在我国，补贴这种手段经常被采用，主要应用于对污染治理项目的补贴、对生态建设项目的补贴、对清洁生产

---

① Baumol W J, Oates W E. The theory of environmental policy. Englewood Cliffs, NJ., 1988.

② OECD（1999），pp.49-55.

③ U.S.EPA，Office of Policy Planning，and Evaluation（July1992），pp.6-1；U.S.EPA，Office of Policy，Economics，and Innovation（January 2001），chap.7.

项目的补贴、对环境科研的补贴、对生产环境友好产品的补贴等。

#### 4.2.2.4 保证金/还款制度

排污削减补贴的潜在不良后果表明污染收费可能是一种更好的选择。但是，在有些情况下，相关的监控和执行费用导致了污染收费的管理成本高昂。如前所述，污染收费的缺点之一在于可能会鼓励污染物的非法处置，这也是我们建立保证金/还款制度的重要动机。

（1）保证金/还款制度的经济学含义

不当或非法处置废物会产生负外部性。保证金/还款制度的目的在于强制潜在污染者在处置废物时，要考虑不当处置的边际私人成本和边际外部成本。与污染收费类似，保证金/还款制度中的保证金旨在补偿废物处置不当的 MAC。通过预先收取保证金，促使污染者将所有损害产生的成本内在化。还款是保证金/还款制度独有的特点，它激励污染者正确处置废物，从而阻止环境损害的发生。

（2）保证金/还款制度模型

保证金/还款制度模型见图 4.13。

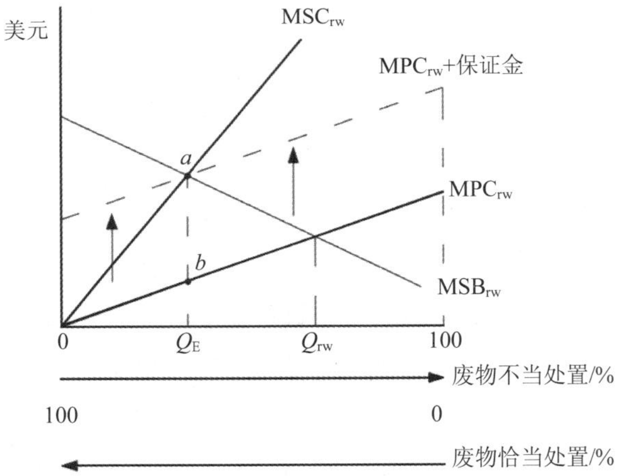


**图 4.13 废物处置市场的保证金/还款制度模型**

沿横轴由左至右衡量废物不当处置（IW）占总废物处置行为的百分比，反之，沿横轴自右向左衡量废物正确处置（PW）占总废物处置行为的百分比。因此，如果有 25%的废物以不恰当的方式处置，就有 75%的废物得到了合理、安全的处置。

$MPC_{rw}$包括收集和非法倾倒废物的成本以及不当处置可循环利用废物的成本，如垃圾容器的成本、支付给垃圾处置公司的收集费以及放弃再循环产生的机会成本。$MSC_{rw}$ = $MPC_{rw}$ + $MEC_{rw}$（即 $MSC_{rw}$ 与 $MPC_{rw}$ 间的垂直距离）。$MPB_{rw}$ 代表对废物不当处置的需求，因为废物不当处置能够节省相应的成本，如收集废物，将不可循环利用的废物送到垃圾填埋场，以及将可循环利用废物运到处理中心等都需要付出较多的时间和资源。此处假设没有外部收益，因此 $MPB_{rw}=MSB_{rw}$。如果没有环境控制，均衡点 $Q_{rw}$ 位于 $MSB_{rw}$ 与 $MPC_{rw}$ 的交点，效率均衡点 $Q_E$ 位于 $MSC_{rw}$ 与 $MSB_{rw}$ 的交点，$Q_E<Q_{rw}$。当存在负外部性时，因为市场参与者没有考虑其行为的全部影响，导致过多的废物不当处置行为。

为了纠正负外部性，假定将保证金设定在 $Q_E$ 处的 $MEC_{rw}$，如图 4.13 中 $a$、$b$ 两点，保证金可以有效地将 $MPC_{rw}$ 提升 $ab$ 的距离，迫使市场参与者达到新的均衡 $Q_E$。因此，废弃物处置的百分比由不当方式向正确方式转变，即 $Q_{rw}-Q_E$ 的距离。注意，保证金发挥的作用和排污收费是相同的，区别在于保证金/还款阻止了废物不当处置行为的发生。潜在污染者有明显的动机采取正确处置废物的行为，因为这可以使他们收回保证金。一旦污染者选择非法处置废物，他们就要提前支付外部成本。同时管理部门可以灵活调整保证金和还款的金额以增强内在激励。

保证金/还款制度的价值在于，还款可以激励环境保护行为，同时也没有明显增加政府的监控和执行成本。这种独特的手段一旦建立，激励机制就不需要太多监管而可以自动运行。保证金/还款制度的另一优点是鼓励市场参与者更有效地利用原材料。以往大量用过的产品和原料被填埋或焚烧，但实际上它们是可以再循环利用的。再循环产品和废物能够减缓诸如铝和木材等自然资源的耗竭，从而降低这些资源的价格，对厂商征收原材料保证金，可以促使企业在生产过程中更有效地利用资源。还款激励厂商在生产过程结束时对原材料废物进行合理处置或再循环。忽视这种激励的厂商不但会面临传统的处置成本，还面临失去还款的机会成本。

在有些情况下，相关的监控和执行费用导致了污染收费的管理成本高昂，因为污染收费的缺点之一是可能会鼓励污染物的非法处置。建立保证金/还款制度的目的在于一方面防止新的污染出现，另一方面通过废物的回收利用和生态恢复处置已有的污染。在垃圾处理方面，全国范围内大力发展再生资源回收利用产业，势必能大幅减少垃圾填埋量，收到良好的环境效益。这也是建立保证金/还款制度的重要动机。

（3）保证金/还款制度的应用

保证金/还款制度最著名的应用是鼓励对饮料包装的正确处置。在美国，这些项目一般由州瓶装法案制定。2002 年，有 10 个州通过了立法，要求为啤酒和饮料包装设立保证金制度。俄勒冈州第一个颁布了瓶装法案。据报道，在该法案通过后的两年间，乱扔垃圾的现象减少了 75%～85%[①]。根据密歇根的统计，在保证金计划实施第一年回收率就高达 95%[②]。其他国家的情况与此类似，澳大利亚、丹麦、挪威等国家建立保证金/还款制度之后，饮料

① U.S.EPA，Office of Policy Economics，and Innovation（January 2001），chap.5，pp.58-59，63-64.

② Porter（1983）.

包装的回收率达到了 62%～99%[①]。

其他保证金/还款计划旨在促进合理处置废旧轮胎、废旧汽车及铅酸电池。由于铅暴露存在的健康风险，所以人们给予铅酸电池特别的关注。根据美国国家环保局的调查，城市固体废物中的铅有 65%来自铅酸电池[②]。因此，各个州都强制性地将保证金/还款制度用于铅酸电池。只要消费者返还废旧电池并且证明支付过保证金，他就能得到还款[③]。

丹麦在利用保证金/还款制度方面取得了巨大的成功，达到了电池和铅蓄电池回收率的年度目标。挪威和瑞典利用保证金/还款制度减少了对废旧汽车的不当处置。日本是循环利用固体废物最为成功的国家之一，其中保证金/还款制度提供了相当大的刺激作用，仅在 1989—1990 年，全国回收利用了 92%的酒瓶、50%的废纸、43%的铝制易拉罐、45%的铁制易拉罐以及 48%的玻璃瓶。在 OECD 国家中，有 16 个国家实行玻璃瓶保证金/还款制度，12 个国家实行塑料饮料容器保证金/还款制度。

从以上的应用效果来看，该制度是一种有效的经济刺激手段，具有广阔的应用前景。

（4）我国矿山环境治理恢复保证金制度的立法现状

1）国家层面的立法现状。我国的矿山环境治理恢复保证金制度于 2000 年国土资源部的一次工作会议上被首次提出。此后的政策性文件中大多只是响应这一倡导，在文件中提倡建立这一制度；或对该制度的部分事项做出简单的规定，但规定都过于抽象和宽泛，主要是针对保证金的提取标准、使用和监管部门，对于保证金的返还、验收等涉及环境治理恢复工作成果检验的程序都未提及。

我国保证金制度尚未被法律明确规定下来，因此只能通过政策性文件和其他法律法规中体现的环保理念来具体实施该制度。从法律层面来看，第一，《矿产资源法》出台时间过早，条文内容以矿产资源的勘查、开采等行政管理为主的规定，无法适应当前我国的国情；令人期待的是，该法已列入十二届全国人大常委会的立法规划中，正在修改过程中。第二，2014 年修订的《环境保护法》第五条规定“环境保护坚持保护优先、预防为主、综合治理、公众参与、损害担责的原则”，并且在第六条第三款规定“企业事业单位和其他生产经营者应当防止、减少环境污染和生态破坏，对所造成的损害依法承担责任”。虽未明文提到，但该法中的“保护优先”“损害担责”等原则对保证金制度的实施也具有一定的指导意义。第三，与矿山环境的保护相关的部分法律如《水土保持法》《土地复垦法》《土地复垦条例》中也体现出了“谁破坏，谁复垦”的原则。第四，除政策性文件以外，保证金制度实施方面具有最高法律效力的当属由原国土资源部制定的部门规章，即 2009 年的《矿山地质环境保护规定》。其规定了保证金承诺书为办理采矿许可证的必备

---

① OECD（1999），pp.39-42.

② U.S.EPA，Office of Policy，Planning and Evaluation（Marth 1991），pp.2-18.

③ U.S.EPA，Office of Policy，Economics，and Innovation（January 2001），p.64.

要件，同时规定了保证金的基本性原则，还对保证金的缴存标准、方法和验收事项做出了简单规定。

2）地方层面的立法现状。地方层面的保证金制度构建时间各有不同，最早的要数 1999 年宁夏对于“闭坑保证金”的规定。地方立法的成功经验和国家层面政策文件的倡导推动了各省（区、市）通过立法确立保证金制度的进程。至今，除港澳台以外的 31 个省（区、市）均已制定并实施了矿山环境治理恢复保证金管理办法，表述方式各有差异，但制度涵盖内容大致相同。

从我国国家层面的法律法规规章和政策性文件及地方层面的规章和规范性文件来看，我国保证金制度的立法现状主要有以下 3 个特点：

第一，国家层面的规定对保证金的原则、收缴标准、监管部门及验收事项做出了原则性规定。这些规定为我国全方位构建保证金制度搭建了框架，也为各地保证金制度的工作开展发挥了指导作用。

第二，我国保证金制度的实施在国家层面的依据仍以政策性文件和部门规章为主，现行法律仅能以其原则对保证金制度的实施进行指导。我国尚未在法律中明确保证金制度的法律地位。

第三，从各地的保证金管理办法来看，效力层级大不相同，或为地方政府规章，或为地方政府发布的规范性文件。地方政府的规范性文件制定的部门各不相同，且以矿山环境保护为目标的制度，在部分地区并未有环保部门参与。由于这种规定上的“先天不良”，必然导致在实施这一制度时产生执法不顺的情形，而执法部门的诸如争抢或推诿等种种的矛盾和冲突都将对保证金制度的功能造成负面影响。

#### 4.2.2.5　排污许可交易制度

迄今为止，我们已经列举了为污染和排污削减定价的市场手段。政府也可以反向运用价格-数量关系设定污染或排污削减数量，让市场决定价格。在完全信息条件下，两种方法均可行，都会导致相同的结果。但是，定价手段也存在问题，因为政府不能预知怎样的价格水平可以实现以数量为基础的环境目标。因此，政府必须监控对初始价格的数量反应，并不断调整以获得适当的污染水平。从本质上说，这是一个反复试验的过程。

通过控制已知变量（即社会预期的污染或排污削减量），政府能够更有效地利用政策手段，让市场来决定价格。这是排污许可交易制度的前提。排污许可是代表最大排污量的可交易许可。排污许可交易制度通过颁发可交易的信用许可，建立排污权市场手段来实施。在排污信用制度中，只要污染者的排污量低于设定的标准，就能获得可交易的信用。当然，交易制度也可以运用排污许可实施，每单位许可给予排污者排放一定量污染的权利。许可同样是可交易的，根据排污削减技术和成本条件，污染者可以买卖所需要的排污许可。

（1）排污许可交易制度的结构

排污许可交易制度包括两个要素：一个是地区固定数量许可的颁发；另一个是该地区内污染源之间许可交易的规定。

许可的颁发总量根据法律规定的“可接受”污染水平确定。例如，如果排放水平设定在 200 单位，能够颁发的最大许可数量则为 200 单位。如果没有排污许可，任何污染排放都是违法的。一旦排污许可被分配下去，污染者之间就可以进行交易。排污许可的讨价还价过程形成排污权市场。根据各自的利益，污染者在购买排污权和排污削减之间选择成本较小的方式。高成本的排污削减者有动机购买排污许可，而低成本排污削减者有动机进行排污削减，并在公开市场上出售排污许可，结果是排污削减责任实现了有成本-效益的配置。

可交易的排污许可制度能够调节环境目标，确定污染总水平。例如，美国的空气污染控制政策要求指定地区必须达到国家环境质量标准。在任何地区，总有一些污染者超标排污，而另一些污染者排污低于标准，只要该地区的总污染水平符合标准就可以接受。这就是排污许可制度的运行机制——控制地区的总排污量而不关注该地区单个污染源的排污量。排污许可制度的交易利用的是不同污染者排污削减技术和机会的差异，排污削减效率高的污染者愿意削减排污量，因为他们可以向排污削减效率低的污染者出售自己尚未使用的排污许可。只要环境目标在总体水平上可以实现，无论该目标是通过几个厂商，还是所有厂商按照同一水平完成，社会的收益相同。但是，如果排污削减由更有效率的厂商完成，成本会明显降低。

（2）多污染者排污许可交易制度模型

为了阐明排污许可交易制度的运行机制，我们回顾前面的两个污染者模型，每个污染者面临不同的排污削减成本：

污染者 1：$TAC_1 = 1.25\,(A_1)^2$

$MAC_1 = 2.5A_1$

污染者 2：$TAC_2 = 0.312\,5\,(A_2)^2$

$MAC_2 = 0.625A_2$

在政府干预之前，假定每个厂商污染物排放量为 10 单位，该地区污染排放总量为 20 单位。政府确定该地区的排污“可接受”水平为 10 单位，并决定使用排污许可交易制度实现目标。因此，政府颁发了 10 单位的排污许可，每 1 单位的排污许可代表 1 单位的排污量。简单起见，假设政府向每个污染者颁发了 5 单位的排污许可。在排污许可制度的规则中，要求每个厂商在排放任一单位污染时都必须持有排污许可，而剩余的排污量必须进行削减。

根据最初的排污许可分配，每个污染者必须削减 5 单位的排污量。如第一回合所示，我们将以上条件总结如下：

第一回合：政府向每个污染者颁发 5 单位排污许可

污染者 1：目前的排污水平：10 单位

持有排污许可的数量：5 单位

需要削减的排污量：5 单位

$$MAC_1 = 2.5A_1 = 2.5 \times 5 = 12.50\text{（元）}$$

$$TAC_1 = 1.25\ (A_1)^2 = 1.25 \times 5^2 = 31.25\text{（元）}$$

污染者 2：目前的排污水平：10 单位

持有排污许可的数量：5 单位

需要削减的排污量：5 单位

$$MAC_2 = 0.625A_2 = 0.625 \times 5 = 3.125\text{（元）}$$

$$TAC_2 = 0.312\,5\ (A_2)^2 = 0.312\,5 \times 5^2 = 7.81\text{（元）}$$

如果排污许可制度不允许交易，每个厂商除削减 5 单位排污量外没有其他选择。尽管环境目标能实现，但其实现方式并不具有成本-效益。在没有交易的前提下，总排污削减成本为 39.06 元。

下面讨论允许排污许可交易产生的结果变化。因为两个污染者在第一回合面临不同的 MAC，因此存在交易的动机。对于污染者 1 而言，只要购买排污许可的价格低于 $MAC_1$，它就有向污染者 2 购买许可的动机。同样，对于污染者 2 而言，只要排污许可的交易价格高于 $MAC_2$，它就有出售排污许可的动机。假定在第二回合的交易中，两个厂商达成一致，愿意以每单位排污许可 8.00 元的价格进行交易，污染者 1 向污染者 2 购买了 1 单位排污许可，现在污染者 1 可以排放 6 单位污染而对剩下的 4 单位进行削减。污染者 2 拥有排污 4 单位的权利，这也意味着它必须对剩余的 6 单位污染进行削减。第二回合总结如下：

第二回合：污染者 1 向污染者 2 购买 1 单位排污许可

污染者 1：目前的排污水平：10 单位

持有排污许可的数量：6 单位

需要削减的排污量：4 单位

$$MAC_1 = 2.5A_1 = 2.5 \times 4 = 10.00\text{（元）}$$

$$TAC_1 = 1.25\ (A_1)^2 = 1.25 \times 4^2 = 20.00\text{（元）}$$

购买 1 单位排污许可的成本 ＝8.00（元）

污染者 2：目前的排污水平：10 单位

持有排污许可的数量：4 单位

需要削减的排污量：6 单位

$$MAC_2 = 0.625A_2 = 0.625 \times 6 = 3.75\text{（元）}$$

$$TAC_2 = 0.312\,5\ (A_2)^2 = 0.312\,5 \times 6^2 = 11.25\ (元)$$

出售 1 单位排污许可的收益 =8.00（元）

可以从社会和厂商两个角度分析上述结果。从社会的收益来看，削减 10 单位排污量的总成本为 31.25 元，比不允许交易时的成本少 7.81 元。定性地看，由于交易将两家企业的 MAC 差距缩小，所以产生了这样的结果。污染者 1 现在面临着较低的 $MAC_1$=10 元（相较于第一回合的 12.50 元），污染者 2 的 $MAC_2$ 上升为 3.75 元（相交于第一回合的 3.125 元）。

下面，考虑各个厂商在交易中的收益。污染者 1 由于总支出减少，经济状况有所改善，排污削减加购买排污许可的总成本为 28.00 元（即 20.00 元的 $TAC_1$ 加 8.00 元的额外许可成本），比第一回合的总成本少 3.25 元。同样，污染者 2 的经济状况也有所改善，因为净支出为 3.25 元（即 11.25 元的 $TAC_2$ 减去销售 1 单位排污许可获得 8.00 元的收益），比第一回合的 $TAC_2$ 少 4.56 元。

只要两个厂商面临不同水平的 MAC，他们就有交易的动机，显然第二回合还不是具有成本-效益的结果。在进行一个单位排污许可交易后，污染者 1 的 MAC 仍然高于污染者 2（即污染者 1 的 10 元对污染者 2 的 3.75 元）。因此，继续交易对双方都有利。经验表明，只要污染者的 MAC 水平不同，高成本排污削减者就有向低成本排污削减者购买排污许可的动机，而低成本排污削减者也有出售排污许可的动机。结果如何？低成本排污削减者尽其所能清洁环境，高成本排污削减者购买更多的排污许可，为获取排污权而付费。只要存在交易动机，交易就会继续，直到各厂商的 MAC 水平相等。这就获得了具有成本-效益的结果。

为了说明这一等边际原则，下面来看最后一个回合或者均衡情况：

最后一个回合：污染者 1 从污染者 2 处购买 3 单位排污许可：两个污染者的 MAC 水平相等：

污染者 1：目前的排污水平：10 单位

持有排污许可的数量：8 单位

需要削减的排污量：2 单位

$$MAC_1 = 2.5A_1 = 2.5 \times 2 = 5.00\ (元)$$

$$TAC_1 = 1.25\ (A_1)^2 = 1.25 \times 2^2 = 5.00\ (元)$$

购买 3 单位排污许可的成本 =20.00（元）

污染者 2：目前的排污水平：10 单位

持有排污许可的数量：2 单位

需要削减的排污量：8 单位

$$MAC_2 = 0.625A_2 = 0.625 \times 8 = 5.00\ (元)$$

$$TAC_2 = 0.312\,5\ (A_2)^2 = 0.312\,5 \times 8^2 = 20.00\ (元)$$

出售 3 单位排污许可的收益 ＝20.00（元）

每个污染者的 MAC 等于 5 元，为达到环境目标社会付出的总成本为 25 元（购买排污许可的 20 元不包含在社会排污削减成本内，因为它只不过是从一个厂商转移到另一个厂商）。正如前面所预测的，低成本排污削减者 2 削减 8 单位排污量，而高成本排污削减者 1 仅削减 2 单位排污量。

如果征收 5 元的排污费，两个厂商之间最终的排污削减配置与上述最后回合的配置相同，这绝不是巧合。从逻辑上讲，是由于污染收费和排污许可交易制度都把污染者的 MAC 作为激励机制。但是，两者之间也存在 3 点不同：第一，在污染收费中，政府必须确定排污削减量所对应的价格；在排污许可交易制度中，不需要外界干预，交易为排污权定价。第二，在污染收费中，所有未削减的排污都能产生税收收入，而排污许可交易制度不产生税收收入。这在财政预算紧缩的年度备受关注。但是，如果政府将初始的排污许可出售或拍卖，排污许可交易制度也可以产生税收收入。第三，排污许可交易制度更具灵活性，排污许可的数量可以及时调整以适应环境目标的变化。如果环境目标过于严格，可以增加排污许可的数量；反之，政府、环境组织或有环境意识的公民可以收购排污许可，从而有效降低许可的排污量。

（3）排污许可交易制度的应用

在所有可利用的控制手段中，排污许可交易制度是迄今为止最具市场导向性的环境政策。尽管经济学家多年来一直倡导使用该制度[①]，但其发展仍然处于初级阶段，而且大多数应用于空气质量控制。尽管有些排污许可交易制度已经在国际范围内应用，但数量和范围都很有限。例如，加拿大和丹麦分别将排污许可交易制度用于损耗臭氧物质计划和二氧化碳排放计划。与之相比，美国的排污许可交易制度无论在州还是联邦的水平上都取得了重要进展[②]。为了解决酸雨的负面影响，《1990 年〈清洁空气法〉修正案》建立了以许可为基础的可交易计划，以控制二氧化硫的排放量。

（4）我国排污许可交易制度

1）我国的排污权交易制度多年实践历程。①起步尝试阶段（1987—2000 年）。这一时期排污权交易政策文件和实践案例从无到有。在国家环境保护部门的推动下，主要集中在大气污染物排污权交易方面进行了初步试点尝试，并取得了一些有益的经验。②试点摸索阶段（2001—2006 年）。“十五”期间，我国环保工作的重点全面转向污染物排放总量控制，为了进一步适应经济建设的需要，国家环境保护总局提出，通过实施排污许可证制度促进总量控制工作。在此背景下，从 2001 年开始排污权交易试点项目在国内迅速增多。③试点深化阶段（2007 年至今）。这一阶段各级政府对排污权交易机制在节能减排中的作用给予

---

① Ruff L E. The economic common sense of pollution. The Public Interest, 1970, 19: 69.

② OECD（1999），pp.36-39.

了特别的关注，呈现出国家日益重视、地方积极探索、上下对接强化、探索的交易模式多样、交易标的物日益宽泛、政策空间层次不断扩展、地方性法规政策文件出台频率加大，排污权交易试点和探索确实迈出了一大步。

2）试点城市排污权交易的主要实践情况。①试点地区初始排污权的配置方式。试点地区分配初始排污权主要有3种方式：无偿分配、有偿分配、回避排污权初始分配。②试点地区排污权交易二级市场。试点地区为防止企业惜售或漫天要价，促进交易市场的健康发展，均采用在政府指导下的交易模式。交易基准价由各省市根据实际情况自行制定，排污权交易价格不应低于交易基准价。为防止出售企业要价过高，超过闲置期的排污权由储备管理机构无偿收回或按基准价收回，从而促使企业主动进入排污权交易市场。在已实施的排污权交易中，环保部门都收取了一定额度的交易费用。

根据对我国排污权交易情况的调查与统计，从2000年最初实施排污权交易到2011年11月，全国发生在企业之间的排污权累计交易数达2 999笔。排污权交易试点逐渐步入深水区。排污权交易政策试点正大范围推开。全国已有 20 多个省份开展了排污权交易政策试点，其中，国家试点的省份有 11 个。许多地区为了方便本地排污交易工作的开展也纷纷成立了排污交易机构，不少省份排污权交易量大幅增加，排污权交易探索加快。2013年贵州省、广东省分别出台了主要污染物排污权有偿使用和交易试点方案。江苏省针对二氧化硫排污权有偿使用和交易新出台了较为细化和具体的管理办法，由过去的电力行业扩大到钢铁、水泥、石化、玻璃四个行业，有偿使用和交易的相关事项也得到进一步规范。浙江省出台了《浙江省主要污染物初始排污权核定和分配技术规范（试行）》和《浙江省排污权储备和出让管理暂行办法》两项规定。重庆市 2013 年共完成主要污染物排放权交易276次，成交金额3 113.86万元，交易次数比2012年增加了94次，交易金额增加了1 606.69万元。但是排污权交易探索仍主要集中在一级市场，全国性的和地区性的排污交易市场仍未真正建立。大部分二级市场交易行为仍是在当地政府部门的协调下促成的，并非完全意义上的二级市场交易行为，这主要是因为当前各地方没有形成完备的排污权市场。据财政部经济建设司有关负责人介绍，自2014年国务院办公厅印发《关于进一步推进排污权有偿使用和交易试点工作的指导意见》以来，在财政部、生态环境部、国家发展改革委的积极推动、指导下，各地排污权交易试点工作取得积极进展。

财政部2019年1月23日发布了我国排污权有偿使用和交易的最新数据——截至 2018 年 8 月，一级市场征收排污权有偿使用费累计117.7亿元，二级市场累计交易金额72.3亿元。浙江、重庆、内蒙古、河南已完成了全部新增污染源的排污权有偿使用，浙江等少数地区已逐步将排污权有偿使用的范围扩展至现有污染源。我国排污权有偿使用和交易金额显著增加，该项试点工作取得阶段性成效。

扫码获取

排污许可双方买卖交易案例：江苏企业深入拓展排污权交易应用

3）我国排污权交易制度法制现状。2014 年国务院发布了《关于进一步推进排污权有偿使用和交易试点工作的指导意见》，该指导意见提出，到 2015 年年底前试点地区全面完成现有排污单位排污权核定，到 2017 年年底基本建立排污权有偿使用和交易制度，为全面推行排污权有偿使用和交易制度奠定基础。这是我国首次明确该方面的时间表，说明我国将更多地通过市场机制选择最有效率的方法，推动节能减排和生态文明建设。2018 年 1 月 10 日施行《排污许可管理办法（试行）》。

4）我国排污权交易制度存在的问题。至今尚无法律明确赋予排污权交易的法律地位，同时总量控制和排污许可证制度本身也存在一些问题。具体来说，包括以下几个方面：

①尚无系统规定排污权交易的法律出台。国家和各省均缺少保障环境资源产权化、工业排污权年限、排污权价格形成机制、收费标准以及由政府定价的专门法律和法规，从而加大了政府推行这项改革的行政成本。工业排污权转让行为尚未规范。

排污权交易系统性法律的缺失以及相关法律规定缺乏可操作性，直接导致排污权交易中主体地位不明确，权利、义务不明确，法律关系模糊，政府无法对排污权交易行为进行准确、有效的调整，交易安全得不到保障，交易主体的积极性丧失，排污权交易市场混乱等情况，最终导致以法治为基础的市场机制无法充分发挥作用。

②环境保护相关法律也没能为排污权交易的运行提供法律保障。2014 年颁布的新《中华人民共和国环境保护法》以及其他相关民事法律、法规等，都没有明确环境资源产权的地位。污染物排放的所有权和使用权得不到明确，使得交易客体“排污权”尚未成为法律上的一种权利，无法在法律上对其进行分配，更谈不上在遭到侵害时寻求法律援助。因此，在没有国家层面立法的情况下，排污权交易的使用显得有些师出无名，其进一步发展存在基础性障碍。

③相关法律法规的规定过于原则，缺乏可操作性。关于排污权交易的主张和管理客体等的权利、义务规定不明确，或是对执行主体的权责划分不科学，导致法律法规得不到切实的贯彻执行。虽然出台了多项政策，并明确了总量控制和排污许可证制度，但《中华人民共和国大气污染防治法》中，上述条文规定较为笼统，只是一个原则性规定，很重要的原因在于总量控制和排污许可证制度相关具体实施细则尚未出台，法律的执行缺乏可供操作的条款。

④排污权交易政策较多，但存在复杂、混乱等情况。在法律缺失的情况下，政策代替法律对排污权交易机制进行规范，这是我国较为普遍的做法。但是，政策相较于法律的缺陷较为明显。首先，政策的制定主体一般较多，部门利益倾向明显，容易造成利益冲突。其次，也没有法律所具有的强制性，使相关责任的界定和追究较为困难，最终使企业缺乏参与排污权交易的积极性。最后，政策的稳定性不强，适用于短期行为[①]。

---

① 李克国. 环境经济学. 3 版. 中国环境出版社，2014：282-283，283-285，286，287-288.

⑤排污权初始分配方式不明。排污权的客体是经国家许可的一定的环境容量，确认排污权实质上就是进行排污权的初始分配。而分配排污权意味着分配财产利益，如何合理地分配初始排污权无疑是关键。如果采用免费发放的方式，政府就不能取得经济利益。如果对初始排污权“一刀切”都进行拍卖，则会增加实施的阻力，且可能产生廉政风险。在兼顾效率及公平的前提下，如何选择排污权初始分配方式是一个必须认真研究的课题[①]。

5）完善排污权交易制度的建议。①转变政府职能，积极构建排污权交易市场，政府应从过去直接发放排污权额度的主导者转变成为排污权市场交易的监督者。首先，可以将政府职能范畴限定为：区域排放总量的确定、环境容量价值的准确评价、排污权的审核、排污权的初始发放、排污权市场的建立，以及相应的约束规则的制定等。其次，要有正确的激励导向。将经济与环境和谐发展的要求作为开展排污权交易的内在动力。政府要积极培育交易市场的供求主体，只有排污者成为市场上的主要主体，排污权交易市场才会兴旺发达。②加强环境监控，建立完善的信息系统。计量准确的污染物排放量是进行排污权交易的基础，为此，为排污企业安装动态的在线监测装置，配备排污权分配与流转跟踪系统，随时获取第一手的排污数据，有利于政府监管部门掌握更直观可靠的信息，从而及时调整总量分布，规范排污权交易管理，惩处违反相关法律法规的排污主体。③整合现有法律法规，明确排污权交易的法律地位：修改不能适应现有排污权交易发展的制度安排，细化交易主体和法定程序等，做到有法可依。尽早通过《排污许可证管理条例》，这是当前全国范围内构建排污权交易法律体系中最为关键的一步。其核心是约束企业的排污行为，细化各排污单位应执行的有关法律法规、政策、标准和环境技术规范性管理文件等，要求其必须持证排污、按证排污。④完善排污权的初始分配机制。根据我国实际情况和经济发展水平，在兼顾效率和公平的前提下，采用多种分配形式有机结合的模式，即免费分配、公开拍卖、固定价格出售以及行政激励等其中两种或几种方式来综合运用。

企业通过各种积极措施减少本企业的污染物实际排放量，空余出的排污权如果出现卖不出去的情况，可以向交易中心申请收购；企业如果对拥有的富余排污权不愿意出让，环保行政主管部门可采取限期出让的措施，逾期不出让者，交易中心可对其有偿获取的富余排污权按照交易基准价强行收购储备。现有排污单位或其排污设施被依法关闭、取缔，其无偿获取的排污权应由环保部门确认并委托交易中心无偿收回，其有偿获取的排污权可委托交易中心进行转让交易。环保部门出售政府储备排污权的交易收益，属政府非税收入，纳入财政预算，作为环境保护的专项资金，主要用于排污权收购、排污权有偿使用及交易平台的建设维护及相关的技术研究、环境质量改善、生态保护[②]。

在 2018 年 5 月 18—19 日全国生态环境保护大会上习近平同志强调，要提高环境治理

---

① 李克国. 环境经济学. 3 版. 中国环境出版社，2014：282-283，283-285，286，287-288.

② 李克国. 环境经济学. 3 版. 中国环境出版社，2014：282-283，283-285，286，287-288.

水平。要充分运用市场化手段，完善资源环境价格机制，采取多种方式支持政府和社会资本合作项目，加大重大项目科技攻关，对涉及经济社会发展的重大生态环境问题开展对策性研究。

习近平同志指出，要处理好政府和市场的关系，使市场在资源配置中起决定性作用和更好发挥政府作用。我们既要遵循市场规律，善用市场机制解决问题，又要让政府勇担责任，干好自己该干的事。市场作用和政府作用是相辅相成、互相促进、互为补充的。发挥政府作用，不是简单下行政命令，要在尊重市场规律的基础上，用改革激发市场活力，用政策引导市场预期，用规划明确投资方向，用法制规范市场行为。

## 思考题

1．环境标准的经济含义是什么？如何衡量环境标准有无配置效率？
2．执行环境政策的行政管制方法矛盾有哪些？
3．为什么说行政管制方法没有成本-效益？
4．解决环境问题的市场方法有哪些？
5．描述单个污染者和多个污染者排污收费模型。
6．保证金/还款制度的经济学含义是什么？试用模型加以说明。
7．说明排污许可交易制度的原理及其实施步骤。

## 案例讨论

2003 年的夏天，一股罕见的热浪席卷我国南方地区。空调等降温设施的大量使用，使得城市的电力供应紧张。江苏、上海等省市在电力紧缺的情况下不得不一度拉闸限电。事实上，位于长江三角洲的江苏省，经济发展突飞猛进，用电需求量与日俱增，扩建、新建电厂的呼声越来越高。江苏太仓港环保发电有限公司就是因苏州市电力需求缺口较大而兴建的重点发电工程。由于公司需要扩建发电供热机组，因此每年将增加 2 000 t 的 $SO_2$ 排放量。在建厂期间，太仓港环保发电有限公司虽然安装了 $SO_2$ 的脱硫装置，但仍然有 1 700 t 的 $SO_2$ 排放量指标的缺口没有解决。

根据江苏省 $SO_2$ 排放总量分配方案，太仓港环保发电有限公司因扩建造成的 $SO_2$ 排放许可指标的缺口在南京的下关发电厂找到了解决办法。

南京的下关发电厂引进了先进的芬兰治理技术，使下关发电厂每年排放的 $SO_2$ 实际量比环保部门核定的排污总量指标减少了 3 000 t。一个因扩建将造成排污量突破许可指标的上限，一个因脱硫成功而实现了排污量指标剩余，两个不同地区的发电企业经江苏省环保厅牵线，两家企业经过几轮协商，最终达成了 $SO_2$ 排污权的异地交易。

按照协议，2003 年 7 月至 2005 年 7 月，太仓港环保发电有限公司每年将从下关发电厂购买 1 700 t 的 $SO_2$ 排污权指标，并以 1 元/kg 的价格向下关发电厂支付 170 万元的交易费用。双方还商定到 2006 年之后，将根据市场行情重新决定交易价格。

根据案例，请讨论以下问题：

1．案例中法律上的主客体由哪些组成？

2．案例中缺乏一个重要角色，是谁？

3．如果按照标准流程，这个交易该如何进行？

4．从这个案例中，可以看出我国的排污权交易面临哪些问题？

# 第5章　环境污染治理的收入与成本及其比较

在第4章中，我们了解到可供政府控制污染的政策工具有很多，从环境标准到排污许可交易制度。现在我们要研究的是，在实际中这些政策是如何制定并执行的。

首先，科学家们必须识别并评价环境危害的风险，并将其发现且告知政策制定者。政府根据这些信息评估环境问题的严重程度及其对社会造成的风险。其次，从经济学的角度来看，管理环境风险应该以排污削减的成本和收益为导向。遗憾的是，充分评估这些收益和成本所需的数据往往不充分。因此，政策制定者只有依赖最可行的估计或使用其他风险管理战略。采用什么标准去推动这些战略的发展呢？这就是环境风险分析和成本-收益比较。

在本章中，我们将从环境风险分析入手，在理论上探讨评估环境收益和环境成本的动机以及度量方法；然后，对这些初步的估算结果进行调整和比较；最后，做出评价和决策。

## 5.1　风险概念及风险管理

### 5.1.1 风险概念

风险是一个模糊的概念，我们对其只有一些直觉的理解。尽管大多数人不会深究风险的概念，但是，风险——或不幸事件发生的概率——是我们生活的一部分。虽然风险是一个普遍现象，但是如果某些风险能够被人们认识，那么，这些风险就可以最小化，甚至可以避免。这种认识表明，处理风险问题包括两项任务：①识别风险的程度；②做出反应。尽管我们通常不是有计划、有步骤地去处理风险，但是个人会参与这两项活动。当然，个人通常不是根据科学数据而是根据主观判断甚至直觉来理解风险。虽然这些理解缺乏科学性，但它却决定了个人如何对风险做出反应。个人可能会选择接受风险、寻求减少风险的途径或尽量完全避免风险。

处理风险看起来似乎完全是私人的事情，但实际上风险分析也是公共政策发展中一个重要的组成部分，因为公共政策的核心是从整个社会的角度对风险做出反应。政府是从整个社会的角度计划如何应对风险。因此它不能依赖于个人对风险的理解，因为这种理解往往主观性很强，缺乏一致性，并可能偏离常态。而政策制定者在制定应对政策前，必须对风险进行系统的评估。

### 5.1.1.1 风险分类：自愿性风险与非自愿性风险

给模糊的概念建立整体架构总是困难的，但是，在风险问题上又往往必须如此。研究者和其他分析家利用各种方法对风险所进行的分类似乎证明了这一点。常用的一种方法是将风险分为两大类：自愿性风险和非自愿性风险。

（1）自愿性风险

顾名思义，自愿性风险是指个人有意设定的风险水平，即自愿性风险是自觉决策的结果。我们每一天都会做出参加各种活动的个人决定，这可能会增加或减少我们个人选定的风险。

大部分自愿性风险产生于个人活动，如驾驶汽车或乘坐飞机。因为这些风险都是自己施加的，因此个人能够做出应对之策。特别是个人可以调整自己对危害的暴露水平。例如，跳伞运动是具有严重的伤害甚至意外死亡风险的个人活动，个人可以不参加这项活动以完全规避风险，从而将个人对危害和风险暴露水平减少到零。

既然自愿性风险是自己施加的并且其潜在的后果仅局限于个人，公共部门一般不介入或只发挥很小的作用。即使政府介入自愿性风险，也只是识别潜在的危险条件或产品，并且将这些信息传递给社会。在这种情况下，政府帮助个人识别并评估风险，但一般不进行任何决策。提供信息帮助个人准确地预知风险，使之能够更有根据地做出如何最小化风险或规避风险的决策。这种信息传递可以通过产品标签进行一对一的方式直接传递给消费者，或通过公共服务网络向人们发布关于某种危害的信息。

（2）非自愿性风险

人们也会暴露于自身无法控制的危害中，该危害超出人们控制和非主观决策。此时的风险就是非自愿性的，因为它们不是由主观决策引起的。由自然灾害引起的财产损失和人身伤害就是典型的非自愿性风险。

在飓风或地震中受到伤害的风险不是自己施加的，虽然此类事件发生的概率较小，但毕竟有发生的可能。例如空气污染或者有毒废物堆放点等环境危害是产生非自愿性风险的又一来源。这些危害通常是化学物质暴露，是生产过程产生的外部性。此类风险应当引起广泛的关注，因为它的影响极其深远并且对人类健康和生态环境有潜在的危害。

因为非自愿性风险的来源超出了个人的控制范围，与此相关的威胁就成为公共问题。所以，政府就要尽力控制社会所面临的某些非自愿性风险。对于化学污染物，政府采用立法控制承担了最主要的应对责任，有时，以法规的形式禁止环境污染物的生产和消费。通过禁用危险化学物质，政府将社会风险暴露降为零。在一般情况下，政府只是限制化学物质的使用或控制排污量。

#### 5.1.1.2　环境风险界定

环境政策制定者需要特别关注的是，确定由于暴露于诸如污染物和有毒物质等危害之中而产生的非自愿性风险，或称引发损害的可能性，我们称之为环境风险。决定环境风险程度的两个因素是危害和暴露。危害是损害或负外部性的来源，如工厂排放的有毒物质或排入河流的有毒化学物质。暴露指损害的来源与受影响人群或资源之间的路径。尽管危害和暴露共同界定环境风险，但是，它们能够各自独立地影响结果，有些危害相对较小但能够影响大部分人；而另一些危害诸如某种化学物质，尽管危险，但暴露于其中的人数却很有限。

### 5.1.2　环境决策中的风险管理

风险管理的目的是应对风险。更确切地说，风险管理是评估并选择合适的政策工具以减少社会在给定危害下面临的风险，对环境风险做出的反应和进行选择时的决策过程。为了评估不同的政策选择，政策制定者不仅要考虑风险描述所提供的信息，还要考虑诸如技术可行性、执行成本以及其他经济含义等因素。

执行风险管理的过程包含下述两项任务为目标的一系列决策：①确定什么风险水平是社会“可接受”的；②评估并选择能达到社会可接受风险水平的“最佳”政策工具。

没有任何一项决策是单维度的，在实际中也没有任何一项决策能够单独实现目标。然而，有一些战略方法可以引导决策，如法律。为了给风险管理战略分析奠定基础，我们首先简单介绍风险管理的两个主要任务。

#### 5.1.2.1　风险管理的任务

（1）确定“可接受”风险水平

所有风险管理战略的共同目标是降低风险。但是，对于每一项政策议案，政府官员必须确定究竟将风险减少至何种水平才是适当的。尽管风险是危害和暴露的函数，但其中只有暴露可以控制。所以，一旦风险管理者确定了需要降低的风险程度，同时也就确定了暴露水平。这也表明了政策的严格程度。为了制定“可接受”风险水平，政策制定者面临一个既困难又很必要的问题：政策需要把暴露降低至零，以消除风险吗？或者，达成妥协将风险控制在一定的正常水平上，如果是这样，这个风险水平应该是多少[①]？

如果可接受风险水平设定为零，政策就必须将社会的暴露水平降为零（假定不存在临界水平）。尽管这样的行动能够消除健康和生态损害，但如此严格的政策很可能会引起经济问题。例如，如果危害是生产过程中使用的化学物质，将暴露水平降为零意味着禁用该

① Marchant G E, Danzeisen D P. Acceptable risk for hazardous air pollutants. Harv. Envtl. L. Rev., 1989, 13: 535.

物质，这种禁令可能会造成工厂倒闭和工人失业。

反之，如果将某一风险水平设定为“可接受”水平，政策制定者制定的政策就是默许存在暴露和一定数量的损害。为了做出正确的决策，政策制定者有时使用最低风险的概念。最低风险指可以忽略的风险水平，进一步降低在成本上不经济。这个概念有时等同于自然危害的风险，如被闪电击中或地震[①]。一旦确定了基准水平，决策者就可以使用比较风险分析，对这一风险水平与其他社会可接受的风险水平之间进行比较和评估。这种分析方法已经运用在与氡暴露相关的风险研究中。氡是一种自然生成的气体，如果在室内富集也会对人体产生危害。

（2）评价并选择政策工具

一旦确定了风险水平和政策的严格程度，风险管理就进入第二阶段，即确定使用哪种形式的政策工具。政策制定者必须首先评估能够获得“可接受”风险水平的政策选择，然后从中选择“最佳”的。回顾第 4 章，这些政策选择包括行政管制方法和市场方法。在决策过程中，风险管理者需要考虑风险的大小、收益和（或）可供选择的控制工具的成本。事实上，风险管理战略要严格界定这种评估的程序。

### 5.1.2.2 风险管理战略

完成风险管理的两大任务——确定“可接受”风险水平和选择合适的政策工具。其中需要对可用的政策选择进行系统评估。从经济角度来看，最关键的因素是：确定风险水平；采纳政策的社会收益；执行政策的关联成本。

随着时间的推移，多种风险管理战略已经得到发展，每一种战略都说明了如何评估上述因素，其中最常用的风险管理战略包括比较风险分析、风险-收益分析、成本-收益分析。

（1）比较风险分析

正如比较风险分析不仅有助于风险管理者选择“可接受”风险水平，而且能够帮助政府官员识别哪一种风险水平最需要政府做出反应。根据风险程度确定了环境问题的等级[②]。等级的排序建立在最佳数据和科学信息的基础上，该排序还充分考虑了影响的严重程度和暴露人数等因素。生态环境部的计划应该以相对风险降低原则为指导，即应该把降低最严重的环境风险放在首位。

比较风险分析即相对风险的评估。使用比较风险分析的意图十分明显，如果风险管理的优先顺序是根据降低风险的最大机会成本确定的，总风险将以更有效的方式减少，同时，降低公众健康和地方及全球生态系统所受到的威胁。

---

① Krimsky S, Golding D. Factoring risk into environmental decision making. In Environmental Decision Making a Multi-Disciplinary Perspective. Van Nostrand Reinhold，1991.

② U.S.EPA，Science Advisory Board（September 1990）；“Two Faces of Risk”（January-March 1993）.

（2）风险-收益分析。

另一种风险管理战略被称为风险-收益分析，该方法同时考虑对环境危害不加管理给社会带来的收益以及相关的风险水平。其目标是同时获得预期收益最大化和风险水平最小化。尽管这听起来似乎不太可能，但有些环境危害源确实能够给社会带来收益。例如，汽油在燃烧过程中排出的气体对人体健康有害，但是汽油为机动车辆提供燃料也使社会从中受益。如果决策者仅仅考虑风险，则应该禁止使用汽油。然而，如果降低风险的战略同时考虑到社会收益，风险管理者还必须考虑减少汽油使用量是如何减少社会福利的。

环境法中常常使用风险-收益战略，在美国《有毒物质控制法案》中可以找到相关案例。该法案要求美国国家环保局同时考虑健康和环境影响、有害物质中的暴露水平，以及该物质在使用过程中给社会带来的收益①。

（3）成本-收益分析

目前，在制定环境政策时广泛使用成本-收益分析法。成本-收益分析可以按照配置效率的标准，确定“可接受”风险水平。为了增加风险削减水平，决策者要比较社会收益与社会成本的货币值，寻求有效风险水平，此时，风险削减的边际社会收益（MSB）等于边际社会成本（MSC）。同样，这也使社会总收益（TSB）与社会总成本（TSC）的差值最大。

环境法通常已经设定了风险减少的目标，这意味着该水平上的社会收益已经预先确定。在这种情况下，风险管理者仍然可以使用成本-收益分析，但是目标有所不同。此时，成本-收益分析的目的是选择完成规定的风险目标成本最低的政策工具。如果选择的政策工具合适，就能够实现成本-收益，而不是配置效率的经济目标。

另外，成本-收益分析还可以用于政策评估阶段，以同样的方式寻求“可接受”风险水平。在评估阶段，运用配置效率评价现行政策的效率。在实践中，评估政策实现的风险水平所对应的MSB和MSC，并将它们进行比较，看MSB和MSC是否相等，如果不相等，风险管理者就应该修改政策以纠正资源的不合理配置。

2018年5月18—19日，习近平同志在全国生态环境保护大会上指出：“要有效防范生态环境风险。生态环境安全是国家安全的重要组成部分，是经济社会持续健康发展的重要保障。要把生态环境风险纳入常态化管理，系统构建全过程、多层级生态环境风险防范体系。要加快推进生态文明体制改革，抓好已出台改革举措的落地，及时制定新的改革方案。”

我国对防范生态环境风险环境治理中的成本-收益评估和分析相当重视。2014年3月7日，习近平同志在参加贵州代表团审议时就强调，加强对自然垄断环节的价格监管，建立定价成本监审制度和价格调整机制；要创新发展思路，发挥后发优势；正确处理好生态环境保护和发展的关系，因地制宜选择好发展产业，让绿水青山充分发挥经济社会效益，切实做到经济效益、社会效益、生态效益同步提升，实现百姓富、生态美有机统一。

---

① “Some Statutory Mandateson Risk”（January-March 1993）.

我国政府有关文件规定，加快自然资源及其产品价格改革。按照成本、收益相统一的原则，充分考虑社会可承受能力，建立自然资源开发使用成本评估机制，将资源所有者权益和生态环境损害等纳入自然资源及其产品价格形成机制。

## 5.2 环境决策的收益评估

成本-收益分析是许多经济学理论的基础。例如，边际收益等于边际成本时即能实现利润最大化，就是成本-收益分析的具体应用。在更宽泛的政策决策中，成本-收益分析被用于从整体上评估相关的社会收益和损失。对于每一个具体案例，成本-收益分析的基本原则相同，即如果边际成本等于边际收益，就是有效率的解决方案。

本节中，我们将从理论上探讨评估环境收益的动机以及度量环境收益的方法。首先，我们介绍社会评估自然资源和环境质量的原因和方法，这个理论框架将支持我们随后对各种收益评估方法的研究。其次，“5.3 环境决策的成本评估”将对成本进行类似研究。所有这些都为“5.4 成本-收益比较分析”奠定了基础。

### 5.2.1 确定并评估环境收益

首先，我们需要为产生环境收益的政策评估建立合适的标准。在前面章节中，我们知道健康和生态收益可以用损害减少来进行评估。由政策产生的损害减少是我们评估的重点，在实践中，这些变化被称作增加收益。

#### 5.2.1.1 定义增加收益

为了评估环境政策所带来的社会收益，政策制定者必须知道，作为政策的结果，健康、生态、财产损害是如何改变的，关注损害的变化而不是损害的绝对水平，向来都是解决这类问题的思考方式。经济学理论主要关注的是在边际上产生的影响，而这些影响也在变化，尽管在某一点上可以无穷小。但当相关改变超出离散范围时，它表示的就是收益的增加值而不是边际值。因为政策评估是确定在一段不连续的时期内损害的减少，收益的恰当度量是增加值而不是边际值。所以，增加收益就是环境政策使健康、生态、财产等方面损害的减少。

扫码获取

美国为修订空气颗粒物标准而对增加收益的估算

为了确定增加收益，研究者必须在政策实施后，以政策实施前的情况为基准对社会的实际或预期收益进行比较。环境收益通常划分为不同类型，如人体健康、美学价值、经济、娱乐、财产以及生态的改善。二维码中的内容讨论了对增加收益的评估是如何支持美国颗粒物空气质量标准的一项重要修正。

### 5.2.1.2　主要环境收益和次要环境收益

增加收益可以分为两大类，即主要环境收益和次要环境收益。

（1）主要环境收益

主要环境收益是执行环境政策而产生损害减少的直接收益。大多数环境政策的行动目标都是提高主要环境收益，尤其是与人类健康相关的环境政策。健康收益包括降低死亡率（如降低癌症的死亡率）和发病率（如降低呼吸疾病的发生率）。其他主要环境收益包括生态系统稳定性的改善和美学价值的提高，此外还有经济收益，如水质改善所带来的渔业生产的繁荣。所有这些环境收益都是执行环境政策的直接结果。

（2）次要环境收益

次要环境收益是环境政策改变产生的间接收益。其来源之一是主要环境收益的激励效果，如工人健康改善的主要收益可以提高劳动生产率，劳动生产率的提高则能够提供更多的产品和服务，同时导致产品或服务价格的下降。因为这些收益是受到主要环境收益的激励而间接产生的，因此，它们被认为是次要收益。此外，需求导致的改变也可以产生次要环境收益。例如，新政策执行所带来的劳动力需求增长，在这种情况下，劳动力市场改善获得的经济收益就是次要收益。

### 5.2.1.3　评估环境收益

对于社会而言，更清洁的水或空气的价值是什么？社会如何评价清除危险废物堆放点的价值？正如前面章节所讨论的，如果每一个案例都是在开放市场上进行的私人物品交易，那么，上述两个问题都能得到直接的答案。需求价格表示每一单位产品增加的边际收益。但是，由于环境质量是非市场化的公共物品，缺乏市场价格和无法揭示偏好阻碍了社会对清洁环境的价值评估。从理论上讲，如果我们能够推断出环境质量的社会需求，就可以衡量环境政策带来的增加收益。

为了进一步阐述上述推断，我们对第 3 章的 $SO_2$ 排放削减的空气质量模型进行回顾。公共物品的需求代表的是社会公众的意愿，它既是空气质量的边际私人收益，也是空气质量的边际社会收益。因此，当 $MSB = 25 - 0.3A$ 时，我们能够得到 $SO_2$ 的排放削减量，MSB 以百万元表示，$A$ 是 $SO_2$ 排放削减百分比。

边际社会收益和 $SO_2$ 排放削减量的关系如图 5.1 所示。在每一排污削减水平上，MSB 都可以用需求曲线到水平轴的垂直距离衡量。任何排污削减水平的社会总收益都可以用这些垂直距离的合计衡量，即 MSB 曲线到排污削减水平所围成区域的面积。在图 5.1 中，排污水平 $A_1$ 的 TSB 是图中的阴影部分。运用这个模型，按照下述 3 个步骤，我们就能够衡量 $SO_2$ 排放削减而产生的增加收益。①找出政策执行前 TSB 的基期水平；②找出政策执行后 TSB 的新水平；③从政策执行后的 TSB 中减去基期水平的 TSB 来确定增加的收益。

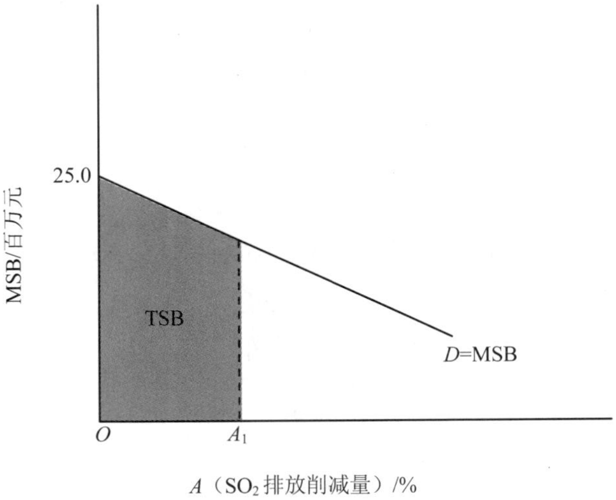


图 5.1　空气质量的社会边际收益和社会总收益

假设当前的 $SO_2$ 排放削减量是 20%，新政策要求将 $SO_2$ 排放削减量提高到 25%，我们的目标是确定增加收益。首先，需要确定 TSB 的基期水平。参考图 5.2，在 20%的排污削减水平上，MSB 是 1 900 万元，相应的 TSB 为 MSB 曲线和水平轴围成区域的面积，即 44 000 万元，该数值代表社会对 $SO_2$ 排放削减 20%所带来收益的支付意愿。其次，通过类似的计算得到 $SO_2$ 排放削减到 25%的相应收益，在 25%的排污削减水平上，MSB 是 1 750 万元，TSB 是 53 125 万元。最后，增加收益是两个 TSB 值之间的差值，即 9 125 万元，如图 5.2 中的阴影部分。

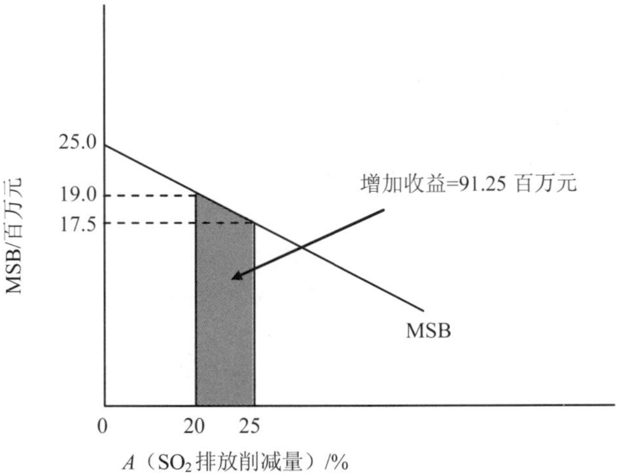


图 5.2　运用 MSB 函数为空气质量改善的增加社会收益建模

图 5.3 中的模型也可以得到同样的结果，该模型直接用 TSB 表示 $SO_2$ 排放削减水平。在这个模型中，排污削减水平所对应的 TSB 直接由 TSB 曲线上该点垂直距离表示，而不再用面积表示。图中政策执行前后的 TSB 对应的 $SO_2$ 排放削减量分别为 20%和 25%。注意，9 125 万元的增加收益是两个 TSB 值之间的垂直距离。

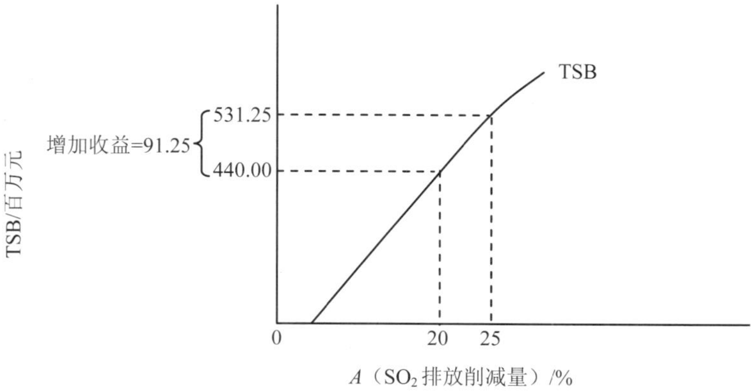


**图 5.3　运用 TSB 函数为空气质量改善的增加社会收益建模**

上述两个模型都假设环境质量的社会价值或排污削减水平的需求能够确定。然而，由于环境质量不具有完善的市场，所以市场决定的价格并不能真实反映环境质量的价值。我们必须知道在不同环境质量水平下，社会如何确定环境质量的价值或效用。

### 5.2.1.4　使用者价值与存在价值①

在缺乏市场价格的条件下，确定社会如何对产品定价是很困难的，即使能够克服偏好非显性的窘境，其他诸如洁净空气或水的价值也由于涉及许多无形因素而难以量化。尽管经济学家意识到一些无形因素无法度量，但他们仍需要了解社会是如何理解环境质量收益的。幸运的是，理论已经取得进展，这将有助于我们的研究。

从纯粹的概念角度来看，人们已经意识到社会通过两个价值来源从环境质量获得效用，即使用者价值和存在价值。使用者价值是指通过使用环境物品而获得的效用或收益。存在价值是指从环境物品仅作为一种物品或服务的存在中获得的效用或收益。总之，环境物品的社会总价值通过两个方面体现，可表达如下：

环境质量的总价值 = 使用者价值 + 存在价值

（1）使用者价值

为了更好地理解使用者价值，可以考虑使用湖泊的收益。如果一个人在湖中游泳，那

① Mitchell R C, Carson R T, Carson R T. Using surveys to value public goods: the contingent valuation method. Resources for the Future，1989.

么，这个人就从使用自然资源中获得效用。同样，商业捕鱼公司从湖泊捕鱼中获得使用者收益。在这两个例子中，收益都是通过直接消费资源提供的服务获得。休闲和商业活动都产生直接使用者价值。这一价值有助于确定个人或商业捕鱼公司保持或改善湖泊质量的支付意愿。

我们继续运用湖泊的例子来进行下面的讨论，另一个人通过观赏湖光水色而获得效用，这样的效用是从湖泊的美学价值中获得的。这种活动与在湖中游泳或钓鱼相比，具有间接的特点，间接使用价值是从环境物品的间接消费中获得的收益。因此，湖泊产生了间接使用者价值。直接使用者价值和间接使用者价值都是环境质量社会总价值的组成部分。

（2）存在价值

除环境物品的直接使用者价值和间接者使用价值外，社会也可以获得其他收益。试想人们是如何评估广袤的热带雨林、大峡谷等自然资源价值的。消费行为无法解释社会是如何评估以及为什么评估这些资源的价值，但是，我们知道社会作为一个整体愿意为保护这些资源付费。在这种情况下，社会可以从这些资源的存在和保护中获得收益，这种价值构成被称为存在价值。

虽然存在价值很抽象，但是，存在价值是私人资助环境保护和许多环境政策法案制定的重要动机，如美国的《濒危物种法》就是专为存在价值而制定的，对濒临绝迹的鸟类、鱼和一些植物进行保护和保存[①]。《濒危物种法》是美国政府对存在价值认识的一个典型案例。另外，有确凿证据表明，社会有支持环境保护组织工作的意愿，这些组织主要是保护资源，它们的许多资助者从来没有期望去使用这些被保护下来的资源，甚至从未期望亲眼去看一看。

扫码获取

美国《濒危物种法》

在 1989 年出版的一本关于评估公共物品的论著中，米切尔（Mitchell）和卡尔森（Caraon）将存在价值的动机分为代理消费和遗赠动机。代理消费是指个人对某一公共物品为他人提供的收益的估价，而不管他（个人）是否认识这些人。代理消费表明，效用的获得是相互依赖的，即个人能够并确实因知晓他人获得公共物品收益而获得效用。遗赠动机从两个方面提出了新的观念：一是为子孙后代保护生态环境的义务或责任感；二是认识到自然资源的内在价值。我们可以将环境质量的总价值概括表述如下：

$$\text{总价值} = \underset{\text{（直接和间接使用者价值）}}{\text{使用者价值}} + \underset{\text{（代理消费和遗赠价值）}}{\text{存在价值}}$$

认识到社会如何估价环境资源，对于确定政策提案的社会收益很重要。这也有助于经济学家决定哪种估价方法能够最有效地量化这些收益。但是，仍存在一些问题：经济学家如何评估洁净的水、人体健康和斑点猫头鹰等非市场环境物品的价值？切记，我们的目标

① 有关《濒危物种法》等信息，请登录以下网址查阅：http://www.nmfs.noaa.gov/prot-res/U.S.EPA./esatest/esacont.html。

是确定政策改变带来环境质量改善而产生的使用价值和存在价值的变化，并将其货币化或揭示支付意愿。

### 5.2.1.5　我国环保收益的表述

上述的环境收益从本质上来说就是我国所说的环保投资效益，但在表述上却有很大区别。我国的环保投资效益是指在环境保护方面投入的资金所带来的效益。环保投资效益可用实现特定的环境目标所投入的资金与所获得的各种效益的集合体的对比关系来体现和表示。环保投资效益主要体现在环境效益上，同时也包括良好的经济效益和社会效益。

（1）环保投资的环境效益

环保投资带来的环境效益是显著的，环保投资是治理环境污染和生态破坏的关键。①环保投资提高了企业的污染治理水平，改善了企业的生产环境，增强了企业在防治污染方面的综合实力；②环保投资有效地促进了自然生态保护，为社会经济的持续发展提供了物质基础；③环保投资使环境质量得到改善，生态破坏得到遏制。

（2）环保投资的经济效益

环保投资可以产生直接的经济效益，同时对社会经济长远可持续发展的作用也是显著的。①环保投资有效地解决了资源和能源问题，促使企业有效地利用“三废”，促进了企业经济效益的提高；②环保投资促进企业采用新技术，加快技术改造，提高了企业的技术水平，同时减少了企业的环境支出，促进了企业资金的流通和再生产；③环保投资促进环保产业的发展，带动和促进一些产业的发展；④环保投资是使区域经济良性发展的重要保证。

（3）环保投资的社会效益

环保投资给生活带来的社会效益也是十分明显的。它在改善人们的生活条件、提高人民的生活质量、促进社会的稳定等方面都起到了十分重要的作用。①环保投资促进了城市基础设施的建设，改善了人们的生活条件和生活质量，提高了人们的综合素质；②环保投资保护了自然和人文景观，保护了人类珍贵的文化遗产，推动了社会文化事业的发展；③环保投资的增加，可减少一些由于环境污染产生的民事纠纷，促进了社会的稳定。

提高环保投资效益是环境保护工作的重要内容，可以体现在两个方面：一是在实现环保投资目标的前提下节约环保投资；二是以同样的环保投资取得更多的环境效益、经济效益和社会效益。我国环保投资的效益不高，有限的环保投资还没有发挥出应有的作用。

（4）“三效益”的协调统一

从上述对经济效益、社会效益和环境效益的概念和内涵的概述中可以看出，经济效益、社会效益和环境效益相互之间存在既对立又统一的辩证关系。首先，在“三效益”之间存在相互矛盾的关系，这种矛盾主要是人们在社会经济活动中，往往只重视所带来的直接经济效益，而忽视所产生的社会效益，更是常常忽视与人类的整体利益和长远利益相关联的环境效益；其次，“三效益”能在一定的条件下具有相互统一和相互转化的关系，如果经济系统在运转中能做到降低物耗、能耗，实行废料资源的综合利用和原料的深层次加工，那么，在其提高经济效益的过程中，就能同时减少污染物排放，从而也能同步提高社会效益和环境效益。如果生态环境保护系统建设比较配套、运转比较合理，就能在提高环境效益的同时，给经济系统提供较多的自然资源，为提高经济效益创造资源条件，还能提供较高的生态环境条件，从而提高社会效益。所以“三效益”之间在一定的条件下可以实现协调，取得良性综合效益。

环境效益是经济效益和社会效益的基础，经济效益、社会效益是环境效益的结果，三者互为条件、相互影响，是辩证统一的关系。人类的任何活动都应该使这三个效益得以统一，促使社会不断进步，经济持续发展，环境日益改善。

### 5.2.2 环境收益的评估方法

经济学家在评估环境质量改善收益的方法上已经取得了重要进展。其中，大部分方法的目标是评估主要收益，这暗含着一个假设，即次要收益是不重要的，而且很可能被主要收益所抵消。根据对大量有关文献的回顾，我们发现已经有几种方法被用于实践。在量化一些不易确定的环境质量改善收益时，包括量化存在价值，有一些方法更为适用。

为了更好地展开收益衡量方法的讨论，我们以史密斯（Smith）和克鲁蒂拉（Krutilla）1982 年提出的总体分类方法为基础，该分类方法将多种衡量技术归为两大类别，即物质关联途径和行为关联途径。表 5.1 是这两类方法包含的收益评估方法的概要。

**表 5.1 收益评估方法概要**

<table>
<tr><th>途径</th><th colspan="2">方法</th><th>描述</th></tr>
<tr><td>物质关联途径</td><td colspan="2">损害函数法</td><td>运用污染物水平和可见（或统计推理）环境损害关系的模型，评估降低污染物水平的政策所导致的损害减少</td></tr>
<tr><td rowspan="5">行为关联途径</td><td rowspan="2">直接方法</td><td>政治投票法</td><td>通过监控有关环境质量提议的投票结果，来推测公共物品的真实市场</td></tr>
<tr><td>意愿调查法（CVM）</td><td>根据假设的市场条件，采用调查的方法，了解个人对改善环境的支付意愿</td></tr>
<tr><td rowspan="3">间接方法</td><td>防护支出法（AEM）</td><td>评估一个人在替代私人环境质量的物品和服务上支出的变化，对整体环境质量的变化赋值</td></tr>
<tr><td>旅行费用法（TCM）</td><td>运用自然资源质量和休闲使用价值之间的互补关系，对环境收益进行评估</td></tr>
<tr><td>内涵资产定价法（HPM）</td><td>通过评估环境特征的隐含或内涵价格获得，衡量物品的价值并以其评估政策带来环境质量改善的价值</td></tr>
</table>

## 5.2.3　物质关联途径的评估方法：损害函数法

### 5.2.3.1　损害函数法的关系模型

当运用损害函数法时，研究者必须确定环境污染物和某些可见损害之间的关系模型。图 5.4 给出的是一般损害函数，横轴表示环境污染物水平（$C$），纵轴表示污染物暴露产生的总损害（TD）。

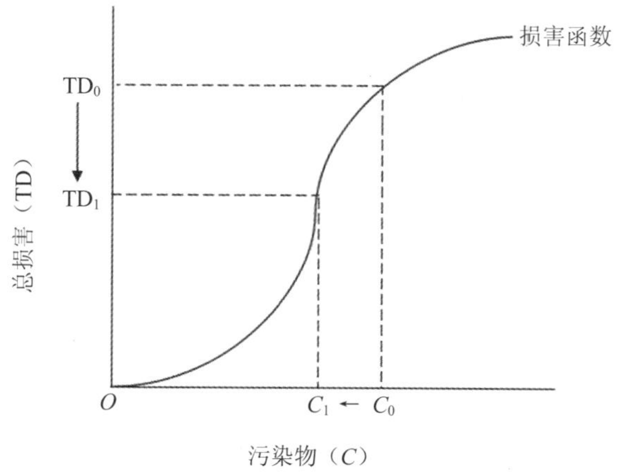


**图 5.4　运用损害函数法衡量增加收益：物质关联途径**

损害函数确定后，研究者可以使用模型评估削减污染的环境保护政策使产生的损害减少，其中，损害减少用非货币单位衡量，如被酸化湖泊的数量、森林毁坏面积、生命夭折的数量。最终，必须对损害减少进行货币化，无论是用市场价格（如果可能）还是评估方法，必须对损害减少进行货币化。总之损害函数法是通过建立污染物和可见效应之间的关系模型，评估政策产生的损害减少。

图 5.4 显示的是评估程序，假设政策期望将污染物水平从 $C_0$ 降低到 $C_1$，根据损害函数模型，政策产生的损害减少（或增加收益）是 $TD_0$ 到 $TD_1$ 间的垂直距离。如果损害减少有益于小麦的生长，这个垂直距离则可用小麦产量的增量衡量，用市场价格乘以小麦增加的数量，就可以把增加收益货币化。

### 5.2.3.2　损害函数法模型评价

尽管损害函数法非常有用，但是它存在局限性。首先，从结构上看，它仅评估收益增加的某一个方面。在上述例子中，收益是用小麦产量的增加来衡量的。在大多数案例中，污染物减少可能产生其他形式的收益，例如可能会增加其他农作物的产量或改善人体健康。因此，使用损害函数评估全面收益，需要使用相同的评估程序对每一类型的损害减少进行评估。其次，损害函数法仅仅是初步方法，它不能同时将数量化的收益货币化。

#### 5.2.3.3 损害函数法的应用

意识到损害函数法的局限性，研究者通常使用损害函数法评估特定类型的增加收益，而不是评估全面收益。此外，这种方法通常是在用市场决定的价格对收益进行货币化的条件下使用。

扫码获取

评估农业收益：对流层臭氧削减案例

### 5.2.4 行为关联途径的直接评估方法

在行为关联途径中，所谓的直接方法是根据直接与环境质量相关的反应或可见行为，对环境收益进行评估。尽管有许多直接方法可供研究者使用，但是，我们只介绍一种有代表性的方法：意愿调查法。

#### 5.2.4.1 意愿调查法

当市场数据难以获得或不可靠时，经济学家可以运用依靠假定市场条件的评估方法。这些方法通常是用调查来获取个人对环境政策成本的支付意愿。这种收益评估调查方法被称为意愿调查法，其结果依赖于假设市场的设计。假设市场的作用是为调查的问题提供一个背景。该方法的一个重要假设是：设计良好的调查能够得到与真实市场情况相差无几的结果。在某种程度上，调查手段有助于解决公共物品的偏好非显性问题。

这种意愿调查涉及以下 3 个任务[①]：构建假定市场的具体模型，包括产品特征和影响市场的所有条件；设计调查方案，以获取有关个人支付意愿的准确估计；评估被调查者回答结果的真实性。

#### 5.2.4.2 意愿调查法评价

意愿调查法之所以得到研究者的青睐，是因为它适用于多种环境物品的评估，同时，也能够评估存在价值和使用者价值。然而，由于这种方法是通过假定市场模型推断真实市场，所以，其结果容易受到调查方法的影响而产生偏差，例如有人因“搭便车”问题不愿意透露自己的支付意愿。意识到意愿调查法存在偏差问题后，经济学家不断地对这种方法

---

① Smith V K, Desvousges W H, Fisher A. A comparison of direct and indirect methods for estimating environmental benefits. American Journal of Agricultural Economics, 1986, 68(2): 280-290.

进行改进。例如，在假定模型中增加更多细节，以及完善调查方法的设计。一些调查还包含表明产品位置的地图或产品照片，以及产品供应影响的区域[①]。无论采用何种形式，其目的都相同，使假定市场情况尽可能真实并接近现实条件。

#### 5.2.4.3　意愿调查法的应用

研究者曾在各种情况下使用意愿调查法评估环境收益。其中，一个重要的应用是估算统计学意义的人类生命价值。意愿调查法还常用于研究社会对改善水质量的支付意愿。有两个研究案例：一个是美国史密斯和德乌戈（Desvousges）1986 年对特定水域（宾夕法尼亚州的孟农加希拉河）的社会支付意愿研究；另一个是卡尔森和米切尔 1988 年对全美水域的社会支付意愿研究。史密斯和德乌戈研究发现，在宾夕法尼亚西部的 5 个县，平均每个家庭愿意为将孟农加希拉河水质量从适合航行改善至适合钓鱼每年支付 25 美元（1981 年价格）。卡尔森和米切尔在全国范围内的调查显示公众平均愿意每年支付 80 美元（1983 年价格）来改善水质量[②]。

空气质量改善产生的收益增加也可以使用意愿调查法进行评估。事实上，有人认为这种方法在评估国家公园能见度的改善方面具有特殊的作用，因为国家公园的存在价值十分重要。美国舒尔兹（Schulze）和布鲁克塞尔（Brookshire）于 1983 年进行的一项研究支持了这一论断。他们发现，将大峡谷的能见度从 70 英里[③]提高到 100 英里，使用者价值为每位观光者每天支付约 2 美元（1988 年价格），而防止大峡谷能见度下降的存在价值为每个家庭每年支付 95 美元。

因为意愿调查法能够评估存在价值，所以，它常用于评估生态收益，如对濒危物种的保护。一项研究显示公众为挽救鸣鹤的支付意愿为每年 22 美元（1983 年价格）[④]，另一项研究表明公众每年愿意支付 11 美元保护秃鹫[⑤]。

扫码获取

我国白石砬子国家级自然保护区环境支付意愿

### 5.2.5　行为关联途径的间接评估方法

对于一些环境问题提案而言，诸如意愿调查法等直接评估方法可能并不适用。在这种

---

① Brookshire D S, Crocker T D. The advantages of contingent valuation methods for benefit-cost analysis. Public Choice, 1981, 36 (2): 235-252.

② Cropper M L, Oates W E. Environmental economics: a survey. Journal of Economic Literature, 1992, 30 (2): 675-740.

③ 1 英里（mi）=1.609 344 km，全书同。

④ Bowker J M, Stoll J R. Use of dichotomous choice nonmarket methods to value the whooping crane resource. American Journal of Agricultural Economics, 1988, 70: 37-381.

⑤ Boyle K J, Bishop R C. Valuing wildlife in benefit-cost analyses: a case study involving endangered species. Water Resources Research, 1987, 23(5): 943-950.

情况下，经济学家通常使用间接方法，推断与环境物品相关联的市场或条件。三种常见的间接评估方法是防护支出法、旅行费用法和内涵资产定价法。

### 5.2.5.1 防护支出法：使用替代品的间接方法

当某种活动有可能导致环境污染时，人们可以采取相应的措施来预防或治理环境污染。采取上述措施所需费用来评估环境危害的方法就是防护支出法。为了间接评估洁净空气或水等非市场产品的支付意愿，防护支出法根据环境质量替代品支出变化进行评估。这种方法的出发点相当直接，由于污染暴露影响个人效用。所以，人们采取防范行动，通过购买物品和服务改善私人环境质量，如改善室内空气和私人饮用水供应。所以，防护支出法即是根据清洁环境替代品支出的变化评估收益。

表 5.2 给出了一些人们为减轻污染对其私人环境影响而采取行动的常见案例。值得注意的是，在每一个案例中，防护支出都涉及替代品和服务支出。因此，如果一些政策能够改善整体环境质量，个人将减少替代品的支出。根据这种防护支出的减少，可以对个人进行环境改善增加收益的支付意愿做出准确的间接评估。例如，如果公共饮用水受到污染，个人将购买瓶装水或安装过滤系统。如果政府改善公共饮用水的质量，个人将减少替代产品的支出。这种支出的减少就是饮用水政策带来的收益增加。

表 5.2 减少污染的暴露风险的防范行动

| 污染 | 影响 | 防范行动 |
|---|---|---|
| 空气污染 | 材料腐蚀 | 对材料进行清洁或重新涂漆；使用保护性包装；迁居 |
| | 健康问题 | 安装空气过滤器或空调；经常体检；购买药物治疗呼吸道疾病；迁居 |
| 水污染 | 材料腐蚀 | 安装水过滤系统；购买清洁产品和铁锈消除器；迁居 |
| | 健康问题 | 安装水过滤系统；购买瓶装水；迁居 |
| 危险废物堆放点 | 美学价值降低 | 安装围墙或种植灌木；迁居 |
| | 健康问题 | 对水供应进行污染检测；安装空气过滤器或空调；迁居 |
| 噪声污染 | 健康问题 | 安装隔音设备；购买药物帮助睡眠；迁居 |

资料来源：Bartik. The effects of environmental regulation on business location in the United States. Growth and Change, 1988, 19(3): 22-44.

在图 5.5 中，我们建立了防护支出法模型，相关的市场定义为私人环境质量（$X$），需求曲线（$D$）是边际收益（MB）函数，供给曲线（$S$）用 MC 曲线表示。这里的一个重要假设是：在给定的整体环境质量水平（$E$）上，MC 曲线表示为获得私人环境质量条件下而花费在环境质量替代品上的支出（$X$）。在图 5.5 中，在现有整体环境质量 $E_0$ 条件下 $MC_0$ 代表防护支出的边际成本。当整体环境质量改善为 $E_1$ 时，个人改善私人环境质量的支出降低（或产生较低成本），边际成本曲线向右下方移动，变为 $MC_1$。

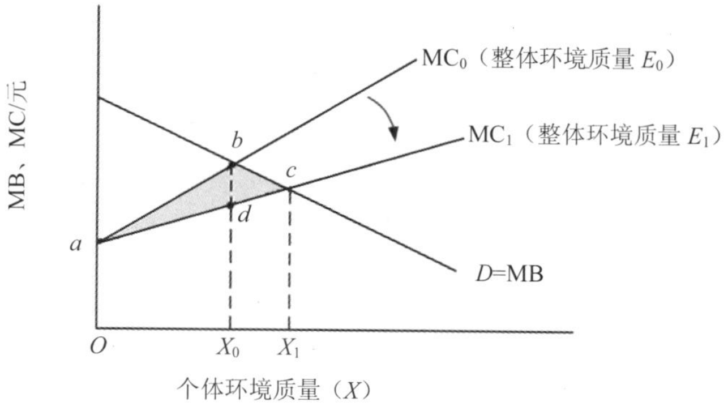


**图 5.5　运用防护支出法评估增加收益**

在最初的均衡点，即 MB 和 $MC_0$ 的交点，整体环境质量是 $E_0$，个体的私人环境质量是 $X_0$。在该均衡点，总的防护支出是 MC。曲线与 $X$ 轴围成的面积，即 $OabX_0$，当政策将整体环境质量改善到 $E_1$ 时，个人的边际成本曲线就移到 $MC_1$。在新的均衡点上，MB 和 $MC_1$ 相交，私人环境质量增加到 $X_1$，而防护支出变为 $OacX_1$。现在，我们可以对整体环境质量从 $E_0$ 到 $E_1$ 产生的增加收益货币化。

该模型的关键是，比较政策改变前后的相同私人环境质量水平的防护支出水平。正如我们所确定的，政策改变后为获得环境质量 $X_1$ 的防护支出为 $OacX_1$。将 $OacX_1$ 与个人在没有政策影响前提下为达到 $X_1$ 的支付意愿进行比较，该支付意愿为 $MC_0$ 曲线和 MB 曲线在 $X_1$ 围成的面积，即 $OabcX_1$。因此，个人为环境改善的支付意愿是 $OabcX_1$ 和 $OacX_1$ 的差值，即三角形 $abc$。

同样，我们也可以在私人环境质量水平保持在初始状态（$X_0$）的条件下进行评估。这个方法会更好，因为它的计算更简单，需要的信息仅是两条 MC 曲线而不是 MC 曲线和 MB 曲线。在这种条件下，增加收益是 $OabX_0$ 与 $OadX_0$ 的差值，即 $abd$，这个较小区域表明相应的支付意愿值较小[①]。

防护支出法应用实例。当某种活动有可能导致环境污染时，人们可以采取相应的措施来预防或治理环境污染。采取上述措施所需费用来评估环境危害的方法就是防护支出法。

扫码获取

锦州合金厂和辽宁电厂运用防护支出法评估增加收益

许多研究运用防护支出法评估统计学意义上的生命价值，布隆奎斯特（Blomquist）于 1979 年重点研究使用安全带降低死亡率的防范行为，该研究估计挽救一个生命的增加收益在 38 万～140 万美元（1986 年价格）[②]。值得注意的是，这些估价都低于意愿调查法的估计。一种解释是，使用安全带和烟雾监测器的防范行为并不是支出多少而是支出与否的决

① Bartik T J. Evaluating the benefits of non-marginal reductions in pollution using information on defensive expenditures. Journal of Environmental Economics and Management, 1988, 15 (1): 111-127.

② Fisher A, Chestnut L G, Violette D M. The value of reducing risks of death: a note on new evidence. Journal of Policy Analysis and Management, 1989, 8 (1): 88-100.

策。因此，只要行动的边际收益超过边际成本，个人的回答就是肯定的。在这个案例中，个人依据风险降低的边际值来判断防护支出是否值得，而这一般会造成评估结果被降低[①]。

### 5.2.5.2 旅行费用法

另一个对环境收益进行评估的方法是旅行费用法。该方法运用自然资源质量和休闲使用价值之间的互补关系，对环境收益进行评估。通过简单的观察，我们就能够发现，随着环境质量的改善，人们对环境资源的休闲使用需求增加，如对湖泊和国家森林的需求。因此，当需求函数随环境质量的改变而变化时，消费者剩余的变化可以被用于评估相关的增加收益。

图 5.6 显示的是旅行费用法评估模型。假设休闲需求已经被确定，湖泊休闲使用的两条需求曲线为 $D_0$ 和 $D_1$，$D_0$ 是先前环境质量水平 $E_0$ 上的需求曲线，$D_1$ 是政策使环境质量水平达到 $E_1$ 时新的需求曲线。$P_0$ 上的价格线表示使用湖泊的准入费。政策执行前，湖泊的观光者数量为 $V_0$，观光者的消费者剩余为 $abP_0$。政策执行后，观光者数量增加到 $V_1$，消费者剩余增加到 $cdP_0$。消费者剩余的变化值是 $acdb$（即面积 $cdP_0$ 减去面积 $abP_0$），该变化值用于评估湖泊质量改善产生的增加收益。

扫码获取

用旅行费用法对环境收益进行评估

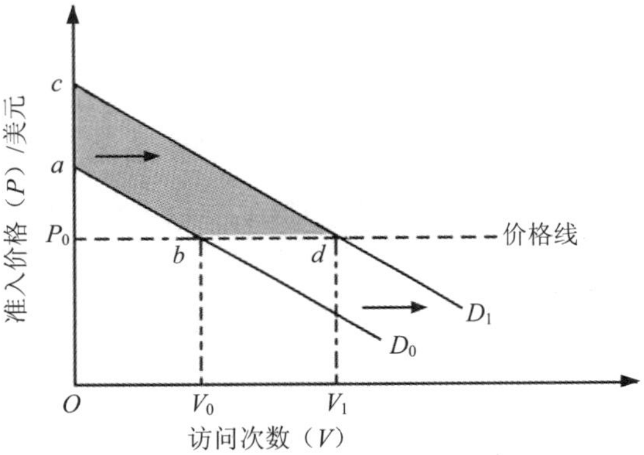


**图 5.6 运用旅行费用法评估增加收益**

### 5.2.5.3 内涵资产定价法：运用产品特征的间接途径

内涵资产定价法的理论基础是产品或服务的价值由其属性或特征决定[②]。这种价值观表明产品具有隐含价格或内涵价格，并且隐含价格或内涵价格能够根据产品的市场价格决定。内涵资产定价法即通过环境特征的内涵价格，评估环境政策产生的改善。在环境经济

① Cropper M L, Oates W E. Environmental economics: a survey. Journal of Economic Literature, 1992, 30 (2): 675-740.

② Lancaster K J. A new approach to consumer theory. Journal of Political Economy, 1966, 74 (2): 132-157.

学中，研究者运用该方法评估特定产品的环境特征。

房地产市场是环境内涵定价研究的典型案例。内涵资产定价法假设房屋的市场价格由具有许多特征的内涵价格决定，如坐落位置、浴室的数量、房间规格和社区环境质量。因此，这些特征的任何改变都被计入房产价格。传统的模型把房屋的市场价格（$P$）定义为房屋特征的函数。该模型的简化形式如下：

$$P=f(X_1, X_2, \cdots, X_n, E)$$

其中，每个 $X$ 变量表示房屋的不同特征，如房屋规格或浴室数量，$E$ 表示相关的环境质量。当其中任何一个变量增加时，房屋价格 $P$ 都会上涨。房屋的这个边际价格就是其相应特征的隐含价值。因此，当环境质量改善时，房屋价格的上涨能够用于评估增加收益。

运用内涵资产定价法的另一个典型案例是工资分析。内涵资产定价法常用于解释工资差异和职业风险，其中包括环境原因。与房屋内涵定价相似，内涵工资模型通常表示如下：

$$W=g(Z_1, Z_2, \cdots, Z_n, E)$$

其中，变量 $Z$ 包括诸如年龄、性别、教育和工作经历等特征；变量 $E$ 是特殊职业的环境风险，如危险废物处理者或核电站工程师面临的危险。这些工人期望比那些没有危险暴露的人获得更高的工资，以补偿他们额外的风险暴露。这种工资差异可用于评估减少职业风险产生的增加收益。

内涵资产定价法运用回归分析确定所有环境变量的隐含价格。简单地说，内涵资产定价法是将房屋或工资等明显价格分解为隐含价格，包含环境质量的价格（$E$）。一旦环境质量的隐含价格得以确定，就可以评估环境质量的需求。因此可以用于测度政策带来的环境质量改善产生的消费者剩余变化。

内涵资产定价法的一种应用是分析危险废物处理场如何影响周围房产的价格。1991 年美国的考海瑟（Kohlhase）进行的一项研究发现，休斯敦地区房屋价格受到的影响与远离危险废物处理场的距离呈正相关，其影响距离可达 6.2 英里。根据考海瑟的研究，房屋远离危险废物处理场的距离每增加 1 英里，房屋的价格就会增加 2 364 美元（1985 年价格）。1995 年，基尔（Kiei）对马萨诸塞州的沃北恩（Woburn）住宅进行了类似的研究，研究结果表明，房屋远离危险废物处理场的距离每增加 1 英里，房屋的价格就会增加 1 377 美元（1995 年价格）[①]。

扫码获取

内涵资产定价法的应用：青岛市海景房房价

总而言之，有关社会收益估价的研究已经取得了丰硕成果。在评估程序的完善、方法的适用性、结果的解释等方面都取得了进展。这些成果证明了成本-收益分析对于风险管理

① Fisher A, Chestnut L G, Violette D M. The value of reducing risks of death: a note on new evidence. Journal of Policy Analysis and Management, 1989, 8 (1): 88-100.

战略以及更好的政策方案设计的重要性。当然，在成本分析方面也取得了相应的进展，这将在下一节讨论。

## 5.3 环境决策的成本评估

在 5.2 节中，我们运用环境收益理论和衡量方法对收益进行了研究，环境改善成本的分析也同样重要。在风险管理的这个步骤中，政策制定者必须考虑用于降低环境风险的所有经济资源的价值。与收益评估不同，成本评估的问题不是评估成本的货币化价值，因为大部分成本已经用货币形式表示，更为重要的问题是确定用于设计、执行以及完成政策指令的所有资源。

政府在执行重要环境政策所需的科学研究、行政管理网络以及人力等方面投入了巨额资金。同时，私人企业为达到环境政策规定的标准，在排污削减设备和劳动力方面的支出也很高昂。确定规模如此之大的支出是一项艰巨的任务，而且，成本分析中的另一个因素增加了这种难度——确定经济成本而不是简单的会计成本。

本节中，我们首先对成本评估的基本问题进行概述，定义增加成本，区分显性成本和隐性成本，介绍环境成本价值的概念；其次介绍现行成本评估的方法；最后，讨论环境成本分类的常见方法。

### 5.3.1 界定和评估环境成本

与收益分析一样，评估环境政策成本的标准是增加成本。环境政策成本评估的基本原理是：以政策执行前的支出水平为基准，比较政策执行前后的支出费用。

#### 5.3.1.1 定义增加成本

根据前面的分析，我们知道环境成本必须以增量的形式定义。使用增量这种变量可以确定政策带来的变化。在这种情况下，相关的变化是政策导致的环境质量改善所产生的成本增加。计算增加成本，首先要确定当前的环境支出水平，其次评估政策实施后的成本，最后得到两者的差值。

从经济学角度来看，增加成本应该反映经济成本的变化。正如第 2 章所讨论的，与会计成本相比，经济成本对资源利用的度量更加准确，因为其包括了显性成本和隐性成本。但是，由于隐性成本难以确定，研究者通常只是根据货币支出计算增加成本。

扫码获取

环境成本的估算：重庆市德感区施用农药的环境成本分析

#### 5.3.1.2　显性环境成本

执行环境政策的显性成本既包括公共部门支付的管理、监测和执行成本，也包括所有经济部门所承担的执行成本。相对于隐性成本，显性成本及其构成更易于确定，因为用于执行污染控制政策的大部分资源都可以在私人市场进行交易。使用经济资源——土地、劳动和资本，就必须支付相应的地租、工资和利息。显性成本即公共部门所承担的管理、监督和执行成本以及所有相关部门发生的执行成本。既然这些资源在公开的市场上进行交易，那么，支出就以市场决定的投入要素价格为基础。然而，这些支出并非同时发生，并且有些支出在短期内很难控制。

认识到这些差异，经济学家将显性成本分为两类：①固定成本，即在短期内无法改变且不依赖于生产水平的成本；②可变成本，其特点与固定成本恰好相反。在环境政策的执行中，这两类成本分别对应于会计成本中的资产成本和运营成本。

资产成本是指用于更新工厂、设备、建筑以及减少或消除污染带来的生产工艺改变而发生的支出。运营成本是指排污削减过程中的运营和维护支出，具体包括原材料、零部件和易耗品、直接劳动力、燃料及研发的支出。

这两类成本的重要区别在于它们与排污削减水平的关系。与固定成本的经济学定义类似，资产成本与排污削减量无关，如控制空气污染除尘系统的安装成本、废水处理设施的建设成本以及垃圾场的土地购买成本。值得注意的是，资产成本在投资运转之前就已经产生，与其是否用于排污削减无关。运营成本与经济学中可变成本的定义类似，运营成本与排污削减量直接相关，如监测污染排放的成本、操作排污削减设备的劳动力成本。

#### 5.3.1.3　隐性环境成本

尽管排污削减的显性成本看起来包罗万象，但事实上，显性成本仅仅是经济成本的一部分。经济成本还包含隐性成本——给社会福利带来负面影响的非货币化效应的价值，其中包括禁止某种投入而造成产品种类减少的价值、研究替代品的时间成本、环境政策带来便利性的降低。虽然隐性成本是一个值得讨论的重要问题，但在实际中确定并计算隐性成本则完全是另外一回事。实际上，大多数研究者都因无法完全得知隐性成本，而忽略真实成本对社会的影响。结果是许多环境成本被严重地低估，这一问题亟待解决。

#### 5.3.1.4　环境成本的理论估价

为了获得更清洁的空气和水，应该利用什么样的经济资源？这些资源的成本是多少？理想的情况应该是通过确定环境政策的社会成本来回答上述问题。

从理论上讲，政策的社会成本是使用资源对社会的补偿性支出，以保持社会的效用水平不变。这种补偿必须包括政策规定造成的全部价格、产量和收入的效应。其中一个案例是由于安装排污削减装置而产生的汽车价格上涨；另一个案例是由于使用再循环包装以及对商标的严格管制，造成日用商品价格的上涨。政策的执行也会对收入产生影响，例如，因执行政策而增加税收给收入带来的影响。除上述影响是隐性成本或非货币化成本之外，这样的例子还包括：为遵守新的城市空气质量政策而使用公共交通工具或合伙用车造成的不便利，以及寻求无毒替代品的研究成本等。

从模型的角度来看，通过公共物品——环境质量的供给，我们能够确定 MSC。虽然对公共物品的需求仅仅是通过推测得出，但是供给函数可以运用分析私人物品相同的方法直接确定，让我们回顾第 2 章中所讨论的市场供给模型。该模型表示 $SO_2$ 排放削减的边际社会成本。供给函数表示为 $MSC = 4 + 0.75A$，其中 MSC 的单位是百万元，$A$ 是排污削减的百分比。我们在第 3 章中得到的结论是：MSC 是市场水平的 $MAC_{mkr}$ 与政府的 MEC 的垂直距离之和，如图 5.7 所示。

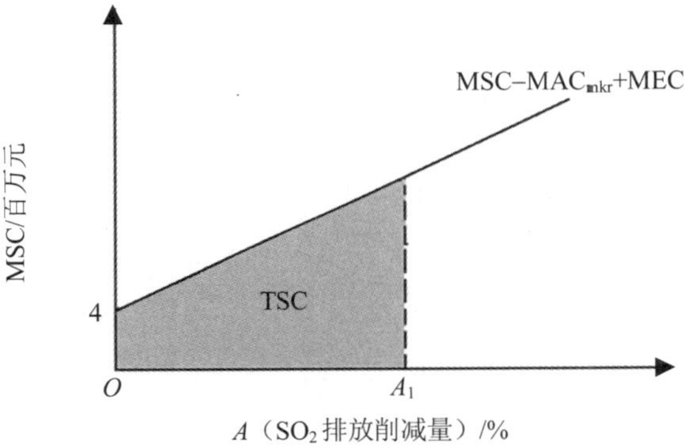


**图 5.7 空气质量的边际社会成本和社会总成本**

类似于收益分析，对于每一排污削减水平，MSC 用横轴到供给曲线的垂直距离表示。$SO_2$ 排放削减水平所对应的社会总成本 TSC 用 MSC 曲线到相应点的面积表示。图 5.8 中阴影部分表示 $A_1$ 水平所对应的社会总成本 TSC。

与收益分析一样，评估增加成本应该从逻辑上遵循以下 3 个步骤：①在政策执行前，确定基期的 TSC 水平；②在政策执行后，确定新的 TSC 水平；③用政策执行后新的 TSC 水平减去基期的 TSC 水平，即为增加成本。

让我们以 $SO_2$ 排放削减量从 20%增加到 25%产生的成本增量为例，来说明这个评估过程。首先，我们确定 $A$ 为 20%时所对应的基准 TSC，如图 5.8 所示，$A$ 为 20%时所对应的 MSC 是 1 900 万元，相应的 TSC 为 23 000 万元。其次，我们确定政策实施后，$SO_2$ 排放削减量为 25%时所对应的 TSC。同理，当 $A$ 为 25%时，MSC 为 2 275 万元，TSC 为 33 437.5 万元。因此，TSC 的差为 10 437.5 万元，这表示增加 5%的 $SO_2$ 排放削减量产生的增加成本。

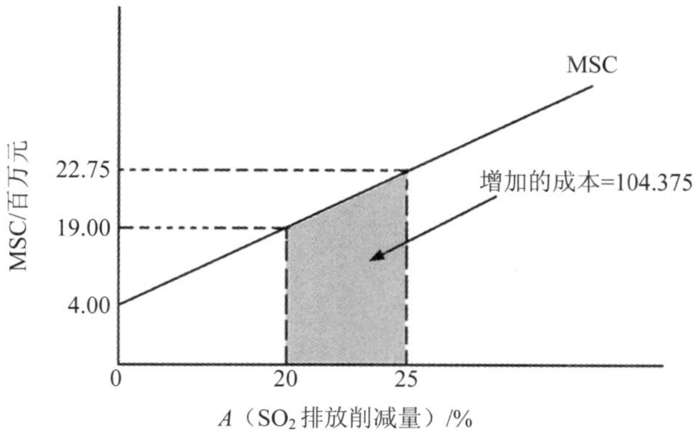


图 5.8　运用 MSC 函数建立空气质量的增加成本模型

图 5.9 直接用 TSC 曲线表示 TSC 和 $SO_2$ 排放削减量的关系。任何 $SO_2$ 排放削减量相对应的社会总成本 TSC，可以表示为 TSC 曲线上的点到水平轴的垂直距离。

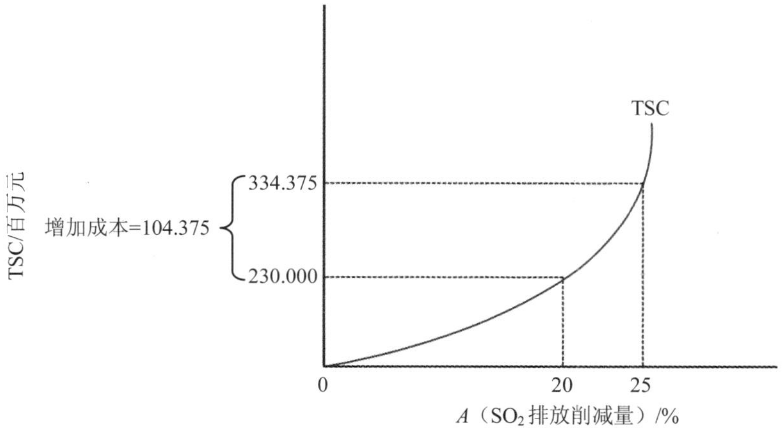


图 5.9　运用 TSC 函数建立空气质量的增加成本模型

为了确定增加成本，我们首先要确定政策实施前后的 $SO_2$ 的排放削减水平（分别为 20% 和 25%）和相应的社会总成本（分别为 23 000 万元和 33 437.5 万元）。社会总成本之差，也就是 10 437.5 万元，是两个成本值之间的垂直距离。

事实上，为了评估环境政策的社会成本，研究者需要通过评估消费者剩余和生产者剩余的变化来衡量社会福利的变化。这是一项复杂的工作，但有证据表明这项工作会提高成本评估的准确性。1990 年，美国的海兹里（Hazily）和考波（Kopp）对美国空气和水质量控制政策的社会成本进行了评估，根据他们的研究，社会成本和显性成本的评估存在明显的差异。事实上，这些学者曾建议政策制定者调整评估方法，用更均衡的方法进行成本分析。然而，这种更全面的成本评估方法过于繁琐且可信度较低。因此，至少在目前，成本分析还会继续仅以显性成本为基础，这种方法低估了真实的社会成本。

### 5.3.2 显性成本的估算方法

经济学家主要使用两种方法评估增加的环境成本：工程技术方法和调查方法。工程技术方法是根据完成一定排污削减水平的最低成本的适用技术评估排污削减成本。调查方法是直接从污染源中得到排污削减成本，对公司或公共设施进行抽样调查评估排污削减的成本。尽管这两种方法并不相同，但是在实践中一般是两种方法结合使用。首先，调查方法用于获取适用技术和现有市场条件的信息。其次，工程技术方法依据收集的数据和资料估算环境成本的货币价值。下面对这两种方法进行简要介绍，并讨论它们各自的优缺点。

#### 5.3.2.1 工程技术方法

工程技术方法依据排污削减技术领域专家提供的信息，对成本进行评估。首先，根据对排污削减技术的描述，要求工程师和科学家确定设备、劳动力和原料的综合情况是否符合政策的要求。其次，评估所有可行的排污削减设计的固定资产和运营成本。最后，从以技术为基础的设计中，选择成本最低的方案，并估算所有相关污染源的全部增加成本。

扫码获取

1. 西安市环境污染显性成本工程技术方法的应用
2. 沈阳市地铁十号线工程环境成本估算的调查方法

#### 5.3.2.2 调查方法

与工程技术方法不同，调查方法是直接依据污染源而不是专家提供的数据进行估算与评估成本。美国在 1994 年政府经济分析部门成本报告中，大约有 65% 的信息来自调查。与收益的意愿调查法相似，调查方法从公司和公共设施中进行抽样，获取现有的或计划的环境治理数据。这些调查专门针对私人和公共部门的排污削减和控制成本。二维码中 2 的内容以我国沈阳市地铁十号线工程环境成本估算为例阐述了调查方法的应用。

从积极方面来看，调查方法比工程技术方法可以更直接地获得排污削减成本数据。然而，调查方法也有缺陷。首先，它假设能充分掌握污染源的信息，并据此提供合理的评估；其次，它存在固有的偏差，污染源数据的提供者有给政府部门提供虚夸值的动机，因为他们能够意识到较高的成本将会增加提案被否决的可能性。

与收益评估一样，没有一种成本评估方法是完美的。事实上，正是基于这种认识，研究者在不断探索将工程技术方法与调查方法相结合，其目的在于利用两种方法的优点并试图将潜在的偏差最小化。由于环境决策对收益和成本越来越重视，所以研究者也正在努力提高环境成本评估的准确性。

## 5.3.3　实践中的成本分类

作为成本评估的一部分，研究者感兴趣的是环境控制成本的构成，其原因在于环境控制成本的一些构成，如私人企业的水质量控制或排污削减成本，与政策决策有着特殊关系。更重要的是，环境控制成本的构成将为政策制定者提供一个更加清晰的认识——如何配置资源以实现环境目标，这是以配置效率为基础的政策评估所必需的重要信息。通过环境控制成本的构成能够获取成本如何在整个经济部门进行分配的信息，以纠正环境不公平。

由于成本评估的目标不同，为了获得不同类型的信息需要对成本进行不同角度的分类。下面就对两种常用的分类方法进行概述。

### 5.3.3.1　依据经济部门分类

政策研究者通常关心环境成本在公共部门和私人部门之间是如何进行分配的。例如，旨在加强监控和执行计划的政策修订将更高的成本转移给公共部门，因此，造成 MEC 曲线向上移动，污染削减的 MSC 增加。相反，更加严格的排污削减规定将更多的成本转移给私人企业。表 5.3 是美国 1975—1994 年的环保成本变化趋势。成本按照主要功能划分为排污削减成本、规制和监测成本、研究与开发成本。

**表 5.3　按功能划分的美国 1975—1994 年排放削减和控制成本（1992 年价格）**　　单位：10 亿美元

| 年份 | 排污削减成本 | | | 规制和监测成本 | 研究与开发成本 | 合计 |
|---|---|---|---|---|---|---|
| | 个人 | 企业 | 政府 | | | |
| 1975 | 7.72 | 38.99 | 16.37 | 1.54 | 2.61 | 67.23 |
| 1980 | 11.02 | 49.71 | 18.42 | 2.09 | 2.90 | 84.14 |
| 1985 | 15.48 | 53.53 | 18.52 | 1.59 | 1.76 | 90.88 |
| 1990 | 9.97 | 62.29 | 25.63 | 1.91 | 1.52 | 101.30 |
| 1994 | 9.29 | 72.92 | 29.72 | 2.09 | 1.89 | 115.91 |

注：由于进位原因，合计值并不完全等于各部分值之和。所有的个人成本都用于购买和运转机动车尾气排污削减装置。
资料来源：Pollution abatement and control expenditures.

如表 5.3 中数据所示，美国环境政策的总支出稳定上升，1994 年达到 1 159.1 亿美元（1992 年价格）①，而且排污削减成本始终占环境成本的绝大部分。在排污削减分类中，各经济部门的成本增长幅度相似，因此，各经济部门的相对比例也保持相对稳定。然而，成本负担在经济部门的分配并不相同。在用于排污削减的支出中，私人企业平均占 63%左右，公共部门占 24%，剩余部分为个人支出。

① 相关数据的报告，请登录以下网址查阅：http://www.bea.doc.gov/bea/an/0996eed/maintest。

#### 5.3.3.2 依据环境介质分类

政策上另一个重要的考虑是依据环境介质（即空气、水和固体废物）分配支出。表 5.4 是美国 1975—1994 年按环境介质划分的排污削减和控制成本。此类信息有助于政策制定者了解资源在解决不同环境问题上的配置情况，以及不同时期资源配置的变化。

**表 5.4 按环境介质划分的美国 1975—1994 年排污削减和控制成本** 单位：10 亿美元

| 年份 | GDP | 空气 | 水 | 固体废物 |
|---|---|---|---|---|
| 1975 | 3 873.9 | 28.32 | 28.68 | 10.47 |
| 1980 | 4 615.0 | 37.05 | 34.21 | 14.12 |
| 1985 | 5 323.5 | 39.07 | 33.32 | 19.33 |
| 1990 | 6 136.3 | 30.27 | 39.67 | 32.74 |
| 1994 | 6 610.7 | 35.78 | 40.33 | 39.72 |

资料来源：U.S. Department of Commerce，Bureau of Economic Analysis，as cited in Council on Environmental Quality（1998），p.219，Table 2.1：Pollution abatement and control expenditures.

例如，根据粗略的估计，1990—1994 年美国《空气质量控制法》的增加成本为 55.1 亿美元（1992 年价格）。当然，更加精确的数字需要一系列更为复杂的计算。一旦执行某项政策，研究者通常会对政策成本的评估产生兴趣。因此，正确的做法是将研究的时间范围扩展到其他相关年份，有关成本的数据必须进行调整，以排除其他政策的影响。

最后，为了说明所有成本的价值，表 5.4 给出了美国实际 GDP（1992 年价格）的数据。这有助于说明美国环境支出的相对水平。例如，1994 年美国水资源的环境支出为 403.3 亿美元，然而，这只占 GDP 相当小的比例，约为 0.61%。

环境成本评估是风险管理中至关重要的部分，虽然它比环境收益评估更为具体，但是环境成本评估有其自身的复杂性。其中，主要的问题是实践中环境政策的社会成本和显性成本实际估算之间的差异。在还没有更好的计算隐性成本的技术条件下，对增加成本的估计值通常会偏低。

经济学家在寻求解决上述问题现实可行的方法的同时，也在寻求改进计算显性成本的方法。调查方法和工程技术方法相结合可提高评估的准确性。其原因很简单，政策制定者必须参考环境成本评估的结果做出重大决策。在 5.4 中，我们将详细解释当收益和成本的估算结果被系统地运用于成本-收益分析时，它们是如何影响环境政策的。

## 5.4 成本-收益比较分析

成本-收益分析首先需要确定环境收益和成本并将其货币化，这是前两节讨论的主要内容。其次，必须对这些初步的估算结果进行调整，对估算值进行调整是必要的，因为现行政策的增加成本和增加收益不能立即实现，一般情况下，增加成本和增加收益要经过若干年才会表现出来。这些时滞会如何影响结果？需要从两个方面进行考虑：第一，未来实现的成本和收益值低于即时实现的成本和收益值，因此，相比于当前的收益和成本，未来收益和成本必须下调。第二，需要考虑价格水平随时间的预期变化，并做出相应的调整，例如在通货膨胀时期，以现在的价格水平衡量的成本和收益值要远高于以未来的价格水平衡量的成本和收益值。不对这些时滞进行调整，成本-收益分析就会产生偏差，并误导政策的制定。对成本和收益评估值按照时间差异进行调整之后，还必须将成本和收益进行比较。但是，这种比较以什么为基础呢？收益大于成本就足够了吗？还是两者之间的差额必须达到特定水平？如果法律已经预先规定了收益水平而排除了这种分析，那么收益的标准又是什么呢？这些问题的答案可以在指导成本-收益分析的决策规则中找到，满足经济标准的决策规则受到特别的关注——这是政策评估的重要问题。本节将介绍成本-收益比较分析的主要内容。首先，详细介绍对收益和成本按照时间差异进行调整的方法，其次将环境收益和成本比较，研究政策评价过程以及实践中指导政策评价过程的规则。在上述分析的基础上，分析在政策制定中，成本-收益比较分析如何发展成为指导政策决策的主要工具。

### 5.4.1　时间上的调整

环境成本-收益分析的关键是保证成本和收益在时间上的一致性。首先，成本和收益不一定同时发生，而且即便它们同时发生，我们也不一定会立即认识到。虽然一项环境政策评估是现期进行的，但这项政策的影响将会波及未来。因此，决策者必须对政策提案给予前瞻性思考，并对其未来可能产生的影响做出分析。

要支持这些预测，就必须对成本和收益进行调整，以符合货币价值变动的实际情况。两种以时间为导向的修正是必要的：一种是现值决定，用于解释货币的机会成本；另一种是通货膨胀修正，用于调节一般价格水平的变化。我们将依次研究这两类修正方法。

#### 5.4.1.1　现值决定

机会成本是经济学中最普遍的概念之一。它的含义是：做出一项决策时所放弃的其他选择的最高价值代表了该项决策的全部成本，无论这些成本产生于生产、消费，还是纯粹的金融交易中。为了更好地理解这个概念，我们先考虑以下这个简单的假设情况：

假设一个朋友向你借了 200 元，并承诺一年后偿还。为了维持你的福利和效用水平不变，他应该偿还多少钱？（简便起见，假设没有通货膨胀）从经济的角度来看，这依赖于这笔钱的机会成本，即其他可选用途的最高价值。如果这 200 元用于投资，可以得到 5%

的回报，那么这笔钱的机会成本是 10 元。因此，合理的偿还额是 210 元，即[200 元+（200 元 × 0.05）]。从技术角度来看，这个计算将借贷现值换算为未来值。从数学角度来看，一年期的换算可以用简单的公式计算：

$$FV = PV + r(PV) = PV(1+r)$$

式中，FV 为未来值；PV 为现值；$r$ 为回报率。

这个公式表明 1 元的未来值等于现值加上现期不使用这 1 元的机会成本[$r$（PV）]。如果考虑的是多期贴现，上面的公式则变为

$$FV = PV(1+r)^t$$

式中，$t = 0, 1, 2, \cdots, T$，表示时期个数。

将问题转换一下，我们可以认为一年后的 210 元就等于现在的 200 元，即[210/（1+ 0.05）]。这个修正过程被称为现值决定，因为它将未来值（FV）贴现为现值（PV）。数学上，运用第一个公式的变形进行计算：

$$PV = FV[1/(1+r)]$$

式中，$r$ 为贴现率，$1/(1+r)$ 是贴现系数，如果是多期贴现，公式如下：

$$PV = FV[1/(1+r)^t]$$

式中，$[1/(1+r)^t]$是贴现系数。

贴现是经济学家用于调整未来产生的环境收益和成本价值的方法。现值决定是通过计算货币的机会成本，将未来值贴现为现值的过程。

在现值决定中，贴现率是一个可变参数。当贴现率升高时，PV 减少，反之则相反。由于贴现率的大小影响未来值与现值的换算，因此，贴现率的选择对于成本-收益分析极其重要。对于环境政策的制定而言，贴现率会直接影响哪个提案能够满足现行标准，哪个会被驳回。由于贴现率的重要性，在有关现值分析的文献中，贴现率的选择是普遍讨论的问题之一。

如何为公共政策决策选择贴现率？这需要考虑很多因素，但其中重要的一点是，贴现率应该反映投入公共物品供给的资金社会机会成本。这是因为用于支持公共政策的资金被认为是来自私人部门的转移。因此，人们认为用于公共政策的贴现率（社会贴现率）在相同的风险水平下，应该反映私人在消费和投资上的回报率。或者说它是根据公共政策资金的社会机会成本确定的公共政策贴现率。

假设在成本-收益分析中使用 7%的社会贴现率，具体实施中的问题是，7%的贴现率能否反映公共支出的社会机会成本。因为该贴现率是实际贴现率（即去除了通货膨胀的影响），名义贴现率应该等于通货膨胀率与 7%之和。前几年的通货膨胀率是 3%左右，这意味着，名义社会贴现率约为 10%。如果 10%的名义社会贴现率可以反映资金的社会机会成本，那么也就是说，通过私人投资社会可获得 10%的回报。除此之外，贴现率由什么决定

还存在概念性的争论，至今尚未达成明确的统一意见①。

### 5.4.1.2 通货膨胀修正

通货膨胀修正是根据一般物价水平的波动而进行的调整。成本和收益的初步估算结果还需要根据一般物价水平的波动进行修正。这种调整就是通货膨胀修正。为了将现期的货币值根据下一期的预期通货膨胀进行调整，这个值必须换算成下一期的名义值，即现期值。这种转换使用的是价格方法，如消费价格指数（CPI），则名义值和实际值的关系如下：

$$名义值_{x+1}=实际值_{x}\times(CPI_{x+1}/CPI_{x})$$

$$名义值_{x+1}=实际值_{x}\times(1+p)$$

式中，$p$ 为时期 $x$ 和时期 $x+1$ 之间的通货膨胀率。对于任何一个时期 $t$ 的一般公式如下：

$$名义值_{x+1}=实际值_{x}\times(1+p)^{t}$$

将公式左右移项，就可以把名义值换算为实际值：

$$实际值_{x}=名义值_{x+1}/(1+p)^{t}$$

这个换算过程被称为通货紧缩，常用于评估通货膨胀时期的变化，即消除通货膨胀影响的调整值。

举例来说，假设排污削减和控制成本的名义值从1992年的1 048亿元增加到1993年的1 101亿元②。这个名义值意味着支出增加了53亿元，但是，其中一部分增长是由这个时期2.6%的通货膨胀率导致的。为了修正价格的影响，以1993年价格计算的1 101亿元必须按1992年价格换算，即

$$1\,101/[1+(0.026)^{1}]=1\,073（亿元）$$

因此，按照1992年价格计算，1992—1993年实际增加的排污削减和控制成本是25亿元（即1 073亿元减1 048亿元）。

### 5.4.1.3 收益和成本的时间调整步骤

增加收益和增加成本的时间调整值分别为收益现值（PVB）和成本现值（PVC），即环境政策变化的增加收益的时间调整值和环境政策变化的增加成本的时间调整值。实际收益现值的计算步骤如下：

①将所有现期的和未来的增加收益货币化为名义值（$B_t$），$t$ 表示时期（$t=1, 2, 3, \cdots, T$）；

②将通货紧缩每一个名义值 $b$ 转换为实际值（$b_t$）：

$$b_t=B_t/(1+p)^{t}$$

---

① U.S.Office of Management and Budget（October 29，1992）.

② Vogan C R. Pollution abatement and control expenditures. 1996.

③选择适当的实际社会贴现率（$r_s$）；

④将每期的 $b_t$ 贴现成 $b_t/(1+r_s)^t$；

⑤计算所有时期 $t$ 贴现值 $b_t$ 的总和。即可得到实际收益现值：

$$PVB=\sum[b_t/(1+r_s)^t]$$

采用类似的步骤可以得到实际成本现值：

①将所有现期的和未来的增加成本货币化为名义值（$C_t$），$t$ 表示时期（$t=1, 2, 3, \cdots, T$）；

②将通货紧缩每一个名义值（$C_t$）换算成实际值（$c_t$）：

$$c_t=C_t/(1+p)^t$$

③使用与贴现未来收益相同的实际社会贴现率 $r_s$；

④将每期的 $c_t$ 贴现成 $c_t/(1+r_s)^t$；

⑤计算所有时期 $t$ 贴现值 $c_t$ 的总和，即可得到实际成本现值：

$$PVC=\sum[c_t/(1+r_s)^t]$$

#### 5.4.1.4 实例：时间调整的增加收益

为了说明上述步骤在实践中如何实施，我们来假设一项收益评估。假设一位研究者使用意愿调查法，将水质改善产生的增加收益货币化。作为评估的一部分，研究者必须估算个人花在水质过滤系统上的防护支出。假设水质过滤系统的初始资产成本（即购买和安装）为 200 元，使用寿命是 5 年，主要的维护和更换过滤器的年度运营成本是 30 元（以名义值表示）。意愿调查法的部分目标是确定个人购买、安装和维护过滤系统的全部成本，包括货币的机会成本和预期通货膨胀。

简便起见，我们假设价格每年平均上升 5%。使用前面的换算公式，第一年的实际运营成本为 $30/(1.05)^1=28.57$（元），第二年的实际成本为 $30/(1.05)^2=27.21$（元）。现在需要做进一步的调整，根据货币的机会成本计算这些未来支出的现值。假设恰当的实际贴现率（$r$）是 10%，每年调整通货膨胀的支出现值（PV）可以用贴现公式得到。例如，第一年的运营成本的现值为 $28.57\times[1/(1.10)^1]=25.97$（元）。第二年实际支出 27.21 元的现值为 22.4 元，后续年份依此类推。表 5.5 给出了这些计算结果和价格调整。

为了完成这项分析，所有经过时间修正的年度运营成本还要加上初始的 200 元资产成本。需要注意的是，这 200 元不受转换过程的影响，因为它发生在现期。综上分析，以实际表示的过滤系统的现值为 299.39 元。

表 5.5　评估水质过滤系统未来营运成本的价值

| 年份 | 对通货膨胀的调整（假设年度通货膨胀率 $p$ 为 5%） | | 对机会成本的调整（假设实际年度贴现率 $r$ 为 10%） | | |
|---|---|---|---|---|---|
| | 实际值$_x$=名义值$_x$×$t$/（1+$p$)$^t$ | | PV=FV[1/（1+$r$)$^t$] | | |
| | 名义支出 | 未来实际支出 | 未来值（FV） | 贴现系数[1/（1+$r$)$^t$] | 现值（PV） |
| 0 | — | — | 200.00 | 1.000 0=1/(1.10)$^0$ | 200.00 |
| 1 | 30.00 | 28.57=30/(1.05)$^1$ | 28.57 | 0.909 0=1/(1.10)$^1$ | 25.97 |
| 2 | 30.00 | 27.21=30/(1.05)$^2$ | 27.21 | 0.826 4=1/(1.10)$^2$ | 22.49 |
| 3 | 30.00 | 25.92=30/(1.05)$^3$ | 25.92 | 0.751 3=1/(1.10)$^3$ | 19.47 |
| 4 | 30.00 | 24.68=30/(1.05)$^4$ | 24.68 | 0.683 0=1/(1.10)$^4$ | 16.86 |
| 5 | 30.00 | 23.51=30/(1.05)$^5$ | 23.51 | 0.620 9=1/(1.10)$^5$ | 14.60 |
| 实际现值总额 | | | | | 299.39 |

### 5.4.2　环境收益和成本比较

任何成本-收益分析的最后阶段都涉及经时间调整的增加成本和增加收益的比较，并根据它们的相对价值做出决策。对于环境政策而言，这个阶段将确定政策目标或选择控制手段。对一系列可能的政策选择进行成本-收益分析，并从中确定“最佳”解决方案。

比较评估的第一步是从成本-收益的角度出发，确定某一政策选择是否可行。这一步骤本质上是对每一项政策选择做出决定：接受还是拒绝。所有接受的政策选择将在第二阶段进行评估。在第二阶段，依据决策规则对这些政策选择进行比较评估，确定一个“最佳”解决方案。

#### 5.4.2.1　确定可行方案

为了判断政策方案是否可行，必须比较每一个政策方案的增加收益和增加成本的时间调整值。通常的方法是计算收益-成本比（PVB/PVC）并将结果与 1 进行比较，如果这个比例超过 1，该政策方案就属于可行方案，反之则不可行。

检验可行性的另一种方法是计算净收益现值（PVNB），即（PVB − PVC），将结果与 0 进行比较，如果净收益现值大于 0，该政策方案可行，反之则不可行。

上述两项决策规则表明，如果一项政策方案的收益超过成本，则该政策方案可行。

虽然任何政策方案如果满足 PVB/PVC＞1，就一定满足 PVB − PVC＞0，但是，两者并不完全等值。首先，对两个指标有不同的解释，PVB/PVC 的比值表示一项政策方案单位成本产生的收益，例如，PVB/PVC = 4.2，意味着社会每支出 1 元的成本，实现的收益是 4.2 元。PVB − PVC 的数值表示的是净收益的货币价值，因此它直接表示社会净收益。

其次，虽然人们可能认为这两种方法都可以对具有可行性的计划进行排序并找到同样的“最佳”方案，但这种假设是错误的。事实上，在这两种方法中，只有收益-成本的差值可以对可行性方案进行排序，因为收益-成本比在比较可行性政策方案时并不可靠。

使用收益-成本比对政策方案做任何排序，都将导致模棱两可的结果。问题的原因是将某一结果视为成本的增加还是收益的减少本身存在固有的不确定性。例如，假设某一政策方案预计会造成一定数量的失业，失业的损失应该作为收益的减少还是成本的增加？直观来看，这两种方法都是正确的而且不会影响结果。但是，虽然该政策方案不会影响净收益现值，但会改变收益-成本比。让我们用一个简单的例子加以说明。

在经过通货膨胀修正及贴现后，假定该政策方案造成的失业损失是 200 万元。假定在不考虑失业损失情况下的 PVB 为 1 800 万元，PVC 为 1 000 万元。那么，如果这 200 万元作为收益的减少，PVB/PVC 是 1.6，如果这 200 万元作为成本的增加，PVB/PVC 是 1.5。如果计算 PVNB，在这两种情况下可以得到同样的结果，即 600 万元。这个例子表明，在评估的第二阶段，在可行性政策方案中进行选择时，只有 PVNB 可以用于指导最终的抉择。

### 5.4.2.2 在可行性政策方案中选择“最佳”方案的决策规则

实践中，评估可行性政策方案的决策过程遵循下述经济标准之一：配置效率或成本-效益。再将时间维度加入上述经济标准，我们得到以下决策规则：

对于配置效率，实现 PVNB 最大化。

对于成本-效益，根据预先制定的收益目标，实现 PVC 最小化。

（1）决策规则：PVNB 最大化

如前所述，PVNB 是收益-成本的差值，即 PVB 和 PVC 之差。因此，这个决策规则要求在调整时间影响后，选择对社会产生净收益最大的政策方案。根据微观经济学基本理论，净收益最大值的点位于 MC = MB 处，或者说此时资源得到了有效配置。因此，我们可以用下述方法概括这个决策规则：

为了实现配置效率，在所有可行的政策方案中选择 PVNB 最大的方案：

$$\text{PVNB} = (\text{PVB} - \text{PVC}) = [\sum b/(1+r)^t] - [\sum c/(1+r)^t] = \sum[(b-c)/(1+r)^t]$$

式中，时期 $t = 1, 2, 3, \cdots, T$。

（2）决策规则：PVC 最小化

PVC 最小化指导政策制定者在能够实现预定目标的政策方案中，选择成本最低的方案。这是根据成本-效益标准的决策规则。在净收益现值最大化和成本现值最小化这两种决策规则中，后者的应用更为普遍。因为法律通过对环境质量目标的定义，预先确定了要实现的环境收益水平。在这种情况下，PVB 实质上是固定的，只有 PVC 是决策变量。因此，PVC 最小化的实质，是选择完成预定目标的最低成本的政策方案，实现成本-效益的决策规则。

在成本比较前，首先要排除不能实现预期收益水平的政策方案。随后，计算保留下来方案的 PVC，并选择其中最低成本的方案。这个决策规则概括如下：

为了实现成本-效益，在所有能完成预期收益水平的政策方案中，选择成本现值最小化的方案：

$$PVC = \sum [c_t /(1 + r_t)^t]$$

式中，时期 $t = 1$，2，3，…，$T$。

虽然成本-收益分析是一种可行的风险管理战略，但它并非没有缺陷。事实上，作为环境决策的一种工具，它已经成为被详细审查的对象。对成本-收益分析的批评主要集中在环境成本和收益的精确度量和货币化的固有问题上。

度量问题在运用成本-收益分析时，对环境收益和成本进行度量并赋值无疑是一个巨大的挑战。正如我们在 5.2 节所讨论的，由于环境收益涉及许多无形因素，所以收益评估有其特殊的问题。不仅确定一项政策提案的所有健康和生态收益十分困难，而且给这些收益赋值更加困难。事实上，度量问题使得人们更倾向于用成本-效益来代替配置效率作为标准。在成本分析中，主要的困难是确定隐性成本，解决这个问题仍是目前研究的目标。最后，由于会影响成本和收益评估的现值，所以，社会贴现率的选择也是争议的焦点，甚至在成本收益分析的支持者中也是如此。

## 思考题

1. 环境决策中风险管理的任务是什么？
2. 风险管理战略有几种？含义是什么？
3. 如何定义增加收益？简述主要环境收益和次要环境收益、使用者价值和存在价值。
4. 如何运用损害函数法评估增加效益？
5. 如何运用意愿调查法评估增加效益？
6. 如何运用防护支出法、旅行费用法和内涵资产定价法评估增加效益？
7. 如何定义增加成本、显性环境成本、隐性环境成本？
8. 如何运用工程技术法、调查法评估增加成本？
9. 如何对环境增加效益和成本进行时间调整？
10. 如何通过对环境收益和成本的比较进行决策？

## 案例讨论

我们来假设一项增加成本评估项目。假设一家企业为了改善污水处理质量，准备购买并安装一台新设备，初始资产成本（即购买和安装）为 100 万元，使用寿命是 5 年，主要的维护和更换零部件的年度运营成本是 2 万元（以名义值表示）。现在要预算企业购买、安装和维护该设备的全部成本，包括货币的机会成本和预期通货膨胀。

简便起见，我们假设价格每年平均上升 5%。要对通货膨胀做进一步的调整，根据货币的机会成本计算这些未来支出的现值。假设恰当的实际贴现率（$r$）是 8%，下表给出了这些计算和调整的内容。

企业预算购买、安装和维护该设备的全部成本　　单位：万元

| 年份 | 对通货膨胀的调整（假设年度通货膨胀率 $p$ 为 5%） | | 对机会成本的调整（假设实际年度贴现率 $r$ 为 8%） | | |
|---|---|---|---|---|---|
| | 实际值$_x$=名义值$_x\times t/(1+p)^t$ | | PV=FV$[1/(1+r)^t]$ | | |
| | 名义支出 | 未来实际支出 | 未来值（FV） | 贴现系数$[1/(1+r)^t]$ | 现值（PV） |
| 0 | — | | | | |
| 1 | 2.00 | | | | |
| 2 | 2.00 | | | | |
| 3 | 2.00 | | | | |
| 4 | 2.00 | | | | |
| 5 | 2.00 | | | | |
| 实际现值总额 | | | | | |

要求：①按照本教材所讲的步骤和格式填上表中的空格；②如果该项目未来成本的现值是 102 万元，按照净现值法和现值指数法来说明该企业能否购买该设备。

# 第6章　空气污染治理

在过去的几十年中，我们对空气污染的后果有了很清醒的认识，在空气污染治理上取得了很大进步。在制定清洁空气政策时，最重要的因素是确定立法要求达到的空气质量目标。简单地说，就是政策制定者必须决定清洁空气的清洁程度。许多因素都会影响空气污染控制政策的标准制定程序。这些决定因素包括技术可行性、所需能源以及经济收益等。但是，更为基础性的工作是确定空气中对人类有害的物质，以及能够在何种程度上对其进行控制。

这项基础工作之所以重要是因为一个基本前提：空气是由多种气体混合而成的。确定空气中的污染物是重要的，而这仅仅是任务的一部分。我们最终必须确定社会可以接受的污染水平。在合理的机会成本的前提下，清洁的空气也不能完全避免污染的危害。

## 6.1　美国对空气污染的治理[①]

### 6.1.1　空气质量定义

本节的目的是通过分析政府相关政策的制定程序，考察政府制定清洁空气政策的实际情况。其中，我们特别关注政府是如何运用标准定义空气质量，并评估这种以标准为基础的方法的意义。为了便于表述，我们先讨论美国政府空气质量政策的以下几个方面：空气中有害的污染物；国家环境空气质量标准的制定；对《清洁空气法》的成本-收益分析。

#### 6.1.1.1　空气中有害的污染物

空气质量政策的主要目标是保护和提高国家空气资源质量，增进公众健康、福利以及人口的生产能力[②]。为了实现这一目标，政府必须了解空气污染的风险以及把这种风险降低到一个可接受水平的必要性。

---

① 关于这节的内容，有兴趣的读者可参阅：卡兰，托马斯. 环境经济学与环境管理：理论、政策和应用. 3版. 李建民，姚从容，译. 北京：清华大学出版社，2006：201-310。

② 42 U.S.C.740（b）（1）July14，1955 as amended 1963。

第一步是找出造成空气污染的主要原因，并解析出最有害的污染物，确定对这些污染物控制的适当水平。这个决策过程非常复杂，因为人类对污染物的敏感程度差异很大，对健康和福利的影响尤其是长期的影响也不确定，所以对各种污染物综合影响的评估任务十分繁重。

在美国，被称为标准文件（criteria documents）的官方报告会列出所有已知或可能的污染物及其性质、影响的科学证据。这类证据常用于确定对人体健康和福利产生危害的普通空气污染物。根据官方标准，这些标准污染物（criteria pollutants）是指对人体健康和福利有害的物质。截至 2002 年，美国已经确定了 6 种标准污染物：颗粒物（$PM_{10}$和 $PM_{2.5}$）、$SO_2$、CO、二氧化氮（$NO_2$）、臭氧（$O_3$）、铅（Pb）。表 6.1 总结了这些污染物对人体健康和福利的暴露风险，它们对于识别过程而言十分关键。

表 6.1　6 种标准污染物对人体健康和福利的影响

| 标准污染物 | 主要影响 |
|---|---|
| 颗粒物（$PM_{10}$和 $PM_{2.5}$） | 对人体健康的影响：加重呼吸道和心血管疾病症状（可吸入颗粒物，$PM_{10}$）；损害肺功能、加重呼吸道疾病症状、夭折（细颗粒物，$PM_{2.5}$）<br>对福利的影响：能见度降低；阻碍植物新陈代谢；物质及土壤受损 |
| 二氧化硫（$SO_2$） | 对人体健康的影响：暂时性呼吸障碍；呼吸道疾病；肺功能损伤<br>对福利的影响：酸沉降；加重植物叶面损伤；降低植物生长和产量 |
| 一氧化碳（CO） | 对人体健康的影响：浓度较高时，会损伤人体知觉、视力和工作能力 |
| 二氧化氮（$NO_2$） | 对人体健康的影响：损伤呼吸道和肺功能；长期暴露会增加感染呼吸道疾病的可能<br>对福利的影响：全球变暖；平流层臭氧层破坏；酸沉降 |
| 臭氧（$O_3$） | 对人体健康的影响：肺炎；加重呼吸道疾病患者的症状；损害肺功能<br>对福利的影响：降低作物与森林产量；植物易遭受病虫害；植物叶面损伤 |
| 铅（Pb） | 对人体健康的影响：肾、肝、神经系统及其他器官损伤；过多的暴露将产生神经系统损伤及行为失常；低剂量暴露将对婴儿和儿童的中枢神经系统产生伤害<br>对福利的影响：空气中的铅沉降在植物或地表，最终被动物摄取；抑制植物生长 |

资料来源：U. S. EPA. Office of Air Quality and Standards（March 2001）.

在美国立法中确定的第二类污染物是危险空气污染物或空气有毒物质。这类污染物是非标准污染物，会使人类罹患不可治愈的疾病或提高死亡率[①]。这类污染物与标准污染物的区别在于它们的风险更大，尽管一般来说受其影响的只是很少的一部分人。美国《1990 年〈清洁空气法〉修正案》（以下简称 1990 年修正案）包括了 189 种危险空气污染物，危险空气污染物按需要定期更新。截至 2002 年，美国国家环保局管控的危险空气污染物是 188 种[②]。1990 年以前，只有 8 种危险空气污染物得到确认并处于美国国家环保局的管控之中。

① 登录 http://www.epa.gov.ttn/atw/hapindex.btml，点击美国国家环保局关于危险空气污染物的健康风险专栏。

② 关于危险物质的信息，请登录美国空气有毒物质网站（http：//www.epa.gov./yyn/atw/pollsour. btml）。

正是由于这种缺乏规制行动情况的存在，所以在 1990 年修正案中做出了更严格的规定。

1997 年美国国家环保局增加了 $PM_{2.5}$ 的标准，经过长期的争论，2002 年 3 月，联邦法院裁定应该建立更加严格的标准。

### 6.1.1.2　国家环境空气质量标准的制定

只要美国国家环保局确定了主要空气污染物，就需要对这些污染物建立国家标准。这些标准规定了每一种污染物的所有排放源的最大允许排放水平。污染物排放源可以分为两大类：固定污染源和移动污染源。固定污染源是指排放污染物的工厂与建筑物，如火力发电厂。移动污染源是指产生污染物的交通运输工具，如汽车或卡车。建立了国家标准，政府就能够定义全国的空气质量。除美国之外，其他一些国家也开展了类似的实践。尽管各个国家的情况不同，但是几乎每个国家确定的空气污染物都和美国的标准污染物相一致。

（1）标准空气污染物的标准

在美国，确定 6 种标准污染物的最大许可浓度被称为美国国家环境空气质量标准。美国国家环境空气质量标准又可以分为两个亚类：首要环境空气质量标准和次要环境空气质量标准。

首要环境空气质量标准是指为保护公众健康而制定的标准，并留有余地。次要环境空气质量标准是为了保护公共福利，使公众免受空气污染非健康方面的负面影响而制定的标准。

这些标准最初是依据美国《1970 年〈清洁空气法〉修正案》（以下简称 1970 年修正案）制定的，其后被不时地修正。1990 年修正案要求美国国家环保局每 5 年对标准污染物和国家环境空气质量标准做一次复审。截至 2002 年，美国首要和次要环境空气质量的有效标准如表 6.2 所示。我们可以看到没有一种标准是零排放水平。因此，如果将这种标准作为国家空气质量的定义，那么结论就是：可接受的空气质量并不意味着没有标准污染物。

**表 6.2　2002 年美国国家环境空气质量的有效标准**

| 污染物 | 标准值 | 标准类型 |
|---|---|---|
| 一氧化碳（CO） | | |
| 8 h 平均值 | 9 ppm（10 mg/$m^3$） | 首要 |
| 1 h 平均值 | 35 ppm（40 mg/$m^3$） | 首要 |
| 二氧化氮（$NO_2$） | | |
| 年算术平均值 | 0.053 ppm（100 μg/$m^3$） | 首要和次要 |
| 臭氧（$O_3$） | | |
| 8 h 平均值 | 0.08 ppm（157 μg/$m^3$） | 首要和次要 |
| 1 h 平均值 | 0.12 ppm（235 μg/$m^3$） | 首要和次要 |
| 铅（Pb） | | |
| 季度平均值 | 1.5 μg/$m^3$ | 首要和次要 |

| 污染物 | 标准值 | 标准类型 |
|---|---|---|
| 可吸入颗粒物（$PM_{10}$） | | |
| 年算术平均值 | 50 μg/$m^3$ | 首要和次要 |
| 24 h 平均值 | 150 μg/$m^3$ | 首要和次要 |
| 细颗粒物（$PM_{2.5}$） | | |
| 年算术平均值 | 15 μg/$m^3$ | 首要和次要 |
| 24 h 平均值 | 65 μg/$m^3$ | 首要和次要 |
| 二氧化硫（$SO_2$） | | |
| 年算术平均值 | 0.03 ppm（80 μg/$m^3$） | 首要 |
| 24 h 平均值 | 0.14 ppm（365 μg/$m^3$） | 首要 |
| 3 h 平均值 | 0.50 ppm（1 300 μg/$m^3$） | 次要 |

注：括号内的数值是近似浓度；ppm 指百万分之一。

资料来源：U. S. EPA，Office of Air Quality Planning and Standards（March 29，2002）.

（2）危险空气污染物的标准

美国法律也要求针对被列为危险空气污染物的每一个主要排放源，制定美国国家危险空气污染物排放标准（NAAQS）。该标准是为了保护公众健康和环境，并考虑标准实施成本、非空气质量方面的健康和环境影响、能源需求等因素。

美国依据国家危险空气污染物排放标准而实现的每一种空气有毒物质的最大削减量的控制技术，称为最大可实现控制技术。只要可能，就要完全清除该有毒物质。污染者可以采用各种方法来满足排放标准的要求，例如使用危害较小的替代原材料或封闭生产过程，减少危险污染物的排放。

为了实施国家标准，美国联邦政府和州政府共同建立了相关的基础。这些基础由以下两部分组成：州执行计划（SIPS）①和空气质量控制区（AQCRS）。

美国联邦政府和州政府的行动通过执行计划进行协调。州执行计划由国家环保局批准实施，涉及实施、监控、强化美国国家环境空气质量标准和危险空气污染物排放标准。

美国联邦政府为了与州政府的责任相一致，空气质量控制区是根据每一个州的权限来界定的。这些控制区是由联邦政府依据受同一污染问题影响而划分的地理区域。

监控跨区空气质量。评估每一个地区的空气质量并确定其达标程度，要依据 6 种标准污染物的系统监测数据。一般而言，这种评估可以采取以下两种方法中的一种进行：估计每一种污染物的排放水平或测量一定体积空气中的污染物浓度。

### 6.1.1.3 对《清洁空气法》的成本-收益分析

在一篇可读性很强的精彩论文中，波特尼（Portney）扩展并更新了他对美国《清洁空气法》的成本-收益分析。波特尼分别对修正案的 3 个主要规定进行了收益和成本评估。这

① 关于《清洁空气法》的 110 部分——州执行计划，请登录以下网址查阅：http：//www.epa.gov./oar/caa/caa110.tst。

3 个主要规定是关于酸沉降（第 4 款）、城市空气污染（第 2 款和第 5 款）和危险空气污染物（第 3 款）。该项研究和波特尼前期所做的研究有一个主要的差别：在该项研究中分析了边际收益和边际成本而不是总成本和总收益，使用边际值可以确定新修正案规定的控制值是否有配置效率。

（1）边际成本与边际收益

为了便于讨论，我们将波特尼估算的边际收益与边际成本列在表 6.3 中，并假定这些数值是在真实的边际社会收益和边际社会成本曲线上的。表 6.3 中的数值是按 1990 年价格计算的，包括对 3 个主要规定的边际收益和边际成本的估计值以及三者的合计。为了便于和波特尼对 1990 年以前的估计进行比较，表中括号内的数值是按 1984 年价格计算的。注意，大部分估计值都给出了一个范围，因为这些估计都存在一定的猜测成分。

**表 6.3 1990 年修正案的年度边际收益与边际成本估计值** 单位：10 亿美元

| | 1990 年价格水平（括号内数值是 1984 年价格） | | | | |
|---|---|---|---|---|---|
| | 酸沉降 | 城市空气质量 | 危险空气污染物 | 合计（范围） | 合计（点估计） |
| 边际成本 | 4<br>（3.2） | 19～22<br>（15.1～17.5） | 6～10<br>（4.8～7.9） | 29～36<br>（23.1～28.6） | 32<br>25.4 |
| 边际收益 | 2～9<br>（1.6～7.2） | 4～12<br>（3.2～9.5） | 0～4<br>（0～3.2） | 6～25<br>（4.8～19.9） | 14.9<br>（11.1） |

资料来源：Policy watch: economics and the Clean Air Act. Journal of Economic Perspectives, 1990, 4 (4): 173-181.

波特尼认为 1990 年修正案导致的污染削减可以带来的年度边际社会收益为 60 亿～250 亿美元，其中大部分收益来自城市空气质量的改善。波特尼还计算了边际社会收益的点估计值为 149 亿美元，如果按 1984 年价格计算则为 111 亿美元。相应的年度边际社会成本是 290 亿～360 亿美元或 231 亿～286 亿美元（1984 年价格），同样，其中大部分边际社会成本也都源于城市空气质量控制。年度边际社会成本的点估计值是 320 亿美元或 254 亿美元（1984 年价格）。从相对的角度来看，254 亿美元的成本评估值表明 1990 年修正案的成本非常高，而 1990 年以前的《清洁空气法》在 1981 年产生的社会总成本仅为 137 亿美元。

（2）成本-收益比较

根据上述估计值，一个可能的结论是：1990 年修正案的第 2 至第 5 款的规定可能对社会过于严格，因为边际社会成本远远大于边际社会收益。即使我们采用一种保守的方法，用边际社会成本的最小值 290 亿美元和边际社会收益的最大值 250 亿美元进行比较，依然是成本比收益高 40 亿美元。从另一个角度来看，如果我们用边际社会成本的最大值 360 亿美元和边际社会收益的最小值 60 亿美元进行比较，则差值为 300 亿美元。

为了进一步说明这个重要结果，图 6.1 按 1984 年价格给出了估计值的两个模型。

图 6.1（a）描述了 MSC 和 MSB 的关系。注意，对应于 1990 年修正案的假定削减水平 $A_{1990}$ 位于效率水平 $A_E$ 的右边。因此，较为宽松的规定会对社会更有利，即让图中的 $A_{1990}$ 向 $A_E$ 移动。

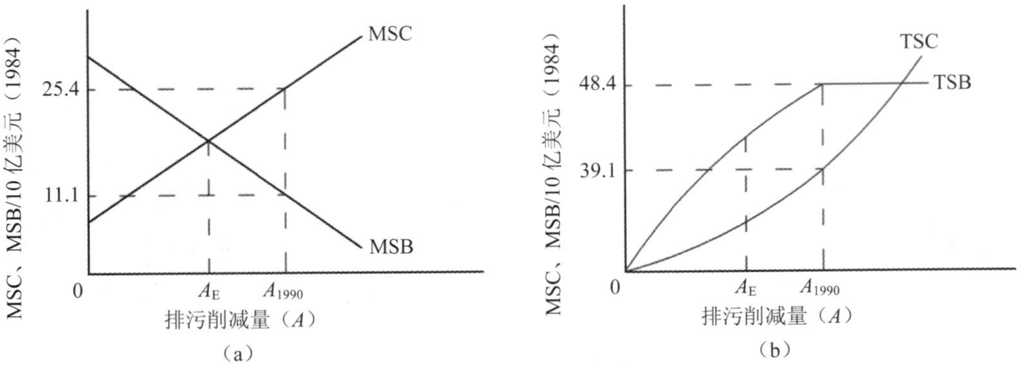


**图 6.1　1990 年修正案的边际社会成本与边际社会收益（a）和社会总成本与社会总收益（b）分析**

图 6.1（b）的模型用 1990 年的社会总成本和社会总收益的近似值得出同样的结果。为了得到社会总成本的估计值，我们把 1990 年修正案中按 1984 年价格计算的边际社会成本 254 亿美元与波特尼早期按 1984 年价格计算的 1981 年社会总成本 137 亿美元相加，则 1990 年的社会总成本为 391 亿美元：

1981 年社会总成本：137 亿美元

＋　1990 年修正案的边际社会成本：254 亿美元

＝　1990 年实际社会总成本：391 亿美元

同样，为了得到 1990 年所有空气质量控制产生的社会总收益估计值，我们将 1990 年修正案中按 1984 年价格计算的边际社会收益 111 亿美元与波特尼（1982）按 1984 年价格计算的 1978 年社会总收益 373 亿美元相加，则 1990 年的社会总收益为 484 亿美元：

1978 年社会总收益：373 亿美元

＋　1990 年修正案的边际社会收益：111 亿美元

＝　1990 年实际社会总收益：484 亿美元

$A_{1990}$ 上的社会总收益和社会总成本如图 6.1（b）所示。尽管 TSB＞TSC，但是 $A_{1990}$ 仍然高于效率水平 $A_E$。

这些结果表明，为得到更清洁的空气，美国政府实施的 1990 年修正案对私人部门过于严格。实施该法案的资源配置过度意味着其他方面的资源配置不足。许多人可能会同意这个结论和观点，例如政府在环境上的支出和环境问题带来的风险不成比例[①]。

① 参见 Main（May 20，1991）。

但正如我们一开始就说过的，环境问题的成本-收益分析并不是十分精确的科学。这些数值只是估计值，并且，只有大多数而不是全部环境问题的科学证据是不完善的。

## 6.1.2　改善空气质量：控制移动污染源

美国《清洁空气法》将空气污染物分成两个主要类别：标准污染物和危险污染物，其中标准污染物更为普遍。尽管标准污染物的危险程度不如危险污染物，但由于标准污染物是普遍存在的，所以，它们是世界上最主要的空气污染源。每个人都暴露在标准污染物的危险之中，这就可以解释为什么美国《清洁空气法》重点强调的是标准污染物，以及为什么美国国会要立法实施美国国家环境空气质量标准。

从整体来看，美国《清洁空气法》为移动污染源和固定污染源都制定了严格的规定，因为 6 种标准污染物是由移动污染源和固定污染源排放的。事实上，对标准污染物排放源的控制是通过实施美国国家环境空气质量标准来完成的。本节主要讨论移动污染源控制问题。

### 6.1.2.1　城市空气污染：重要的政策动机

环保主义者和政策制定者都非常关心已经成为中心城市特征的空气污染问题。在这些都市地区，人口、交通和产业活动的高度聚集加剧了空气中标准污染物的浓度，因而增加了环境暴露风险。因为城市中大部分人的健康暴露于危险之中，所以，提高城市中排污削减水平所产生的边际收益远高于乡村地区。

（1）监测美国城市空气质量[①]

为了更好地了解美国城市的空气质量，美国国家环保局对人口超过 35 万人的都市的空气质量进行了监测。1976 年，美国国家环保局开始以污染物标准指数（pollutant standards index，PSI）的形式公布了部分监测结果。2002 年 6 月，污染物标准指数被更新并改名为空气质量指数（air quality index，AQI）。空气质量指数使用的数据来自监测网络对 5 种标准污染物——颗粒物、二氧化硫、一氧化碳、臭氧、二氧化氮的测定。从这些监测数据中，可以得到建立在每一种污染物短期国家标准基础上的单一指数值。AQI 表示一定时期内最差城市日空气质量。

空气质量指数的数值在 0～500。美国《清洁空气法》把空气质量指数值 100 定为标准，与空气质量指数的数值区间相对应的健康影响用类目色码来标识，美国媒体使用空气质量指数的描述语和色码为公众报告空气质量。另外，空气质量指数也被世界上的其他国家和

---

① 参见 U.S.EPA，Office of Air Quality Planning and Standards（march 1991），chap.3；U.S.EPA，Office of Air and Radiation（June 2000）。

地区所采用，如墨西哥、新加坡和我国台湾地区[①]。

（2）城市烟雾

“烟雾”（smog）是由“烟”（smoke）和“雾”（fog）组合而成的新词。在 19 世纪和 20 世纪之交，烟雾最初用于描述在伦敦首次观察到的整体空气质量。在此，烟雾主要指空气中的颗粒物和其他排放物，如硫氧化物[②]。洛杉矶由于其历史以及严重的空气污染，成为美国的“雾都”。拥挤的交通和气象条件使洛杉矶非常容易形成烟雾，但是，其他大部分城市也遭受着烟雾的困扰。在世界其他高度工业化和人口密集的地区，如欧洲和日本，烟雾问题也非常普遍。

在城市中，由于几种标准污染物的化学反应能够形成另外一种类型的烟雾，为区别于常规的烟雾，科学家称这类烟雾为光化学烟雾。光化学烟雾是由某些空气污染物在太阳光作用下发生化学反应而生成的一类新物质，其基本成分是对流层臭氧，也被称为近地面臭氧。近地面臭氧和超过 100 种不同化合物在太阳光作用下由氮氧化物、挥发性有机物（主要是碳氢化合物）发生化合反应而生成的[③]。

因为化学反应是在太阳和温度刺激下发生的，所以臭氧的最高水平总出现在每年的温暖季节。在美国大部分地区，臭氧季一般在 5—10 月。在比较温暖的地区，如南部和西南部地区，臭氧水平全年都升高。

移动污染源是光化学烟雾形成的主要原因。因为它们是构成烟雾主要成分——氮氧化物和挥发性有机物的最大排放源。在所有的移动污染源中，排放氮氧化物、挥发性有机物最多的是机动车辆，特别是以汽油为燃料的机动车辆。认识到这一点很重要，城市的政府官员更关注交通拥挤造成的汽车尾气排放。

#### 6.1.2.2 如何控制移动污染源

在所有的交通运输工具中，美国的政策主要集中在高速公路交通工具，如客车和卡车。在所有的移动污染源中，高速公路交通工具，特别是以汽油为动力的交通工具对几乎每一种污染物的排放量都是最大的。这些数据说明了美国政策为什么主要集中在高速公路交通工具的制造以及采取更多的措施发展可替代燃料上。

美国汽车工业开始采取更积极的行动减少机动车辆污染，不仅是为了应对政府的控制措施，也是为了迎合具有环境意识的消费者。1992 年，三大汽车制造商（通用、福特和克莱斯勒）组织了一个研究小组研制更清洁的汽车。

---

① U.S.EPA，Office of Air Quality Planning and Standards（March 2001），p.71.

② Pryde L T. Environmental chemistry: an introduction. Cummings Pub. Co. 1973.

③ 登录 http://www.epa.gov/airnow/health/index.html 可以了解美国国家环保局文件。

（1）美国机动车辆排污控制的简要回顾

在美国，控制机动车辆排污的国家立法在初期的进展非常缓慢。1963 年，国会通过了《清洁空气法》——第一部比较完备的空气质量控制法。但是，《清洁空气法》中并没有直接对控制汽车排污做出规定。这是一个令人吃惊的忽略，因为加利福尼亚州在同年通过的新法案已经做出了这样的规定。与加利福尼亚州的行动相比，1963 年的《清洁空气法》则谨慎得多。事实上，该法也没有赋予联邦政府控制移动污染源的权利。

直到 1965 年，《清洁空气法》进行了第一次修正，加强了联邦政府对移动污染源的控制，并制定了统一的排污标准。然而，具有讽刺意义的是，这种修正很大程度上是因为汽车工业的长期不合作。因为经济上的原因，汽车制造商游说联邦政府制定国家标准，因为他们想避免因必须遵循各州的立法所带来的昂贵成本。1965 年修正案为新汽车制定了最大排污标准，并定于 1968 年开始实施。但是，这种标准只限于两种主要污染物：一氧化碳和碳氢化合物。

1970 年修正案的重点是控制移动污染源，制定了更为严格的新型汽车排污标准。这些标准适用于机动车辆的整个生命周期，这给汽车工业施加了更大压力。制造商不得不保证排污控制系统在汽车的整个生命周期内都运转正常，底特律汽车制造商要求延长最后期限和调整目标排污水平。早期的移动污染源控制是不断推延和长期滞后的。由于华盛顿和底特律之间的持续斗争，社会逐渐对移动污染源控制缺乏进展的状况失去了耐心。华盛顿的官员们知道，有关机动车辆排污的联邦政策需要重大改革。

（2）美国对机动车辆和燃料控制的现状

为了纠正过去的错误，美国国会批准了 1990 年修正案。该修正案加强了对机动车辆排污和燃料的控制，除了严格的行政管制手段，也鼓励更清洁的机动车辆和更清洁的替代燃料的技术研发。该修正案有以下几个突出方面：机动车排污削减；轻型机动车的车载污染控制系统；燃料质量控制积极发展清洁燃料机动车。

下面将对每一项内容进行简要说明。

1）机动车排污削减。1990 年修正案对所有类型的高速公路交通工具的尾气排放制定了更加严格的规定。新的尾气排放标准更加精确，分为两个层次。第一个层次是在汽车行驶前 5 年或 5 万英里以内，第二个层次是汽车行驶 10 年或 10 万英里以内执行较为宽松的标准。除了考虑到汽车使用期限，新标准的实施统一应用于每一种新车。

2）轻型机动车的车载污染控制系统。为了控制补给燃料的排放，1990 年修正案要求为新的轻型机动车安装蒸汽恢复系统。另一项规定要求从 1994 年开始所有的轻型机动车和卡车都必须安装排污控制诊断系统。在整个使用期限内，这些系统必须能准确判断催化式排气净化器和氧气传感器出现的问题。

3）燃料质量控制。1990 年修正案在对机动车辆制定了更严格的规定的同时，对燃料和燃料添加剂也有了更严格的规定。例如，1995 年 12 月 31 日以后，高速公路交通工具禁止使用任何含铅燃料或含铅添加剂。另外一项规定要求在一些未达标区使用新型清洁燃料。例如，一些臭氧未达标区必须使用高标号汽油，一氧化碳未达标区必须使用氧化燃料。高标号汽油比一般汽油排放的碳氢化合物、一氧化碳和有毒物质少。氧化燃料包含更多氧，燃烧更完全，一氧化碳的排放少。

为鼓励公众遵守新燃料法，美国运用以市场为基础的激励手段，即对优于法律规定要求的燃料颁发可交易的信用，这些信用可以存储或与同一未达标区的其他人进行交易。

4）积极发展清洁燃料机动车。为了更进一步控制城市空气污染，1990 年修正案制订了清洁燃料机动车计划。清洁燃料机动车已经被证明在指定时期内可以满足如一氧化碳、氮氧化物、颗粒物和甲醛等物质的严格排污标准。

对于臭氧和一氧化碳未达标区，州政府必须针对拥有或运营车辆数量超过 10 辆的业主制订采用清洁燃料机动车的计划，并从 1998 年开始逐步实施。在每一个地区的新购置车辆中，清洁燃料机动车并使用清洁替代燃料必须达到一个固定的比例。清洁替代燃料是用于清洁燃料机动车的所有燃料，如甲醇、乙醇、其他类别的醇，包括电能在内的其他能源。

### 6.1.2.3 其他国家对机动车控制的手段

人们设计和采用许多方法来使道路运输的外部成本内部化，其中，比较普遍的是征收燃料税。

据调查，1992 年有 11 个国家为了把道路运输的社会成本全部内在化，需要将现有燃料税提高。由此可见，如果要完全将社会成本内在化，燃料税要大幅增加。而事实证明，很多国家在今后的一段时间内，都相应将燃料税进一步提高。英国的汽车燃料常年实行高税收政策，对于常规汽油来说，燃料税和增值税大约占其价格的 75%。而且为鼓励消费者使用清洁能源，英国对不同燃料类型的车辆征收不同税率：常规汽油为 47 便士/L，生物柴油为 27 便士/L，液化气、压缩天然气为 10～12 便士/L，氢燃料则免税。

当然，燃料税并不是唯一有效的办法。很多国家还通过征收车辆税来鼓励消费者购买低消耗、低排放车辆，并通过将税率按照汽车使用年限的时间增长而提高的方法加快旧车淘汰速度。荷兰、挪威、瑞典三国要求所有汽车达到低污染物排放标准的规定生效之前，为了鼓励厂商生产和消费者购买低污染物排放的汽车，采取了不同的税率，赋予了清洁汽车税收优惠。

另外，还有各种补贴政策，例如通过对淘汰旧车的车主给予税收补贴的政策来鼓励其购买现代技术的新车。英国政府除制定税收外，还为购买清洁燃料车辆的消费者和对车辆进行改造以降低排污量的消费者予财政补贴。该补贴采用定额补贴方式，按照车辆的重量级别、所选减排装置分类，但最高补贴不超过发票价格的 75%。

这些政策和手段也存在一定的缺陷，即实施过程中通常不考虑排放时间和地点，而这两个因素对污染物的浓度及危害程度具有重要作用。交通堵塞越严重，堵塞时间越长，导致的污染浓度就越高，而降低堵塞水平是减少所在地区高峰期污染浓度的一个有效策略。在新加坡，通过强迫驾驶者意识到拥挤公路的稀缺价值而成功减少了交通堵塞。

### 6.1.3　控制移动污染源的经济分析

从历史上看，美国对移动污染源的排污控制曾被一系列问题所阻碍并延迟。事实上，许多困难是难以预料的甚至是无法避免的。回顾历史，许多问题的产生都是因为立法未能考虑市场的激励和成本-收益分析的重要性。为了给评估提供一个框架，我们主要分析移动污染源排污控制政策的以下特点：制定尾气排污标准缺乏成本-收益分析；汽车排污标准的统一性；对新车的固有偏见；清洁燃料替代的意义。

#### 6.1.3.1　制定尾气排放标准缺乏成本-收益分析：无效决策规则

颇具讽刺意义的是，在经过多年的延迟后，美国 1970 年《清洁空气法》修正案对汽车尾气排放制定了超乎寻常的严厉规定。即便如此，从立法历史上看，美国各州政府对汽车尾气排污的削减更有雄心。从某种程度上看，严格控制是因为有大量证据表明机动车是主要污染源，但是，也有理由相信华盛顿政府是要占据有利位置以对抗美国汽车工业。

除建立严格的标准之外，更关键的问题是排污目标在技术上是否可行。如果不可行，那么是否故意把标准制定的高于可能实现的水平。许多人抱怨这些标准难以实现，事实上这意味着技术压力，即迫使汽车工业寻找解决方法。这种策略可能已经成功，因为汽车工业的确这样做了。但是，仍有许多人对政府的决定是否明智存有疑问：政府制定的排污削减标准如此之严，制造商非常可能寻求调整和延迟。

事实表明，这种排污控制的决策原则并不符合成本-收益。确实，标准的制定是为了保护公众健康和福利，纯粹是以收益为基础的目标。如图 6.2 所示，排污削减行动对应的最大社会总收益位于 MSB 曲线和横坐标的交点 $A_0$（MSB = 0）。$A_0$ 高于效率削减水平 $A_E$，这表明政策过严。$A_E$ 是 MSB 和 MSC 相交点（MSB = MSC）时的排污削减量。

结果是 1970 年标准从来没有按照最初制定的形式执行。事实上，政府对这些标准已经做了大量的修改。更糟糕的是，政府和汽车工业在标准问题上的讨价还价过程进一步延迟了已经滞后的行动。如果制定的标准考虑了成本，汽车工业延迟最后期限的要求就可能得不到足够的支持。相反，由于缺乏效率的决策，政策制定者反被汽车制造商所控制。最后的结果是，负担由社会承担，错误的决定推迟了关于更清洁机动车上市的规定。

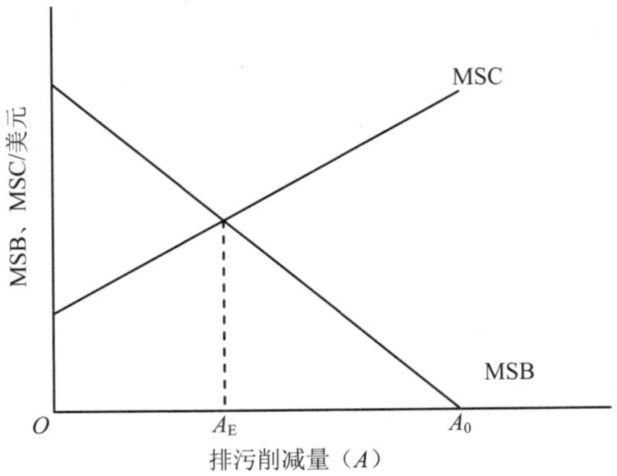


**图 6.2 对机动车排污的以收益为基础决策原则的无效率**

### 6.1.3.2 汽车排污标准的统一性

美国在移动污染源控制方面存在的一个问题是，排污标准是否适用于所有车辆和地区。另一个统一性的要求是，从 1984 年开始，所有新生产的轿车和轻型卡车的排污必须符合高海拔地区标准。但事实上，高海拔地区购买的车辆仅占美国销售车辆的 3.5%。其结果是，额外地增加了污染削减成本，而社会也没有得到相应的收益。

制定统一标准会产生这样的结果：对在相对清洁地区出售的机动车控制过严，而对在污染较重地区出售的机动车则控制不足，如图 6.3 所示。在图 6.3 中，我们从逻辑上可以假定污染地区的边际社会收益高于清洁地区的边际社会收益。如果两个地区执行的标准 $A_{ST}$ 是相同的，则对污染地区控制不足，因为 $A_{ST}$ 小于效率水平 $A_E$；清洁地区则控制过严，因为 $A_{ST}$ 大于效率水平 $A_E$。

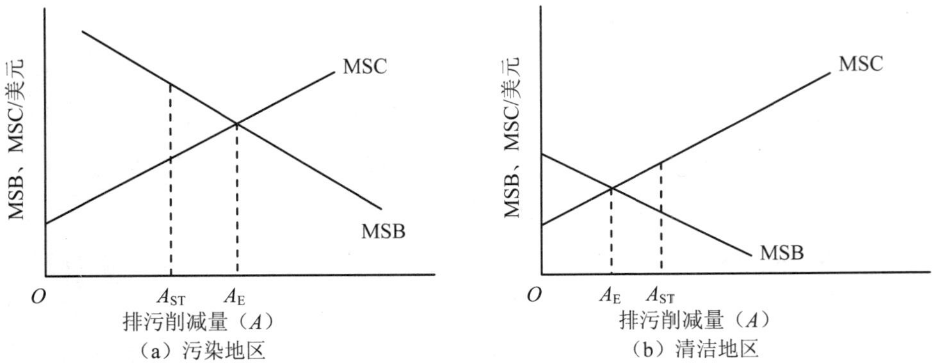


**图 6.3 各地区移动污染源排污控制的统一标准**

一种可行的方法是根据地区的污染程度制定州一级的两种标准。实施多种联邦标准的支持者认为这种方法可以降低成本。1974 年美国科学院的一项研究估算了统一标准和双重标准的成本，氮氧化物的统一排放标准是 0.4 gpm（g/mi），按双重标准，在严重污染地区（汽车比例 37%）为 0.4 gpm，其他地区为 3.1 gpm[①]。研究结果表明，如果双重标准能够得以实施，那么，在 1975—1978 年会节省 230 亿美元。

同样，也有人认为不能对每一种机动车都使用相同的排污控制标准。允许每一个汽车制造商达到以所有新车的平均排污为基础的立法目标，可以节省很多成本。基于总体排污削减的收益不会改变，但是成本会降低很多[②]。这种节约成本机会的放弃有助于解释为什么 1970 年修正案以来的移动污染源控制成本从 1972 年的 13 亿美元（1986 年价格）增加到 1987 年的 75 亿美元（1986 年价格）[③]。

### 6.1.3.3　对新车的固有偏见

在环境法的制定中，有一个更麻烦的境况就是对新污染源的固有偏见，即对新污染源采取更严格的控制政策。这种现象在汽车问题上尤为突出，因为立法对汽车性能及定价都有限制。只要对新车和旧车的相关规定不同，价格和性能影响就会产生市场扭曲。

为了充分理解法律是如何影响市场决定的，需要做一些情景假定，见图 6.4。汽车是耐用物品，这意味着汽车的经济生命周期可以延长一个期限。正因为如此，在正常情况下，新车和旧车彼此的替代主要依据它们的相对价格。新车排污的规制增加了新车的生产成本，供给曲线向左移动，从 $S_1$ 移到 $S_2$。其结果是将更高成本传递给了消费者，至少在部分上是如此，对于消费者而言，价格从 $P_1$ 上升到 $P_2$。

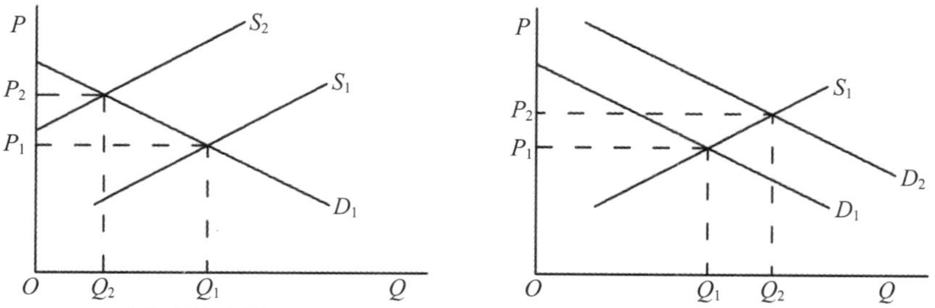

（a）新车市场　　（b）旧车市场

**图 6.4　新车偏见模型**

① National Academy of Science and National Academy of Technology, Washington, D.C., 1974.

② Economic analysis of mobile source emission, Council of Economic Advisers, 1982, p.146, Which asserts that such an averaging plan could save millions of dollars.

③ Environmental investments: the cost of a clean environment – a summary. Washington, DC: U.S. EPA, Office of Policy, Planning, and Evaluation.

面对新车相对较高的价格，一些消费者将购买旧车或保留原有性能较低的车，这可能反而会产生相对较高的污染物排放。旧车的需求曲线向右移动，从 $D_1$ 移到 $D_2$。因为政策鼓励消费者使用旧车，所以其结果是有效地延长了旧车的经济生命周期。

另一个问题是，排污控制装置对汽车加速和油耗有负面影响。因此，立法降低了相对高价格的机动车的性能，从而严重干扰了价格。

为了解决这一难题，美国政府对政策做出了一些修正。例如，1990 年修正案将汽车的经济生命周期和排污标准联系起来，延长了排污标准对汽车经济生命周期规制的期限。从早期的 5 年或 5 万 mi 变为 10 年或 10 万 mi。虽然，规制时期后半段的标准较为宽松，但是这依然有助于降低对新车的偏见，因为所有行驶车辆都要受到排污控制。

#### 6.1.3.4 清洁燃料替代的意义

在 1990 年修正案中，有关清洁燃料的规定是以技术为基础的标准的扩展，先前的标准几乎完全是针对汽车的发动机和排污控制系统的。此外，仅要求在污染严重的地区使用更清洁的燃料。从经济角度来看，在污染严重的地区实行这种规定更有意义。开发并使用替代燃料能够产生相对较高的边际成本，但是在未达标地区的预期边际收益会更高。因此，这个选择性立法遵循的是成本-收益分析决策原则，可能是一个有效的解决方法。

另一个问题是，燃料转变计划在削减移动污染源方面是否划算。ARCO 石油公司最先开发了高标号汽油，据估计高标号汽油能够满足 1990 年修正案关于移动污染源的排污标准，但消费者需要为每加仑[①]高标号汽油多支付 15 美分。

在经过几十年的延迟和不成功的开端之后，美国针对汽车的空气质量控制政策已经发展成为一部完备的法规。大部分对移动污染源的规定都是行政管制，只有很少的规定是以市场为基础的。移动污染源控制的经济分析表明政策需要进一步改革。

### 6.1.4 改善空气质量：控制固定污染源

本节我们将继续讨论针对标准污染物的空气质量政策。不过重点是固定污染源控制问题。控制固定污染源的动机与控制移动污染源的动机完全相同。因为标准污染物会影响整个社会，所以美国《清洁空气法》对标准污染物的所有排放源都做了严格规定。正如我们在 6.1.3 节所看到的那样，尽管控制移动污染源和固定污染源的动机相同，但是在政策的制定和实施上有着很大差别。

一些差别源于污染源位置的固定性不同。对固定污染源更容易进行监控，控制政策更容易实施。另外一些差别则是由于所控制的污染物不同，例如移动污染源是一氧化碳排放

① 1 加仑=4.546 09 L，全书同。

的主要来源，而固定污染源是硫氧化物排放的主要来源。所以，针对一些特定污染物及其环境风险，需要特殊的控制手段。

本节首先回顾美国 1990 年修正案是如何定义固定污染源控制的，尤其关注美国空气质量政策对污染源控制的地区和时间差异；在此基础上，对联邦控制固定污染源的政策进行经济分析。

### 6.1.4.1 如何控制固定污染源

固定污染源排放的污染物包括所有的标准污染物。固定污染源分布很广，包括发电厂、化工厂、钢铁厂和住宅火炉。很明显，对于美国的污染控制政策而言，某些固定污染源要比其他污染源更为重要，有关数据显示了两类主要固定污染源——燃料燃烧和工业生产在 1999 年排放的标准污染物数量。

包括火力发电厂在内的燃料燃烧源，是二氧化硫和氮氧化物的主要排放者，这两类化学物质是造成酸雨的主要原因。而且，氮氧化物也是生成光化学烟雾的主要因素，这意味着燃料燃烧源也是造成城市烟雾的主要祸根。

事实上，也正是这一发现促使美国臭氧输送委员会制定了“氮氧化物预算计划”，这个创新性计划包括氮氧化物排污交易。工业源（如炼油厂和化工厂）是挥发性有机物的主要排放者。因此，对于旨在减少城市烟雾的政策而言，工业源是重要的控制目标。

所有固定污染源的排放都是按照统一的技术标准进行规制的，这表明其方法主要是行政管制。在 20 世纪 70 年代后期，美国国家环保局推出一系列以市场为基础的计划，尽管这些计划仍附属于当时执行的标准。在大多数情况下，技术标准和市场计划的制定和实施都是基于固定污染源的以下两个特征：设备已使用年限（新的或现有的）；设备地点［在达标（PSD）区或未达标区］。固定污染源的上述特征是讨论的基础。为了给后面的讨论提供一个指导，表 6.4 总结了各种技术标准和市场计划。

**表 6.4　美国《清洁空气法》中的技术标准和市场计划**

| | | 新建或改建污染源 | 现有污染源 |
|---|---|---|---|
| PSD 区 | 技术标准 | 最佳可用控制技术（BACT） | 最佳可用新技术（BART） |
| | 市场计划 | 容量节余 | 气泡政策 |
| 未达标区 | 技术标准 | 最低可完成排污率（LAER） | 适度可用控制技术（RACT） |
| | 市场计划 | 补偿计划 | 气泡政策 |

（1）按设备已使用年限实行不同的控制：新建污染源和现有污染源

1）定义以技术为基础的排污限额。1970 年修正案规定了设备已使用年限排污控制差别。总体而言，规定要求凡是 1970 年以后新建或改建的污染源必须满足比现有污染源更严格的排污标准，因为新建或改建污染源在运用新技术满足严格标准方面比现有污染源更为容易。现有污染源可能面临高昂的更新成本，这将损害当地的经济发展。此外，现有污染源最终必须改建或转产。因此，随着时间的推移，所有固定污染源都必须满足更严格的标准[①]。

新建和改建污染源的排污限额被称为新污染源执行标准（new source performance standards，NSPS）。按照《清洁空气法》，新污染源执行标准建立在"最佳排污削减系统"的技术基础之上。新污染源执行标准意味着排污控制更加严格，但考虑到成本和能源需要，可以稍微放宽这种严格标准。

因为技术因素是确定排污限额的基础，所以，新污染源执行标准按照美国国家环保局的分类对工业固定污染源分别制定了不同标准。但是，每一套工业污染源标准统一适用于这一类别的所有厂商。因为对固定污染源控制的长期重要性，美国国会建立了双重控制方法，美国国家环保局负责控制新建或改建固定污染源，州政府负责控制现有固定污染源。

2）气泡政策。1979 年 12 月，美国国家环保局颁布了一项气泡政策（bubble policy），最初是为各州执行现有污染源的国家标准而构想出来的一种政策选择。气泡政策允许一个工厂测度某种污染不是根据工厂里的每一个排污点，而是所有排污点的平均值，就好像排污被捕获在一个气泡中。1980 年，美国国家环保局推出另一项市场计划，名为排污银行。作为气泡政策的补充，排污银行允许排污削减量超过法定数量的污染者存储排污物排污量，气泡政策的目的是使厂商在以最低成本达到排污限额要求的决策上具有灵活性。这些信用可以存入银行留到以后使用。该计划建立了排污市场的基础[②]。

（2）按设立地点实行不同的控制：PSD 区和未达标区

1）定义 PSD 区的排污限额。1977 年美国政府建立了 PSD 区，固定污染源控制也随之发生变化。因为 PSD 区的空气质量标准较高，所以该地区的污染源控制应该制定更严格的标准。但是，PSD 区新设立的污染源面临比现有污染源更严格的标准。按照新的政策规定，所有 PSD 区内的新建或改建污染源必须满足以最佳可用控制技术（best available control technology，BACT）为基础的排污限额。这意味着新建污染源必须满足最大排污削减的标准。

2）现有污染源必须运用适度可用控制技术。合适控制技术是所有以技术为基础的标准中最宽松的一种。未达标区内的新建或改建污染源必须满足最低可完成排污率（lowest achievable emission rate，LAER）。最低可完成排污率是同类污染源标准中最严格的排污限额。

3）PSD 区的排污交易。为了便于控制 PSD 区固定污染源的排污，美国国会通过了一

---

① Dickerson（January/February 1991）.

② Crookshank S L. Air emission banking and trading: analysis and implications for wetland mitigation banking. American Petroleum Institute，1994.

项名为“容量节余”（netting）的交易计划，该计划适用于改建固定污染源。容量节余是气泡政策的一种类型，容量节余允许污染源排放同一类型污染物的排污点进行排污交易。容量节余的主要特点是允许工厂改建项目增加的排污量，通过减少工厂其他地方的排污量进行抵消。因此，容量节余确保所有建设项目对 PSD 区空气质量不产生有害影响。

4）未达标区的排污交易。从某种程度上说，未达标区的污染物控制更具有全局意义。显然，人们关心的是在未达标区的新建或改建污染源对环境的影响。阻止新建污染源可能会使空气质量变得更糟，因为新工厂的运行可能要比老工厂更有效率、更清洁。

为了达到最佳效果，1977 年《〈清洁空气法〉修正案》提出补偿计划。通过执行排污许可制度，补偿计划确保新建或改建污染源的排污量不超过现有污染源完成的削减量。与气泡政策或容量节余不同，补偿计划是现有污染源和新建污染源之间的交易，而不是在同一设施或工厂内部进行交易。为了便于实施补偿计划，美国国会建立了积累排污削减信用的排污银行，厂商可以根据需要存储信用和得到所需的补偿。

### 6.1.4.2　对美国控制固定污染源的经济分析

通过成本-收益分析，能够确定固定污染源控制的收益和成本的关系。为了便于分析，我们主要关注相关政策的以下四个方面：行政管制手段的相对成本（相对于以市场为基础的激励手段）；以技术为基础的新污染源执行标准的统一性；双重控制方法（针对新建污染源和现有污染源）和对新污染源的偏见；排污交易政策。

（1）行政管制手段的相对成本

由于在制定标准时没有平衡成本-收益，所以对固定污染源的规制只是偶尔能够使社会净收益最大。尽管固定污染源标准不能满足效率标准，但无论是否有效率，仍有可能使成本最小化。但不幸的是，由于执行标准的手段缺乏灵活性，从而增加了社会成本，并缺乏对以低成本达到法律要求水平的激励。

越来越多的研究试图计算行政管制手段无效率的成本。这些研究运用计算机对特定地区的现有条件进行模拟，对实施行政手段产生的成本和达到标准的最低成本进行比较。表 6.5 总结了一些研究结果，这些研究主要探讨了为满足美国国家环境空气质量标准而产生的固定污染源控制成本。每一项研究都量化了实施行政手段产生的成本和达到标准的最低成本的比较。比较的具体量化用比值表示，见表 6.5 的最后一列。

这些研究结果的差异很大。斯波弗德（Spofford，1984）发现，运用行政管制手段执行颗粒物标准产生的成本，是允许该地区所有污染者的边际排污削减成本（MAC）相同的政策成本的 22 倍。另外，哈恩（Hahn）和诺尔（Noll）1982 年的研究结果仅为 1.07 倍，这表明行政管制手段和成本最低方法相差不大。

表 6.5 成本-效益和空气质量规定：一些经验研究

| 研究者（时间） | 行政管制手段 | 被控污染物 | 地区 | 行政管制控制成本与最低成本比值 |
|---|---|---|---|---|
| Atkinson and Lewis（1974） | 州执行计划 | 颗粒物 | 圣路易斯 | 6.0 |
| Roach et al.（1981） | 州执行计划 | 二氧化硫 | 4 个州；犹他州、科罗拉多州、亚利桑那州、新墨西哥州 | 4.25 |
| Hahn and Noll（1982） | 加利福尼亚排污标准 | 硫酸盐 | 洛杉矶 | 1.07 |
| MeGartland（1984） | 州执行计划 | 颗粒物 | 巴尔的摩 | 4.18 |
| Spofford（1984） | 相同百分比削减 | 二氧化硫 | 特拉华州山谷 | 1.78 |
| | 相同百分比削减 | 颗粒物 | — | 22.0 |
| Maloney and Yandle（1984） | 适度可用控制技术 | 碳氢化合物 | 杜邦公司在美国国内的所有工厂 | 4.15 |
| Krupnick（1986） | 同比例处理 | 二氧化氮 | 巴尔的摩 | 5.9 |
| Oates et al.（1989） | 统一排污限额 | 颗粒物 | 巴尔的摩 | 4.0 |
| ICF Resources | — | 二氧化硫 | 美国 | 5.0 |
| International（1989） | 最佳可用控制技术 | 有机气体、二氧化氮 | 加利福尼亚南部 | 1.5（1994） |
| SCAQMD（1992） | 州执行计划 | 二氧化氮 | — | 1.3（1997） |
| Krupnick et al.（2000） | — | 二氧化氮 | 美国东部 | 1.83（有效）<br>2.00（全部） |

注：SCAQMD（South Coast Air Quality Management District）是美国南海岸空气质量管理区。

资料来源：U. S. EPA，Office of Policy，Economies，and Innovation, Office of the Administrator（January 2001）；Cook B J, Tietenberg T H, Liroff R A. Emissions trading: an exercise in reforming pollution policy. Journal of Policy Analysis and Management, 1988, 6(3): 490.

尽管成本比值的范围很大，但是每一个数值都明显大于 1。如此一致的结果表明，运用行政管制手段执行美国国家环境空气质量标准的成本过高。在不减少空气质量收益的前提下，社会应该运用更灵活的政策手段以降低成本。

（2）以技术为基础的新污染源执行标准的统一性

新污染源执行标准有两个潜在的问题：其一，新污染源执行标准的实施对某一类别的所有企业都是统一的；其二，因为新污染源执行标准是以技术为基础的，所以，企业在选择如何满足国家排污限额上缺乏灵活性。新污染源执行标准的这两个特点表明，新污染源执行标准并不具有成本-效益。

使用统一排污标准的目的在于避免执行标准的地区差别对新企业选址决定的影响。但是，就如同对新汽车实行统一的排污限额一样，行政管制手段不能获得有成本-效益的结果，因为具有成本-效益的方法要求排污削减量达到所有企业的边际削减成本相同，而不是所有企业削减到同一水平。

图 6.5 表示两个固定污染源 *A* 和 *B*，$MAC_A$ 和 $MAC_B$ 相交于 $A_0$（污染源 *A* 会从左向右逼近 $A_0$），$A_0$ 表示具有成本-效益的排污削减量。排污削减量产生的总成本为图中阴影部分的面积。如果使用统一的标准，则 *A* 和 *B* 的削减量都要到达相同的削减水平点 $A_1$。总成本是两条 MSC 曲线到 $A_1$ 点所围成的面积，显然，在统一标准下，高出的总成本可以用三角形 *XYZ* 的面积表示。

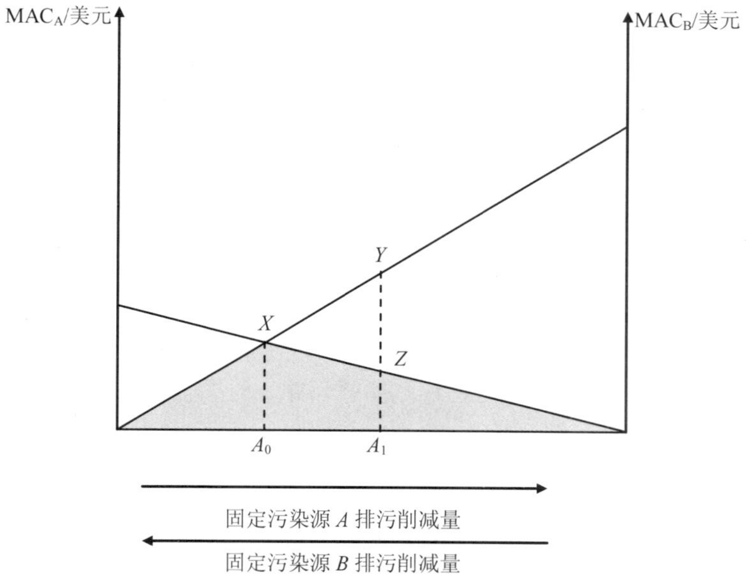


**图 6.5 统一新污染源执行标准的成本无效**

用以技术为基础的新污染源执行标准代替以绩效为基础的标准，结果同样是不具有成本-效益的排污削减量。在规定使用削减技术类型的情况下，厂商无法发现并运用成本更低的可替代方法，结果是浪费了稀缺的经济资源。

（3）双重控制方法和对新污染源的偏见

双重控制方法使各州政府能够更直接地监控那些其经济所依赖的企业。尽管双重控制符合逻辑，但会产生市场扭曲。没有理由期望，各州的现有污染源控制标准会与联邦的新建或改建污染源控制标准相同。只要有两种标准，企业就有动机和机会去避免更严格的标准以降低成本。企业是否新建或改建污染源的决定会直接受到立法的影响。符合逻辑的情况是，由于州排污限制相对宽松，因此，企业的决策倾向于反对新建污染源——而这才是真正的市场扭曲。

上述逻辑关系并不难理解，为了给国民提供更多的就业机会和保持良好的税收基础以支持财政，州政府有动机制定更宽松的污染源控制标准以吸引投资，各州之间也互相竞争以获取更多投资。总体而言，避免增加企业成本和避免减少企业收益的政策最符合州的利益。因此，州政府有动机制定宽松的标准，而严格的排污限制会促使企业离开以寻求标准更加宽松的地区。

这意味着企业只要维持现有设备就可以逃避新建或改建污染源的严格联邦标准。而这样的结果与立法本意完全相反，妨碍了企业建立更有效率、更清洁的新建或改建污染源，由于企业对现有设备进行更新存在障碍，结果造成短期污染物排放增加，所以，对现有固定污染源的控制反而弄巧成拙[①]。

（4）排污交易政策——以市场为基础的交易计划

尽管 1977 年《清洁空气法》修正案主要依靠行政管制手段实施，但是，美国的国家政策也开始运用市场手段来控制固定污染源。代表这种趋势的最好例子就是美国国家环保局在 20 世纪 70 年代运用补偿、容量节余、气泡政策和排污银行来实施排污交易计划。

1）排污交易分析。为了理解市场是如何通过补偿、容量节余、气泡政策和排污银行等手段来运行的，让我们重新考虑一下补偿计划的动机。如果企业 A 希望在未达标区建一家新工厂，那么它可以通过自己在该地区的现有工厂向新工厂提供补偿排污，或者，也可以和该地区的其他企业谈判，如向企业 B 购买排污量。如果企业 B 排污削减的成本低于企业 A 愿意支付的价格，那么，企业 B 就愿意为企业 A 转让排污权。从经济角度来看，如果购买排污权的价格低于现有工厂排污削减的成本，那么，企业 A 就会购买排污权。最后，这些企业不仅控制了该地区的主要污染，而且成本更低。所有污染源控制水平都达到边际削减成本相同的点——一个有成本-效益的解决方案。

通过评估节省的相关控制成本，可以得到排污权交易的收益。表 6.6 列举了两项关于 1986 年以前排污权交易的研究结果。注意，排污权交易活动是按照 4 种主要手段分类的，即补偿、气泡、容量节余和排污银行。在每一个手段类型中，数据又进一步分为内部交易（同一工厂内的污染源）和外部交易（不同工厂的污染源）。

**表 6.6 美国排污交易活动**

| 行动 | 1985 年节省成本/百万美元 | 交易数量 | |
|---|---|---|---|
| | | 内部 | 外部 |
| 补偿 | — | 1 800 | 200 |
| 气泡政策（美国国家环保局制定） | 300 | 40 | 2 |
| 气泡政策（州立） | 135 | 89 | 0 |
| 容量节余 | 525～12 000 | 5 000～12 000 | 没有 |
| 排污银行 | 很小 | ＜100 | ＜20 |

① Gruenspecht H K, Stavins R N. New source review under the Clean Air Act: ripe for reform. Resources- Washington D.C., 2002: 19-23.

总体来说，表 6.6 的数据表明交易是有利的。成本节余的范围从州立气泡政策的 1.35 亿美元到容量节余交易的 5.25 亿～120 亿美元。内部交易占据整个交易的主导地位，这是因为企业之间的交易成本较高。从理论上看，排污银行有助于降低成本、增加外部交易，但是经验数据却并非如此。这似乎需要其他机制将企业集中起来，以便于实现潜在的成本节约。

2）1990 年二氧化硫排污许可交易计划分析。让我们来分析 1990 年修正案第 4 款规定的排污许可交易的成本-效益。排污削减成本较低的污染源在完成二氧化硫排放削减量后，可以出售多余的排污许可。只要 MAC 低于排污许可的市场价格（$P_1$），污染者就有动机减少排污量以节省更多的排污许可，如图 6.6 所示。

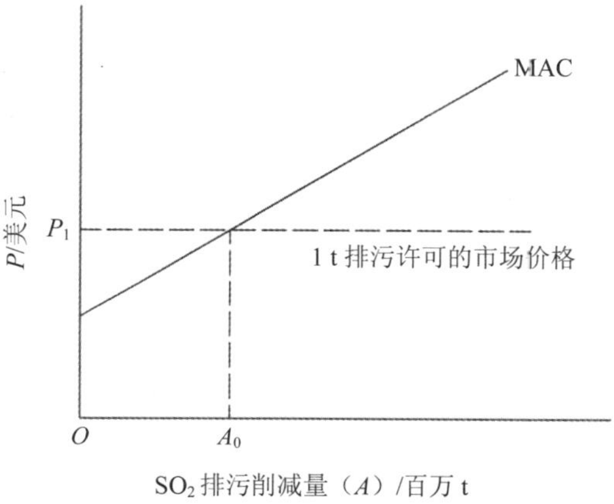


**图 6.6 二氧化硫排污许可交易计划的成本-效益**

在图 6.6 中，污染者削减 $A_0$ 单位的二氧化硫，剩余的排污许可使污染者成为排污许可市场的供给方。剩余的排污许可能够提供给企业用于另一污染源、存储到以后使用或在公开市场出售。

市场的另一方是买方或需求方。买方主要是排污量高于排污许可所允许排放水平的污染者。对于这些污染者来说，削减成本相对较高，所以，只要市场上的单位排污许可价格低于其单位边际削减成本，污染者就愿意购买排污权。另外一些潜在的买方包括经纪人和环保组织，他们的购买目的各不相同。经纪人购买排污许可主要是利益的驱使，在排污许可价格上升时出售获利。环境保护者购买排污许可的目的是将其从市场中除去，减少整个社会的排污总量。

买方和卖方进行排污许可交易，其结果是排污量减少到所有企业的边际削减成本相同的水平。建立排污市场并运用常规激励手段进行市场运作，能够在不影响社会收益的前提下达到成本-效益目标。同时，国家排污限额也得到满足，因为排污许可证的数量决定了二氧化硫的最大排污量。因此，污染削减带来的健康和生态收益依然保持着原来水平，而相对成本则降低了很多。

# 6.2 我国对大气污染的治理

## 6.2.1 我国的大气污染状况及其质量标准

### 6.2.1.1 我国大气污染状况及污染特点

大气污染已成为全球性问题，而我国是世界大气污染最严重地区之一。在过去的几十年中，随着我国工业化、城镇化的加快，大气污染日益严重，主要表现为煤烟型污染。城市大气环境中总悬浮颗粒物浓度普遍超标，二氧化硫污染一直在较高水平，机动车尾气污染物排放总量迅速增加，氮氧化物污染呈加重趋势。

（1）2013 年大气质量

北京地区的大气污染尤为严重，2013 年 1 月北京雾霾日数多达 26 天，仅有 5 天不是雾霾日。上海等特大型城市以及东部人口密集区，移动源对细颗粒物（$PM_{2.5}$）浓度的贡献高达 20%～40%，在极端不利条件下，贡献率甚至会达到 50%以上，大气的流动性使得污染的外部性效应更为显著。在京津冀、长三角、珠三角地区，部分城市二氧化硫浓度中外来源的贡献率达 30%～40%。大气污染危害公众健康，加剧自然环境的恶化，影响正常的经济生产和社会秩序。然而，大气的流动性使得污染的外部性效应更为显著。但近些年我国加大了大气污染治理的力度，大气质量有很大好转。

（2）2019 年大气质量①

2019 年 1—12 月，全国 337 个地级及以上城市 $PM_{2.5}$ 浓度为 36 μg/m$^3$，同比持平，其中，未达标城市 $PM_{2.5}$ 年均浓度为 40 μg/m$^3$，同比下降 2.4%；$PM_{10}$ 浓度为 63 μg/m$^3$，同比下降 1.6%；$O_3$ 浓度为 148 μg/m$^3$，同比上升 6.5%；$SO_2$ 浓度为 11 μg/m$^3$，同比下降 15.4%；$NO_2$ 浓度为 27 μg/m$^3$，同比持平；CO 浓度为 1.4 mg/m$^3$，同比持平；优良天数比例为 82.0%，157 个城市环境空气质量达标（图 6.7）。

12 月，京津冀及周边地区“2+26”城市 $PM_{2.5}$ 浓度为 81 μg/m$^3$，同比上升 1.2%；优良天数比例为 55.5%。1—12 月，$PM_{2.5}$ 浓度为 57 μg/m$^3$，同比下降 1.7%；优良天数比例为 53.2%。

北京市 12 月 $PM_{2.5}$ 浓度为 45 μg/m$^3$，同比上升 15.4%；优良天数比例为 80.6%。1—12 月，$PM_{2.5}$ 浓度为 42 μg/m$^3$，同比下降 12.5%；优良天数比例为 65.8%。

① 中华人民共和国生态环境部 2020 年 2 月 20 日发布的 2019 年全国地表水、环境空气质量状况公告。

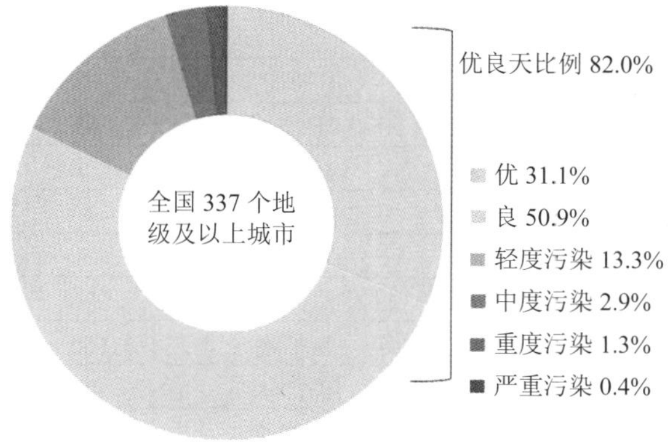


图 6.7 2019 年 1—12 月全国 337 个地级及以上城市各级别天数比例

长三角地区 41 个城市 12 月 $PM_{2.5}$ 浓度为 58 μg/$m^3$，同比上升 7.4%；优良天数比例为 72.8%。1—12 月，$PM_{2.5}$ 浓度为 41 μg/$m^3$，同比下降 2.4%；优良天数比例为 76.5%。

### 6.2.1.2 我国环境空气质量标准

我国对 10 种污染物给出浓度限值，其中 6 种污染物为基本项目，包括 $SO_2$、$NO_2$、CO、$O_3$、$PM_{10}$ 和 $PM_{2.5}$，4 种污染物为其他项目，包括总悬浮颗粒物（TSP）、$NO_x$、Pb、苯并[*a*]芘（BaP）。

《环境空气质量标准》首次发布于 1982 年，1996 年第一次修订，2000 年第二次修订，2012 年第三次修订，2012 年修订后于 2016 年 1 月 1 日起在全国实施。《环境空气质量标准》（GB 3095—2012）将环境空气污染物分为基本项目和其他项目，基本项目（表 6.7）在全国范围内实施，其他项目（表 6.8）由国务院环境保护行政主管部门或者省级人民政府根据实际情况，确定具体实施方式。

环境空气功能区分为两类：一类区为自然保护区、风景名胜区和其他需要特殊保护的区域；二类区为居住区、商业交通居民混合区、文化区、工业区和农村地区。一类区适用一级浓度限值，二类区适用二级浓度限值。一类、二类环境空气功能区质量要求见表 6.7 和表 6.8。

表 6.7 环境空气污染物基本项目浓度限值

| 序号 | 污染物标准项 | 平均时间 | 浓度限值 | | 单位 |
|---|---|---|---|---|---|
| | | | 一级 | 二级 | |
| 1 | 二氧化硫 | 年平均 | 20 | 60 | μg/$m^3$ |
| | | 24 h 平均 | 50 | 150 | |
| | | 1 h 平均 | 150 | 500 | |

| 序号 | 污染物标准项 | 平均时间 | 浓度限值 | | 单位 |
|---|---|---|---|---|---|
| | | | 一级 | 二级 | |
| 2 | 二氧化氮 | 年平均 | 40 | 40 | μg/m³ |
| | | 24 h 平均 | 80 | 80 | |
| | | 1 h 平均 | 200 | 200 | |
| 3 | 一氧化碳 | 24 h 平均 | 4 | 4 | mg/m³ |
| | | 1 h 平均 | 10 | 10 | |
| 4 | 臭氧 | 日最大 8 h 平均 | 100 | 160 | μg/m³ |
| | | 1 h 平均 | 160 | 200 | |
| 5 | 颗粒物（粒径小于等于 10 μm） | 年平均 | 40 | 70 | |
| | | 24 h 平均 | 50 | 150 | |
| 6 | 颗粒物（粒径小于等于 2.5 μm） | 年平均 | 15 | 35 | |
| | | 24 h 平均 | 35 | 75 | |

资料来源：《环境空气质量标准》（GB 3095—2012）。

**表 6.8 环境空气污染物其他项目浓度限值**

| 序号 | 污染物项目 | 平均时间 | 浓度限值 | | 单位 |
|---|---|---|---|---|---|
| | | | 一级 | 二级 | |
| 1 | 总悬浮颗粒物 | 年平均 | 80 | 200 | μg/m³ |
| | | 24 h 平均 | 120 | 300 | |
| 2 | 氮氧化物 | 年平均 | 50 | 50 | |
| | | 24 h 平均 | 100 | 100 | |
| | | 1 h 平均 | 250 | 250 | |
| 3 | 铅 | 年平均 | 0.5 | 0.5 | |
| | | 季平均 | 1 | 1 | |
| 4 | 苯并[*a*]芘 | 年平均 | 0.001 | 0.001 | |
| | | 24 h 平均 | 0.002 5 | 0.002 5 | |

资料来源：《环境空气质量标准》（GB 3095—2012）。

### 6.2.1.3 空气质量指数（AQI）

空气质量指数，是定量描述空气质量状况的无量纲指数。AQI 计算与评价的过程大致可分为三个步骤：第一步是对照各项污染物的分级浓度限值，分别计算得出空气质量分指数（IAQI）；第二步是从各项污染物的 IAQI 中选择最大值确定为 AQI；第三步是对照 AQI 分级标准，确定空气质量级别、类别及表示颜色、健康影响与建议采取的措施。简言之，AQI 就是各项污染物的 IAQI 中的最大值。当 AQI＞50 时对应的污染物即为首要污染物，50 以下为优，51～100 为良，101 以上是有污染，到 301 以上就属于严重污染，见表 6.9。

表 6.9　空气质量指数

| 空气质量指数 | 健康水平 |
|---|---|
| 0～50 | 优 |
| 51～100 | 良 |
| 101～150 | 轻度污染 |
| 151～200 | 中度污染 |
| 201～300 | 重度污染 |
| 301 以上 | 严重污染 |

AQI 的数值越大，级别和类别越高，表征颜色越深，说明空气污染状况越严重，对人体的健康危害也就越大。看 AQI 时，只需要注意优（绿色）、良（黄色）、轻度污染（橙色）、中度污染（红色）、重度污染（紫色）、严重污染（褐红色）6 种评价类别和表征颜色。当类别为优或良，颜色为绿色或黄色时，一般人群都可以正常活动；当类别为轻度污染以上，颜色为橙色、红色、紫色或褐红色时，各类人群需要根据自己的情况，采取相关的健康防护措施。

#### 6.2.1.4　我国空气污染防治目标

1987 年 9 月 5 日发布的《大气污染防治法》，经 1995 年 8 月 29 日修正，2000 年 4 月 29 日修订，又由第十二届全国人民代表大会常务委员会第十六次会议于 2015 年 8 月 29 日第三次修订通过，自 2016 年 1 月 1 日起施行。我国的《大气污染防治法》立法目的是：“保护和改善环境，防治大气污染，保障公众健康，推进生态文明建设，促进经济社会可持续发展。”

这个目标说得更具体一点，就是习近平同志在 2018 年 5 月 18—19 日全国生态环境保护大会上所讲的：“坚决打赢蓝天保卫战是重中之重……以空气质量明显改善为刚性要求，强化联防联控，基本消除重污染天气，还老百姓蓝天白云、繁星闪烁。”

### 6.2.2　我国对移动污染源的控制与治理

机动车船和各种移动式机械是重要的大气污染物排放源，对于 $PM_{2.5}$ 污染治理应高度重视移动污染源的治理问题。从污染源的角度，移动源主要分为道路移动源和非道路移动源。机动车由于其数量庞大、对城市空气质量影响较大、与百姓生活和健康密切相关而受到更多的关注。因此，整个移动源的排放控制以道路源中的机动车污染为核心。以我国为例，机动车排放的氮氧化物、碳氢化合物、固体颗粒物等污染物，占到了总量的 30%左右。

本节以机动车污染管理现状为例，探讨如何控制空气中的移动污染源。

### 6.2.2.1 我国机动车污染管理现状

（1）基于法律、政策角度的机动车尾气排放控制现状

目前，我国关于机动车尾气排放标准的相关法律、政策已基本形成框架。然而，整体而言，机动车尾气排放的管理与控制所处的水平仍然比较低。例如，《大气污染防治法》仅仅把机动车尾气排放污染的抽检定点定在了机动车停放的地方，但对于路途中正在行驶的机动车则难以进行动态的监控；《道路交通安全法》没有明确的机动车尾气排放污染条文，交通相关部门不能够基于尾气超标的借口扣留驾驶证等，这就使得机动车尾气排放超标车辆的车主脱离相关部门的监管，拒绝修理超标车辆，严重削弱了机动车道路抽检部门的执法力度。

（2）基于技术角度的机动车尾气排气污染控制现状

与国际上先进技术相比，我国的机动车排气污染控制技术尚存在较大差距。我国关于汽车产品试验投资及技术设备不足，缺乏有效实用的经济手段进行机动车尾气排放污染的有效控制。现存的环保监测手段也无法适应机动车污染控制以及治理的需要。作为机动车安检唯一的一个项目机动车环保定期检测也仅仅是设置在普通的安检线上，监测机构为了寻求最大化的利益，或许会简化检测程序，使得排气检测仅仅停留于形式层面，这就难以发挥出机动车尾气排放的检测效果。现有的机动车注册登记管理模式也不利于排放标准的制定和管理，加之缺乏完善的机动车维修、报废等管理措施，车主的环保意识较为淡薄，难以发挥机动车排放控制效果。

扫码获取

我国汽车排污标准统一性

### 6.2.2.2 我国移动污染源控制的法律现状

《大气污染防治法》是专门性环境保护法律，为加强机动车排气污染的控制，把“防治机动车船排放污染的措施”单独作为一章，从机动车制造、在用车使用和维修、燃油质量、监督检查等几个环节，分别做出了规定。对在用机动车，规定“在用机动车不符合污染物排放标准的，不得上路行驶”。随着我国机动车保有量以及产销量的快速增长，《道路交通安全法》的修订以及新的国务院机构改革“三定”方案，现行的《大气污染防治法》在新车及在用车排放控制、燃油品质、交通规划与限制等方面已不能适应目前的形势要求。现行《道路交通安全法》于 2008 年 5 月 1 日起施行，其中并没有对机动车排放做出明确规定，但对机动车报废做出了规定：“国家实行机动车强制报废制度，根据机动车的安全技术状况和不同用途，规定不同的报废标准。”2012 年 8 月 24 日，商务部、国家发展改革委、公安部、环境保护部联合发布《机动车强制报废标准规定》，第二条规定：“根据机动车使用和安全技术、排放检验状况，国家对达到报废标准的机动车实施强制报废。”从以

上的法律规定及强制性标准中可以看出，机动车排放状况是强制报废条件之一。2016年1月1日起实施的“史上最严”新版《大气污染防治法》是开年第一项重磅政策，新版大气法从修订前的七章六十六条扩展至修订后的八章一百二十九条。

2017年8月21日，环境保护部、国家发展和改革委员会等部委和北京市等人民政府联合发布《京津冀及周边地区2017—2018年秋冬季大气污染综合治理攻坚行动方案》，要求各部门稳步推进大气污染防治工作，不断取得成效。各相关部门要按照职责分工指导各地落实该攻坚行动方案任务要求，完善政策措施，加大扶持力度，充分调动地方和企业的积极性，同时强化监督和管理，打好蓝天保卫战。

#### 6.2.2.3 建立科学合理的机动车排气污染控制对策

（1）进一步完善法律法规，提高执法水平

建立健全相关法律法规，在销售、检验等多个环节前，设定机动车车辆的环保排放标准。地方政府也应该发挥自身作用，制定比国家法律更为严格的相关规定，如强制高排放车辆报废、增加车辆检测频率、积极进行路检抽查等。基于环保部门与交警部门的联合配合，加大路检执法力度，切实落实超标车辆的行政处罚与维修治理。基于地方政府经济、条件的允许，应当严格实施排放标准与检测方法，引进车辆道路行驶实际的排放检测技术，进行机动车尾气排放排查，对不达标的车辆进行全面的维修治理。

（2）通过经济手段，引导机动车排放总体数量减少

财政部门应当对报废的机动车，尤其是以运营为主的车辆基于国家与地方的标准给予一定的经济补助，对公交、邮政等采用清洁燃料的公益车辆给予资金与技术上的支持。车辆尾气排放控制相关技术也在不断进步。目前，影响车辆排放性能的最大因素就是硫的含量，因此，政府可以采用补贴的形式，在机动车车主中推广质量上乘的无铅低硫汽油，基于宏观的角度降低机动车的污染物排放。在机动车保有量较多的上海、北京等地可以依据情况征收适当的排污费或是拥堵费，投入地方机动车污染的控制与治理。关于排污费征收的额度可以参考机动车尾气排放水平以及车龄两个主要指标依据排污量进行分级收取，随着车龄的增加而逐渐增加排污费，在一定程度上也能够促进旧车车主报废更新。

扫码获取

2018，新能源车元年？

（3）通过教育手段，形成全民降低机动车污染排放的意识

加强车辆环保标志管理，延伸环保标志用途。众所周知，机动车正常行驶下的尾气排放仅仅是怠速状态下的一半，因此，由于交通堵塞引起的车辆怠速状态所产生的污染物排放会远远高于交通畅通状态下的尾气排放，道路的通畅能够有效改善道路的空气环境质量，因此，我们应当提高道路的通畅能力。另外，基于交通领域开展节能减排的行动，积极鼓励市民使用清洁环保的交通工具，在建立良好公共交通体系的基础上，双重执行利于

公交车、限制私家车的措施，鼓励市民优先选择公交车出行。便利、环保的公交系统能够有效避免城市道路拥堵，减少尾气排放，有效改善城市环境质量。

（4）通过信息手段，提高监管机动车污染的技术水平

相关部门相互配合，有效合作，构建网络管理平台，车辆基本信息、标志管理情况、排放检测状况等基本信息应当在环保、交通部门等之间实现信息共享，以实现相关部门交流协作的加强。在提高执法监管队伍执法能力及装备水平的基础上，实现机动车污染防治系统标准化的建设。

我国正处在经济和社会快速发展时期，近 10 年来，汽车保有量年均增长率超过 15%。可以预见，"十三五" 期间各类移动源保有量增长速度将会更加迅猛，而机动车污染排放是影响城市当前环境空气质量的重要因素之一。我们要借鉴国外法律与经济手段并行的经验，针对机动车污染防治专门立法，并完善我国现有的法律法规以及报废标准，明确各部门的职责[①]。

### 6.2.3 我国对固定污染源的控制与治理

多年来，国家环保局做出了固定污染源污染物总量控制的决策，它要求必须建立完善的污染源控制体制，建立大气固定污染源的控制和支持系统[②]。但是自 2015 年 12 月以来，我国在逐步实现固定污染源全过程多要素的"一证式"环境管理，推进排污许可证全覆盖。

#### 6.2.3.1 固定污染源治理将进行重大改革

2015 年 12 月，国务院印发《"十三五"生态环境保护规划》，提出"十三五"时期要"建立覆盖所有固定污染源的企业排放许可制度"。2016 年 11 月，国务院办公厅印发《控制污染物排放许可制实施方案》，明确 2020 年完成覆盖所有固定污染源的排污许可证核发工作。排污许可制度是我国固定源环境管理制度改革的重大政策，我国将逐步实现固定污染源全过程多要素的"一证式"环境管理，推进排污许可证全覆盖。

我国对污染排放的管理经历了按照标准排放、总量控制到排污许可证等阶段。标准排放是指企业根据国家、地方制定的相关污染物排放标准来排放，超过标准限值排放属于违法行为；总量控制是指在按照标准排放的基础上，每个区域还会有污染物排放总量限值，各地区均不得超过这一限值。但是企业排放的污染物复杂多样，对国家和地方的环境标准

---

① 刘铁，周海茵.关于移动污染源控制的法律思考——以南京市机动车污染控制为例. 环境科技，2013，26（4）：65-68. http://www.doc88.com/p-6894188888509.html.

② 支克正. 大气固定污染源的控制体制和支持系统. 上海环境科学，1997，18（4）：8-10.

体系准确把握能力有限；加上不同部门各行其是、上下游排污单位责任边界不清、监管压力大等问题，不仅增加了管理成本，也增加了企业负担。

排污许可制被认为是“归一”，而不是“加一”，是固定污染源的基础核心制度，是一个整合各项制度的“底座”，让法律法规对一家企业提出的所有环保要求衔接融合到一个证上来，让信息和数据共享都到一个高效的统一平台上来。当前，排污许可制度已成为污染源环境管理的核心制度，助力打好污染防治攻坚战的重要基础。排污许可制度的完善能够推进行业污染物产生、处理、排放的有效和规范化管理，对推进行业环境管理系统化、科学化、法治化、精细化、信息化具有重要意义。2016 年，国务院办公厅发布了《控制污染物排放许可制实施方案》，要求到 2020 年，将基本完成各行业的排污许可证核发，更多企业也将参与其中，污染物排放得到全面的监测和管理。

排污许可证是一项精细化的管理手段，改革成功的关键是要做好制度建设与实施落实。我们在分析目前我国排污许可证制度改革进展和面临问题的基础上，紧密围绕固定源“一证式”环境管理模式的排污许可证制度内涵，从提升当前固定源环境管理效能出发，系统分析排污许可制度与现有事前、事中、事后三个阶段固定源环境管理制度做好统筹衔接的方式和重点，提出“十四五”时期我国排污许可证制度建设改革思路与重点，为深化排污许可制度创新提供管理技术支撑。

### 6.2.3.2 “十三五”时期我国排污许可制度改革取得显著进展

“十三五”时期，我国高度重视加强排污许可制度顶层设计，强化排污许可制度实施技术能力，推进和规范排污许可证核发，法规体系和技术体系不断丰富完善。排污许可制度改革取得了重要突破。

（1）排污许可证核发工作进展较好

截至 2019 年 9 月 10 日，全国共计核发火电、造纸等 36 个重点行业排污许可证 6.7 万余张，登记企业排污信息 4.3 万余家。管控大气污染物排放口 24.89 万个（主要排放口 4.85 万个，一般排放口 20.04 万个）、水污染物排放口 5.14 万个（主要排放口 3.31 万个，一般排放口 1.83 万个），全国约 2.6 万家企业提交了排污许可执行报告，“十三五”时期全国“建立覆盖所有固定污染源的企业排放许可制度”的规划目标预计可以完成。

（2）初步建立了较为完善的排污许可法规体系

2016 年 11 月，国务院办公厅印发《控制污染物排放许可制实施方案》。2018 年 1 月，环境保护部印发了《排污许可管理办法（试行）》，规定了排污许可证核发程序等，细化了生态环境部门、排污单位和第三方机构的责任。为进一步提升排污许可制度的法律位阶，2018 年 11 月生态环境部办公厅印发了《关于公开征求〈排污许可管理条例（草案征求意见稿）〉意见的通知》，基本建立了较为完善的排污许可法规体系。

（3）构建了较为健全的排污许可技术体系

根据“十三五”期间排污许可制度按行业分步推进的要求，2017 年环境保护部发布了《固定污染源排污许可分类管理名录（2017 年版）》，包括《国民经济行业分类》中的 32 个大类和 78 个中类或小类，以及 4 个通用工序。2019 年 7 月 11 日《固定污染源排污许可分类管理名录（2019 年版）》原则通过，对原 2017 版管理名录进行了修订完善。目前围绕固定污染源环境管理全覆盖目标，已发布排污许可证申请与核发技术规范 48 项，污染源源强核算指南 18 项、自行监测指南 14 项、污染防治可行技术指南 7 项，排污许可技术体系逐步健全。

（4）推进排污许可证与现行固定源环境管理手段衔接

主要集中在与环境影响评价、总量控制制度的衔接。一是统筹环境影响评价制度与排污许可制度的衔接。2017 年 11 月，环境保护部发布《关于做好环境影响评价制度与排污许可制衔接相关工作的通知》，明确环境影响评价制度与排污许可制度衔接的具体要求。二是统筹许可排放量与重点污染物总量控制指标的衔接融合。《排污许可管理办法（试行）》中明确“应当按照排污许可证规定的许可排放量，确定排污单位的重点污染物排放总量控制指标”。

### 6.2.3.3 “十四五”排污许可证制度改革思路与框架

排污许可证改革要着眼于构建以排污许可制为核心的固定污染源监管制度体系，重点是健全制度衔接、强化能力保障、夯实法律基础。一是完善排污许可制度政策体系。将排污许可制度全面贯穿于整个建设项目事前、事中、事后各监管阶段，突破现有固定源环境管理制度仅作用于排污单位生存周期某一阶段的应用局限，大幅提升固定源环境管理效能。二是强化排污许可制实施的能力支撑。紧密围绕“改善环境质量”这一核心，提出排放限值要求，逐步实现全过程、精细化管理，建立许可限值响应机制。开展各级各类固定污染源环境管理信息的整合共享，促进固定污染源管理的业务协同应用，不断提升以“排污许可制”为核心的固定污染源监管制度体系现代化管理水平。探索建立快速高效的排污许可证后监管模式，提升证后信息化监管水平。三是夯实排污许可法律法规基础。加快出台法规条例，大力推动排污许可立法，充分衔接环境保护相关法律，健全环境经济政策应用法律保障。

### 6.2.3.4 “十四五”排污许可制改革重点[①]

（1）完善排污许可制政策体系

1）强化环境影响评价制度与排污许可制度“无缝”衔接。建立统一的技术规范体系，实现环境影响评价文件与排污许可证申报核发在编制格式、数据核算等方面的内容衔接，

① 董战峰，连超，葛察忠.“十四五”固定污染源排污许可证管理制度改革研究. 中国环境管理，2020，12（2）：28-33.

推进环境影响评价申报数据与许可证填报数据的共享与衔接，实现两者无缝对接，提升管理效能。制定排污许可与环境影响评价衔接工作方案，对于过渡期、历史遗留问题，要分清类型，逐个解决，明确环境影响评价与排污许可在管理要求、管理内容和管理程序方面的衔接，推动形成环境影响评价与排污许可“一个名录、一套标准、一张表单、一个平台、一套数据”。

2）建立总量控制、排污交易与排污许可制衔接机制。建立以排污许可制度为核心的固定源总量控制制度。以污染物许可排放量为固定污染源总量控制指标，以许可证执行报告中的实际排放量考核固定污染源总量控制指标完成情况。结合即将出台的《排污许可管理条例》，制定排污许可、污染物总量核定、排污权交易制度衔接工作方案，在排污许可证中载明企业排污权有偿使用和交易情况，明确通过压减产能、清洁生产等方式削减的污染物排放量可用于交易，激发排污单位主动降耗治污减排的积极性。

3）以排污许可促进环境影响评价、“三同时”、竣工环保验收实现有机融合。通过排污许可证核发监管以实现环境影响评价制度、“三同时”制度的有机融合。取消竣工环保验收程序，将环保“三同时”要求一并纳入排污许可证管理，减少管理环节，提升环境管理效能。排污单位按照许可证上登载的“三同时”要求自觉落实环境保护主体责任，并定期向生态环境部门主动申报“三同时”执行情况。生态环境部门通过竣工备案，强化排污许可证事中监管，体现排污许可证制度对排污单位监管的完整性。

4）统一许可排放量与其他各类污染物排放量数据。统一固定污染源源强核算口径，在排污许可证申报过程中核算两套数据，一套是以企业为边界的年许可排放量和执行报告实际排放量，另一套是以环境为边界的外环境实际排放量。前者用于核发排污许可证；后者可与环境影响评价文件比对是否超总量排放，同时作为总量控制、排污权交易、环境统计、环境保护税等政策所涉的污染物排放数据来源，推动固定污染源排放数据的真实统一。

5）建立排污许可与环境信用的有效衔接机制。加快环境信用制度政策制定和立法进度，推动形成以环境信用为核心的生态环境监管新机制，构建以政府为主导、企业为主体、社会组织和公众共同参与的生态环境治理体系。研究将无证排污、超浓度超总量排污、违反自行监测、违反台账记录、违反执行报告、违反信息公开等排污许可各类环境违法行为纳入企业环境信用管理体系。强化企业排污许可环境信用评价结果应用，建立多部门环境信用联合奖惩机制。推动企业持续做出改善生态环境的行为，不断提升生态环境保护绩效。

（2）强化排污许可证实施的技术与管理能力支撑

1）建立基于“环境质量改善”的许可限值响应机制。研究构建基于区域环境质量的许可排放量核定方法，对重点区域和一般区域、达标区域和非达标区域、重点行业和非重点行业分类施策，实现精准减排。借鉴上海经验，结合区域环境质量改善目标、季节性特征以及冬防要求合理设置许可排放量。根据排污单位污染物产生量、排放量及环境影响程度大小，科学分类管理。实施差别化、精细化管理，以企业实际排放量数据为基础确定重污染天气期间“一厂一策”应急减排要求，纳入排污许可管理。

2）完善运行各级排污许可信息共享平台。开展各级各类固定污染源环境管理信息的整合共享，实现与环境影响评价信息平台、全国污染源监测信息管理平台、全国重点污染源在线监测系统、环境统计信息平台、环境移动执法系统信息平台、排污权交易平台、环境保护税涉税信息共享等现有平台数据的对接融合，预留与环境信用平台等新增的数据平台接口，以数据信息打通共享促进固定污染源管理协同，支撑生态环境保护主管部门实施现代化监管，强化企业守法和履行环境责任，提升以排污许可制为核心的固定污染源监管制度体系现代化管理水平。

3）强化排污许可证后监管。管理部门强化“证后监管”。在排污许可证申请与核发技术规范的制定中，最重要的就是对污染物进行监测和管理。对于企业来说，拿到的排污许可证会有一本多达几十页的副本，里面详细记载了该企业被许可排放的污染物种类、浓度、排放量、排放去向等事项，污染治理设施、环境管理要求等相关内容；以及排污监测详细的规定和说明，包括监测仪器的管理、监测频次和监测方法等。

企业拿到排污许可证，管理部门发完证后是不是就结束了？企业按证排污、生态环境部门依证监管是排污许可制度落地的关键。但是很多企业对排污许可制改革认识严重不足，以为拿到证就万事大吉，缺乏依证排污的意识，并没有按照排污许可证的要求开展自行监测、记录、执行报告等方面工作，责任义务履行不到位。有些地方没有将排污许可证执法纳入执法计划，有些基层部门技术力量薄弱，有些工作人员对政策、规范掌握不够，理解不透，在一定程度上影响了依证执法、按证监管工作的顺利开展。

探索建立快速高效的排污许可证后监管模式。借鉴陕西咸阳“审计式”证后执法检查经验，上海市监管、监测、监察的“三监联动”机制证后监管模式等，探索建立快速高效的证后监管模式，减少基层执法人员的执法难度，提高监管效能，降低监管成本。制定实施排污许可与执法衔接工作方案，厘清排污许可证后管理和依证执法，建立排污许可与环境执法的工作机制。提升证后监管信息化水平，以排污许可信息共享平台为依托，应用移动执法系统建立固定污染源信息化监管模式，提升证后监管能力。

（3）夯实排污许可制实施的法律基础

1）提高排污许可相关法律法规位阶。继续推进排污许可立法研究，鼓励地方开展立法试点，完善《排污许可证管理办法（试行）》，加快出台实施《排污许可管理条例》，研究制定出台排污许可法，夯实排污许可制作为固定污染源管理核心制度的立法保障。排污许可法要突出排污许可制度衔接环境质量管理与固定源环境管理的桥梁纽带作用，明确规范所有违反排污许可制管理要求的违法行为的处罚要求。

2）完善排污许可制度与现行生态环境保护相关法律的衔接融合。推动噪声污染防治法、固废法等法律法规修订，将企业固体废物、噪声等纳入排污许可管理，实现排污许可制对环境要素的全覆盖。同时通过完善法规与技术规范性，夯实排污许可管理制度建设立法支撑。

3）健全排污许可证环境经济政策应用法律保障。将具有法律地位的排污许可证纳入《中华人民共和国物权法》用益物权和《中华人民共和国担保法》的抵押标的物范畴。进一步明确排污许可证的标的物和抵押物的法律属性，为排污许可证与排污权交易、排污权金融抵押等衔接提供法律保障。结合环境信用制度，推动排污许可证在环境经济政策中的应用。

## 6.3　中美大气污染防治法之比较①

### 6.3.1　立法目的和调整重点

美国《清洁空气法》的立法目的很明确："促进公众健康、福利和人口的生产力，保护和发展国家空气资源的质量。"该规定言简意赅，突出了一个单一中心。《清洁空气法》适用于空气污染的固定源、移动源和臭氧层的保护等各个方面，内容全面，但重点也比较突出，主要是各种固定的大气污染源。

由中华人民共和国第十二届全国人民代表大会常务委员会第十六次会议于 2015 年 8 月 29 日第三次修订通过，自 2016 年 1 月 1 日起施行的《大气污染防治法》立法目的是："防治大气污染，保护和改善环境，以保护人体健康，促进经济社会的可持续发展。"这一表述包含两个层次和多个并列的中心语。按照这一表述，在"防治大气污染，保护和改善环境"这一目的之上还有一个更高层次的目的，即"保障人体健康，促进经济社会的可持续发展"。因此，有必要对这一立法目的给予准确、肯定、简单明了的表述。2000 年修订《大气污染防治法》之前，实行的是全面控制。但修订后，则改为对重点城市、燃煤及其他领域污染的重点控制。旨在面对现实，抓住要害，使大气质量在国家规定的时间内有一个明显的改善。

### 6.3.2　调控机制

美国是"命令加控制型"的环境管理模式的发源地，强制性的行政管理一直是大气污染防治和水环境管理的主要机制。美国建立了由联邦制定基本政策和排放标准，由州实施

---

① 秦天宝. 中美大气污染防治法之比较. 内蒙古环境保护，2002，14（2）：11-13.

的强制性管理制度。基本上形成了以污染控制技术的排放标准管理为主，以总量控制和排污许可证为补充的大气污染防治机制。同时，美国又是一个成熟的市场经济国家，特别注重运用市场机制和经济手段来刺激污染源防治大气污染。其最主要形式是补偿政策、气泡政策、排污权交易等，目前已在全国范围内实施，并取得了良好的效果。此外，美国在防治大气污染过程中，还特别重视公众参与的作用。美国国家环保局在发放排污许可证时，必须举行听证会和进行公开评论。公众认为有必要，还可以提起公民诉讼，以阻止环保局做出不利环境的决定。可以说，美国形成了一套“以命令控制为主、以经济刺激为辅、以公众参与为补充”的大气污染防治的调控机制。

我国是一个行政传统特别浓厚的国家，在大气污染防治问题上，以鲜明的行政驱动和行政强制为特征，以“三同时”、达标排放、总量控制、排污许可等为内容的“命令控制型”机制一直处于核心地位，在实践中也取得了较好的效果。但由于行政强制本身有许多不足之处，过于强调这一机制也带来了许多困难。近年来，我国也注意运用经济手段来推动大气污染的防治，除原有的排污收费外，还引进了排污权交易制度、环境税等。但总体来看，排污收费因其法律性质不明、内容过时等原因在实践中发挥的作用有限，而排污权交易还处于少数地方试点阶段。我国的经济刺激机制还有很大的发展空间。

公众参与在我国还处于起步阶段，公众参与污染防治的具体途径和措施还未出台，这些都限制了我国公众有效地参与到大气污染防治中去。

### 6.3.3 管理体制

美国在1969年以后逐渐形成了一个统一的权力趋向集中的环境管理体制。在联邦一级，国家环保局负责全国的大气污染控制。其他联邦机构如农业部、运输部等也有部分的大气污染控制权。在各联邦机构中，国家环保局居于最高位置，拥有优先权和终权。其他部门在履行职责、行使权力时，应遵守联邦法律和国家环保局的有关法规，必要时，要征求国家环保局的意见。国家环保局有权监督其他机构对环境法律法规的实施，并在一定条件下有取代其他机构对违法行为进行制裁的权力。当然，国家环保局在制定有关规定时，要与其他有关机构充分协商。在联邦和地方政府的关系方面，美国采取的是联邦政府领导下的联邦政府和州及地方政府合作的空气污染管理体制。这是一种“创造性的联邦主义”。在这个体制下，联邦政府建立标准，州执行联邦标准。地方性政府必须遵守和执行联邦法律法规的规定，也可以在不相抵触的情况下制定地方性法规。联邦政府可以在规定的条件下收回授权或取代地方政府而直接行使权力，特别是进行行政处罚权，以避免州出于保护地方经济而放纵污染者。

我国的大气污染防治工作在中央一级中实行生态环境部门统一主管，交通部门、铁道管理部门等分工负责和协同相结合的管理体制，基本上与美国的管理体制相同。但问题在于我国对生态环境部门的“统一监督管理”权和其他有关主管部门的环境管理权之间的关系未做明确、详细、可操作的规定，导致实践中经常出现各部门之间“争夺权力、推诿责任”的现象，不利于大气污染的全面系统防治。在中央和地方大气污染防治管理的关系上，我国实行分级管理制，即以行政区划为单位，各区域的生态环境部门承担主要的大气污染防治职责，中央一般无权取代地方的执法权力。这样的好处在于可以充分发挥地方生态环境部门的积极性，但很容易出现大气污染防治工作让位于“地方保护主义”的情况。因此，我国有必要结合国情，借鉴美国经验，明确生态环境部门与其他部门，中央和地方在大气污染防治方面的职责划分。

近年来，我国生态环境管理体制上进行了改革。2018 年 10 月 9 日生态环境部召开干部大会，生态环境部党组书记、部长李干杰说，组建生态环境部，按照山水林田湖草是一个生命共同体的理念，以生态系统整体性、系统性及其内在规律为基本遵循，以改善生态环境质量为目标，以解决现行生态环境保护管理体制存在的突出问题为导向，整合政府部门分散的生态环境保护职责，统筹生态保护与污染防治，统一行使生态和城乡各类污染排放监管与行政执法职责，是我国生态环境保护历史上又一座重要里程碑，必将推动生态环境保护事业发展迈向全新的历史阶段。①

近年来，生态环境部职能发生重大转变。生态环境部贯彻落实党中央关于生态环境保护工作的方针政策和决策部署，在履行职责过程中坚持和加强党对生态环境保护工作的集中统一领导。主要职责是：职能转变。生态环境部要统一行使生态和城乡各类污染排放监管与行政执法职责，切实履行监管责任，全面落实大气、水、土壤污染防治行动计划，大幅减少进口固体废物种类和数量直至全面禁止洋垃圾入境。构建以政府为主导、企业为主体、社会组织和公众共同参与的生态环境治理体系，实行最严格的生态环境保护制度，严守生态保护红线和环境质量底线，坚决打好污染防治攻坚战，保障国家生态安全，建设美丽中国。②

### 6.3.4　防治战略

美国 1990 年颁布了《污染防治法》对贯彻“全过程控制”的源头削减战略做了详尽的规定，对大气污染工作有着重要的指导意义。源头削减强调在污染源管制机制上，实行源头指导控制与末端强制控制相结合，产业控制与点源控制相结合，产品性质方向控制与生产设备技术使用控制相结合，浓度控制与总量控制相结合。

---

① 生态环境部召开干部大会，2018-10-09。

② 生态环境部职能配置、内设机构和人员编制规定，生态环境部职责（十六），2018-09-11。

我国《大气污染防治法》采取的也是“预防为主”的战略，但其实只是停留在末端治理的思想和战略指导下的预防为主。其主要体现为：①在法律法规的具体规定中，将预防的重点放在对污染源的污染物产生、排放、处理、处置控制方面，只是对既定污染物产生的减量化和已产生的污染物的无害化、处理处置要求。仍反映出末端治理思想的明显影响，未体现“全过程控制”的要求。②将预防的重点放在对污染物处理处置设施的控制上，未体现“清洁生产”的要求。对严重污染环境的工艺技术的控制还不够，对采用清洁技术的要求通常规定得较为笼统和简略，不够具体明确，尤其缺乏强制实施的措施。我国在今后的大气污染防治立法中应当着重体现“全过程控制”和“清洁生产”的原则，将末端控制战略下的预防为主发展为源头控制战略下的预防为主。

### 6.3.5 监管措施和手段

关于大气污染防治的监督管理措施和手段，中美两国都规定了制定大气污染防治规划、进行环评、划定饮用水水源保护区等措施，有关的法律规定大体相同。两国之间最大的区别体现在大气污染环境标准和相关的法律措施上。美国《清洁空气法》所规定的环境标准主要是国家环境空气质量标准、排放限制、新源执行标准和危险空气污染物排放标准等。这些排放标准具有以下特点：①遵循技术强制原则，根据污染物类型的不同，新源和现源的不同，依据不同的生产工艺和污染控制技术规定了宽严程度不同的排放标准。②强调对新源和有害污染物的控制，由国家环保局划分制定措施全国统一适用。③在全国范围内划分控制单元，将其分为达标区和未达标区两类，采用不同的污染控制策略。对未达标区规定达标期限，制定地方排放标准或总量控制；对达标区实施反恶化和防止降级的计划。④排放标准的实施得到联邦和州的双重监督，许可证的全面有效推行也为标准的实施提供了保障。

我国的污染物排放标准以环境质量为主要依据，其特点是：①虽然法律规定在制定排放标准时要考虑技术条件，但实际上排放标准与相应的环保技术政策和污染控制技术之间的依托关系不明确，区别于美国的“技术强制”原则；②排放标准因污染源的分类和污染物的分类不如美国的更具针对性和合理性；③对未达标规定了总量控制，但对达标区却没有防止大气质量恶化和降级的相关计划；④环境标准的实施与“三同时”、环境影响评价以及限期治理等制度有关，但没有规定许可证为直接实施环境标准的载体。

中美两国大气污染控制法律法规所规定的大气污染物排放许可证有很大的区别。一个基本的区别是两国排放许可的目的不同。就固定污染点源而言，美国的排放许可证是为以排放技术为基础的排放标准服务的。它的目的是保证排放源在限期内达到排放标准。我国的排放许可证是为污染总量控制服务的，它的目的是保证排放源在期限内达到污染物总量削减指标。由于目的不同，两国排放许可证的内容也有所不同。另一个较大区别在许可证审批程序中的公开和公众参与上。按照美国的《国家环境政策法》和《清洁空气法》，美国国家环保局有关国家污染物排放削减系统（national pollutant discharge elimination system，NPDES）许可证的决定要遵守法律关于环境影响评价的规定。因此，NPDES 许可证从申请、编制许可证草案，到审查和批准，都是公开的。法律规定了有关各方和公众参与许可证审批过程的程序和机会。

### 6.3.6　实施与保障机制

（1）违法制裁

在违法制裁方面，美国对于超标排放污染物等违反《清洁空气法》的行为课以行政的、民事的和刑事的制裁。行政制裁措施包括行政守法令和行政罚款；民事制裁是对违反许可证和行政守法令的，由法院做出强制令和处以民事罚款（赔偿金）。除此之外，该法规定了比较严厉的刑事制裁。刑事制裁措施主要有罚金和监禁。严重的违法行为可以处以高达 25 万美元以下的罚金或 15 年以下的监禁，或二者并罚。刑事制裁对象不仅包括违法排污者，还包括故意伪造、谎报法律规定上报或保存的文件资料或故意伪造、破坏、篡改监测设施和方法的人。

与美国污染控制法相比，我国大气污染控制法对违法者的制裁不是太严了，而是偏轻了。以超标排放污染物是否违法为例，我国只是在 2000 年修订《大气污染防治法》之后才开始实行“排污收费、超标违法”的制度。虽然法的“硬”不是以制裁严为标准的，但制裁严厉至少是使法律硬化的不可或缺的因素。我国现行《大气污染控制法》偏重于行政制裁措施，而民事制裁、刑事制裁明显不足。尤其是刑事制裁，与美国大气污染控制法相比，其适用范围较窄，制裁严厉程度也较低。

（2）保障机制

美国的《清洁空气法》为保障其立法目的的实现，规定了比较充分的资金保障、科技保障、组织保障和司法保障。美国在执法保障中最大的特点就是允许“私体执行”。所谓“私体执行”，并不是指非官方的法律实体如公民、公众团体、企业等可以对执行的对象采取直接的执法行动，而是指它们享有通过法院迫使执行的对象遵守法律的权利。美国的《清洁空气法》规定了“私体执行”的 3 种法律途径，即公民诉讼、司法审查诉讼和普通法民事诉讼。其中，公民诉讼和司法审查诉讼与我国法律规定和法律实践差别比较大。美国环境法中公民诉讼的第一个特点是它可由任何美国公民提起。法律对原告起诉资格规定的唯一条件是“其利益受到或可能受到不利的影响”。这一条件由于一系列关于诉讼资格的判例的解释而变得很宽松，它基本上不构成对公民提起公民诉讼的障碍，而且法律规定法院如认为适当可判胜诉方支持诉讼费用。美国环境法中公民诉讼的第二个特点是公民诉讼中被告范围的广泛性。例如，《清洁空气法》规定任何人都可以作为被告，其中包括美国国家环保局和其他任何政府部门或机构（在美国宪法许可的范围内），只要认为他或它违反了法律的有关规定。美国环境法中公民诉讼的第三个特点是它是对国家环保局实施法律的有力监督。法律授权任何美国公民（包括公民团体和其他非官方实体）通过公民诉讼对国家环保局的非行政自由裁量权的行为，如批准州的联邦环境法律实施计划的决定，进行监督。司法审查诉讼是美国环境法律所确认的另一种“私体诉讼”途径。它是对国家环保局的行政自由裁量权范围内的行政行为的法律监督。例如，美国《清洁空气法》规定任何利害关系人都可对国家环保局提起司法审查诉讼，并以专门条款详细列举属于司法审查诉讼受案范围的国家环保局的行为。

在大气污染防治的资金保障、科技保障、组织保障和司法保障方面，与美国的法律相比较，我国《大气污染防治法》相对薄弱一些。其主要原因是我国的经济、科技实力较弱，生态环境行政管理机构不够健全，以及环境保护法制不够健全等。

我国的《环境保护法》和《大气污染防治法》都有“一切单位和个人都有权对污染和破坏环境的单位和个人进行检举和控告的权利”一类规定，但在实际生活中，由于《民事诉讼法》和《行政诉讼法》关于起诉条件和法院受案范围的限制，这一权利的范围被极大地缩小了。

在我国，同样由于《民事诉讼法》和《行政诉讼法》关于起诉条件和法院受案范围的限制，这一范围小于美国。相比之下，我国有关法律在这方面的规定比较薄弱。在司法审查方面，两国法律的主要区别是：美国的法律把国家环保局制定和颁布有关实施法律的行政规章的抽象行为列入司法审查诉讼的受案范围，而我国法律没有把这类行为列入司法审查的范围。总体来看，我国大气污染防治的司法保障无论是法律规定还是法律实践都存在诸多不足，有待改进。

## 思考题

1. 美国空气质量目标和标准如何？
2. 对美国《清洁空气法》的成本-收益分析说明了什么问题？
3. 美国如何控制移动污染源？
4. 美国对移动污染源的控制存在什么经济问题？
5. 美国如何控制固定污染源？
6. 美国对固定污染源的控制存在什么经济问题？
7. 美国是如何推行以市场为主导的空气质量控制政策的？

8．我国是如何对空气移动污染源进行控制的？

9．我国是如何对空气固定污染源进行控制的？

10．通过中美大气污染防治法之比较，美国在大气污染防治法方面有何值得我国借鉴之处？

## 案例讨论

中国汽车行业的高速发展和汽车市场的持续繁荣，使中国成为世界第一汽车产销大国。我国发展国民经济的现实需要决定了我国汽车产销量将继续保持快速增长，预计到 2020 年汽车保有量将达到 2.5 亿辆。伴随而来的是一系列问题：频繁的交通拥堵、严重的能源危机、大量的尾气排放。能源问题和环境问题对我国汽车工业可持续发展的制约作用逐步显现。

数据显示，北京市机动车尾气排放的 CO、氮氧化物（$NO_x$）和碳氢化合物（HC）占城市大气污染物的比例分别为 63.4%、46%和 73.5%；在拥堵的路况下，伴随机动车速度减慢的是尾气排放指数的升高，一般而言，车辆在低速行驶的状态下（尤其在车速低于 40 km/h 时）CO、$NO_x$ 和颗粒物（PM）等主要污染物的浓度比高速行驶时升高 50%～70%。

积极发展小排量节能汽车和环境标志汽车、电动汽车和混合动力汽车等新能源汽车，努力发展具有良好的节油特性和减排特性的新型环境友好型汽车——低碳汽车，将会带来怎样的环境效益与经济效益？

假设工程师发明了一种精确的、可靠的监控和检测个人汽车全年排放量的方法，把这一技术用于新型移动污染源控制计划，将产生什么后果？

# 第 7 章　水污染治理

水是典型的缺乏产权的自然资源，除非政府干预，否则很可能被过度使用和污染。有效的水质量政策取决于对现有水质量条件的仔细评估、制定合适的目标、设计能使水质量条件和目标相统一的有效手段。正如我们在前面所了解到的一样，完成这些任务需要良好的风险评价技术和有效的风险管理行动。但是，对于水资源政策的制定而言，许多问题阻碍了风险分析。监控系统的不足影响对水体污染程度的评估。政策制定者制定水资源政策的目标并不总是出于收益和成本考虑。而且，一些政策手段的制定往往受公众和政治压力的影响，而不是依据正确的环境管理实践，其结果是水资源的配置不合理以及人们对政策制定者的作用抱有不切实际的期待。

除这些程序性的困难之外，更大的困难在于水资源的天然复杂性，这使得政策制定者面临进一步的挑战。水资源是不同质的，在化学、生物学和生态学特征等方面存在差异。不同的水资源供应有不同的功能，这是影响水资源决策的一个重要因素。地理位置，包括靠近城市或工业中心的地区，会影响水资源的用途并且水资源易受污染。这些差别表明，政策目标和控制手段必须对自然和人为引起的变化及时做出反应。

自然循环将水资源、陆地和大气连接起来，这加大了对政策制定者的挑战。自然界的这种互相依赖关系表明，我们需要制定考虑了这些关系影响的综合性政策。综上所述，解决所有这些问题意味着需要一个庞大的政策议程。我们在本章将主要探讨这个问题。

## 7.1　美国及其他国家的水污染治理①

### 7.1.1　水资源和水体污染源

作为水质量政策分析，首先对水资源和水体污染源进行概述，这将有助于研究水资源保护政策是如何发展的。其次，分析美国的《清洁水法》的政策目标及如何用标准定义水质量。随后进行的是两部分政策分析：第一部分是标准制定程序评估；第二部分是运用经

---

① 卡兰，托马斯. 环境经济学与环境管理：理论、政策和应用. 3 版. 李建民，姚从容，译. 北京：清华大学出版社，2006：311-394.

济分析工具对美国《水质量法》进行成本-收益分析。

#### 7.1.1.1 水资源

确定水资源及其依赖性。大多数人对水的认识是：水是地球表面和下部地质层的重要组成部分。事实上，水资源政策的制定主要关注两类水资源：地表水和地下水。

地表水是指所有向大气开放的水体，如江河、湖泊、海洋、河流、泉、井以及其他直接受地表水影响的水体。地下水是指位于地表以下的淡水。地下水一般在蓄水层中，蓄水层是泉水和井水的源泉。

制定保护和维持这些水资源的政策是我们的一项主要任务，因为这些水资源供应是如此巨大，各种水资源供应又如此不同。

地表水包括多种不同类型的水体，这些水体支持着不同的生态系统，发挥着不同的作用，同时，也经常面临不同的污染源。因为地表水的这些差别，所以，政策制定者将其分为以下几类：开放海水、海岸水、河口、内陆水和湿地，具体描述见表7.1。尽管水资源政策的目标是保护所有上述水资源，但是具体的政策和计划通常只针对其中某一类水资源。

**表7.1 地表水**

| 地表水类型 | 描述 |
|---|---|
| 开放海水 | 大陆架以外的深水和高于大陆架且不会被河流输入改变性质的水体 |
| 海岸水 | 海岸线的盐水，较少封闭，比河口更容易受到海洋的影响，一般位于临海区，高于大陆架 |
| 河口 | 受到江河和近岸海水影响的区域，潮汐、江河同时起作用，淡水和盐水的混合，包括海湾、江河出口、盐沼和潟湖 |
| 内陆水 | 淡水水体，包括江河、河流、湖泊和水库 |
| 湿地 | 渗透地表水或地下水、有植物生长的区域，水生和陆地生态系统的过渡区域，包括沼泽、水泽、泥塘、河口 |

地下水是非常丰富的水资源——储量是地表水年径流量的50倍。地下水之所以非常重要，是因为地球上几乎每一处的地下水都可以利用。地下水对于世界上许多干旱和半干旱地区来说是可靠的水源。所有水资源的相互依赖增加了水资源供应的复杂性，这种相互依赖关系可以用水循环来解释。通过一系列自然过程，水从大气层到地表和地下，随后返回大气层的自然过程就是水循环。

水循环说明了地表水、地下水和大气中水蒸气相结合的自然过程。水循环也是传递水污染的媒介。地球的大气层和水资源供应是相互依赖的。江河或溪流中的污染物能够很轻易地被带到附近的地下水中，大气中的污染物能够通过水循环危害地表水。尽管地表水和地下水有各自不同的供给方式，但是，由于水循环将地表水和地下水联系起来了，所以，对其中任何一个的潜在威胁都会影响另外一个。

#### 7.1.1.2 水体污染源

地表水和地下水资源容易被多种污染源污染，其中有些污染源的影响比其他污染源更严重。大多数人认为只有工业设施和发电厂的排放水才是水污染的主要污染源，但是，事实上，水资源被许多更隐蔽、危害更大的其他污染源污染。一般来说，水体污染源可以分为点污染源和非点污染源。点污染源是指任何可识别的单一污染源，如工厂的烟囱、管道或轮船；非点污染源是指不能被准确识别的污染源，它在相对较大的范围内以扩散、间接的方式造成环境污染。

点污染源包括许多污染源，通常分类如下：公共处理工程，对从污水系统流入的废水进行处理；工业生产设施，如工厂或其他厂矿企业；组合排水系统，输送污水和雨水到污水处理厂。

扫码获取

切萨皮克湾（Chesapeake Bay）的退化和恢复

非点污染源很难确定，因而也难以控制。陆地径流（如流经农场、城市、建筑物和矿山的水）、腐殖质、垃圾、溢流和大气沉积等都是非点污染源。

### 7.1.2 水质量政策目标

与许多工业化国家一样，美国的许多法律是针对水质量保护的，其中有些是直接针对海水，有些针对饮用水，有些则针对特殊的水体。在这些法律中，没有一部法律比《清洁水法》更完备。尽管《清洁水法》并没有对所有水资源和污染源都做出严格的规定，但是它涵盖了地下水和地表水，并强调了对点污染源和非点污染源的控制。

若要理解这部重要法律的深远意义，请参阅表 7.2。表 7.2 列出了《清洁水法》制定的国家水质量目标，其中，最重要的是三项目标，分别是零排放目标、适合钓鱼、游泳目标和有毒物质名录中有毒物无排放目标。这些目标通过以技术为基础的排污限额加以实施，同时也要以资助公共处理工程建设、地区污水处理管理以及研究和开发，在 1987 年《水质量法》中增补的，要求制订的非点污染源污染控制计划等措施为支撑。

表 7.2　美国《清洁水法》的目标和政策

| |
|---|
| 《清洁水法》的目标是恢复和维持美国水体的化学、物理和生物完整性。为了完成目标，该法的相关规定如下： |
| 1．国家水质量目标 |
| （1）到 1985 年消除所有向适于航行的水域排放污染物的国家标准（简称零排放目标） |
| （2）到 1985 年 7 月 1 日所有地区都必须实现保护鱼类、贝类和野生动植物，支持岸边和水中休闲活动的水质量过渡性国家目标（简称适合钓鱼、游泳目标） |
| （3）禁止有毒物质名录中有毒污染物排放的国家政策（简称有毒物质名录中有毒物无排放目标） |
| 2．为实现这三个目标应采取的措施 |
| （1）为建设公共处理工程提供联邦财政援助的国家政策 |
| （2）发展、实施地区污水处理管理计划的国家政策，确保对每一个州的污染源进行有效控制 |
| （3）针对排放到适于航行的水域、毗邻区水域和海洋中的污染物制定消除污染物的技术的研究和实验的国家政策 |
| （4）控制非点污染源计划尽快发展和实施的国家政策，通过控制点污染源和非点污染源，实现《清洁水法》目标 |

（1）零排放目标

零排放目标要求到 1985 年消除所有向适于航行的水域排放污染物，这是一个雄心勃勃的目标。1972 年以前州控制行动的无效和美国水资源的日益恶化，共同推动了零排放目标的制定。例如，1969 年俄亥俄州的库亚厚加河由于排入的石油和工业废物而着火。两年后，拉尔夫·纳德发表了名为“水荒”的美国水质量调查研究报告，引证了因污染导致的美国水资源的种种损失。美国国会确信需要政府制定最后期限，于是将零排放目标写入法律。

（2）适合钓鱼、游泳目标

适合钓鱼、游泳目标是作为零排放目标的过渡性目标。按照这个目标，到 1985 年地表水应该能够支持休闲活动以及鱼和野生动植物繁衍。该目标规定了各州水质量的基准水平，并将达到基准水平的最后期限定为 1985 年 7 月 1 日。

（3）有毒物质名录中有毒物无排放目标

有毒物质名录中有毒物无排放目标是禁止向任何水资源排放有毒物质名录中有毒污染物的国家目标。之所以建立有毒物质名录，是因为受有害化学物质污染的水体在不断增加。在 20 世纪 60—70 年代，随着化学物质的使用增加，人们发现新的合成化学物质增加了潜在威胁的不确定性。

（4）根据《清洁水法》确定污染物

水在循环的任何一个环节都会遭到多种不同污染物的污染。污染可能是因为废物非法排放，也可能是意外的事件，如油轮泄漏。导致地球水资源供给减少的污染物有很多，其范围从过量的植物营养物质到有毒合成物质。

1977 年《清洁水法》确定了 3 类污染物并应用于其他相关法律，它们分别是有毒污染物、常规污染物和非常规污染物。

有毒污染物是指引起死亡、疾病、行为异常、基因突变、本身及后代生物器官生理机能失常的污染物。

常规污染物是指被科学家完全认识的确定污染物，这类污染物以有机废物、沉淀物、酸、细菌、病毒、营养物质、石油和油脂或热的形式存在。常规污染物包括悬浮固体、生物化学需氧量物质、大肠杆菌和酸碱度。

非常规污染物是指不能确定为有毒或常规污染物的污染物。

在以技术为基础的排污限额的实施中，上述分类发挥了重要作用。这种分类能够保证对有毒污染物实行更严格的控制。将一种污染物确定为有毒污染物是依据其降解性（即分解成较简单物质的能力）、持续性（即在环境中的残留时间）、受到影响的生物体存在以及这种生物体的重要性、对这种生物体污染影响的性质和程度。《清洁水法》所列出的 65 种有毒化合物和化合物族是诸如苯、氯仿、铅、汞和砷等物质。按照单一物质划分，这个名录共包括了 126 种有毒物质，被称为优先污染物（priority pollutants）[①]。

### 7.1.3 水体用途与质量标准

美国 1965 年《水质量法》规定的地表水质量是用接收水质量标准来定义的。这些州立标准由以下两部分组成：指定水体的用途；维持指定用途的水质量标准。

指定用途是指确定水体的使用目的，如灌溉或养殖贝类；水质量标准是指给定水质的生物和化学指标以维持或实现指定用途，这些指标包括许可的最大污染物浓度。

#### 7.1.3.1 指定用途

美国国家环保局授权各州政府负责对本州内所有水体确定用途，其中，各州政府必须考虑公共供水、鱼类和野生动植物的繁衍、休闲活动和农业用途。作为最低标准，指定用途必须能够支持游泳和钓鱼以满足国家的适合钓鱼、游泳目标。此外，还明确禁止将水体用于废物运输和废物处理。这一规定直接表明污染稀释不能代替废物处理[②]。用途-支持状态，通过评估水体的现有条件并和指定用途所需要的条件进行对比而进行的分类，州政府必须定期地决定水体的用途-支持状态。地表水用途-支持状态分为 5 类，如表 7.3 所示，分别是完全支持、受到威胁、部分支持、不支持和未达到。州政府将用途-支持状态的结果提交给美国国家环保局进行分析，并作为《清洁水法》规定的每两年更新一次的《美国水质量目录》的一部分向美国国会报告[③]。

---

① Powell R M, Blowes D W, Gillam R W, et al. Permeable reactive barrier technologies for contaminant remediation. U.S. EPA, 1998: 600.

② Jackson B D, Van Putten M C. The dilution of the clean water act. U. MICH. J. L. REFORM, 1986, 19: 863-877.

③ Boyd J. The new face of the clean water act: a critical review of the EPA's new TMDL rules. Duke Enviromental Law & Policy Forum, Duku University, School of Law, 2000, 11: 39.

表 7.3　美国水质量的用途-支持分类

| 用途-支持 | 水质条件 | 定义 |
|---|---|---|
| 完全支持 | 优良 | 满足水质量标准和指定用途标准 |
| 受到威胁 | 优良 | 目前满足标准，但在不远的将来会退化 |
| 部分支持 | 好 | 大部分时间满足标准，但偶尔会超标 |
| 不支持 | 缺乏 | 不满足支持，不支持健康水生环境和（或）妨碍一些人类活动 |
| 未达到 | — | 因为特殊的生物、化学、物理、经济、社会条件，不能达到一种或多种指定用途 |

#### 7.1.3.2　水质量标准

为了确保实现和保持水体的指定用途，美国各州政府必须制定经美国国家环保局批准的水质量标准或采用美国国家环保局制定的标准。美国国家环保局负责研究制定及发布反映关于污染物对健康、水生生物、福利影响的最新科学知识的水质量标准。这些标准针对不同的污染物，采用水中的污染物允许浓度（数字标准）、定性说明（叙述标准）或对水生系统条件评价（生物标准）等指标表示。所有标准都必须有可靠的科学基础，如果水体有多种指定用途，则标准必须按最敏感的用途制定。

### 7.1.4　水质量控制政策的成本-收益分析

从定性的角度来看，提高水质量是几乎没有争议的目标。问题不在于是否选择这个目标，而在于决定应该控制哪种水体污染物。就像环境政策通常遇到的问题一样，问题是：多清洁是清洁？一旦这个基本问题被提出，随之而来的第二个问题就是如何评估目标。这两个问题都很复杂，但是，根据客观事实，利用成本-收益分析和效率标准可以对上述问题进行研究。依靠环境经济学家的细心工作，我们可以对证据做出分析并得到一些定性的，尽管是保守的结论[①]。

#### 7.1.4.1　1972 年《联邦水污染控制法》的成本-收益分析

1972 年美国《联邦水污染控制法》标志着美国水污染控制政策向由联邦政府执行的更为严格的控制政策的重大转变。因其在美国水资源政策发展的重要地位，这部立法已经成为共同的分析对象。

许多研究主要局限于某一特定的水体或地区，而且，一些研究仅关注水质量某方面的

① Goodstein E. Benefit-cost analysis at the EPA. The Journal of Socio-Economics, 1995, 24 (2): 375-390.

改善，如休闲用途或商业性捕鱼的价值①。其中，只有一项研究试图综合现有的研究结果，估算因 1972 年《联邦水污染控制法》而使水质量改善带来的综合收益。1979 年米瑞克·弗里曼为美国环境质量委员进行了这项具有划时代意义的研究，并于 1982 年对研究进行了修订②。

（1）1972 年《联邦水污染控制法》的收益估计

为了获得 1972 年《联邦水污染控制法》的社会总收益，弗里曼对 20 项现有的经验研究结果进行了全面分析。如表 7.4 所示，弗里曼将收益衡量尺度分为 4 类：休闲用途（娱乐）、非使用者收益、商业用途和综合用途。调整价格影响后，弗里曼得到 1985 年的社会总收益在 57 亿～277 亿美元，点估计值为 140 亿美元。这些货币价值可以解释成为完成 1972 年《联邦水污染控制法》规定的排污限额所获得的年度收益，即 1985 年完成水质量水平的收益，见表 7.4。

**表 7.4 美国 1972 年《联邦水污染控制法》1985 年的年度收益** 单位：10 亿美元（1984 年价格）

| 种类 | 范围 | 点估计值 |
|---|---|---|
| 休闲用途（娱乐） | | |
| 淡水垂钓 | 0.7～2.1 | 1.5 |
| 海洋垂钓 | 0.1～4.5 | 1.5 |
| 划船 | 1.5～3.0 | 2.2 |
| 游泳 | 0.3～3.0 | 0.2 |
| 水鸟捕猎 | 0.0～0.5 | 6.9 |
| 小计 | 2.6～13.1 | 1.8 |
| 非使用者收益 | | |
| 美学、生态、财产价值 | 0.7～5.9 | 1.2 |
| 商业用途 | | |
| 商业捕鱼 | 0.6～1.8 | 1.5 |
| 综合用途 | | |
| 饮用水、健康 | 0.0～3.0 | 1.5 |
| 市政治理成本 | 0.9～1.8 | 1.3 |
| 家用 | 0.2～0.7 | 0.4 |
| 工业供给 | 0.7～1.4 | 0.9 |
| 小计 | 1.8～6.9 | 4.1 |
| 总计 | 5.7～27.7 | 14.0 |

资料来源：Preeman（1982）. p.161，table 6-3，and p.170，table 9-1.

① Cropper M L, Oates W E. Environmental economics: a survey. Journal of Economic Literature, 1992, 30 (2): 675-740.

② Freeman A M. Air and water pollution control: a benefit-cost assessment. 1982.

（2）1972 年《联邦水污染控制法》的成本估计

为了获得 1972 年《联邦水污染控制法》的可比成本，弗里曼分析了两组估计数据：一组由美国环境质量委员会提供，另一组由美国国家环保局提供①。弗里曼对两组数据进行了综合分析，得到了 1985 年的社会总成本在 250 亿～300 亿美元，中点值为 275 亿美元。

（3）成本-收益比较

现在可以对弗里曼的估计进行比较，首先，假定这些估计反映真实的收益和成本。TSB 的评估范围在 57 亿～277 亿美元，而 TSC 的评估范围在 250 亿～300 亿美元，注意，这两组值之间有一小部分重叠。

TSB 评估范围：57 亿～277 亿美元（1984 年价格）

TSC 评估范围：250 亿～300 亿美元（1984 年价格）

我们还可以对弗里曼的 TSB 的点估计值（140 亿美元）和 TSC 估计的中点值（275 亿美元）之间的关系进行分析。

TSB 点估计：140 亿美元（1984 年价格）

TSC 点估计：275 亿美元（1984 年价格）

1985 年水质量控制的 TSC 超过了 TSB，这是一个令人不快的结果，见图 7.1（a）。在 1985 年美国政策规定的削减水平高于 TSB。同时，$A_{1985}$ 也高于净收益最大的效率水平 $A_E$。相关的边际分析见图 7.1（b），$A_E$ 对应于 MSC 曲线和 MSB 曲线的交点。在 $A_{1985}$ 上，MSC 高于 MSB，并且 $A_{1985}$ 处于 $A_E$ 的右边。

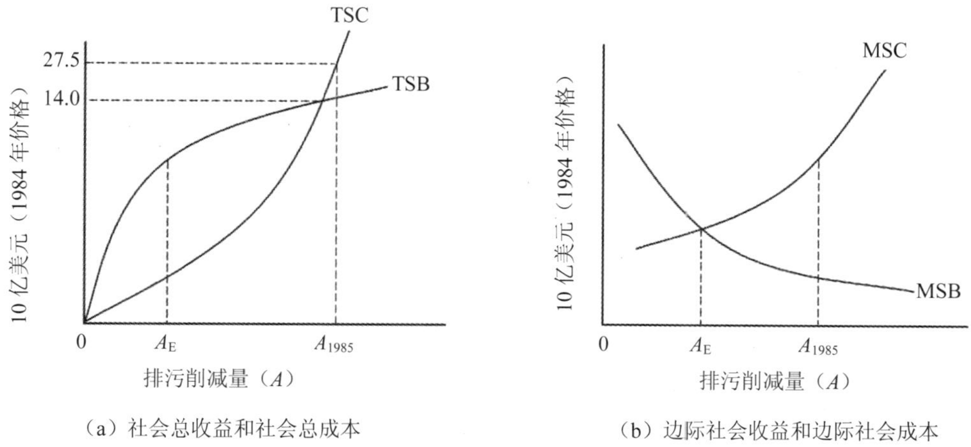


**图 7.1　美国 1972 年《联邦水污染控制法》成本-收益分析（1985 年）**

① Freeman A M. Technology-based effluent standards: the US case. Water Resources Research, 1980, 16 (1): 21-27.

如果弗里曼的估计合乎情理，那么，这个结果表明，1985 年美国对水质量的规定过于严格。相对于边际社会成本，边际社会收益较少，过多的资源被配置给水质量控制。这个结果是所有问题的症结所在。当然，也有可能是标准设置恰当而实施标准的手段没有成本-效益，如排污许可制度或排污限额。

另外一项研究表明，如果包含存在价值和使用者价值，那么收益应该高于弗里曼的估计①。尽管弗里曼确实试图计算一些非使用者收益，但由于方法上的问题，对这类收益的估计具有高度的不确定性②。在下结论时认识到这种潜在的不准确性，弗里曼声明即使收益估计值增加 20%，成本估计值减少 20%，结果依然是无效率。

尽管弗里曼的研究具有局限性，但是，弗里曼得到一个有价值的发现，即 1972 年《联邦水污染控制法》没有效率。考虑到这部立法的后续修正案，需要分析 1972 年以后的修正案是否能够提高水质量政策的效率。为了回答这个问题，下面将对更近时期的美国水污染控制政策进行成本-收益分析。

#### 7.1.4.2 美国水质量政策成本-收益分析的进展

（1）美国水质量控制收益估计的更新

在环境政策的成本-收益分析中，收益评估一直是一项艰难的任务。尽管如此，在环境收益的评估方法上仍取得了重要进展，其中，意愿调查法特别引人注目，因为它可以计算环境资源的存在价值和使用者价值。

华盛顿特区未来资源委员会成员卡森和米切尔进行了一项研究（1993），运用意愿调查法估算美国水资源法带来的水质量改善的价值。1983 年，他们对美国公众进行调查，由公众对《清洁水法》规定的水质量最低水平，即适合划船、钓鱼和游泳的水体进行估价。如表 7.5 所示，根据有效调查数据，全美范围内水质量的每年 TSB 估计值为 292 亿美元（1990 年价格，所有的数据都以 1990 年价格表示）。卡森和米切尔将他们的这一估计结果与弗里曼的研究结果结合起来，得到的 TSB 为 391 亿美元。注意，这个估计值远远高于弗里曼的估计，考虑到通货膨胀和家庭户数量的变化，弗里曼的收益估计值在 1990 年价格水平上应该为 201 亿美元。在对家庭户数量的变化、总体价格水平、真实收入以及对水污染的态度变化等因素进行调整后，卡森和米切尔得到的截至 1990 年每年的 TSB 为 467 亿美元。这个数据代表将水质量从不适合划船改善到适合游泳的价值。

---

① Howe C W. Increasing efficiency in water markets: examples from the western United States. Water Marketing-The Next Generation (Rowman and Littlefield Publishers, Inc., Lanham, MD), 1997: 79-99.

② Freeman A M. Benefits of environmental improvement: theory and practice. 1979.

表 7.5　水质量改善的收益估计：意愿调查研究（1990 年价格）

| 意愿调查研究的调查结果 | |
|---|---|
| 水质量 | 支付意愿估计（每人每年平均） |
| 适合划船 | 106 美元 |
| 适合钓鱼 | 80 美元 |
| 适合游泳 | 89 美元 |
| 总计 | 275 美元 |
| 以调查结果为基础的年度经济收益初步估计 | |
| 水质量从不适合划船改善为适合游泳的经济收益 | |
| 范围 | 240 亿～450 亿美元 |
| 点估计值 | 292 亿美元 |
| 清洁水年度经济收益的调整评估值 | |
| 在 1982 年弗里曼研究的基础上增加商业用途和海洋休闲活动的收益 | 391 亿美元 |
| 加上 1983—1990 年实际收入增长和对待水污染态度的变化因素 | 467 亿美元 |

资料来源：The value of clean water: the public's willingness to pay for boatable, fishable, and swimmable quality water. Water Resourse Research, 1993, 29(7): 2445-2454.

（2）美国水质量控制的比较成本

我们可以将卡森和米切尔的收益估计与政府部门所做的一些成本估计进行比较。一项由美国国家环保局完成的较完备的研究计算了水质量控制的年度成本，见表 7.6。注意，美国国家环保局预测的 1990 年成本为 506 亿美元。卡森和米切尔引用美国商业部最近的成本估计数据，该数据表明美国水质量控制的年度成本为 373 亿美元（1990 年价格）[①]。为保险起见，我们运用这两组数据，假定 1990 年的 TSC 范围在 373 亿～506 亿美元，点估计值约为 440 亿美元。

表 7.6　美国国家环保局对水质量和饮用水控制的成本估计（1990 年价格）　单位：10 亿美元

| | 1980 年 | 1987 年 | 1990 年 | 1995 年 | 2000 年 |
|---|---|---|---|---|---|
| 水质量 | 27.2 | 41.0 | 46.3 | 57.5 | 68.7 |
| 饮用水 | 2.4 | 3.7 | 4.3 | 6.4 | 7.9 |
| 总计 | 29.5 | 44.7 | 50.6 | 63.8 | 76.4 |

（3）美国水质量控制政策的成本-收益比较的更新

现在我们比较 TSB 和 TSC 估计值（1990 年价格）的相对价值。我们可以看到其结果是：467 亿美元的 TSB 略微高于 440 亿美元的 TSC。

TSB 的点估计值：467 亿美元（1990 年价格）

① Bratton D M, Rutledge G L.Pollution abatement and control expenditure 1985-1988. Survey of Current Business, 1990, 70: 32-38.

TSC 的点估计值：440 亿美元（1990 年价格）

但是，卡森和米切尔（1993）认为，由于将所有地表水质量提高到适合游泳水平的成本支出，所以未来的成本很可能高于收益。无论如何，1990 年成本和收益总值的比较并没有显示出相应的削减水平是否有效率。

正如图 7.2 所示，在净收益最大的污染削减效率水平 $A_E$ 上，TSB 和 TSC 之间的距离最大。在 1990 年的估计值中，我们只能得到以下结论：1990 年的削减水平位于 O 和 $A_E$ 之间，在此区间 TSB 大于 TSC。但是，我们没有理由假定 1990 年的削减水平等于 $A_E$。为了确定 1990 年的削减水平是否有效率，我们需要比较 1990 年的边际社会成本和边际社会收益。

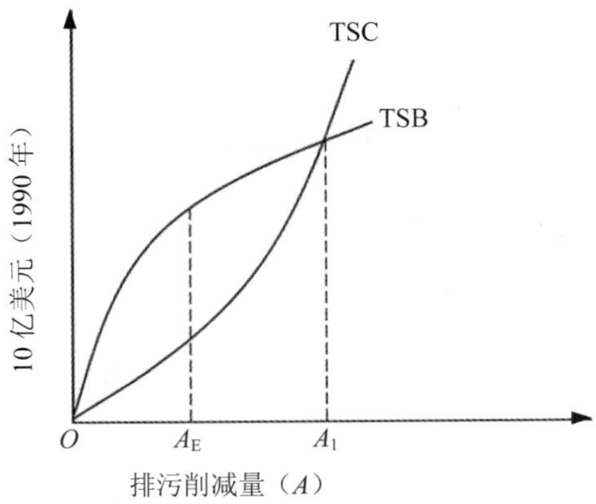


图 7.2　美国 1972 年以后的水质量政策的成本-收益分析：社会总收益和社会总成本

尽管，无法直接得到 MSB 和 MSC，但是，只要保持相同的价格水平，通过比较相关时期的增加成本和增加收益，就可以得到 MSB 和 MSC 的比较近似值。根据弗里曼对 1985 年的估计与卡森和米切尔对 1990 年的估计，我们可以对 1985—1990 年的增加成本和增加收益进行比较。将所有数值按 1990 年价格换算，得到的增加值如下：

| | |
|---|---|
| 1985—1990 年增加的收益 | |
| 1990 年收益（卡森和米切尔）： | 467 亿美元（1990 年价格） |
| – 1985 年收益（弗里曼）： | 201 亿美元（1990 年价格） |
| 增加收益： | 266 亿美元（1990 年价格） |
| 1985—1990 年增加的控制成本： | |
| 1990 年控制成本（美国国家环保局和商业部）： | 440 亿美元（1990 年价格） |
| – 1985 年控制成本（弗里曼）： | 346 亿美元（1990 年价格） |
| 增加成本： | 94 亿美元（1990 年价格） |

这些计算得出了一个有趣的结果。因为收益的增加值远大于成本的增加值，所以，有理由相信 1972 年以后美国水资源法的修正案并没有达到污染削减效率水平。这个结果如图 7.3 所示，增加成本用传统的 MSC 曲线表示，增加收益也用类似的方式表示。可以看到 1990 年的削减水平（$A_{1990}$）低于效率水平 $A_E$（即 MSC 和 MSB 的交点）。这表明需要更严格的污染源控制措施。

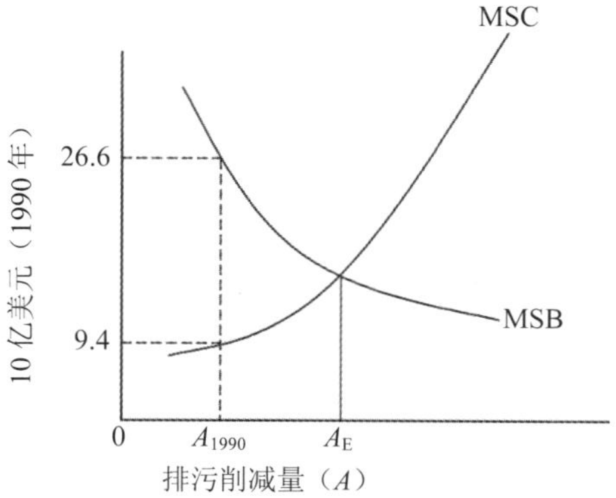


**图 7.3　1985—1990 年美国水质量控制政策的成本-收益分析：边际社会成本和边际社会收益**

这个评估是有趣的，但必须指出这个评估是建立在初步计算基础之上。正如卡森和米切尔所强调的，在进行收益评估时，假定美国大部分水体处于不适合划船的质量基准水平上。因此，达到适合游泳的水体质量的成本会低于如果所有水体都处于基准水平情况下的水质量改善成本。

## 7.1.5　改善水质量

正如我们在 5.2 节所讨论的那样，美国水质量政策有相当长的历史并经过一系列重要的修正。但是，对水质量政策需要进一步改革却几乎没有任何争议。尽管美国水资源质量已经取得很大改善，但是部分水体却持续恶化，大多数水体仍然受到污染物的威胁，特别是来自非点污染源的污染物。而且，当时执行的一些政策手段受到关注。常见的批评是，政策过度依赖以技术为基础的排污限额而缺乏经济激励手段。本节中，将研究美国水质量政策手段及相关问题。

### 7.1.5.1　控制点污染源

（1）排污限额和排污许可制度概述

1）排污限额。美国从 1972 年通过《联邦水污染控制法》开始，以技术为基础的控制点污染源排污限额就成为美国水质量目标的重要控制手段。按照行政管制手段，这些标准对点污染源向地表水排放污染物的数量做出限制。随着技术的进步，美国国家环保局对其规章不断进行修正，以确定和实施适合的控制手段。政策目标变成了彻底消除污染物排放，以达到零排放目标。

所有点污染源都有排污限额，排污限额根据污染源类型、污染源使用年限和污染物类型的差异而有所不同。例如，公共处理工程必须满足特定的次要治理标准。对于将废水转给公共处理工程的间接工业排放，其排放标准规定必须在转移前对废水进行初步处理。另外一些类型的以技术为基础的排污限额是为直接工业排放制定的，直接工业排放是直接将废水排入地表水而不做任何处理。事实上，有时这些排污限额的差别并不明显。我们应该牢记，尽管不同类型的污染源有不同的标准，但是，每一类型的所有污染源的标准却是统一的。

2）排污许可制度。排污限额决定之后，直接工业排放的排污限额和公共处理工程的排污限额就可以通过一种排污许可制度联系起来。这种排污许可制度被称为国家污染物排放削减系统，由国家环保局负责管理。简单地说，排污许可制度禁止任何没有国家污染物排放消除制度许可而向适于航行的水体直接排放污染物的行为。排污许可制度明确要求对排污限额进行监控并报告。尽管国家环保局承担这项计划的全面责任，但是，只要满足政府的要求，地方政府也可以管理国家污染物排放消除制度①。

确定直接工业排放的排污限额是一项重要而艰巨的任务，因为排污限额必须反映不同行业的技术差异，如炼钢厂、杀虫剂厂和农药厂。事实上，确定排污限额的困难大大延缓了完成水质量目标的进程。由于这些及其他原因，政策研究者对排污限额标准提出了许多批评，因此，我们需要更加严谨地分析排污限额。

（2）直接工业排放的以技术为基础的排污限额

制定企业的排污限额需要考虑许多因素，但是，最重要的因素是各个行业的技术能力，这可以说明运用特定污染控制设备所能完成的排放削减水平。正因为如此，排污限额又被称为以技术为基础的排污限额。但是，允许污染源选择完成限额所使用的方法。这意味着排污限额应该更准确地称为以执行为基础的标准。

这些分行业的排污限额可以根据污染源的使用年限而做进一步细化，如同空气质量标准，新建污染源和现有污染源的污水排污限额也存在差异。新建污染源是指有关规定颁布以后开始建造的污染源。新建点污染源的排污限额比现有的点污染源的排污限额更严格，并且新建点污染源以最佳示范控制技术为基础。事实上，这些限额是禁止污水排放的。对于现有污染源，有两类以污染物类型为基础的排污限额可以使用：一类适用于控制非传统和有毒污染物（称为最佳经济可行技术），另一类适用于传统污染物（称为最佳传统控制

---

① U.S.EPA Office of Water（June 2001），p.2.

技术）。这些排污限额以最低或基准控制为基础，如果某一特殊水体的质量需要达到所希望的水平，可以执行更严格的标准。

在为非传统和有毒污染物制定标准时，每个行业的技术水平由多种因素决定，其中包括使用的方法、成本、能源需求和水资源以外的其他环境影响。在决定传统污染物的标准时，还需要考虑相关收益和成本之间的合理性。

### 7.1.5.2 控制非点污染源

（1）点污染源和非点污染源的区别

近年来，随着人们对环境问题的关注，一类十分普遍而又不为人们所熟悉的环境污染问题逐渐得到各国政府环境保护部门的高度重视，这就是非点源污染，国内有的文献或媒体中又称为面源污染，通常在比较正式的、学术性较强的文献中多称“非点源污染”（non-point source pollution，简称 NPS 污染）。非点源污染有广义和狭义的两种理解，广义指各种没有固定排污口的环境污染，狭义通常限定于水环境的非点源污染。

水环境污染问题通常可分为点源污染和非点源污染，点源污染主要包括工业废水和城市生活污水污染，通常有固定的排污口集中排放。非点源污染是相对点源污染而言的，是指溶解的和固体的污染物从非特定的地点，在降水（或融雪）冲刷作用下，通过径流过程而汇入受纳水体（包括河流、湖泊、水库和海湾等）并引起水体的富营养化或其他形式的污染。与点源污染不同，非点源污染具有分散性、隐蔽性、随机性、潜伏性、累积性和模糊性等特点，因此不易监测、难以量化，研究和防控的难度较大。

随着各国政府对点源污染控制的重视，点源污染在包括我国在内的许多国家已经得到较好的控制和治理。而非点源污染，由于涉及范围广、控制难度大，目前已成为影响水体环境质量的重要污染源。

（2）美国非点污染源管理计划

1987 年美国《水质量法》第三百一十九条款正式制订了非点污染源管理计划，在美国联邦政府的批准和财政援助下，由州政府实施这个三阶段计划，非点污染源管理计划就是指针对非点污染源污染的三阶段执行计划。

计划的第一阶段要求州政府准备评估报告，确定如果不对非点污染源采取行动就不能完成或维持水质量标准的水体。州政府也必须确定非点污染源的种类或相关的特殊点污染源。在第二阶段，州政府必须制订管理计划，为每一个确定的种类、亚类或单独的非点污染源指定最佳管理方案以减少污染，同时，重视对地下水资源的影响。最后一个阶段要求在若干年时间内实施计划。

为了支持各州的工作，联邦拨款达到总支出的 60%。1991 年，美国国家环保局发布了关于如何分配和管理基金的行动指南。这份指南鼓励各州采取优先行动，如处理高风险的非点污染源问题、促进完善的流域管理、保护敏感和具有重要生态意义的水体（如湿地、河口、景色优美的河流）。从 1990 财政年度到 2001 财政年度，联邦拨款的总额达 13 亿美元[1]。

（3）设计和革新框架

1989 年，美国国家环保局起草了“未来非点污染源议程”，以帮助制定控制非点污染源的国家目标并设计相应实施方案。随着时间的推移，州、部落和地方计划都得到了发展和实施。1995 年，美国国家环保局的代表和一些州政府官员就加强现有非点污染源计划的新框架设计开展了一系列讨论。在州与州际水污染控制管理协会（ASIWPCA）的倡议下，经过通力合作，美国国家环保局和州与州际水污染控制管理协会共同签署了新的第三百一十九条款计划和拨款指南，具体讨论见二维码中的内容。

扫码获取

非点污染源计划：中央和地方合作的成就

（4）流域管理

流域管理已经成为非点污染源控制政策的重要因素。流域是指所有特定水体流经的地域。与湖泊和河流的情况完全不同，政府官员可以亲自深入到流域，能够更清楚地了解流域的环境状况，并能更好地确定给流域环境造成负面影响的因素。2003 年预算中有 2 000 万美元用于一项流域保护的新议案。按照美国国家环保局负责人的说法，这笔款项将用于全国 20 个最有价值的流域保护[2]。

（5）非点污染源控制中联邦政府和州政府的角色分析

美国水污染控制的重点是点污染源多年间没有产生过任何争议。直到 1987 年，政策制定者将精力集中在制定标准、颁发排污许可证以及监控点污染源上。随着时间的推移，这些努力的不足日益显现。来自陆地径流和大气沉降的非点污染源持续威胁地表水和地下水供应，其主要原因是现行政策过于简单，没有包括非点污染源控制。1994 年，美国国家环保局局长卡罗尔·布朗（Carol Browner）对非点污染源问题发表了以下观点：对美国河流、湖泊和河口的最大威胁是被污染的径流，有时也被称为非点污染源。淤泥、杀虫剂、肥料和其他污染物被雨水从农场、市郊草地、工厂和城市街道带入水体[3]。1987 年以来，许多规章的实施都交给州政府负责，我们需要考虑这种决定的合理性。其优点和缺点是什么？我们也需要评估联邦政府的作为与各州所需要的支持是否相称。

1）委托州政府控制非点污染源的正面影响。

①非点污染源的易变性。将控制非点污染源的责任交给州政府的一个重要原因是非点污染源的易变性。非点污染源不仅难以确定和隔离，而且其所造成的危害也不可预知，这主要是因为非点污染源可能来自农场、城市街道、矿山和建筑工地的径流。因为径流受降

① U.S.EPA Office of Water（February 2002）.

② U.S.EBA（January 25，2002）.

③ Browner C M. The Administration’s proposals-we must embrace a watershed approach. EPA J., 1994, 20: 6.

水的影响，所以水体污染也受到许多外部因素的影响，如季节、地质和土壤条件。这些因素不仅难以控制，而且在不同地区有很大的差别。因此，对非点污染源使用基础广泛、采取统一控制的手段很可能无效，并且难以实施。

②土地使用。影响州政府和联邦政府合作的另一个因素是非点污染源与土地使用之间的关系。土地使用包括农业、矿业、林业、城市发展等活动，所有这些活动在历史上就已经由当地政府所控制。因此，当联邦政府制定政策并要求州政府或当地政府如何使用他们自己的土地资源时，这就成为敏感的政治问题。

2）委托州政府控制非点污染源的负面影响。

①信息不充分。虽然从某种逻辑上讲，可以在源头控制非点污染源污染，但是州政府经常因缺乏信息而无法履行职责。有关水污染程度的数据不足在很大程度上是因为无效的监控系统[①]。

②糟糕的监测系统。各州政府面临的窘境是大部分非点污染源的评估数据来自点污染源的监测系统。监测数据匮乏不仅妨碍了环境评价，而且妨碍了对州管理计划和最佳管理方案设计的评估。没有有效的监测系统，污染水平的变化就不能得到准确测度。因此，制订新计划或修正现有计划的动力就十分有限。

③控制不一致。最后，当由各州政府负责政策实施时，一个潜在的问题是污染控制的不一致。这种不一致之所以会成为问题是因为一个州受到污染的水体可能会流入另一个州的领域。美国国会预见到了这种可能性，于是授权美国国家环保局进行干预，负责安排州际管理协商会议。如果一个州的水体因为另一个州的非点污染源而不能达标，那么这个州可以请求美国国家环保局安排协商解决这个问题。

3）非点污染源控制中联邦政府的角色分析。

尽管州政府在实施非点污染源控制中负有主要责任，但仍需要联邦政府多方面的支持。水质量政策长期集中在点污染源，水质量政策必须在联邦一级上进行调整，这些都是非点污染源控制面临的问题。为了进行说明，我们需要考虑以下两方面：

①资源配置。由于长期强调对点污染源的控制，美国联邦基金需要填补有关非点污染源的信息空白。例如，各州政府需要在水质量标准的基础上制定适合非点污染源的标准。遗憾的是，美国国家环保局关于建立点污染源标准的经验并不能拿来直接借用，因此需要时间来制定非点污染源标准，改善国家监测技术或制定规章也需要付诸同样的努力，因为监测工作过去主要集中在点污染源释放的污染物上。因此，现在需要制定针对更加复杂的非点污染源的规章，而这些需要都要求坚实的资源保障。

表 7.7 是 1972—2000 年美国点污染源和非点污染源控制的相对支出，数据清楚地显示出美国对点污染源控制的重视。我们可以看到非点污染源控制的支出比例由 1980 年的

---

① U.S.GAO（July1991），pp.21-22.

6.2%下降到2000年的1.7%，其中部分原因是美国国家环保局对控制点污染源承担了更多的责任。

表7.7 美国点污染源和非点污染源控制的年度支出 单位：百万美元

| | 1980年 | 1987年 | 1990年 | 1995年 | 2000年 |
|---|---|---|---|---|---|
| 点污染源 | 8 543（93.8%） | 22 116（97.2%） | 33 642（97.7%） | 47 300（98.1%） | 56 604（98.3%） |
| 非点污染源 | 567（6.2%） | 647（2.8%） | 779（2.3%） | 893（1.9%） | 959（1.7%） |
| 总计 | 9 110（100%） | 22 763（100%） | 34 421（100%） | 48 193（100%） | 57 563（100%） |

②与其他国家计划的协调。非点污染源控制在联邦一级上需要解决的另一个问题是水质量目标与其他规章的矛盾。这已经成为困扰支持农业和林业的国家计划的难题，因为这些行业是主要的非点污染源。

美国农业部开展的农产品计划就遇到了这样的难题。这个计划的目的是稳定和支持农产品价格，保护美国农民的收入，超过2/3的美国农民是该计划的成员。为了实现农产品价格保护，依据农作物的历史价格，按照面积制定种植农作物的种类和产量，参与农产品计划的农民不能种植计划以外的农作物，也不能超过计划制订的产量。严格的供给限制有助于维持农产品价格，但这也促进了污染水资源的行为。

该计划刺激农民专门种植计划规定的作物，因为收益以历史产量水平为基础。问题是年复一年种植同样的农作物会破坏土壤并使农作物容易遭受虫害。结果，农民更加依赖农用化学物质，如肥料和杀虫剂，而带有农药和杀虫剂的农业径流是美国河流、溪水和湖泊的主要污染源①。

### 7.1.6 今后的政策方向

总体来说，在一些欧洲国家率先运用市场手段以后，美国也开始考虑在水质量政策上使用以市场为基础的手段来节约成本。事实上，一些地方政府当时也在使用以市场为基础的激励手段。

为了分析这些经济手段，我们对点污染源的两种市场手段进行研究：排污收费和排污许可证交易。随后，我们通过研究产品收费和运用气泡原则的排污削减交易，对更加复杂的非点污染源进行分析。

① U.S.EPA Office of Water，June 2000，p.62，88.

#### 7.1.6.1　点污染源控制的市场途径

（1）排污收费

正如第 4 章讨论的，排污费是基于污染物排放的收费。为了刺激污染者削减排污量，排污费必须以排污体积或排污类型为基础。例如，以体积为基础的排污收费是以单位体积的排污量为收费标准，以便对排放较多的污染者征收更多的费用。同样地，为了阻止向环境排放更多的危害较大的污染物，如包含有毒物质的污染物，政府使用以污染物为基础的排污费，这意味着对排放危害较大的污染物征收较高费用。一些国家，如澳大利亚、比利时、法国和德国都制定了排污收费制度以控制水体污染[①]。二维码中的内容讨论了德国使用市场手段的经验。世界上使用排污收费制度的国家依然很有限，因为收费水平的确定较为复杂，也正是这种复杂性导致了管理费用高昂。

扫码获取

德国的排污收费制度

为了说明这些问题，假定政府为某些有毒污染物制定单位排污收费制度，其结果是每一个污染源将污染物排放削减到使 MAC 和边际排污费（MEF）相等的水平。因为所有的 MAC 都是相等的，所以，排污收费将产生有成本-效益的结果。如图 7.4 所示，假定两个厂商，每个厂商面临不同的 MAC 曲线和相同的 MEF。厂商 1 的边际削减成本是 $MAC_1$，排污削减量是 $A_1$；厂商 2 的边际削减成本是 $MAC_2$，排污削减量是 $A_2$，尽管这两个厂商的排污削减总量不一样，但它们的 MAC 相同。

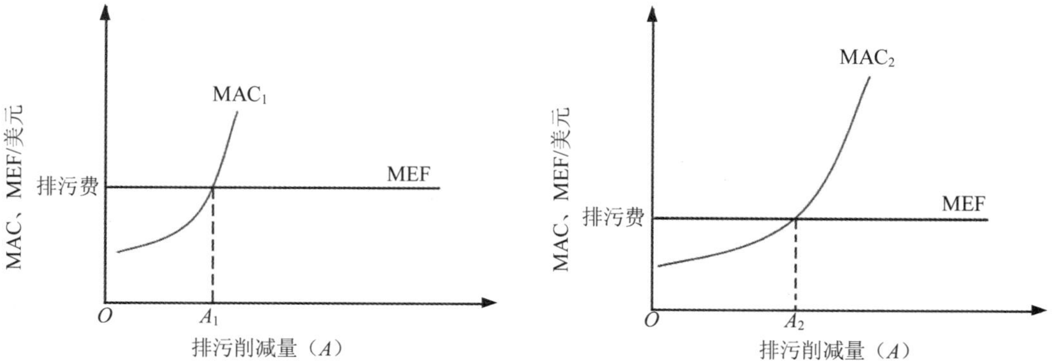


（a）厂商 1　　（b）厂商 2

**图 7.4　单位排污费的成本-效益**

需要注意的是，所有厂商完成的污染削减水平并不是有效率的，除非与削减水平相对应的 MSB=MSC。MSC 是所有厂商的 $MAC_{mkt}$ 水平加总，再加上政府监控和执行成本（MEC）。在实践中保证 MSB 和 MSC 相等很困难，而且收集这些必需数据的成本也十分

① OECD（1999），pp. 22-23.

高昂。即使保证 MSB 和 MSC 相等，也只是总体有效率，而对于特定水体却并非如此。除非每一个污染源的边际收益等于边际成本，否则排污费不会对特定水体产生有效率的结果。例如，在其他条件相同的情况下，排污费对边际收益较低地区的污染者要求过严，如人口稀少地区，而对于边际收益较高地区的污染者则要求过松。

该结果见图 7.5。假定两个地区的 MSC 相同，而 MSB 不同：$MSB_{low}$ 是人口较少地区的边际社会收益，$MSB_{high}$ 是人口较多地区的边际社会收益。如果每单位的排污费是 MEF，每个地区都削减 $A_0$，$A_0$ 高于人口稀少地区的削减效率水平（$A_{low}$），而低于人口密集地区的削减效率水平（$A_{high}$）。因此，如果削减目标是实现地区的削减效率水平，那么，制定政策的官员就必须依据各个地区的 MSB 和 MSC 相等的削减水平来征收不同的排污费用。

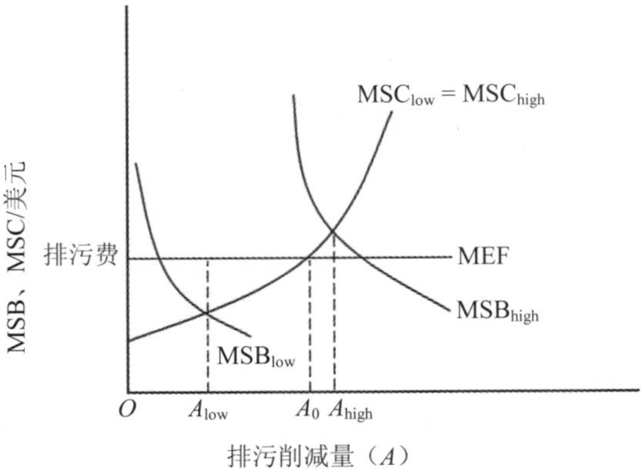


图 7.5　全国性的单位排污费的无效性

这样一个复杂计划所需要的数据支持和监控系统使其难以实行，至少在全国范围内不可行。但是，各个州却有制订这种计划的可能。事实上，美国有些州已经制订计划[①]。一些公共处理工程也运用了相似的手段。因此，如果 MEF 为零，那么污染者就不会有任何动机去削减排污量。

（2）可交易排污许可证

另一项可以选用的经济手段是可交易排污许可证市场。颁发的排污许可证就是交易的基础也是排污的权利。正如第 4 章所讨论的，只要污染源的边际削减成本不同，交易就会有潜在的收益。如果一个污染者不需要使用全部的排污许可，那么，他可以持有多余的排污许可证，留待以后用或出售给其他排放污染者。如果高成本污染者需要比法定数量更多的排污许可证，他必须削减更多的排污量或向持有多余排污许可证的污染者购买。污染削减低成本的污染者将拥有多余的排污权，低成本污染者愿意以高于或等于自己 MAC 的价

① Duhl（December 1993），p.10，ascited in U.S.EPA，Offie of Policy，Economics，and Innovatinon（January 2001），p.36，table 4-2.

格出售排污权；只要排污权价格低于或等于自己的MAC，污染削减高成本的污染者就愿意购买这些排污权。市场的力量将保证排污许可权的价格位于所有企业 MAC 相等的点——能够实现成本-效益的方法。

#### 7.1.6.2 非点污染源控制的市场途径

运用市场途径减少非点污染源的污染更加复杂。因为非点污染源本身就难以确定。如果考虑使用排污收费这样的价格手段，我们面临的困境就更明显。实施排污收费存在许多问题，因为陆地径流和大气沉降来自许多污染源，而每一污染源的影响都是不确定的，所以，排污收费难以公正地实施。如果政策制定者对所有已知径流的污染者征收统一的费用，结果将是不公平的[①]。所以，在非点污染源控制中应选择使用间接手段，其中两个主要手段是对使用过程中增加径流污染的商品征收产品收费和运用气泡原则的排污削减交易。

（1）产品收费

产品收费是指基于污染物数量或污染后果，对产生污染的产品加价收费。使用产品收费控制径流污染的常见实例是肥料税。因为农业径流是主要的非点污染源污染，肥料税这样的市场手段显然具有优势。对肥料征税将有效增加肥料的价格，从而降低对肥料的需求。在理论上，理想的税额是涵盖肥料在农业生产使用中产生的边际外部成本。在实践中，需要回答的问题是价格上升导致需求的变化能否足以削减径流污染。

按照美国国家环保局 2001 年的报告，至少有 46 个州征收了肥料税，但是税率明显过低，因此没有对肥料的消费产生太大影响。税率范围从每吨低于 1 美元到每吨 4 美元，这只占肥料价格很小的比例，肥料价格每吨 150～200 美元，当税率不超过产品价格的 2.5%（通常税率远低于 2.5%）时消费减少量可以忽略不计。即使肥料税率得以提高，其对需求数量的影响很可能仍不足以减轻污染。因为肥料是农业生产的重要投入，其需求的价格弹性可能很小[②]。

（2）排污削减交易

非点污染源控制的另一个可供选择的市场途径是运用气泡原则的排污削减交易政策。排污削减交易政策和用于控制空气污染的气泡政策的基础是相同的，简单地说，该政策对确定的流域建立总体削减目标，为每一个污染源分配排污限额，同时，颁发排污削减信用或排污许可证。排污限额一旦确定，污染源彼此可以进行排污权交易。如果排污者排污量低于法定排污量，则颁发其排污削减信用。排污许可证是预先颁发的，是污染者的未来排污权。

---

① Harrington W, Krupnick A J, Peskin H M. Policies for nonpoint-source water pollution control. Journal of Soil and Water Conservation, 1985, 40 (1): 27-32.

② U.S.EPA Office of Policy，Economics，and Innovation（January 2001），p.51.

例如，狄龙水库是科罗拉多重要的水资源之一，丹佛居民的用水有一半以上来自狄龙水库。随着居民人数的增加和工业的发展，狄龙水库产生了严重的水污染问题。水库中含有大量的磷，造成水质下降。政府官员对有害排放物进行调查后发现有一半以上的污染物来自非点污染源，剩余的则分别来自 4 家市政污水处理厂、16 家小型污水处理厂和 1 家工厂。尽管这些点污染源受到排污限额的控制，但它们完成排污限额的成本很高。更重要的是，大型市政污水处理厂的边际削减成本远高于非点污染源的边际削减成本。

狄龙水库的问题正是一个教科书式的经典案例，即不同污染源的边际削减成本存在差异，可以通过交易计划节约成本①。在美国国家环保局的支持下，科罗拉多州政府制订了一项点-非点污染源交易计划，规定了污染源的磷排污限额，允许点和非点污染源以 2∶1 的比率进行交易。

预测排污削减交易的长期成就还为时太早，因为排污削减交易还是一项比较新的计划。无论如何，美国国家环保局估计排污交易市场的潜在成本节余是偏大的，在 6.58 亿～75 亿美元。其中，点污染源者间交易的成本节余在 840 万～19 亿美元；点-非点污染源间交易的成本节余在 6.11 亿～56 亿美元。因此，狄龙水库的经验十分宝贵，因为这有助于政府官员建立类似市场并可以计算成本节余。

## 7.2 我国对水污染的治理

### 7.2.1 水污染现状与治理政策

作为水资源政策分析，首先应对我国的水资源现状进行概括，这有助于分析我国水资源分布特点以及污染状况，然后重点分析我国关于水资源保护与污染治理的政策，根据具体政策定义水质量。

#### 7.2.1.1 我国水资源污染现状

我国水资源总量丰富，但人均不足。我国大小河川总长 42 万 km，湖泊 7.56 万 $km^2$，占国土总面积的 0.8%，淡水资源总量 2.8 亿 $m^3$，居世界第 6 位。但人均占有量较低，只有 2 300 $m^3$，仅为世界人均拥有量的 1/4，居第 121 位，被联合国列为全球最缺水的 13 个贫水国之一。目前，我国 640 个城市有 300 多个缺水，2.32 亿人年均用水量严重不足。我国的地表水资源主要集中在七大水系：长江（年径流量 9 513 亿 $m^3$）、珠江（年径流量

① U.S.EPA Office of Policy, Planning, and Evaluation（July1992）, pp.5-15, 5-16, and U.S.EPA Office of Policy, Economics, and Innovation（January 2001）, p.102.

3 338 亿 $m^3$）、松花江（年径流量 762 亿 $m^3$）、黄河（年径流量 661 亿 $m^3$）、淮河（年径流量 622 亿 $m^3$）、海河（年径流量 228 亿 $m^3$）和辽河（年径流量 148 亿 $m^3$）。

依据地表水水域环境功能和保护目标，按功能高低依次划分为 5 类①：

①Ⅰ类主要适用于源头水、国家自然保护区；

②Ⅱ类主要适用于集中式生活饮用水地表水源地一级保护区、珍稀水生生物栖息地、鱼虾类产卵场、仔稚幼鱼的索饵场等；

③Ⅲ类主要适用于集中式生活饮用水地表水源地二级保护区、鱼虾类越冬场、洄游通道、水产养殖区等渔业水域及游泳区；

④Ⅳ类主要适用于一般工业用水区及人体非直接接触的娱乐用水区；

⑤Ⅴ类主要适用于农业用水区及一般景观要求水域。

对应地表水上述 5 类水域功能，将地表水环境质量标准基本项目标准值分为 5 类，不同功能类别分别执行相应类别的标准值。水域功能类别高的标准值严于水域功能类别低的标准值。同一水域兼有多类使用功能的，执行最高功能类别对应的标准值。实现水域功能与达到功能类别标准为同一含义。

我国地表水污染十分严重，特别是江河水污染问题：全国七大江河中，淮河、黄河、海河的水质最差，均有 70%的河段受到污染。黄河、淮河、海河等中下游发生的断流现象，导致河口严重淤积：不少中小河流由于城镇工业的超量排放污水已成为污水河，无法为人类所利用。2012 年长江、黄河、珠江、松花江、淮河、海河、辽河、浙闽片河流、西北诸河和西南诸河十大流域的国控断面中，Ⅰ～Ⅲ类、Ⅳ～Ⅴ类和劣Ⅴ类水质断面比例分别为 68.9%、20.9%和 10.2%。主要污染指标为化学需氧量、五日生化需氧量和高锰酸盐指数。不仅仅是七大水系受到污染，国内重点湖或水库的水质也不容乐观。随着我国工农业的发展，特别是农用化肥及农药的大量使用，使排入湖泊、水库的磷、氮、钾等营养物质增加。据统计，我国 131 个大中型湖泊中，有 89 个湖泊被污染，67 个湖水水体达富营养化程度。2012 年，62 个国控重点湖泊（水库）中，Ⅰ～Ⅲ类、Ⅳ～Ⅴ类和劣Ⅴ类水质的湖泊（水库）比例分别为 61.3%、27.4%和 11.3%。主要污染指标为总磷、化学需氧量和高锰酸盐指数。

（1）总体情况

2019 年 1—12 月，1 940 个国家地表水考核断面中，水质优良（Ⅰ～Ⅲ类）断面比例为 74.9%，同比上升 3.9 个百分点；劣Ⅴ类断面比例为 3.4%，同比下降 3.3 个百分点（图 7.6）。主要污染指标为化学需氧量、总磷和高锰酸盐指数。

①《地表水环境质量标准》（GB 3838—2002）。

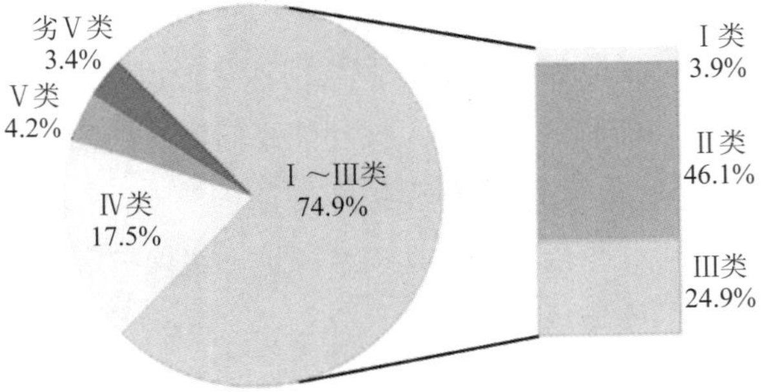


图 7.6 2019 年 1—12 月全国地表水水质类别比例

（2）主要江河水质状况

1—12 月，长江、黄河、珠江、松花江、淮河、海河、辽河七大流域及西北诸河、西南诸河和浙闽片河流Ⅰ～Ⅲ类水质断面比例为 79.1%，同比上升 4.8 个百分点；劣V类为 3.0%，同比下降 3.9 个百分点（图 7.7）。主要污染指标为化学需氧量、高锰酸盐指数和氨氮。其中，西北诸河、浙闽片河流、西南诸河和长江流域水质为优，珠江流域水质良好，黄河、松花江、淮河、辽河和海河流域为轻度污染[①]。

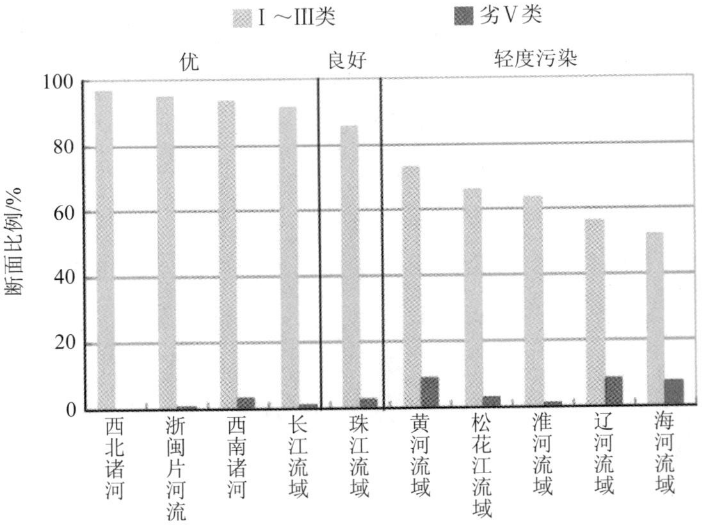


图 7.7 2019 年 1—12 月七大流域和西南、西北诸河及浙闽片河流水质类别比例

尽管近年来我国加大了水污染治理的力度，水质量有很大好转，但仍然不容乐观。

水污染特别是工业污染使水资源基本丧失了利用价值，制约了经济的发展，同时也影响了人们的健康、生存。据联合国预测，21 世纪水危机将成为全球危机的首位。联合国指出，每年全世界约 500 万人死于水污染引起的疾病。世界卫生组织于 2014 年 10 月公布了

① 中华人民共和国生态环境部 2020 年 2 月 20 日发布的 2019 年全国地表水、环境空气质量状况。

威胁人类健康的十大杀手，水污染位列其中。我国的水污染现状虽有好转但是不容乐观，准确认识我国水污染现状，强调其危机感与紧迫感，加大水污染研究与治理资金的投入，对改善我国水污染现状将有积极意义。

### 7.2.1.2　我国关于水资源保护与污染治理的法规政策

（1）《宪法》

作为我国最高位阶的法律，其相关规定对工业水污染防治法律制度构建具有重要的指导意义。依据《宪法》第二十六条规定，国家保护和改善生活环境和生态环境，防治污染和其他公害。工业废水属于典型的污染物，国家有义务进行防治。

（2）《环境保护法》

《环境保护法》是统领污染防治工作的基本法，其相关规定同样适用于工业水污染防治领域。该法规定了一系列管制工业污水排放的相关制度，如排污申报、排放标准和排污收费。《环境保护法》是为保护和改善环境，防治污染和其他公害，保障公众健康，推进生态文明建设，促进经济社会可持续发展制定的国家法律，由第十二届全国人民代表大会常务委员会第八次会议于2014年4月24日修订通过，新的《环境保护法》自2015年1月1日起施行。至此，这部中国环境领域的基本法，完成了25年来的首次修订。因环保法牵涉面甚广、争议较多，这次修法破例进行了第四次审议才得以通过。由此，可以说，这是一部凝结了我国环保治理智慧，吸取了之前经验教训、能对症下药的成熟立法。受限于原有的法律规定，长期以来，我国环保部门的处罚力度、执法手段都相当有限，相对于公安甚至税务和工商部门来说，环保部门一直都是一个“软衙门”，难以震慑日益猖獗的环境违法行为。而新《环境保护法》，是一部“长牙齿”的法律，是一部能对民怨极大的污染现象“打出硬拳头”的法律。

（3）《水法》

《水法》是为了合理开发、利用、节约和保护水资源，防治水害，实现水资源的可持续利用，适应国民经济和社会发展的需要而制定的法律①。

（4）《水污染防治法》

1984年实施的《水污染防治法》是我国第一部专门规制水污染物排放的单行法。工业企业作为该法的重点调控对象，很多法律制度与工业企业密切相关，如排污许可、限期治理和在线监测。经过1996年和2008年的修订，2016年6月12日《水污染防治法》迎来自2008年实施后的首次大规模修订，包括：标准、体系迎来重大创新，加强了水污染防治管控、明确地方政府责任、对工业排污监管更严格、确立以效果为导向等多方面内容。新修订的《水污染防治法》于2018年1月1日起在全国推行。新法明确，水污染防治应

---

① 范与华. ISO水质量标准. 世界标准化与质量管理，1994（10）：36.

当坚持预防为主、防治结合、综合治理的原则，优先保护饮用水水源，严格控制工业污染、城镇生活污染，防治农业面源污染，积极推进生态治理工程建设，预防、控制和减少水环境污染和生态破坏。新法将生态文明建设的新要求和《水污染防治行动计划》提出的新措施予以规范化、法制化。其亮点之一是增加了“河长制”的内容，要求省、市、县、乡建立河长制，分级分段组织领导本行政区域内江河、湖泊的水资源保护、水域岸线管理、水污染防治、水环境治理等工作。修订后的《水污染防治法》结构逐步完善、内容更加充实，在工业水污染防治方面发挥的作用极强。

在《水污染防治法》实施的过程中，针对一些重要事项，我国还制定了一些与之相配套的法律规范，如《排污费征收使用管理条例》《限期治理管理办法》《造纸工业水污染物排放标准》等。

依据《水污染防治法》，在对工业水污染进行防治时，通常实施以下制度：

一是生态补偿。该制度要求国家通过财政转移支付方式，对饮用水水源保护区区域和江河、湖泊、水库上游区域进行补偿。生态补偿机制的确立，有助于协调上下游区域之间的关系，补偿上游区域在确保水量充足和水质安全方面所做的努力。其中，上游区域为了保持水环境质量而丧失的工业发展机会也应获得补偿。

二是排污申报。该制度要求向水体排放污染物的企业需要向县级以上环保部门申报登记其拥有的水污染排放设施、处理设施，正常作业条件下排放水污染物的种类、数量和浓度，以及防治水污染方面的有关技术资料。此外，当企业排放污染物的种类、数量和浓度有重大改变，或者水污染物处理设施被拆除或者闲置时，也应事先进行申报。

三是排污许可。企业只有取得排污许可证后，才可以向水体排放工业废水。除了“持证排污”外，企业还需要“按证排污”，以许可证核定的污染物种类、控制指标和规定的方式排放污染物。

四是排放标准。在排放水污染物时，企业需要按照国家或者地方规定的排放标准排放水污染物。工业门类繁多、工艺复杂，不同领域的水污染构成也不一样。因此，在一般性排放标准之外，国家还规定了行业排放标准，如在纺织业、造纸及纸制品业、医药制造业、食品制造业、化学原料及化学制品制造业、石油和天然气开采业等领域都有相应的排放标准。

五是总量控制。除按照排放标准排污外，企业还要严格遵守重点水污染物排放总量控制指标。省级政府有权核定辖区内的重点水污染物排放总量，并将总量控制指标分解落实到市、县级人民政府。市、县级人民政府会将控制指标再分解落实到排污企业。

六是在线监测。重点排污企业需要安装自动监测设备，并与环保部门的监控设备联网，实时监测其排放的工业废水。未按规定安装自动监测设备或者未与环保部门的监控设备联网的企业会被责令限期改正，逾期不改正的企业会被处以罚款。

七是排污收费。直接向水体排放污染物的工业企业，需要按照排放污染物的种类、数量及排污费征收标准缴纳排污费。当企业向城镇污水集中处理设施排放污水时，无须缴纳排污费，而要缴纳污水处理费。

八是限期治理。对于污染严重的企业，生态环境主管部门可以依法责令其在一定期限内完成治理任务。限期治理的期限最长不超过一年。逾期未完成治理任务企业，有可能被责令关闭。

（5）《水污染防治行动计划》

2015 年 2 月，中央政治局常务委员会会议审议通过《水污染防治行动计划》（以下简称“水十条”），4 月 2 日成文，4 月 16 日发布。水环境保护事关人民群众切身利益，事关全面建成小康社会，事关实现中华民族伟大复兴中国梦。当前，我国一些地区水环境质量差、水生态受损重、环境隐患多等问题十分突出，影响和损害群众健康，不利于经济社会持续发展。为切实加大水污染防治力度，保障国家水安全，制订本行动计划。据测算，“水十条”投资将达 2 万亿元。经过多轮修改的“水十条”将在污水处理、工业废水、全面控制污染物排放等多方面进行强力监管并启动严格问责制，铁腕治污将进入“新常态”。“水十条”大力推进生态文明建设，以改善水环境质量为核心，按照“节水优先、空间均衡、系统治理、两手发力”原则，贯彻“安全、清洁、健康”方针，强化源头控制，水陆统筹、河海兼顾，对江河湖海实施分流域、分区域、分阶段科学治理，系统推进水污染防治、水生态保护和水资源管理。坚持政府市场协同，注重改革创新；坚持全面依法推进，实行最严格环保制度；坚持落实各方责任，严格考核问责；坚持全民参与，推动节水洁水人人有责，形成“政府统领、企业施治、市场驱动、公众参与”的水污染防治新机制，实现环境效益、经济效益与社会效益多赢，为建设“蓝天常在、青山常在、绿水常在”的美丽中国而奋斗①。

### 7.2.1.3　我国水质量标准

水质量标准是对水体中污染物和其他物质的最高容许浓度所做的规定。按水体类型可分为地表水质量标准、海水质量标准和地下水质量标准等；按水资源的用途可分为生活饮用水水质标准、渔业用水水质标准、农业用水水质标准、娱乐用水水质标准和各种工业用水水质标准等。由于各种标准制定的目的、适用范围和要求不同，同一污染物在不同标准中规定的标准值也是不同的。

我国水质量标准是由 GB 3838　地表水环境质量标准、GB 5750　生活饮用水标准检验法、GB/T 14848 地下水质量标准等各种具体标准组成的②。

① 陈荷生，华瑶青. 太湖流域非点源污染控制和治理的思考. 水资源保护，2004（1）：33-36.

② 张祥云. 中美水污染防治法之比较. 金卡工程，2011（5）：242-243.

#### 7.2.1.4 我国水污染防治目标

《水污染防治法》于 2008 年 2 月 28 日通过第一次修订，根据 2017 年 6 月 27 日第十二届全国人民代表大会常务委员会第二十八次会议《关于修改〈中华人民共和国水污染防治法〉的决定》第二次修正，明确了“为了保护和改善环境，防治水污染，保护水生态，保障饮用水安全，维护公众健康，推进生态文明建设，促进经济社会可持续发展”的立法目标。

这个目标说得更具体一点，就是习近平同志在 2018 年 5 月 18—19 日全国生态环境保护大会上所说的：“要深入实施水污染防治行动计划……保障饮用水安全，基本消灭城市黑臭水体，还给老百姓清水绿岸、鱼翔浅底的景象。”

### 7.2.2 点污染源治理

一般来说，点污染源在某一局部地区的水量较大，污染物含量较高和毒性较强，在未加控制时，引起的水域污染比非点污染源排放引起的污染更为严重，对自然生态、人体健康和经济发展造成的伤害更大。所以，控制点源污染对环境的破坏，是我国水环境保护最优先实施的步骤。30 多年来，点源污染治理的法令在法理上经历了众多层面的挑战和各个方面的实践，已经相当稳定；经过政策层面和操作执行层面的频繁互动，依法治理的内容比较丰富。

#### 7.2.2.1 我国点污染源治理及存在的问题

（1）点源排放控制政策目标

水污染点源排放控制政策目标可以分为以下几个层次：首先是保证水质目标的实现，恢复和维持水体的物理、化学和生物的完整性和特性；其次是实现点源连续达标排放，入河排放量持续减少；最后是尽量提高点源排放控制的效率，降低减排成本和整个社会的政策执行成本。

理想的点源排放控制政策体系应符合以下要求：首先是政策目标统一，政策内容覆盖点源排放管理的全部环节；其次是政策间相互协调，没有矛盾和冲突；最后是整个点源排放控制政策体系的实施成本较低，公平性较好。

（2）现有点源排放控制政策中存在的主要问题

我国点污染源的治理基本上是按照《水污染防治法》的八项要求进行的。国内现有水污染点源排放控制相关政策包括排污申报、排污收费（环境保护税）、限期治理、总量控制、环境信息管理、环境影响评价、排污许可证制度等。这些政策手段的实施均取得了巨大的成果，但也存在许多问题。

1）排污收费。2018年起改为“环境保护税”。排污收费制度在我国实行30余年，其政策体系较为完善。但排污收费本身存在较大的缺陷，影响了政策目标的实现。主要表现在：首先，排污收费虽然属于经济刺激手段，但经济激励性不足；其次，目前的排污收费标准偏低，企业宁可缴纳排污费也不愿积极治理污染、减少排放，导致事实上政策的资金筹集功能大于刺激污染源减排的功能；最后，征收排污费过程中“协议收费”现象进一步减弱了政策对企业污染削减的刺激作用。因此，排污收费制度当前实际上已演化为较纯粹的行政事业性收费，基本不具有刺激减排的功能。

环境保护税的成就与存在的问题：环境保护税作为我国特定阶段落实生态文明建设的重要税制改革举措，自2018年1月1日开征至今已经3年有余。环境保护税在实施过程中显现出巨大的生命力，但是，也出现了应税污染物与当量值规定较为陈旧、挥发性有机化合物（VOCs）未整体纳入征税范围、污水处理厂的直接免税政策不利于促进污染治理等政策层面的问题以及征管难题。超过一半的省（自治区、直辖市）的环境保护税平移了原排污费的征收标准。在31个省（自治区、直辖市）中，有14个省（自治区、直辖市）的环境保护税较原排污费提高了征收标准；有17个省（自治区、直辖市）的环境保护税平移了原排污费的征收标准，约占45%的省（自治区、直辖市）征收标准有所提高，55%的省（自治区、直辖市）平移原排污费的征收标准。为此，在政策层面，应尽快研究修订应税污染物及其当量值、将全部VOCs纳入征税范围、将污水处理厂纳入环境保护税监管范围；在征管层面，应顺应提高政府治理能力的要求，把基本目标定位于寻求与我国综合型环境税制度相适应、相匹配，并借力信息化管理的现代征管方式。重点考虑以排污许可制度为依托，对实施排污许可制度的环境保护税纳税人按照其执行报告征收环境保护税。

2）总量控制。目前总量控制的实施程序主要由规范性文件规定，法律位阶较低。总量控制制度并没有专门的法规，只在《水污染防治法》和《水污染防治法实施细则》[①]中规定了总量控制指标分配的原则和总量控制计划、总量控制方案的编制和审批程序。《水污染防治法实施细则》第六条规定：“对实现水污染物达标排放仍不能达到国家规定的水环境质量标准的水体，可以实施重点污染物排放总量控制制度。”总量控制应是基于水质的排放控制，前提是“所有点源均已达到基于技术的排放标准”，在仍不达标的特定水域，在不提高基于技术的排放标准的情况下，实施基于水质的总量控制。因此总量控制的目标仍是保证水质，而不是简单的指标分配，没有规范严谨的排污许可证制度，总量控制的实施缺乏基础。

3）环境影响评价。环境影响评价制度是以控制新污染源产生为目的的法律，有专门的立法和实施细则，政策体系相对完善。但环境影响评价制度没有后续的衔接制度，如对通过环境影响评价的建设项目建成后，如何保证实现环评时承诺的污染治理水平，保证连续达标排放没有规定，只在《环境影响评价法》中单纯地规定为“环境保护行政主管部门

① 该细则已于2018年废止。

应当对建设项目投入生产或者使用后所产生的环境影响进行跟踪检查”，因此对排污单位不具有连续的约束力。

4）限期治理。限期治理是一项重要的污染排放超标处罚手段，目标是“督促排污单位在限期内治理现有污染源，纠正水污染物处理设施与处理需求不匹配的状况，推动水污染物工程减排”，是一项针对污染企业超标排放行为的命令控制型政策手段。限期治理制度实施速度快、效果明显，能迅速改善排污状况，符合命令控制型政策手段的确定性和时效性的要求。但做出限期治理的裁决、治理期限长短的确定和如何判定是否达到了治理效果等，均需要依托于对污染源超标程度的判定和达标依据的考虑，因此无法单独发挥作用。限期治理的主观性较强。

5）污染源监测。一方面，我国现有环境监测核查机制中规定，水利部门和环保部门对水质状况负有监测责任，此外，渔业部门和自来水公司也会对水质进行监测。不同部门之间的监测方案不同，监测数据统计范围和处理方式也不同，从而使不同部门的监测数据往往不具有可比性。另一方面，目前我国实施的仍主要是基于技术的排放标准，但我国的排放标准中缺乏对排放监测方案的设计，单一的排放标准不足以作为千差万别的污染源是否连续达标排放的确凿依据。现有监测规范中对监测方案的规定较为简单，没有针对单个污染源设计监测方案的要求。地表水体的监测也没有充分考虑时空和其他差别性因素。

6）排污申报。排污申报制度要求排污单位申报能充分证明其排放状况的数据和资料，是目前收集污染源排放信息的主要政策手段之一。1998 年国务院发布的《征收排污费暂行办法》中首次提出了排污申报登记的概念，实际中基本采用表格的方式进行申报，对申报信息缺少审核的技术规范，也缺乏后续政策对其排放情况实施监督核查。由于排污申报登记制度定位不明确，事实上处于一种很尴尬的境地，在实际中也往往只是作为排污收费的依据。

7）排污许可证制度。提高排污许可证制度在水污染点源排放控制政策体系中的地位和作用。排污许可证制度既是一项基础性的政策，也是一项综合性的政策。它是点源排放控制的核心制度，点源排放的所有控制政策都要基于排污许可证实施，并通过排污许可证制度得到落实。排污许可证制度中包括了排污申报、排放标准、排放监测、达标的判别标准和限期治理等各项点源排放控制制度要求，以及违法处罚等方面的规定。因此以许可证制度为核心整合后的点源排放控制政策系统，不是单纯的排污许可证制度和其他点源排放控制政策的简单衔接，也不是原有政策的简单集合，而是一项融合所有点源排放控制政策，并对管理体制、信息机制、监测核查机制、问责处罚机制等各方面进行严格设计和论证的点源排放综合性管理制度。

扫码获取

我国天津市的排污许可证制度

二维码中的内容以我国天津市的排污许可证制度为例说明了建立排污许可证制度的考量。

### 7.2.3 非点污染源治理

在我国，非点污染源污染问题日益严重，在太湖等重要湖泊，非点源污染已经成为水质恶化的重要原因。下面通过对太湖流域非点污染源污染现状及其治理，我们可以科学认识并有信心控制我国非点源污染。

#### 7.2.3.1 非点源污染控制和治理问题的提出

太湖流域地处长三角地区的中心区域，北依长江，东临东海，南濒钱塘江，西以天目山、茅山为界，是中国经济最具活力、开放程度最高、创新能力最强的区域之一。太湖是流域内最大的湖泊，也是流域洪水和水资源调蓄中心。推进太湖流域水环境综合治理与保护，不仅关系到流域水资源的可持续利用，也关系到长三角一体化的高质量发展。

自 2008 年起，根据国家要求和水利部部署，太湖流域管理局会同流域“两省一市”水行政主管部门每年编制太湖健康状况报告，评价太湖流域水环境综合治理状况，向公众宣传流域治理成效。

太湖流域面积 3.69 万 $km^2$，行政区划分属江苏省、浙江省、上海市和安徽省。近年来，太湖流域人口增长趋势变缓，经济社会保持高质量发展，但流域人均水资源量远低于全国平均水平，决定了流域必须有效利用长江等过境水资源。

20 世纪 50 年代太湖流域水质基本没有污染。60 年代初上海黄浦江水质出现恶化。随着经济腾飞，太湖流域城市化程度不断提高，大量的工业废水、城市生活污水排放进入太湖流域河流并最终流入太湖。至 80 年代中期，太湖流域的主要纳污河道，即江南运河各城市段已相继出现黑臭，太湖水域 1%的水面受到轻度污染。据统计 80 年代至 90 年代初，太湖平均水体水质由以Ⅰ类水为主下降到以Ⅱ类水为主；90 年代中期，全湖平均水质下降为劣Ⅴ类。太湖的富营养化程度不断加剧，已由 90 年代初期的轻度富营养化水平升至中度富营养化水平，且中度富营养化面积 2005 年比 1998 年增加近 1 600 $km^2$。

太湖流域内经济高速发展，湖泊资源正在开发利用，水污染防治却相对滞后。流域内水污染日益严重，河网水质污染和太湖富营养化不断加剧，水环境总体呈恶化趋势。2010 年 5 月，太湖流域省界河流 35 个监测断面中，3 个断面水质为Ⅱ类，占 8.6%；7 个断面水质为Ⅲ类，占 20%；其余 25 个断面均未达到地表水Ⅲ类标准，其中，4 个断面水质为Ⅳ类，占 11.4%；9 个断面水质为Ⅴ类，占 25.7%；12 个断面水质为劣Ⅴ类，占 34.3%。未达到地表水Ⅲ类标准的项目主要有五日生化需氧量、化学需氧量、高锰酸盐指数、氨氮、总磷等。与 2009 年同期相比，省界河流断面水质达到Ⅲ类的比例下降了 2.8%。太湖水质总体评价劣于Ⅴ类，中度富营养化。全湖水质总体略有下降，富营养化程度有所上升。

据水利部太湖流域管理局《太湖健康状况报告》的统计，2014 年，太湖主要水质指标——高锰酸盐指数为Ⅱ类，氨氮为Ⅲ类，总磷为Ⅳ类，总氮为Ⅴ类。太湖流域营养水平主要指标平均营养指数为 62.1，处于中度污染状况。与 2007 年相比，太湖水质由劣Ⅴ类转变为Ⅴ类，呈明显好转的趋势。近年来，加大了对太湖流域污染治理力度，太湖流域环境好转。

2018 年《中国生态环境状况公报》显示，2018 年太湖轻度污染，主要污染指标为总磷。监测的 17 个水质点位中，Ⅲ类占 5.9%，Ⅳ类 占 64.7%，Ⅴ类占 29.4%，无Ⅰ类、Ⅱ类和劣Ⅴ类。与 2017 年相比，Ⅲ类水质点位比例下降 5.9 个百分点，Ⅳ类上升 11.8 个百分点，Ⅴ类下降 5.9 个百分点，其他类均持平。全湖平均为轻度富营养状态。环湖河流水质良好。监测的 55 个水质断面中，Ⅱ类占 32.7%，Ⅲ类占 47.3%，Ⅳ类占 20.0%，无Ⅰ类、Ⅴ类和劣Ⅴ类。与 2017 年相比，Ⅱ类水质断面比例上升 16.3 个百分点，Ⅲ类下降 7.2 个百分点，Ⅳ类下降 1.8 个百分点，Ⅴ类下降 7.3 个百分点，其他类均持平。

水功能区水质。2018 年，太湖流域 108 个重点水功能区（江苏省境内 42 个，浙江省境内 15 个，上海市境内 6 个，省界水体 45 个），采用年均值法评价，达标率为 66.7%。2007 年至今，流域重点水功能区达标率呈明显上升趋势，但缓冲区达标率仍处于较低水平（图 7.8）。

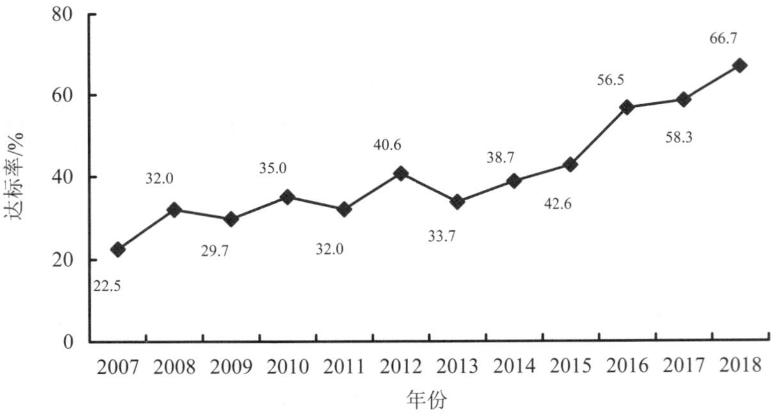


**图 7.8　2007—2018 年太湖流域重点水功能区达标率变化**

省界河流水质。2018 年，太湖流域 34 个省界河流断面，达到或优于Ⅲ类标准的有 19 个，占比为 55.9%，较 2017 年上升 11.8 个百分点。

太湖出入湖河流水质。2018 年，22 个主要入太湖河道控制断面，达到或优于Ⅲ类标准的有 12 个（其中达到Ⅱ类标准的有 5 个），Ⅳ类 9 个，Ⅴ类 1 个。未达到Ⅲ类标准的水质项目有五日生化需氧量、氨氮、高锰酸盐指数、溶解氧、化学需氧量和总磷等。

达到或优于Ⅲ类标准的断面数量与 2017 年持平，且连续 4 年无劣Ⅴ类入湖断面（2007 年为 12 个）①。

#### 7.2.3.2 太湖流域非点源污染主要来源

按照美国《联邦水污染控制法》的解释，非点源污染有 3 个不确定性：在不确定的时间内，通过不确定的途径排放不确定数量的污染物质。太湖流域非点源污染主要来源于以下几个方面：

（1）农业化肥、农药过量和不合理施用

太湖流域是我国农业发达地区之一，农业集约化程度较高，是高投入、高产出区，如江苏苏南。据统计，流域内耕地平均化肥施用量（折纯量）从 1979 年的 244.15 $kg/hm^2$ 增至 2004 年的 667.15 $kg/hm^2$。而发达国家为防止化肥对水体污染，规定平均化肥施用量不得超过 225 $kg/hm^2$ 的安全上限。化肥流失量中，13%～16%进入水体，既浪费了资源，又造成了水污染。

（2）养殖污染

20 世纪 80 年代，随着人民生活水平的提高和农村产业结构调整，各级政府实施了“菜篮子工程”，畜禽饲养量逐年增加，这些畜禽牧场每天要产生 2 万多 t 粪便，全年粪便尿液的排放量达 740 万 t。2004 年，流域内畜禽总数达 3 147 亿头（只），其中大牲畜（猪、牛、羊）约 2 800 万头，小牲畜 312 亿只。其现状和潜在污染物排放量不容忽视。

（3）洗涤剂的大量使用

我国 2004 年洗衣粉的配方中，大多含有 17%左右的三聚磷酸钠（含磷量约为 4%）。洗涤废水随生活污水排入河湖，造成一定的营养（P）负荷，成为太湖水体富营养化进程加快的原因之一。

（4）农业生产残留物和农村生活垃圾

农村中基本没有建立生活垃圾清运制度，生活垃圾一般就地堆埋和随意堆放。不少农村小河道成为垃圾场，正在或已经被各种废弃物填埋。流域内汛期初期水质甚差，其原因之一是垃圾污染冲淋入水体所致。农业秸秆等副产品，大多要么焚烧，污染大气，要么废弃于河湖之中，形成又一污染。

（5）乡镇企业污染

太湖流域乡镇企业发展模式不同于其他地区，不是人口向城市聚集，而是技术和产业转向农村。但乡镇企业往往都是利用城市大中型企业淘汰的陈旧设备，或承接污染严重的产品，搞皮革、印染、电镀、化工等初级加工。乡镇企业的产值在流域国民经济产值中已占半壁江山，其污染程度和性质应引起各级政府的高度重视。

---

① 水利部太湖流域管理局《2018 太湖健康状况报告》。

（6）农村生活污水未处理和非达标排放向非点源转化

小城镇污水处理设施严重不足，流域内仅少数镇建设了污水处理厂，已建的污水处理厂或运行不正常，或管网配套严重滞后于城镇发展，造成大量未经处理的乡镇生活污水直接排入河湖中。

（7）水域底泥淤积物的缓慢释放

长年以来的河湖淤积，特别是20世纪80年代水污染后的沉积物，富含各类污染物质。水域底泥中污染物的释放已成为非点源污染的重要构成。太湖底泥是湖体各类营养物质的载体，底泥是造成太湖富营养化和藻类暴发的内源污染源之一。

（8）航运污染

航运污染是指船舶废油、船尾固体垃圾和生活废水直接排入水体产生的污染。太湖流域河道通航量每年约20万艘，60%为挂浆机，各类船舶往来其间，大量生活污水、粪便直接排入河湖，机运船只废油和溢漏造成油污染（每条船产生油污5 kg），全流域挂浆机船污油总产生量1 000 t左右，每年固体垃圾入河（每条船年生产垃圾200 kg）约4万t。

### 7.2.3.3 非点源污染的治理

太湖流域污染严重，我国政府也采取了一系列治污措施。2010年，国务院批复了水利部编制的《太湖流域水功能区划（2010—2030年）》，该区划是太湖流域水环境综合治理的重要依据，划分了不同等级的水功能区及水功能区水质达标要求，提出力争到2020年，基本实现太湖湖体水质提高到Ⅳ类，其中部分水域达到Ⅱ类，河网水功能区水质达标率达到80%，到2030年，水功能区全部达到水质目标要求。2011年国务院颁布的《太湖流域管理条例》，以行政法规的形式将太湖流域治理法律化、制度化。该条例规定了太湖流域应当遵守“全面规划、统筹兼顾、保护优先、兴利除害、综合治理、科学发展”的治理原则。在水污染防控方面，条例确立了太湖流域实行重点水污染物排放总量控制制度，由太湖流域管理机构会同“两省一市”组织制订限制排污总量与总量削减和控制计划。2012年，环保部、国家发展改革委、财政部、水利部等部门联合印发了《重点流域水污染防治规划（2011—2015年）》，规划将太湖流域的水污染治理纳入了国家“十三五”水污染防控的重点流域，提出了以水功能区限制纳污红线为依据，以污染物总量减排为抓手，以规划项目为依托，以政策措施为保障，综合运用工程、技术、生态的方法的治理思路，并专门制定了《太湖流域水环境综合治理方案》指导太湖流域水污染防控工作。

在太湖水污染治理达标排放、水体变清行动后，水体恶化趋势得到遏制，但未能在整体上得到缓解：治理规划偏重于技术工程，忽略了制度的建设和完善；偏重于末端治理，忽略了通过优化社会经济发展模式达到减污目的的巨大潜力；偏重于政府的作用，忽略了市场和社会的参与；偏重于陆域、城域治理，忽略了水资源生态系统综合治理；偏重于行业、单一目标，忽略了流域宏观布局和统一管理；偏重于工业点源和大城镇生活污水治理，忽略了非点源污染的控制和治理。这“五偏重、五忽略”是当时太湖流域水污染治理不尽如人意的根本原因。传统的环境管理体制本质上是为了应对工业点源和城市污染治理的，是在工业点源污染防治管理框架下的制度安排。当工业污染得到初步遏制，非点源问题上升为对环境的重要威胁后，应提出新形势下非点源污染管理新思路、政策、方针和对策。

1）加强对非点源污染控制和治理的长期性、复杂性、艰巨性、困难性和紧迫性的认识。非点源污染存在来源的多样性、复杂性，形成机理的复杂性，监测信息获取的困难性，以及形成前的潜伏性和形成后的难治理性等特点。因此，需要更加努力，才能奏效。

2）流域非点源污染控制和治理。治理措施中，无论是工程技术措施还是非工程措施，一定要以人为本，以生态为核心，讲求经济效益，贯穿公众参与原则。对污染发生源要减量化、无公害化；对已发生的污染要在陆域上采用生态阻截型控制和治理，最大限度地减少入水体量；对水体污染实施生态修复和治理。

3）推行有机农业和生态农业。其核心是：在满足现代社会高产出、高效益的基础上，强化复合生态系统的内循环，即加强人与土地利用相互循环，辅以必要的催化增强物质（如化肥、农药等），尽量减少产出后向环境的排放。实现“三个转变”，即要从产量农业向质量农业转变，从产品农业向服务农业转变，从传统农业“资源—农产品—废物排放”的生产过程转变为“资源—农产品—再资源化”的生产过程。

4）河湖底泥的生态疏浚。河湖淤积物是河湖营养盐的储存库，其形成分布一般都符合河流湖泊动力学，泥沙运动学和化学物质沉积原理。实施底泥的疏浚，其目的在于清除高营养盐含量的表层沉积物，它有别于一般的工程疏浚。

5）加快中小城镇污水处理厂建设。村镇生活污水处理必须坚持生态型、高稳定性、较低投入、少维护的绿色环保工艺。对分散农户可推广合并净化槽，或采用生态型处理，即氧化塘、土壤渗滤和生物处理。对集中的小型村落，推广二级生物加强技术，国内有关环保产业部门应加强中小城镇污水处理成套设备的研制推广工作。

6）建立农村环境管理体系。非点源污染控制和治理应强化政府的宏观管理和政策指导。尽快通过产业结构调整，改变粗放的经济增长方式。结合城镇化建设，逐步建立农村环境管理体系，以垃圾集运分拣、农业生产性废弃物利用和规范畜禽养殖为重点。

## 7.3 中美水污染防治法之比较

### 7.3.1 立法目的上的区别

美国《联邦水污染控制法》的立法目的很简单：“恢复并保持国家水体的化学的、物理学的和生物学的完善性质。”美国《联邦水污染控制法》的规定言简意赅，突出了一个单一中心。同时，为实现立法目的，《联邦水污染控制法》还规定了两项有时间限制的具体国家水质保护目标：第一，到 1985 年，消除对通航水体排放污染物：第二，到 1985 年 7 月 1 日，实现关于保护鱼类、水生贝壳类及野生动物繁殖和人类水上娱乐活动的中期水质目标。

我国 2017 年新修订的《水污染防治法》明确了“为了防治水污染，保护和改善环境，保障饮用水安全，促进经济社会全面协调可持续发展”的立法目的，按照这一表述，在“防治水污染，保护和改善环境，保障饮用水安全”这一目的之上还有一个更高层次的目的，即“促进经济社会全面协调可持续发展”。不过，我国的《水污染防治法》却未对实现立法目的规定具体时间，而且在法律中对水污染防治的关键定位于“保障饮用水安全”具有一定的片面性。并未将政策最终目标归结为环境的改善和受体的健康，也未规定总体目标实现程度的衡量标准，更没有制定实现政策目标的时间表，仅仅提出一些概念性或方向性的笼统表述，导致政策缺乏实际的指导性和具体的操作性，或混淆政策和结果之间的因果关系，从而无法正确评估政策的实施效果。

### 7.3.2 水污染防治的标准和规划上的区别

美国水环境标准的沿革反映美国《联邦水污染控制法》修改多这一特点，但又绝不仅是拘泥于原法的修改，而是创造性地修订。例如，1965 年，国会通过一项名为《水质法》的《联邦水污染控制法》修正案，该修正案首次采用直接以水质标准为依据进行水污染管理的方法；1972 年，国会又以《清洁水法》的修正案对《联邦水污染控制法》做了大幅修订，该法采用了以污染控制技术为基础的排放限值和水质标准相结合的管理方法，改变了过去纯粹以水质标准为依据的管理方法。并且在此基础上，《清洁水法》通过国家污染物排放削减制度中的许可规定，建立了一个由联邦政府制定基本政策和排放限值，并由州政府实施的管理体制，加强了联邦政府在控制水污染方面的权力和作用。这就意味着当一个点源排放污染物到水体之前，必须获得 NPDES 许可证，而致力于减少排放的许可本身是建立在对该点源的技术能力评估基础上的。

我国的水环境质量标准是根据不同水域及其使用功能分别制定的，根据所控制对象主要有地表水环境质量标准、海水水质标准、渔业水质标准、农田灌溉水质标准、景观娱乐用水水质标准、地下水质量标准、饮用水水质标准等，分强制性标准和推荐性标准两种，国家和行业两类，共计21项。各类功能区有与其相应的水质基准和各种用水水质标准，高功能区高要求、低功能区低要求。而且《水污染防治法》第十二条规定："省、自治区、直辖市人民政府可以对国家水环境质量标准中未做规定的项目，制定地方标准，并报国务院环境保护主管部门备案。"但实际上由于地区差异，且我国的地方标准较少，将国家水污染物排放标准与水环境质量标准直接挂钩是困难的。所以尽管我国水污染物排放标准一般按地区功能目标都规定三级标准，仍不能保证达到环境质量标准。

### 7.3.3　监督管理体制上的区别

美国的水污染防控的管理体制是在联邦一级，国家环保局内设有专司水污染防治职责的水部门，负责全国的水污染控制和水环境全面管理。其他联邦机构，如内政部、农业部、运输部、海岸警备队等也有部分的水污染控制和管理权。在各联邦机构中，国家环保局居于最高位置，拥有优先权和终决权。其他部门在履行职责、行使权力时，应遵守联邦法律和环保局的有关法规，在必要时，要征求国家环保局的意见。国家环保局在制定有关规定时，要与其他有关机构充分协商。国家环保局有权监督其他机构对环境法律法规的实施，并在一定条件下有取代其他机构对违法行为进行制裁的权力。在联邦与州政府的关系上，州政府必须遵守和执行联邦法律法规的规定，也可以在和联邦法律法规规定不抵触的情况下制定州法规。水环境管理权主要集中在联邦政府，它可以直接行使管理权，也可以将权力委托或授权州政府行使并保留监督权。联邦政府可以在规定的条件下收回授权或取代州政府而直接行使权力，特别是行政处罚权。

我国的水污染防治工作在中央一级中实行环保部门统一主管，交通部门、水利管理部门、卫生行政部门等分工负责和协同相结合的管理体制。例如，《水污染防治法》第九条规定："县级以上人民政府环境保护主管部门对水污染防治实施统一监督管理。交通主管部门的海事管理机构对船舶污染水域的防治实施监督管理。县级以上人民政府水行政、国土资源、卫生、建设、农业、渔业等部门以及重要江河、湖泊的流域水资源保护机构，在各自的职责范围内，对有关水污染防治实施监督管理。"这种管理体制基本上与美国的管理体制一样，但是问题在于我国对环保部门的"统一监管"权和其他部门的水环境管理权之间的关系没有明确、详尽、可操作的规定，常常导致实践中经常出现各个部门之间争夺权力、推诿责任。我国中央一级的环保部门负责总的监督管理，但是一般无权取代地方的执法权力，也没有如美国《联邦水污染控制法》中类似像联邦政府可以在规定的条件下收回授权或取代地方政府而直接行使权力的规定，这样容易导致水污染防治工作被“地方保护主义”所阻碍。

### 7.3.4 防治战略上的区别

美国 1990 年颁布了《污染防治法》对贯彻“全过程控制”的源头削减战略做了详尽的规定，对水污染工作有着重要的指导意义。源头削减强调在污染源管制机制上，实行源头指导控制与末端强制控制相结合，流域控制、产业控制与点源控制相结合，产品性质方向控制与生产设备技术使用控制相结合，生产环节强制控制与销售环节指导控制、消费环节引导控制相结合。

我国《水污染防治法》采取的也是“预防为主”的战略，但其实只是停留在末端治理的思想和战略指导下的预防为主。其主要体现为：①在法律法规的具体规定中，将预防的重点放在对污染源的污染物产生、排放、处理、处置控制方面，只是对既定污染物产生的减量化和已产生的污染物的无害化、处理处置要求，仍反映出末端治理思想的明显影响，未体现“全过程控制”的要求。②将预防的重点放在对污染物处理处置设施的控制上，未体现“清洁生产”的要求。对严重污染环境的工艺技术的控制还不够，对采用清洁技术的要求通常规定得较为笼统和简略，不够具体、明确，尤其缺乏强制实施的措施。

### 7.3.5 法律责任上的区别

美国国家环保局对于点源控制中，发现违反 NPDES 许可证制度或者超出排污水限度、水质标准不合格等情况，可直接对违反者采取执行行动或者通知违法行为所在的州政府采取执行行动。国家环保局提起的民事诉讼可以申请适当的法律救济，包括临时强制令、永久强制令、赔偿金。《联邦水污染控制法》对违反 NPDES 许可证、疏浚和填埋物质排放许可证的人规定了行政罚款，一等罚款的幅度是每次违法不超过 1 万美元和最大数额不得超过 12.5 万美元。在民事责任方面，《联邦水污染控制法》对违反 NPDES 许可证和守法命令的，规定由法院处以 2.5 万美元/天以下的民事罚款。除此之外，该法还规定了较为严厉的刑事制裁，主要有罚金和监禁。对严重的违反行为可处以高达 25 万美元以下的罚金，或者 15 年以下的监禁，或者二者并罚[①]。

我国《行政许可法》明确规定了被许可人、行政机关违法实施行政许可应负的法律责任：不按证排放，情节严重的，可以吊销许可证。对排污单位故意不正常使用或未经批准

① 张祥云. 中美水污染防治法之比较. 金卡工程，2011（5）：242-243.

而拆除、闲置水污染物处理设施，排放超过标准的，责令恢复正常使用或重新安装使用，并处 10 万元以下罚款；对造成重大污染事故，后果特别严重的，最高量刑才处 7 年有期徒刑，并处罚金①。拒报或者弄虚作假的，可以给予警告或处 1 万元以下罚款。我国只是在最近修改的《水污染防治法》中才首次规定了排污收费、超标处罚的内容。与国外污染控制法相比，我国水污染控制法对违法者的制裁不是太严了，而是偏轻了。法的“硬”不是以制裁严为标准，但制裁严厉至少是使法律硬化的不可或缺的因素。我国现行水污染控制法偏重于行政制裁，而民事制裁、刑事制裁明显不足。尤其是刑事制裁，与美国水污染控制法相比，其适用范围较窄，制裁严厉程度也较低。美国水污染法律控制机制对我国的启示是：

1）细化实施程序，保证公众参与权。美国水污染法律控制的成功经验告诉我们：公众参与是推动环境保护与环保立法的最关键因素。从美国《联邦水污染控制法》的制定到以后的 10 多次修订，无一不是公众推动、监督、强烈要求的结果。所以如何进行宣传教育、如何进行制度设计来调动广大公众参与环境保护、水污染防治的热情与积极性是我们目前面临的一个重大课题。

2）改变防御战略，真正实现水法的预防作用。美国《联邦水污染控制法》的“全过程控制”的源头削减战略告诉我们：我国应在今后的水污染防治立法中着重体现“全过程控制”和“清洁生产”的原则，将末端控制战略下的预防为主发展为源头控制战略下的预防为主，从单一地对设备、项目的控制推进为对产业、行业的控制。

3）优化监督管理体制与惩治相结合。美国《联邦水污染控制法》的“在规定的条件下联邦政府可以收回授权或取代地方政府而直接行使权力的”，监督管理体制告诉我们：我国应优化监督管理体制，给予环保部门明确的可以同政府部门相抗衡的权力，并同时保障公众和司法部门对环保部门的制约，强化对违反排污许可证制度的制裁，提高违法成本，改进惩罚方式和惩罚的计算方法。

综上所述，中美两国有关水污染物防治制度存在较大的差异，应借鉴美国的经验改善我国水资源保护中的不足，推进我国水环境保护法的完善，实现我国整体环境的可持续发展。

## 思考题

1. 美国水质量的目标及标准是什么？
2. 试分析美国水质量控制政策的成本-收益状况。
3. 美国是如何控制点污染源的？
4. 美国是如何控制非点污染源的？

---

① 《中华人民共和国刑法》第 338 条。

5．在美国，非点污染源控制中政府和州政府各自充当什么角色？

6．点污染源控制和非点污染源控制中今后各自采取哪些市场手段？

7．我国是如何控制点污染源的？

8．我国是如何控制非点污染源的？

9．通过中美水污染防治法的比较，美国在水污染防治方面有何值得借鉴之处？

## 案例讨论

韩国清溪川全长 11 km，自西向东流经首尔市，流域面积 51 $km^2$。20 世纪 40 年代，随着城市化和经济的快速发展，大量的生活污水和工业废水排入河道，后来又实施河床硬化、砌石护坡、裁弯取直等工程，严重破坏了河流自然生态环境，导致流量变小、水质变差，生态功能基本丧失。50 年代，政府用 5.6 km 长、16 m 宽的水泥板封盖河道，使其长期处于封闭状态，几乎成为城市下水道。70 年代，河道封盖上建设公路，并修建了 4 车道高架桥，一度视为 “现代化”标志。

20 世纪初，政府下决心开展综合整治和水质恢复，主要采取了三方面措施：一是疏浚清淤。2005 年，总投资 3 900 亿韩元（约 3.6 亿美元）的“清溪川复原工程”竣工，拆除了河道上的高架桥、清除了水泥封盖、清理了河床淤泥、还原了自然面貌。二是全面截污。两岸铺设截污管道，将污水送入处理厂统一处理，并截留初期雨水。三是保持水量。从汉江日均取水 9.8 万 t，通过泵站注入河道，加上净化处理的 2.2 万 t 城市地下水，总注水量达 12 万 t，让河流保持 40 cm 水深。

试从生态环境效益和社会经济效益两个角度分别阐释水污染治理后带来的效果。

# 第 8 章　固体废物和有毒物质污染治理

20 世纪六七十年代，各国的环境政策主要集中于控制空气污染和水污染。这一时期，几乎没有管理和减少固体废物的立法。为什么呢？首先，管理固体废物被认为是地方的责任，不需要国家行动。其次，在 20 世纪 70 年代之前，化学废物特别是人工合成材料的处置问题也不严重，社会没有认识到固体废物产生的严重环境和健康风险。如今我们面对的结果是：政策制定者必须要加快步伐，快速推进政策的制定。

在本章，我们主要评估固体废物和有毒物质导致的环境和社会困境，分析政府提出的相关解决方案。首先，集中讨论能够对人体或环境产生严重威胁的危险废物污染的风险和促使风险最小化的立法；其次，研究管理无危险废物的挑战以及政策措施；再次，分析针对投入市场前的农药和其他有毒物质控制的立法；最后，同空气和水污染政策的分析一样，对固体废物和有毒物质也运用经济分析工具评估政府在应对环境风险时的效率。

## 8.1　美国危险废物治理

### 8.1.1　危险废物的特征

危险废物是指所有的有害物质和能够对人体或环境产生严重威胁的废物。由于纳入危险废物的物质差异很大，因此可以根据废物的有害成分将废物细分成亚类，如农药和溶剂等，如表 8.1 所示。尽管危险物质有毒，但是，它们在一些生产活动中又是不可或缺的。通常情况下，危险物质进入废物流以后，恰恰是其生产的有用特性对社会造成危害。废物流是指开始于废物产生，并包括废物运输、存储、处理和处置的一系列活动。一旦危险物质进入废物流，其不当管理就会产生环境和健康风险。

表 8.1　危险物质类型

| 危险物质 | 描述 |
|---|---|
| 酸、碱 | 酸的 pH 低，在 0～6；碱的 pH 高，在 8～14。酸性和碱性高的物质具有腐蚀性，这意味着被丢弃的酸和碱能够腐蚀容器，进入土壤和附近的水体 |
| 重金属 | 重金属毒性很高，在人体内不易分解，重金属包括铅、砷、镉、铜和汞 |

| 危险物质 | 描述 |
| --- | --- |
| 易反应物质 | 易反应物质包括易燃和易爆物质，这些物质和空气或水接触后发生剧烈反应，常见的易反应物质是石油或天然气的副产品 |
| 合成有机化学物质 | 合成有机化学物质是含有烃基的人造物质，一些合成有机化学物质来自相对较新的化学合成和分子工程技术，两个重要的亚类是溶剂和农药：<br>溶剂：是能够溶解或分散一种或多种物质的液体，常见的溶剂有乙烯、苯、嘧啶<br>农药：用于预防、消灭或驱赶植物或动物体表的害虫。有些农药有很高的化学稳定性，能够在环境中持续存在很长时间；有些农药几乎不溶于水，在庄稼上使用可以防止雨淋。大部分农药具有剧毒 |

资料来源：Handbook of hazardous waste management of small quantity generarors. CRC Press,1988；Hazardous waste in America. p.7. Sam Francisco: Sierra Club Books；U. S. EPA（December 1990）.

### 8.1.2 污染的程度和来源

（1）危险废物的污染程度

据估计，20 世纪 90 年代美国每年约产生 1.73 亿 t 危险废物，平均每人每年产生 0.66 t 危险废物。世界各国都面临着危险废物聚集带来的风险。例如，意大利每年产生 270 万 t 危险废物，人均 0.04 t；墨西哥每年产生大约 800 万 t 危险废物，人均 0.10 t[①]。由于工业化进程的加快，发展中国家也遇到了危险废物问题。同时这些发展中国家还必须应对危险废物越境转移问题，发达国家的一些企业为逃避处置危险废物的高昂成本和本国严格的规定，将危险废物转移至发展中国家[②]。毫无疑问，危险废物是世界性问题，忽视它就意味着要承担巨大的风险。

所有环境介质——空气、地下水和地表水、土壤都容易受到危险废物的污染。危险废物的潜在危害包括海洋污染、土壤污染、疾病、鱼类死亡和家畜死亡等。危险废物特别是那些环境中生物体内富集的持久稳定的污染物，如多氯联苯（PCB）和双对氯苯基三氯乙烷（DDT），会对人体健康和生态造成严重的和长期的影响。

有毒废物堆放点导致的水污染和土壤污染是最常见的环境损害。饮用水中出现污染物可能是因为雨水流经废物堆放点后把污染物带入饮用水系统。废物堆放点的沥出液也同样会污染地下水和地表水——造成的危害非常严重，有时甚至无法挽回。同样，废物堆放点周围的土壤也会受到污染。在污染土壤上生长的庄稼吸收污染物，最后被人类和动物吸收[③]。生活在危险废物堆放点附近的居民特别容易受到伤害，最常提到的例子是纽约拉伍运河事件。

① OECD（1999），pp.168-170，317-318.

② Kharbanda O P, Stallworthy E A. Waste management: towards a sustainable society (No. 363.728 K45w). New York, US: Auburn House，1990.

③ Council on Environmental Quality (March 1992)，p.338，table 90，citing U.S.EPA（1991）.

（2）危险废物的来源

究竟应该由谁为危险废物的产生负责呢？事实证明每一个经济部门——家庭、工业、政府和各种机构——都对危险废物流的产生负有责任。这些危险废物的来源都不容忽视，但毫无疑问的是，最危险的废物是由工业产生的。如表 8.2 所示，在美国，大部分危险废物是来自化学品、石油工业等行业，其中前者占 79.0%①。

表 8.2　美国主要工业产生的危险废物　　单位：%

| 行业 | 产生危险废物的比例 | 行业 | 产生危险废物的比例 |
|---|---|---|---|
| 化学品 | 79.0 | 金属粗加工 | 1.0 |
| 炼油厂 | 7.0 | 电气设备 | 0.4 |
| 运输装置 | 1.0 | 国家安全 | 0.4 |
| 金属制品 | 1.0 | 其他 | 9.0 |

资料来源：U. S. EPA（August 1988）.

从经济角度来看，危险物质使用和处置产生的负面影响是负外部性。因此，需要政策调节市场使外部成本内在化。美国早期的废物控制政策非常盲目，大部分人认为这些政策在环境立法史上是被动的，甚至是消极的。联邦政府官员缺乏对废物问题的关注，而私人部门也同样如此。20 世纪 60 年代，环境保护者主要关注江河和溪流污染、城市烟雾、野生动植物生存威胁，而对垃圾堆积和化学废物的风险则几乎没有注意。

### 8.1.3　如何控制危险废物

为了将危险废物污染风险降到最低，必须减少废物流的数量和毒性。大部分人认为实现这些目标需要两个途径：污染源削减和废物管理。污染源削减是指在废物产生阶段减少任何危险物质、污染物或释放到环境中的污染物数量的预防性战略；废物管理是指在废物流的每一个阶段减少危险废物的数量和毒性的控制战略。

美国《资源保护和恢复法》（RCRA）的总体目标是预防战略，毫无疑问，废物流的管理是重点。实施计划的手段是行政管制，这与美国《清洁空气法》和《清洁水法》相同。

控制危险废物的主要责任由政府承担——主要通过国家环保局来实施。但是，国家环保局要有实施的法律依据。美国 1976 年通过的《资源保护和恢复法》是设计和实施新政策的指导性文件。政策面临的重要挑战是不能确定危险废物污染的程度。没有人能够完整地描述危险废物污染的情况。因此当时美国国家环保局只能设计行政管制手段试图给出必须完成的工作框架。

① U.S.EPA（August 1988），p.80.

美国《资源保护和恢复法》建立了一个“从摇篮到坟墓”的管理系统——采取多方面的行政管制途径控制危险废物。其主要环节如下：危险废物识别；国家追踪废物证明系统；许可证系统；处理、储存和处置场所的标准①。

（1）危险废物识别②

“从摇篮到坟墓”管理系统的基本要素是联邦立法控制的危险废物识别程序。关于危险废物识别的规定非常详尽，因为任何一个疏忽都会造成危险物质逃脱联邦控制。从根本上讲，如果废物属于下面两类中的一类，《资源保护和恢复法》就认定该废物是危险废物：特征废物，具有产生重大风险的特征或属性，在美国，这些废物的属性是可燃性、腐蚀性、易反应性和毒性；列表废物，美国国家环保局预先识别的符合特定标准的废物，特定标准包括毒性标准和致癌性标准。

运用这些分类，废物生产者有责任确定他们的哪些废物属于危险废物，并按照联邦政府法律对危险废物进行管理。

（2）国家追踪废物证明系统

如果废物生产者在处理、储存、处置过程中将危险废物进行转移，那么这将被国家证明系统追踪。一旦准备运输废物，废物生产者必须准备一份证明，证明对危险物质已经进行了识别，并明确运输中的所有责任。所以证明就是用于确认废物从产生到处置的所有责任的文件。该证明必须保存，直到废物从产生地到达最后处置地。国家证明系统的目的是确保危险废物在流通的每一个环节都受到控制，减少非法倾倒的机会。

（3）许可证系统

追踪系统监测危险废物的位置，许可证制度则控制处理、储存和处置场所的管理。每一个处理、储存和处置场所都必须获得许可才能运营。许可程序控制非常严格，因为其目的是确保处理、储存和处置场所符合联邦政府标准，大部分联邦政府标准是保护地下水免受废物污染。

（4）处理、储存和处置场所的标准

对处理、储存和处置场所的废物管理有两套标准：一般规制标准，适用于所有类型的处理、储存和处置场所，对审查、紧急事件应急方案以及参与证明系统等一般功能进行控制；技术规制标准，是对特殊类型的废物处理、储存和处置场所使用的方法和设备做出规定。例如，储存场所必须严格依照程序操作以避免向周围环境泄漏，处置点必须使用覆盖系统、衬垫和泄漏探测系统等技术。

① U.S. Congress. 1983. Nuclear Waste Policy Act of 1982. US public law 97- 425.

② Regulations, F. 40 CFR 260-268 Hazardous Waste Management, 40 CFR 300 National Contingency Plan, 29 CFR 1910 Occupational Safety and Health Regulations, 40 CFR 261 Site Transport of Hazardous Materials and Unexploded Ordnance, 49 CFR Department of Transportation (DOT). Hazardous Materials Transport.

尽管，“从摇篮到坟墓”系统的 4 个组成部分对危险废物流的整个过程进行控制，但是，在一个重要的方面仍然存在不足——既没有表明，也没有指出可供选择的废物管理方法。在法律修改之前，这种忽略意味着在处置阶段并没有减缓对土地的过度使用①。从更广泛的视角来看，这也意味着美国危险废物控制政策并不支持减少废物流量的预防性战略。为了弥补这一缺陷，美国国会通过了 1984 年《危险固体废物修正法》。该修正案详细规定了如何控制危险废物，对废物的土地处置做出更为明确、更为严格的限制。在此基础上，该修正案规定了危险废物处理技术的优先次序，这可以激励污染源减少污染，从而预防危险废物污染。

### 8.1.4　对美国危险废物政策分析

美国“从摇篮到坟墓”管理系统是行政管制政策手段的典型例子。该系统由于缺乏激励，因而难以获得效率。为了验证这一假设，让我们以美国《资源保护和恢复法》中的 1984 年土地处置限制为对象进行分析。

（1）1984 年土地处置限制的市场含义

20 世纪 70 年代末，随着美国危险废物控制计划的开展，越发表明当时的政策并不能阻止废物土地处置的过度使用。垃圾填埋法如此流行的一个原因是它的成本比其他处置方法低。例如，垃圾填埋法的成本为每吨 70～260 美元，而废物焚烧的成本为每吨 1 169～2 104 美元②。

问题的关键是这些价格是私人成本，没有考虑环境损失的外部成本。如果外部成本内在化，价格将上升并且所有的资源配置不当都会被纠正。适当的经济方法是运用价格手段将所有危险废物的社会成本纳入成本体系。1984 年，政策制定者选择使用行政管制途径的替代方法——限制垃圾填埋。尽管限制垃圾填埋的净收益并不清楚，但是，这种决策确实能够产生经济影响。

限制危险废物土地处置将提高土地处置的成本，这对废物产生者意味着较高的价格。正如对证明系统的分析，我们需要关心废物产生者如何做出反应。为确保收益最大化，废物产生者将考虑所有可选择方法的相对成本。废物产生者可以减少废物的产生量或保持废物的产生水平寻求可替代的废物管理方式。不同的是，这里可替代的废物管理方式并不一定是非法处置废物。废物产生者可以通过使用诸如焚烧等处置方式减少垃圾填埋。尽管这些选择很复杂，但是，我们仍可以通过模拟废物产生者面临的两种合法选择获得一些认识：用处理取代处置；使用预防措施减少污染源排放。为了便于说明，我们以焚

① Fortuna R C, Lennett D J. Hazardous waste regulation: the new era. McGraw-Hill Book Company, New York, NY，1986.

② Peretz J H, Solomon J. Hazwaste landfill costs on decline, survey says. Environmental Solutions, 1995, 8(4).

烧处置方法为例。

1）1984 年以前的市场均衡。图 8.1 显示的是两个相关市场——土地处置市场（a）和焚烧市场（b）。MPB 曲线代表废物产生者的决定，假定不存在消费外部性，MPB=MSB。在供给方面，MPC 曲线代表废物处理企业的决定。边际私人成本曲线不同于 MSC 曲线，说明在每一个市场都存在负外部性，每一个市场的 MEC 都是边际私人成本和边际社会成本曲线间的垂直距离。

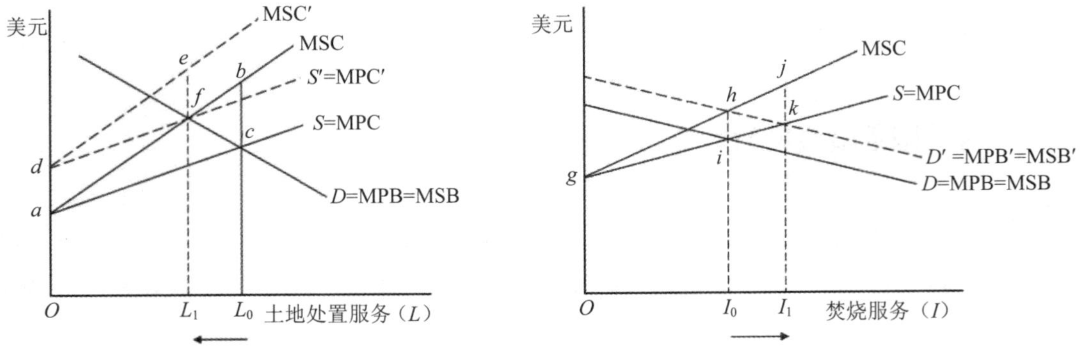


（a）土地处置市场　　（b）焚烧市场

图 8.1　1984 年土地处置限制的影响

在 1984 年废物土地处置限制前，每个市场的私人均衡由 MPC 和 MPB 曲线的交点决定。在垃圾填埋市场，均衡产量水平是 $L_0$。均衡水平对应的外部成本是由 MPC 曲线和 MPB 曲线及交点间的面积决定的，即三角形 *abc*。在焚烧市场，均衡产量水平为 $I_0$，三角形 *ghi* 代表相应的外部成本。

2）1984 年以后的市场均衡。现在，我们考虑 1984 年废物土地处置限制产生的影响。这个规定导致土地处置市场的运行成本升高。在图 8.1（a）中，MPC 上移至 MPC′，MSC 也上升同样的高度，到达 MSC′。结果垃圾填埋的使用从 $L_0$ 降到 $L_1$。因为产量降低，相应的外部成本也减少，降至 *def*。

注意，土地处置限制并没有消除市场无效，因为这些规定不能通过市场机制将外部成本内在化。但是，土地处置的总外部成本降低了。因此，如果废物产生者削减污染源而使用更少的垃圾填埋，那么，假定所有其他条件保持不变，1984 年的土地处置限制规定将减少危险废物产生的健康和生态损害。但是，如果废物产生者没有削减废物产生量，那么，土地处置的减少必须使用可替代废物管理。假定可替代废物管理是使用焚烧方法，我们需要考虑焚烧市场的变化是如何影响最终结果的。

焚烧的使用增加如图 8.1（b）所示，MSB 向右移到 MSB′，私人均衡产量水平从 $I_0$ 升到了 $I_1$，美国国会预算局预计到这个结果，其预测 1984 年土地处置限制将增加废物焚烧数量，从 1983 年的 270 万 t 上升到 1990 年超过 1 100 万 t[①]。但是，在较高的均衡水平上，外部成本升至 *gik*，我们从中能够得出什么结论？除非垃圾填埋市场外部成本的降低超过焚烧市场外部成本的增加，否则，1984 年土地处置限制不会净减少社会外部成本。

显然，关键问题是根据 1984 年土地处置限制决定产生的影响来确定废物削减的程度，尽管存在很多困难，美国国会预算局还是分析了 1984 年《危险和固体废物修正法》对废物产生量的影响。表 8.3 中的数据是美国国会预算局根据废物削减与否对 1984 年以前和 1984 年以后情况的总体评估。如果没有废物削减，危险废物产生量估计将从 1983 年的 26 559.5 万 t 增至 1990 年的 28 036.4 万 t，增长 5.6%。相反，最好的结果是假定有充足的激励手段鼓励废物削减，即使考虑生产水平提高而导致的废物增长，废物产生量估计在 1983—1990 年减少 14%[②]。

**表 8.3　美国 1984 年《危险固体废物修正法》产生的危险废物和管理成本的变化**

| | 1983 年 | 1990 年没有废物削减 | 相比 1983 年的百分比变化 | 1990 年有废物削减 | 相比 1983 年的百分比变化 |
|---|---|---|---|---|---|
| 废物产生量/$10^3$t | 265 595 | 280 364 | 5.6 | 229 141 | −13.7 |
| 废物管理年度成本（1983 年价格）/百万美元 | 5 779 | 11 201 | 93.5 | 8 429 | +45.9 |

资料来源：U. S. Congress，CBO（1985）.

这些发现表明至少美国在危险废物政策方面——限制土地处置——能够提供经济激励，并帮助实现削减危险废物产生量的国家目标。缺少土地处置限制的废物控制立法仅依靠行政管制手段，既不能产生效率也不能产生成本-效益。这将是一个令人尴尬的结果，尤其是其他国家和美国一些州已经运用市场手段控制了危险废物污染。

（2）危险废物控制政策的市场手段

市场手段试图运用价格机制促使污染者承受污染行为的全部成本并做出相应反应。因为危险废物污染具有重大风险，所以，外部成本非常高昂。如果价格能够反映外部成本，污染者或者危险废物产生者将有强烈的动机削减废物产生量。

废物控制政策的传统市场手段是污染收费，即随污染物排放量的不同而变化的收费，可以废物末端收费的形式实施。这类经济手段在国际上已有运用。例如，丹麦、芬兰和匈

① Gordon R G. Legal incentives for reduction, reuse, and recycling: a new approach to hazardous waste management, 95 Yale L.J. 810 (1986).

② Gordon R G. Legal incentives for reduction, reuse, and recycling: a new approach to hazardous waste management, 95 Yale L.J. 810 (1986).

牙利都实行了危险废物收费政策[1]。废物末端收费提高了废物管理服务的有效价格。如果收费足够高，那么，收费将阻止废物产生并鼓励废物削减。

## 8.2 美国城市固体废物管理

作为无危险废物流的一部分，城市固体废物对人体、动物或植物没有直接威胁。但是，如果城市固体废物数量过多或管理不善，也会给社会和生态环境带来风险。与世界上许多国家一样，美国主要依靠垃圾填埋场来处置城市固体废物。垃圾填埋场糟糕的卫生条件使传播疾病的细菌污染水和土壤，更严重的风险是有毒物质的释放。由于城市固体废物的分解或工业危险物质混杂在城市垃圾中，所以城市固体废物中会出现有毒污染物。城市固体废物也有空气污染的风险，因为废物分解释放有害气体或废物焚烧不充分。

由于城市固体废物的潜在危害，需要控制废物管理的国家政策，并开发新技术、寻求恢复、重新使用废物的方法。在美国，管理城市固体废物的大部分责任都交给州政府和地方政府。这样可以保证城市固体废物管理计划的设计比危险废物控制更具灵活性。在一些社区，城市固体废物管理已经出现一些政策创新，其中包括运用市场手段来完成环境目标。

在本节，我们分析城市固体废物污染风险及相应的政策回应。为了理解政府计划和规章的动机，首先探讨城市固体废物流产生和分解的特点，运用国际比较来对美国数据的讨论提供背景。其次，概述《资源保护和恢复法》赋予美国联邦政府和州政府的责任，介绍城市固体废物管理服务的市场模型，探究导致无效率的潜在原因，运用经济分析对州政府和地方政府管理城市固体废物流运用的各种市场手段进行探讨。

### 8.2.1 城市固体废物的特征

（1）趋势观察

在美国，许多社区已经发现城市固体废物流数量在不断增长，人口增长只是造成这种现象的部分原因。如表 8.4 所示，人均产生废物量在增加，至少在一定程度上反映出经济的增长。但是，许多人认为美国呈现出“一次性社会”的特征或许是更好的解释。产品整体报废、鼓励过度消费的诱导性广告以及食品的过度包装都是导致城市固体废物增加的因素。尽管城市固体废物的增长趋势明显，但是，废物管理却较为滞后。

---

① OECD（1999），pp.20-21，table3.3.

表 8.4　1960—1999 年美国城市固体废物产生量的趋势

| | 1960 年 | 1970 年 | 1980 年 | 1990 年 | 1999 年 |
|---|---|---|---|---|---|
| 城市固体废物总产量/百万 t | 88.1 | 121.1 | 151.6 | 205.2 | 229.9 |
| 总人口/$10^3$ 人 | 179 979 | 203 984 | 227 255 | 249 907 | 272 691 |
| 人均城市固体废物/（磅/d） | 2.68 | 3.25 | 3.66 | 4.50 | 4.62 |
| 人均国内生产总值（1996 年价格）/美元 | 13 148 | 17 446 | 21 521 | 26 834 | 32 512 |

资料来源：U. S. EPA，Office of Solid Waste and Emergency Response（July 2000）；Council of Economic Adviser（January 2000）.（U. S. Department of Commerce）.

多年以来，美国和大部分欧洲国家主要依靠垃圾填埋场处置城市固体废物，垃圾填埋从时间上看似乎是合理的方案。然而，20 世纪 80 年代，“容量危机”报告警告许多城市垃圾填埋场均已经没有足够的空间，另外一些城市垃圾填埋场则因为管理不善而关闭。

然而，美国国家环保局提供的数据显示，美国依然主要依靠垃圾填埋场，1999 年超过 57%的城市固体废物运用垃圾填埋进行处置。美国垃圾填埋场数量下降也是事实，例如，1989 年美国有 7 379 个垃圾填埋场，到 1999 年锐减为 2 216 个。但是，垃圾填埋场的平均规模在扩大。因此垃圾填埋场的总容量保持着相当水平。美国国家环保局宣称美国垃圾填埋容量并不是问题，但有些地区容量不足却时有发生①。

无论如何，美国城市固体废物处置系统年久失修却是事实。根据美国国会技术评估部的报告，70%的城市固体废物垃圾填埋场在 1980 年以前就已经开始运营，许多垃圾填埋场缺乏合理的控制，如防水覆盖系统、防渗衬垫以及沥出液收集系统。缺乏良好的过程控制将造成严重的环境问题，如甲烷爆炸、细菌富集以及地下水和地表水污染。而即使是很少比例的危险废物和无危险物质混杂在一起，也将加剧这些环境问题②。

（2）美国城市固体废物的构成

为了解美国城市固体废物的构成，我们按照废物类型和进入废物流的材料进行分析。

1）产品群。产品群分为耐用品（如器械、家具和轮胎）、非耐用品（如杂志、衣物和家庭清洁剂）、容器、包装和其他废物（如修剪院落的废弃物和残羹冷炙）。

1999 年美国 22 990 万 t 城市固体废物依据产品群进行分类的重量比例中，包装和容器的比例高达 1/3（7 600 万 t）。

2）材料群。城市固体废物的材料群包括纸和纸板、修剪院落的废弃物、玻璃、金属、塑料、纺织品、橡胶和皮革、木头以及其他各种废物。1999 年纸和纸板占据最高比例，达到 38.1%。

城市固体废物材料的组成数据显示出生产决策是如何最终决定废物积聚类型的。纸和纸

① Goldstein N. Biocycle nationwide survey: the state of garbage. Biocycle, 1997: 60-67.

② U.S.Congress，OTA（1989），p.284.

板的增长已经趋于稳定，从 1960 年的 3 000 万 t（34%）上升到 1999 年的 8 750 万 t（38.1%），废纸数量随着经济商业周期的变化而变化。

美国城市固体废物增长速度最快的是塑料，从 1960 年的 40 万 t 增长到 1999 年的 2 420 万 t。这个增长率用百分比表示给人的印象会更为深刻，从 1960 年不到 1%增加到 1999 年的 10.5%。这些数据可以解释为什么再生塑料会引起广泛关注。具体讨论见二维码中 1 的内容。

扫码获取

1. 再生塑料
2. 德国的绿点计划

### 8.2.2 政府政策回应

前面已经提到，美国《资源保护和恢复法》有一套适用于无危险废物的规定，其中包括城市固体废物。从某种意义上说，在国家环保局的监督和支持下，无危险废物的管理责任已经委托给地方政府。这种授权暗示政策制定者认为城市固体废物控制最好接近污染源。不是每一个社区都面临同样的问题，即使他们的行为完全相同，环境风险的程度也因地区差异而有很大差别。城镇人口、垃圾填埋场的使用年限以及地下水和地表水距离垃圾填埋场的位置都是影响结果的因素。

（1）地方政府的责任

按照《资源保护和恢复法》，各地方政府需要制订自己的废物管理计划，但是这些计划必须满足特定的国家环保局要求。例如，地方政府计划必须包括关闭或更新现有露天垃圾场和禁止新建露天垃圾场的规定；地方政府计划要求无危险废物必须用于资源恢复或经过合适的处置，如卫生填埋。地方政府计划针对影响城市固体废物的地区因素可以有一些灵活性。

《资源保护和恢复法》还要求各地方政府必须遵照法律规定制定管制措施。一般情况下，各地方政府通过自己的立法满足联邦政府要求，通过地方政府计划履行自己的责任。有些地方政府利用激励方法，如为城市和城镇提供拨款，建立废物管理计划，有的地方政府则通过立法要求建立再循环计划。

在美国，为了支持这些行动，1991 年 10 月，时任总统乔治·布什签署了 12780 号行政令——联邦政府再循环和采购政策。该政策要求所有的政府部门逐步增加他们的再循环产品的利用，鼓励再循环产品市场的发展。美国这些举措具有创新性，其他国家纷纷效仿。例如，在时任总统布什签署行政令的同一年，德国通过新的法令实施再循环计划。

（2）中央政府的责任

按照美国《资源保护和恢复法》有关无危险废物的规定，中央政府必须向地方政府提供财政和技术援助，帮助地方政府设计、实施废物管理计划。中央政府也必须鼓励各地方政府保护资源，帮助各地方政府寻求最大限度地使用回收资源的方法。美国国家环保局负责制定卫生填埋场和其他土地处置场的最低标准[①]。1991 年 9 月，新规定对土地处置场制定了更严格的标准，于 1993 年起正式实行。新规定适用于土地处置场使用期内及关闭后 30 年。另外，这些新规定将减少风险，促进污染源削减和全国范围内的再循环。适用于“废物—能量”的焚烧场的新规定也同时发布，对各种空气排放进行控制，保证合适的燃烧条件。这些规定都非常重要，因为美国当时大约有 100 家焚烧场在运营[②]。在此之前，美国国家环保局为固体废物焚烧场制定了指导原则，但没有具体的控制规定。

### 8.2.3　城市固体废物管理服务的市场建模

在城市固体废物服务市场上，相关的商品是几种不同行动的组合——收集、运输和处置。基于这个定义，我们建立城市固体废物服务市场的模型，如图 8.2 所示。在图 8.2 中，假定需求曲线（$D$）用 MPB 曲线表示，供给曲线（$S$）用 MPC 曲线表示。这些曲线将决定城市固体废物服务的竞争均衡价格或收费和均衡数量。

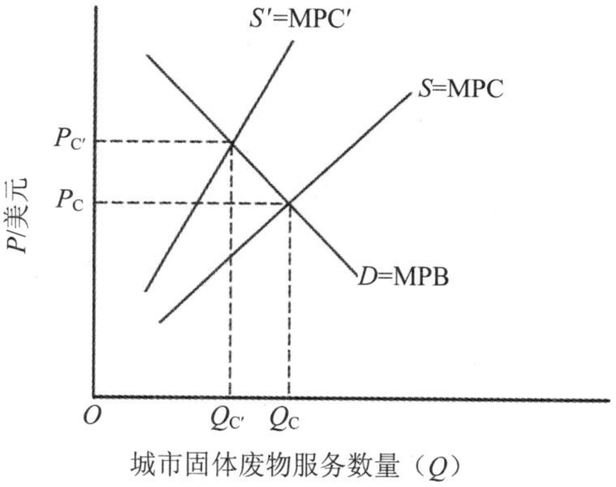


图 8.2　城市固体废物服务市场

（1）城市固体废物服务供给

城市固体废物服务市场的供给代表提供服务的私人企业或市政当局的生产决策。在供给市场，生产成本反映运输车、管理垃圾填埋场或焚烧炉以及劳动力的支出。在假定生产的边际收益递减的前提下，MPC 曲线斜率为正。在供给市场，影响供给的非价格因素是土地的可用性和政府法规。

让我们考虑中央政府对垃圾填埋场控制的决定影响。严格的标准致使几百家不能达到新规定标准的垃圾填埋场关闭。这个结果和“反对邻区建筑”的态度限制了一些地区垃圾

① U.S.EPA，Office of Solid Wasid（November 1986）.

② U.S.EPA，Office of Solid Wasid and Eemergency response（July 2001），p.103.

填埋场的使用。结果，垃圾填埋的价格或倾卸费上升。如图 8.2 所示，图中 MPC 向上移动，导致均衡价格上升至 $P_{C'}$，均衡数量下降至 $Q_{C'}$。

（2）城市固体废物服务需求

城市固体废物服务市场的需求代表城市固体废物产生者的购买决定。在此，价格变化产生的数量变化具有重要含义：如何管理废物。为了更好地理解这个问题，我们回顾一下图 8.2。控制规定导致价格上升，从而使均衡数量从 $Q_C$ 下降到 $Q_{C'}$。废物产生者将采取什么行动来完成削减数量？一种是削减污染源产生较少的废物，另一种是产生同样数量的废物，运用更多的再循环或回收的方法减少废物服务需求。此外，还有一种是保持废物产生率和再循环率不变，使用非法手段处置废物以逃避较高的城市固体废物服务价格①。

究竟如何选择取决于 3 种可能性对废物产生者的可用性以及相对于城市固体废物服务的价格。认识到城市固体废物服务的较高价格，当地社区鼓励使用有成本-效益的再循环计划。例如，使用近距离方便的再循环计划代替远距离再循环服务。1998 年，美国开展了超过 9 300 项近距离方便的再循环计划，为大约 52%的人口服务。这降低了废物产生者再循环的机会成本②。在没有近距离方便的再循环计划时，一些废物产生者可能会非法处置他们的废物。

对城市废物服务的需求或边际私人收益也受非价格因素变化的影响。例如，较富裕的人会产生较多的废物，因为他们购买更多的产品并更频繁地更换产品。因此，在其他条件保持不变的前提下，随着社区收入的增加，城市固体废物服务需求曲线可能向右移动。另一个影响需求的非价格因素是嗜好和偏好。随着废物产生者更具有环境责任感，我们能够期望他们对废物服务的需求下降，因为废物产生者将使用较少的包装。总之，不同社区的废物产生者可能面临不同形状的需求曲线，需求曲线可以根据价格和非价格因素的变化进行预测。

如果真实的城市固体废物市场符合这个模型且没有外部性，我们可以得到结论：城市固体废物市场在 MPC = MPB 处是有效率的方案。但是，事实证明，在实际城市固体废物市场，上述假设受到破坏。因此，资源配置不当是一个需要进一步研究的重要问题。

（3）城市固体废物服务市场的资源配置不当

大多数城市固体废物服务市场存在两个明显的问题，而这两个问题都与市场供给有联系：城市固体废物价格不能正确反映随产品数量上升而产生的边际私人成本的上升；城市固体废物服务生产造成的负外部性。

1）城市固体废物服务的固定费定价。大多数国家，城市固体废物服务的供给方按固

① Jenkins R R. The economics of solid waste reduction. Books. 1993.

② Duggal V G , Saltzman C, Williams M L. Recycling: an economic analysis. Eastern Economic Journal, 1991, 17(3): 351-358.

定费向居民或企业收取服务费。因为收费相同，而不管具体的废物产生量，所以这种定价方案被称为固定费定价系统。

注意，废物产生者增加废物量不会被收取任何费用，这意味着固定费定价系统不能反映 MPC 的上升。需求者支付的边际价格为零，所以，需求者没有动机削减废物的产生。固定费定价系统是在假定边际私人成本为零时适合实施。

MPC 位于水平坐标轴上。注意，在这样的假定条件下，市场均衡处于 MPC = MPB = 0 的点 $Q_0$，相较于竞争均衡，过多的资源被分配给城市固体废物服务。在城市固体废物服务由公共机构提供的社区，价格机制进一步受到阻碍，因为服务费不是直接付款而是通过财产税收取。但是，无论城市固体废物服务是公共机构还是私人提供，使用固定费都严重影响效率。

2）负外部性。即使废物产生者被征收的费用等于其边际私人成本，但如果城市固体废物的生产造成负外部性，依然会出现资源配置不当。资源配置不当在废物管理市场是普遍现象。例如，轮胎处置产生的负外部性以及新技术有助于减少负外部性。在城市固体废物服务市场，由于地下水污染、焚烧产生的空气污染或美学价值的损害而产生外部成本。

正如我们在其他章节讨论的一样，生产外部性可以用 MEC 曲线表示，MEC+MPC=MSC。假定在城市固体废物需求方没有外部性，那么，消费的 MSB 和 MPB 函数相同。具有效率的方案位于 MSC = MSB 的点。如图 8.3 所示（为了避免将外部性和固定费的影响混淆，我们将 MPC 的斜率定为正值）。注意，具有效率的产量水平是 $Q_E$，低于私人市场产量 $Q_C$。

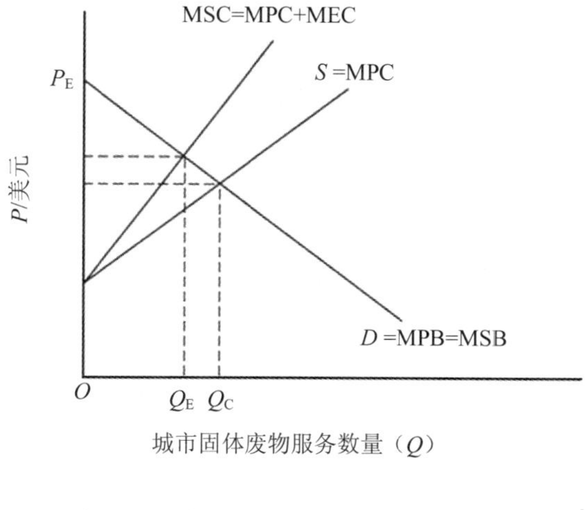


**图 8.3　城市固体废物服务的私人市场配置无效：负外部性**

总之，典型的城市固体废物的私人市场不会产生具有效率的结果。因为固定费扭曲了价格信号，失去了废物削减的经济激励。而私人市场忽视外部成本导致进一步的扭曲。这些因素造成废物服务的资源过度配置和城市废物的过量产生。有方法解决这个问题吗？事实上，许多定价方案都可以纠正此类无效。

### 8.2.4 城市固体废物政策的市场途径

近年来，一些社区已经开始制定以市场为基础的政策以减少城市固体废物，其中 3 种途径直接运用了价格机制：后端或废物末端收费；前端或零售处置收费；保证金/还款制度。

（1）后端或废物末端收费

因为废物末端收费是根据废物产生量在各处置阶段实施的收费，所以可以避免固定费定价系统所产生的市场扭曲。为了获得效率，废物末端收费必须在效率均衡点包含 MPC，如图 8.4 所示，合理的单位收费为 $P_E$。注意，单位收费是指所有废物产生者为单位废物支付的价格，这与固定费定价系统以家庭为单位的收费有很大差别。

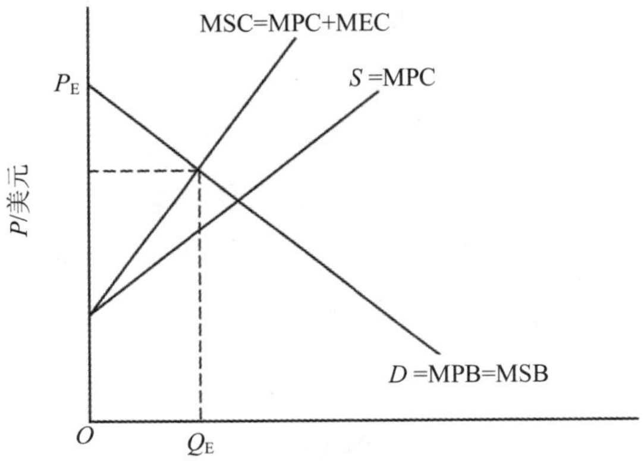


图 8.4 城市固体废物服务市场上恢复效率的废物末端收费模型

在实践中，废物末端收费的计划，被称为单位定价计划（unit pricing scheme）或“按量付费”（pay-as-you-throw，PAYT）计划，表明城市固体废物服务以单位废物为基础进行收费。单位可以用重量或体积为尺度，体积使用得更为广泛。每一单位的价格相同称为固定比率定价（flat rate pricing），每一单位的价格不同称为可变比率定价（variable rate pricing）。西雅图计划可能是实施单位定价的最著名案例。在西雅图计划中，每一个城市固体废物产生者向市政府登记预计可以使用一个星期的垃圾容器的数量和体积，然后根据登记数据运用以体积为基础的定价计划收费[①]。

固定费计划向单位定价计划的转变恢复了两个重要的市场激励。第一，单位定价向废

① Scattle Solid Waste Utility（1998），as cited in Wirth and Heinz（May 1991），pp.50-51.

物产生者提供明确的信息：增加的废物服务带来的边际成本不为零，这将激励废物产生者运用污染源削减的策略减少废物产生量。第二，由于收集和处置价格的提高，使得替代途径的相对价格降低，如果再循环和处置可以互相替代，则相对价格的改变将促进更多的再循环而抑制废物处置。同时，单位定价计划还具有公平含义，因为单位定价计划不会迫使较小的城市固体废物产生者向较大的废物产生者提供补助，而固定费计划则会出现这种情况。第三，有迹象表明单位定价计划将鼓励废物的非法处置，但事实表明，废物非法处置在运用单位定价系统的地区并没有明显增加[1]。

罗宾·詹金斯（Robin Jenkins）于 1993 年对单位定价进行了全面的统计分析，结果表明，把固定费定价改为 50 美分/容器的单位定价，会造成每人每天减少废物 0.2 磅，那么对于拥有 10 万人的社区，每年能减少 3 650 t 废物；对于拥有 50 万人的社区则减少 18 250 t 废物。另一项研究表明，在加利福尼亚和中西部地区运用可变比率定价计划的社区，垃圾填埋减少了 6%～50%，其中，削减和价格水平呈正相关[2]。一些社区制订出更灵活的计划，废物产生者可以为不同尺寸容器购买标签，然后，废物产生者根据不同时期选择需要的容器数目并将预付标签贴在所用容器上[3]。二维码中的内容讨论的是“袋子和标签途径”（bag-and-tag approach），该方法已经取得一些成功。

扫码获取

“袋子和标签途径”：另一个“按量付费”途径

（2）前端或零售处置收费

另一个可供选择的定价方案是运用前端或零售处置收费。相较于废物末端收费，零售处置收费是在销售阶段对产品收费。零售处置收费是在废物产生之前进行，其目标是通过污染源削减促进污染预防。其中，包括促进厂商寻求更利于环境的产品设计和包装。

从实践的角度来看，零售处置收费比废物末端收费更适合当地条件。例如，废物末端定价计划和再循环计划能保持协调并阻止非法废物处置。但是，如果社区没有制定再循环计划，更好的选择是前端收费，对于以单元式住宅为主的社区也是如此，因为废物末端收费难以实施。前端收费可以弥补废物末端收费的不足，阻止产生较多废物或对健康和环境产生重要威胁的产品使用，其中包括电动机润滑油、电池和汽车轮胎等。

为了更好地理解零售处置收费的环境和经济结果，我们以家用电池市场为例进行分析。电池由于含有重金属汞或镉，所以电池的处置对社会具有环境风险。而一般的电池消费者不会考虑外部影响，因此。边际私人收益夸大了消费的真实边际收益，这意味着边际社会收益曲线低于边际私人收益曲线，如图 8.5 所示。

---

① U.S.EPA，Office of Policy，Economics and Innovation（January 2001），p.44.

② Skumatz L A, Region E P A. Nation wide diversion rate study quantitative effects of program choices on recycling and green waste diversion: beyond case studies，1996.

③ Wirth T E, Heinz J, Stavins R. Project 88–round II: incentives for action: designing market-based environmental strategies. Washington, DC. 1991.

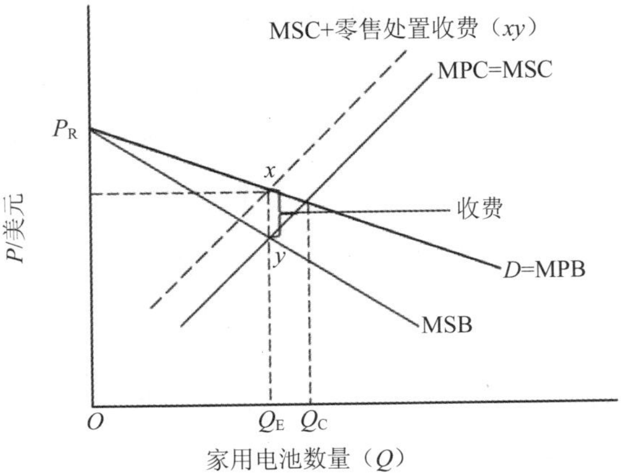


**图 8.5 纠正消费外部性的零售处置收费模型：家用电池市场**

在缺乏政府干预的条件下，均衡产量是由 MPB = MPC 的交点 $Q_C$ 决定的。但是，具有效率的产量水平较低，由 MSC 曲线和 MSB 曲线的交点 $Q_E$ 决定（为简单起见，我们假定没有产生外部性，因此 MSC = MPC）。

为了修正这种无效率，政府在销售阶段对电池征收零售处置费，收费额为 $Q_E$ 点处 MSB 和 MPB 间的距离（$xy$）。在图 8.5 中，笔者模拟收费迫使 MSC 上移 $xy$，结果，消费者的有效价格为 $P_R$。

零售处置收费在美国和其他国家都有运用。例如，澳大利亚冰箱和空调征收零售处置收费，芬兰对原油和轮胎征收零售处置费。零售处置收费的部分目的是减少产品处置带来的危害，同时零售处置收费也可以带来财政收入，这些财政收入有助于支持废物清除①。在美国，政府对多种产品征收零售处置费——主要由州政府实施。大多数目标产品和物质都是预期产生较高外部成本的产品。例如，得克萨斯州对每只卡车轮胎征收 3.50 美元，罗得岛州对每加仑防冻剂征收 0.01 美元。

（3）保证金/还款制度

减轻城市固体废物污染的第三项可供选择的市场手段是保证金/还款制度。保证金/还款制度已经在第 4 章进行了详细讨论，本节不再重复。我们主要讨论保证金/还款制度和另外两个定价体系的关系。保证金是在购买阶段进行的收费，这与零售处置收费一样；还款试图减少废物处置，促进再循环，这与废物末端收费相同②。

这个创新的经济手段已经在国际和美国国内得到一致赞同。在美国，保证金/还款制度主要针对饮料容器和铅酸电池。

---

① OECD. Revenue statistics: 1965-1998. special Features, taxing powers of state and local government, the interpretation of tax-to-GDP ratios, the impact of GDP revisions on reported tax levels. OECD publishing，1999.

② Fullerton D, Kinnaman T C. Garbage, recycling, and illicit burning or dumping. Journal of Environmental Economics and Management, 1995, 29 (1): 78-91.

相似的应用在其他国家也非常普遍。对饮料容器实施保证金/还款制度的国家有澳大利亚、加拿大、丹麦、墨西哥和瑞典；对电池实施保证金/还款制度的国家有丹麦、韩国和墨西哥；挪威和瑞典对机动车辆实施保证金/还款制度，新车购买者在购车时缴纳一定保证金，当车辆被淘汰时，把旧车送到指定回收点，消费者将得到更多还款[①]。

瑞典保证金制度首先应用于玻璃容器。1885 年，瑞典将玻璃容器尺寸统一标准生产，并按尺寸大小征收保证金，容器获得返还后退还保证金，玻璃容器保证金返还由 Svensk Glasatervinning AB 公司负责。2008 年，玻璃罐装饮料容器和玻璃瓶装饮料容器的返还率分别达到 99%和 90%。

饮料包装都适用强制性保证金制度。1981 年，瑞典试行易拉罐回收及保证金制度，并于 1984 年获得国会立法批准，正式施行此项制度。当年的易拉罐回收率达到 63%，1996 年的回收率达到 92%，目前的回收率在 91%。1993 年，瑞典国会通过 PET 塑料瓶的回收保证金制度，并于 1994 年正式实施，2007 年的空瓶回收率为 84%。继饮料包装领域的环境保证金制度取得明显成效后，瑞典又对废旧汽车实行了保证金制度，返还率达 80%左右。

## 8.3　美国有毒物质废物管理

在美国经济中大约有 GDP 的 5%是从事化学物质及其相关产品的生产，每年大约生产 7.5 万种化学物质[②]。化学物质能够增加产品的多样性、耐久性和有效性，当然，化学物质也有成本。一些化学物质，对人体健康和生态系统有严重威胁。有时，化学物质的风险并不能被完全了解，直到危害产生很久以后。认识到化学物质使用和废物流有毒残留物影响的潜在风险后，美国国会通过了《联邦农药、杀真菌剂和灭鼠剂法》（*Federal Insecticide, Fungicide, and Rodenticide Act*, FIFRA）和《有毒物质控制法》（*Toxic Substances Control Act*, TSCA）。这两部立法从不同的角度控制农药和其他化学物质的生产、销售和消费。通过立法对化学物质进入市场前的控制、限制使用或禁止使用具有不可接受风险的化学物质。在废物流产生之前对危险物质进行控制是污染预防的有效方法。

### 8.3.1　美国农药控制法律

（1）简要回顾

1）1947 年《联邦农药、杀真菌剂和灭鼠剂法》。1947 年，美国国会制定了《联邦农

---

① OECD. Revenue statistics: 1965-1998. Special features, taxing powers of state and local government, the interpretation of tax-to-GDP ratios, the impact of GDP revisions on reported tax levels. OECD publishing，1999.

② U.S.EPA (August 1988), U.S.EPA, Office of Pollution Prevention and Toxics (May 9), 2002.

药、杀真菌剂和灭鼠剂法》，并委托美国农业部进行管理。该法的主要目标是控制农药标签以制止假冒伪劣产品。1970年，改由新成立的美国国家环保局负责这项法律的实施。两年后，美国国会通过了《〈联邦农药、杀真菌剂和灭鼠剂法〉修正案》，对最初法律的各个方面都进行了修正，并将主要关注点转向了健康和环境保护。修正案中的一项关键修正是要求对新农药注册以及对市场现有农药的重新注册和重新评估。农药注册依然是美国联邦控制农药的主要手段。

随后，《联邦农药、杀真菌剂和灭鼠剂法》又做出了进一步的修正，其中包括要求注册者提供更详细的测试数据，决定是否对标签、包装、配方实行更安全的标准。与其他主要环境政策一样，美国农药立法也过于雄心勃勃。

2）1988年《〈联邦农药、杀真菌剂和灭鼠剂法〉修正案》。1988年，美国国会通过《〈联邦农药、杀真菌剂和灭鼠剂法〉修正案》，改进了注册和重新注册程序，并制定了收费系统支持重新注册程序。该修正案也加强了美国国家环保局对农药储存、运输和处置的控制，其中包括农药及其容器的标签控制；扩大了美国国家环保局的权限，同时，要求美国国家环保局负责管理农药容器的使用、处置、再填充和回收利用。

3）1996年《食品质量保护法》。1996年8月，时任总统克林顿签署了《食品质量保护法》。该法是对《联邦农药、杀真菌剂和灭鼠剂法》和《联邦食品、药品和化妆品法》的修正。《食品质量保护法》是另一部控制农药的立法，通过制定食品中农药残留的容许量（即最大许可水平）进行控制。该法针对食品中农药残留建立了以健康为基础的标准，对农药进行更严格的控制，同时，也特别关注农药对婴儿和儿童构成的健康风险。《食品质量保护法》的新标准要求所有容许量必须“安全”，即“大量暴露也不会产生危害的可靠水平”①。

（2）通过注册控制新农药

美国《联邦农药、杀真菌剂和灭鼠剂法》及其修正案的主要目标是在农药被发送或销售之前进行相关的农药注册，注册需经美国国家环保局根据风险-收益分析结果批准。美国国家环保局必须确保农药使用产生的收益大于农药的健康和生态风险。因此，没有被批准注册的农药都是具有过度负面影响的农药②。

按照《联邦农药、杀真菌剂和灭鼠剂法》的规定，一种农药只要符合下面条款中的任意一条，就可能不予注册：成分和说明不符；标签不符合法定标准；对环境产生过度的负面影响；不宜广泛使用。

风险评价的发展有助于政府减少错误的注册决定，防止任何对环境有过度风险的农药使用。在农药注册时，美国国家环保局对食物中的农药残留制定了法定限额或农药容许量，农药容许量是指农产品或加工食品中农药残留的法定限额。农药注册扮演许可证的角色，

---

① Pun.l, 104-170 § 405 (b) (2) (A) (Ⅱ). 110Stat, 1489 (1996).

② U.S.EPA, Office of Prevention, Pesticides, and Toxic Substances (December 1999), p.11.

农药容许量详细说明农药被批准使用的条件。大部分食品的农药容许量由美国食品和药品管理局按照《联邦食品、药品和化妆品法》的规定实施。

（3）通过重新注册控制现有农药

一项更重要的规定是对先前得到许可的农药进行重新注册。通过重新注册，许多不安全的农药被限制使用或禁止使用，氯丹等有害化学物质受到限制或消除，企业和消费者必须寻找新的替代物——毒性较小的农药。结果，一些危险污染得到预防，而不再只是进行事后补救。

在 1988 年《〈联邦农药、杀真菌剂和灭鼠剂法〉修正案》实施时，大约有 600 组农药有效成分需要重新注册，这是一项重要工作。该修正案为了加快重新注册的进度，为重新注册程序的各个阶段制定了最后期限。

1996 年《食品质量保护法》对农药重新注册做出进一步修改，要求美国国家环保局根据重新注册对所有已确定的容许量进行重新评估，以确保符合《食品质量保护法》新的安全标准。重新评估工作预计将于 2002 年全部完成，届时，基于《食品质量保护法》的一项新的重新注册审查计划开始实施。新计划要求美国国家环保局对每一种农药进行 15 年循环期的重新评估。

事实上，控制农药对政策制定者和社会都是一个难题。农药对农业和其他工业具有很大的贡献，但是，农药又会危害生态，引起癌症、新生儿缺陷和神经损害等严重的健康问题。在风险-收益分析中，需要考虑农药正反两方面的影响。因此，相较于收益，无论是否有风险，只要重新注册能够促进政府实施风险-成本分析和提高管理能力，重新注册的 2.5 亿美元的成本就是合理的。

### 8.3.2　美国有毒物质控制法律

化学物质只要合理使用，大部分化学物质对生命质量有积极的贡献。但是，化学物质暴露也会给社会带来很大的风险。遗憾的是，一些化学物质暴露的健康风险，特别是长期和永久影响，直到这些化学物质被投入市场并大量使用以后才为人所知。

（1）对化学物质风险的政策回应

为了解决化学物质风险问题，美国国会于 1976 年通过了《有毒物质控制法》。该法的一个主要目标是在化学物质进入市场前，对造成健康和环境风险的化学物质进行识别和控制。通过在化学物质投入生产前对其环境和健康风险的识别，政府就有机会预防污染，而不是等污染发生后才去补救。《有毒物质控制法》提供了监控已投入市场的化学物质风险的方法和必要时所采取的措施。由于不了解大多数正在使用的化学物质，美国国会授权编辑 1975—1999 年美国所有商用化学物质生产或加工目录。根据生产者和进口商提供的数据，美国政府于1979年出版了第一部《有毒物质控制法》目录，包含了超过6.2万种化学物质的信息。

《有毒物质控制法》授权美国国家环保局从生产者那里收集化学物质风险信息，测试现有化学物质，并在新化学物质投入生产和大量使用前对其进行审查。根据具体发现，美国国家环保局可以采取适当的措施，其范围从生产和发送阶段设立警示标志到禁止化学物质生产。在化学物质整个生命周期的每一个阶段都必须进行风险控制，包括生产、加工、销售、使用和处置。

（2）控制新化学物质的引入

与美国农药法不同，《有毒物质控制法》并不用注册方法控制有毒化学物质的使用。《有毒物质控制法》要求生产者在生产或进口任何新化学物质时，必须至少提前90天通知政府。所谓新化学物质，是指未列入《有毒物质控制法》目录中的化学物质。提交美国国家环保局的通知为生产前通知，生产前通知提供有关化学物质特征、工人的预期暴露状况、用途以及健康和环境影响的信息。在收到通知后，美国国家环保局有90天的审查期，来评估化学物质的风险并做出回应。如果化学物质风险过高，或在缺乏足够信息的条件下预期有过高风险，过度风险的决定以暴露影响的测试结果为基础，如癌症或导致新生儿缺陷①。美国国家环保局将永久限制该化学物质的使用；如果需要更多的数据进行完整的风险分析，美国国家环保局将暂时限制该化学物质的使用。

（3）控制现有化学物质的使用

现有化学物质是指列入《有毒化学物质控制法》目录的化学物质，《有毒物质控制法》的其他规定是评估7.5万种现有化学物质风险。如果发现任何化学物质对人体健康或环境具有重大风险，《有毒污染控制法》就会要求生产者通知美国国家环保局。接到通知后，美国国家环保局有毒物质办公室对化学物质信息进行评估并采取措施，从要求标签标识到禁止使用②。

### 8.3.3 美国固体废物和有毒物质政策的经济分析

美国有毒物质控制政策和固体废物控制有密切联系。《联邦农药、杀真菌剂和灭鼠剂法》和《有毒物质控制法》都试图在潜在危害物质进入环境之前控制其生产和使用。如果这些立法能获得成功，那么，当潜在危害物质进入废物流时，风险也较低。虽然有许多因素需要考虑，但是最主要的问题是分析这两部立法的成本和收益。

---

① U.S.EPA, Office of Pollution Prevention (October 1991), p142; U.S.EPA, Office of Tocxic Substances (June 1987), pp.3-4; TSCA, sec.4 (b) (2) (A).

② U.S.EPA (August 1988), p.114; U.S.Federal Register54, pp.29, 460-513 (July12, 1989), as ceited in U.S. EPA, Office of Pollution Prevention, October 1991), p.143.

（1）美国固体废物和有毒物质政策的成本分析

从成本方面来看，政府过多的注意力集中在《资源保护和恢复法》的大量支出上。考虑到这部立法所要解决问题的复杂性之后，高成本也就不足为奇了。问题在于相较于收益成本是否合理。正如我们在 8.1 节中所讨论的，以收益为基础的《资源保护和恢复法》缺乏市场激励手段，其实施高成本的经济基础并不可靠。

美国固体废物和有毒物质控制政策的直接成本如表 8.5 所示，包括所有经济部门的支出——私人部门、美国国家环保局、其他联邦部门以及州政府和地方政府，所有数值都以 1986 年价格表示。注意，存在两大类固体废物控制成本——与《资源保护和恢复法》和超级基金有关的成本。《资源保护和恢复法》的数据是按照特殊规定分组，包括无危险固体废物、危险固体废物和地下储油罐的规定。化学物质控制政策的成本数据分为《有毒物质控制法》的成本与《联邦农药、杀真菌剂和灭鼠剂法》的成本。

**表 8.5 美国固体废物和化学物质计划的污染控制成本** 单位：百万美元

| 计划 | 1972 年 | 1980 年 | 1987 年 | 1995 年 | 2000 年 |
|---|---|---|---|---|---|
| 《资源保护和恢复法》总计 | 8 436 | 13 612 | 18 409 | 32 468 | 38 055 |
| 无危险固体废物 | 8 436 | 13 612 | 16 683 | 20 338 | 22 302 |
| 危险固体废物 | * | * | 1 725 | 9 210 | 12 062 |
| 地下储油罐 | * | * | 1 | 2 920 | 3 691 |
| 超级基金 | * | * | 683 | 4 690 | 8 093 |
| 固体废物总计 | 8 436 | 13 612 | 19 092 | 37 158 | 46 148 |
| 《有毒物质控制法》 | * | 429 | 365 | 1 119 | 1 234 |
| 《联邦农药、杀真菌剂和灭鼠剂法》 | 92 | 461 | 453 | 1 353 | 1 658 |
| 化学物质总计 | 92 | 890 | 818 | 2 472 | 2 892 |

注：1995 年和 2000 年数据是预测值。*表示没有计划。

资料来源：U. S. EPA，Office of Policy，Planning and Evaluation（December 1990）.

1）固体废物控制成本。如表 8.5 所示，美国固体废物控制的总成本呈现出迅速增长的趋势，从 1972 年的 84.36 亿美元增加到 1987 年的 184.09 亿美元，15 年中增长了 118.22%。根据预测，这种增长趋势将至少延续到 2000 年。

成本的整体上升反映出美国的相关政策自从 20 世纪 70 年代中期以来在不断强化，特别是对危险废物的控制力度。例如，《资源保护和恢复法》实施“从摇篮到坟墓”计划的高成本，1984 年修正案加强了财政支持。1987 年，美国控制危险固体废物的成本增长到 17. 25 亿美元，并且，预计还会继续增长。根据预测，2000 年控制危险固定废物的成本将增加到 120.62 亿美元。控制地下储油罐的成本预期也将有类似的增长趋势。注意，1987 年控制地下储油罐的成本为 100 万美元，而到 2000 年预期成本将达到近 36.91 亿美元。

无危险固体废物的控制成本也在增长，尽管这种增长趋势是渐进的。在美国，联邦政府关于无危险固体废物的立法已经有很长的发展历史，但其修改次数少于控制危险固体废物的立法。此外，虽然固体废物控制成本中无危险固体废物项目所占比例最大，但是，这些成本大部分来自地方政府和私人团体，而只有很小一部分与联邦立法有关。

2）化学物质控制成本。表 8.5 表明，《有毒物质控制法》和《联邦农药、杀真菌剂和灭鼠剂法》的总控制成本远小于固体废物的控制成本，但显现出迅速增长的趋势。总成本从 1972 年的 9 200 万美元增长到 1987 年的 8.18 亿美元，增长了近 9 倍，并且成本预测显示，到 2000 年之前，成本增长率会一直保持较高水平①。

《有毒物质控制法》的控制成本直接与每年生产前通知的数量增长相关。预测显示由于新化学物质的引入增加，成本的增长趋势将会继续。《联邦农药、杀真菌剂和灭鼠剂法》实施成本的增加反映出日益严格的注册、重新注册和最近修改的安全要求。美国国家环保局预计私人成本将持续上升，因为研究和开发以及对禁用和暂停使用农药要求遵守更严格的安全规定和农药应用需要大量的资金投入。

总之，美国固体废物和有毒化学物质控制政策的成本很高并不断增长，同时，增长率也高于其他主要的环境立法。按照美国国家环保局的估计，美国固体废物控制的总支出在 1985—1990 年增加了近 67%，而同期化学物质控制的总成本增加了 104%，远高于空气污染控制成本的增长率（19%）和水污染控制成本的增长率（28%）。控制成本的高增长率也说明，固体废物和有毒化学物质控制政策的标准制定和政策手段的选择并不合理——至少从效率角度来看。有人的确做出了这样的评估，但是，在没有与社会收益进行比较的前提下，这样的观点是没有根据的。

（2）美国固体废物和有毒物质政策的收益分析

由于政府颁布立法控制固体废物和有毒物质，这些危险物质的社会暴露风险会降低，危险物质的负面影响也会减少。在理论上，可以通过对人体健康和生态危害的减少来衡量控制固体废物和有毒物质的收益并将其货币化。遗憾的是，美国主要的固体废物和有毒物质控制计划并没有完备的收益分析，甚至缺乏具体的收益衡量尺度。美国国家环保局注册的化学物质多达几万种，但是，仅对大约 1 万种进行了健康研究，并对其中的大约 1 000 种进行了急性效应研究②。而对生态收益的正式评估则有更大的缺口。

部分的解释是美国开始制定固体废物和有毒物质政策的时间比较晚，政策制定后，实施又常常被延迟。除了时间延迟，美国固体废物政策的预期收益也难以评估。例如，对于《资源保护和恢复法》的计划而言，一项重要的预期收益是由于非法危险废物处置减少而产生的危害降低，但是，不可能测度非法处置减少的数量，因为这样的非法处置活动通常是隐蔽的。

---

① U.S.EPA, Office of Pollution Prevention and Toxics (March1997), as cited in Chemical Industay Archives (November1, 2001).

② Stranahan S Q. It's enough to make you sick. National Wildlife (February/March), 1990: 8-15.

即使可以得到数据，评估也因相关变量太多而难以完成。美国已经确认的废物堆放点（包括已经成功清除的）超过 3.9 万个，另外还有 500 万只地下储藏罐、成百上千个危险废物填埋场以及上万个城市垃圾填埋场。这些数据有助于解释为什么难以确定固体废物的程度，以及为什么对美国固体废物的政策很少进行收益评估。

在缺乏定量的收益测度时，可以用比较风险分析的方法对社会预期收益进行分析。通过分析环境危害的暴露风险彼此间的差异，可以推断出控制危险物质政策的相对收益。这些定量的推断可以为判断控制成本是否合理提供根据。

## 8.4 我国固体废物和有毒物质污染的治理

### 8.4.1 危险废物治理

#### 8.4.1.1 我国危险废物污染现状

据统计，20 世纪 90 年代前后，我国每年产生危险废物在 2 000 万 t，1995 年全国危险废物产生量为 2 690 万 t，其中：综合利用量 1 300 万 t，综合利用率为 48%，排放量 394 万 t，排放率为 14.6%。相当部分排放到自然环境中，虽有 67%的危险废物得到利用，但利用不尽合理，有些还造成二次污染。这些危险废物相当部分只是简单堆放，污染地下水和地表水，对堆放场附近的人体健康和环境造成危害，污染事故屡有发生。

2002 年，我国工业危险废物处置率仅为 24.2%。每年有 300 多万 t 危险废物临时储存。1996—2002 年，危险废物累计储存量达到 2 633.9 万 t，不但占用了大量土地，而且已成为污染环境的一大隐患。2004 年人均垃圾无害化处理率仅为 52.1%，而且无害化处理主要采用卫生填埋，堆肥和焚烧比重很少，后两者合计仅为 14.8%。在医疗废物处置方面，除极少数城市对医疗废物实行了集中处置，大部分地区医疗废物由各医院分散处置，处置水平和效果参差不齐。在抗击“非典”过程中，充分暴露了医疗废物集中处置设施严重缺乏的情况。

但近些年来，由于我国对环保问题越来越重视，国家的投资力度加大，法律法规也在逐步完善中，2010—2014 年，危险固体废物的产生量没有明显大幅的攀升，趋于平稳态势，但是转化率和利用率相对有所提高。以 2013 年为例，危险废物产生量为 3 156.89 万 t，综合利用率仅为 53.87%，处置量 701.20 万 t，仅占产生量的 22.21%，处置能力较差，主要是技术原因，见表 8.6 和表 8.7。

表 8.6　2012—2017 年我国危险废物产生和处理情况　　单位：万 t

| 年份 | 产生量 | 综合利用量 | 综合利用率 | 贮存量 | 处置量 |
|---|---|---|---|---|---|
| 2012 | 3 465.24 | 2 004.64 | 57.84% | 846.91 | 698.21 |
| 2013 | 3 156.89 | 1 700.09 | 53.87% | 810.88 | 701.20 |
| 2014 | 3 633.52 | 2 061.80 | 56.73% | 690.62 | 929.02 |
| 2015 | 3 976.11 | 2 049.72 | 51.54% | 810.30 | 1 173.98 |
| 2016 | — | — | — | — | — |
| 2017 | 6 936.89 | 4 043.42 | 58.29% | 870.87 | 2 551.56 |

资料来源：《中国统计年鉴》(近年来最新数据为 2017 年)。

表 8.7　2014—2018 年工业危险废物和医疗废物产生和处理情况　　单位：万 t

| 年份 | 产生量 | 综合利用量 | 综合利用率 | 贮存量 | 处置量 |
|---|---|---|---|---|---|
| 2014 | 2 436.7 | 1 431.0 | 58.74% | 138.0 | 889.5 |
| 2015 | 2 801.8 | 1 372.7 | 48.98% | 216.7 | 1 254.3 |
| 2016 | 3 344.6 | 1 587.3 | 47.19% | 380.6 | 1 535.4 |
| 2017 | 4 010.1 | 2 078.9 | 51.82% | 457.3 | 1 740.9 |
| 2018 | 4 643.0 | 2 367.3 | 50.98% | 562.4 | 2 482.5 |

资料来源：生态环境部《全国大、中城市固体废物污染环境防治年报》。

长期以来，大部分城市采用露天堆放、自然填埋等方式处理垃圾。这些废物除约 40%供回收利用外，大都仅做简单的堆置处理或是任意丢弃，占用了大量农田土地。既污染水质、土壤、大气，还传播疾病，严重影响城市环境质量和可持续发展。2004 年全国 661 座城市中有 1/3 被垃圾包围。堆存的垃圾，除侵占大量土地外，还造成了以下危害：①严重污染土壤和农田；②垃圾中的大量病原微生物、酸性或碱性有机污染物、重金属溶解出来，从而造成“三位一体”的污染；③严重污染空气，垃圾焚烧会产生二次空气污染，生成致癌物，并造成视觉污染；④垃圾爆炸、火灾等事故不断发生。

### 8.4.1.2　我国危险废物的来源状况

从申报登记的统计数字来看，我国危险废物的产生几乎来自国民经济的所有行业。危险废物主要来源于化学工业、炼油工业、采矿工业、金属制品、医药行业等部门，《国家危险废物名录》(2016 版）由环境保护部联合国家发展和改革委员会、公安部向社会发布，自 2016 年 8 月 1 日起施行。此次修订将危险废物调整为 46 大类别 479 种（其中 362 种来自原名录，新增 117 种)。但其中 20 个行业生产的危险废物产生量占总产生量的 93%，化学原料及化学品制造业产生的危险废物量占总产生量 40%。2013 年，我国石油加工与化学原料及化学制品制造业危险废物产生量约占 1170 万 t 的 40%，是名副其实的大户，特别是农药、染料等精细化工行业产生的大量高浓度母液、危险废渣等[①]。

扫码获取

韩国凯比（北京）制动系统公司在基本农田保护区倾倒了大量废物

#### 8.4.1.3　我国危险废物处理方式[②]

（1）清洁生产工艺推广利用

目前，清洁生产工艺在我国仅在某些工厂的某些生产线上有应用。例如，南京化工厂开发成功了加氢法制苯胺新工艺，使含有硝基苯、苯胺的铁泥废渣的产生量由 2 500 kg/t（产品）减少到 5 kg/t（产品），苯胺回收率达 99%[③]。

（2）无害化处理和综合利用技术进展

我国开发出了一批技术相对成熟、有一定经济效益的处理与利用技术。例如，铬渣制玻璃着色剂、铬渣做熔剂用于烧结炼铁、高温水解氧化法处理氰渣、焙烧法处理含汞盐泥、有机氟残液焚烧处理、废碱液和废酸液回收技术、从废液回收金属银、钴、锰、镍，从氧化锌废渣中回收锌、盐等技术。但这些技术在生产应用过程或多或少地存在如解毒不彻底、成本过高、工艺复杂、安全性能差、产品销售困难等问题。

（3）稳定化/固化技术正在起步

我国稳定化/固化技术尚处于尝试阶段。在深圳市爆炸废物安全处理处置工程中，清华大学首次将药剂稳定化技术用于实际工作，并取得良好效果，主要污染物砷、钡、氟、有机磷等全部达到规定的入场控制标准，为我国危险废物的无害化处理积累了宝贵经验。

（4）焚烧技术应用

近年来，随着对危险废物污染控制工作的不断加强，焚烧技术开始有了较大进展。医院废物的焚烧处理技术近几年有了长足的发展，除一些企业与国外合作开发出几种燃油焚烧炉外，鞍山和沈阳还针对我国能源结构特点，开发出以煤为辅助燃料的焚烧装置。石油、化工、医药等行业也开始采用焚烧技术处理其高热值危险废物。但这些焚烧装置大都属于企业自身所有，绝大多数焚烧炉炉型结构简单，缺乏热能回收及二次污染防治措施，也未配备必要的检测手段。

（5）安全填埋技术应用

我国的危险废物处理正开始从分散堆放向集中处置的方向发展。建设有吉林市城市工业废渣填埋场和吉林化学工业公司、燕山石化公司、齐鲁石化公司等企业危险废物填埋场，但大都没能做到安全填埋。1995 年建成的深圳市危险废物填埋场，是我国唯一的一座按国际先进标准建设的危险废物集中式安全填埋场。沈阳、深圳、上海、广州和北京等城市正在筹备或规划建设城市危险废物安全填埋场。

---

① 王绳. 我国危险废物污染及治理状况. 环境科学动态，2003（3）：11-13.

② 张晓东，李云燕，田贵全. 危险废物管理和治理技术现状与探讨. 上海环境科学，1999（12）：574-576.

③ 化工固体二次资源利用与发展，https：//www.mining120.com/tech/show-htm-itemid-31403.html。

（6）综合利用

综合利用是实现危险废物资源化、减量化的重要方法之一，当前危险废物综合利用的办法主要有溶剂的再生、油脂的再生、燃料的使用和金属的回收等。我国有些城市已建设危险废物综合使用处置的公司。例如，珠海安能环保科技有限公司的综合使用设备，可对废矿物油、废蚀刻液、污泥、退锡废液、含熔剂废物和废线路板进行回收使用处置，既降低了环境污染，又带来了经济效益。

### 8.4.1.4 固废法

固废法于1996年制定颁布，于2004年修订，2005年4月1日起实施，2015年、2016年两次修正，2020年第二次修订通过。该法的制定使得固体废物的环境管理得到了高度重视。固废法全面规定了固体废物环境管理制度和体系，包括监督管理、污染防治、危险废物管理特别规定、法律责任和附则等部分。

固废法特别重视对危险废物的处理。从1995年制定的固废法到后面的修正案都单设一章对危险废物污染环境防治做了特别规定。修正案在这一章中增加了下列内容：一是增加了危险废物集中处置设施的规划和建设要求（第五十四条）；二是增加了危险废物贮存时间的限制（第五十八条第二款）；三是赋予有关主管部门将危险废物的利用纳入危险废物经营许可的管理范围（第五十七条）。

在危险废物污染环境防治特别规定中对危险废物的产生、收集、运输、转移、包装、贮存、利用、处置、设施建设、监督管理等活动有比较系统的要求，明确规定了危险废物管理的具体方案和责任。对于危险废物的管理制度主要包括以下8个方面：

①申报登记制度：固废法规定，国家实行工业固体废物申报登记制度。产生工业固体废物的单位必须按照国务院生态环境行政主管部门的规定，向所在地县级以上地方人民政府生态环境行政主管部门提供工业固体废物的种类、产生量、流向、贮存、处置等有关资料。

②统一鉴别制度。固废法规定，国务院生态环境行政主管部门应当会同国务院有关部门制定《国家危险废物名录》，规定统一的危险废物鉴别标准、鉴别方法和识别标志。2021年版的《国家危险废物名录》，列出了50个类别共467种危险废物；而1996年发布了《危险废物鉴别标准》（GB 5085.1—1996），2007年进行了更新，为GB 5085.1—2007。

③代处置制度。产生危险废物的单位，必须按照国家有关规定处置危险废物，不得擅自倾倒、堆放；不处置的，由所在地方政府生态环境部门责令限期改正；逾期不处置或者处置不符合国家有关规定的，由所在地方政府生态环境部门指定单位按照国家有关规定代为处置，处置费用由产生危险废物单位承担。

④排污收费制度。以填埋方式处置危险废物不符合国务院生态环境主管部门规定的，应当缴纳危险废物排污费。

⑤经营许可证制定。从事收集、贮存、处置危险废物经营活动的单位，必须向县级以上地方政府生态环境部门申请领取经营许可证。2004 年国务院颁布的《危险废物经营许可证管理办法》规定了这一方面的要求。

⑥转移联单制定。转移危险废物的，必须按照国家有关规定填写危险废物转移联单，并按规定进行申报。1999 年国家环境保护总局颁布了《危险废物转移联单管理办法》，规定了危险废物转移联单制度的具体实施办法。

⑦预提留制度。重点危险废物集中处置设施、场所的退役费用应当预提，列入投资概算或者经营成本。

⑧管理计划制度。产生危险废物的单位，必须按照国家有关规定制定危险废物管理计划，并向所在地县级以上地方人民政府生态环境行政主管部门申报危险废物的种类、产生量、流向、贮存、处置等有关资料。

#### 8.4.1.5　标准和规范

根据固废法的要求，目前可适用于危险废物管理的标准和规范主要分为两个方面，即鉴别标准、污染防治标准和规范。

（1）危险废物鉴别标准

根据固废法，危险废物是指列入《国家危险废物名录》或根据危险废物鉴别标准和方法认定的具有危险特性的固体废物。

1）《国家危险废物名录》。2016 年版的《国家危险废物名录》是危险废物管理、分类和鉴别的重要技术文件，其列出了危险废物的类别、编号、主要危害和主要产生来源，将危险废物调整为 46 大类别 479 种，增加了《危险废物豁免管理清单》。该名录的发布实施对于推动危险废物管理和防范起到了重要作用，但随着国家环境保护事业的发展，该名录已经难以有效支撑和指导当前我国危险废物环境管理工作。因此，国家制定了新的危险废物名录，即 2021 年 1 月起施行的最新版《国家危险废物名录》。新版《国家危险废物名录》除了对废物类别、行业来源、废物代码、特征等内容都有明确规定外，其主要值得注意的地方在以下四个方面：①第二条，有下列情形之一的固体废物（包括液态废物），列入本名录：具有毒性、腐蚀性、易燃性、反应性或者感染性一种或者几种危险特性的；不排除具有危险特性，可能对生态环境或者人体健康造成有害影响，需要按照危险废物进行管理的。②第四条，危险废物与其他物质混合后的固体废物，以及危险废物利用处置后的固体废物的属性判定，按国家规定的危险废物鉴别标准执行。③第六条，对不明确是否具有危险特性的固体废物，应当按照国家规定的危险废物鉴别标准和鉴别方法予以认定。④第七条，本名录根据实际情况进行动态调整。

2）危险废物鉴别标准和方法。1996 年国家环境保护局颁布了一系列危险废物鉴别标准：危险废物鉴别标准——腐蚀性鉴别、急性毒性初筛和浸出毒性鉴别，还制定了与标准配套的危险废物实验方法或分析方法。这些鉴别标准和方法是实施危险废物管理的重要技术支持。

（2）危险废物污染防治标准和规范

自 1999 年开始，国家环境保护总局陆续颁布了危险废物污染控制系列标准：《危险废物焚烧污染控制标准》《危险废物填埋污染控制标准》《危险废物贮存污染控制标准》，其中，后两项标准由环境保护部于 2013 年 6 月 8 日进行了修改。这 3 个标准分别从不同的控制指标对危险废物的处理处置提出了具体的要求。

《危险废物焚烧污染控制标准》对焚烧厂选址原则、焚烧物的要求、焚烧炉的技术条件、废物贮存、污染物的排放、环境监测等提出了要求；《危险废物填埋污染控制标准》对废物的入场条件、选址、填埋场设计与施工、填埋场运行管理、填埋场污染控制、填埋场封场、监测等有技术指标或原则要求；《危险废物贮存污染控制标准》对废物的贮存容器、贮存设施的选址与设计、贮存设施的运行与管理、贮存设施的安全防护与监测等有技术指标或原则要求。

2014 年 6 月 10 日，环境保护部发布《危险废物处置工程技术导则》，本标准规定了危险废物处置技术的应用及工程设计、施工、验收、运行管理等过程中应遵守的有关技术要求和管理规定。本标准为指导性文件，自 2014 年 9 月 1 日起实施。

### 8.4.2 城市固体废物治理

#### 8.4.2.1 固体废物产生与排放情况

城市生活垃圾又称城市固体废物，它是指城市居民日常生活或为城市日常生活提供服务活动中产生的固体废物。城市生活垃圾主要来自城市居民家庭、城市商业、餐饮业、旅馆业、旅游业、服务业、市政环卫、交通运输、工业企业单位及给排水处理污泥等。典型的城市固体废物包括废塑料、废橡胶、废汽车、废旧家电、废纸和建筑垃圾等。

我国固体废物主要来源有三个方面：

一是一般工业固体废物。主要是工业生产和加工过程中排入环境的各种废渣、污泥、粉尘等，其中以废渣为主。其数量大，种类多，成分复杂，处理困难。工业固体废物已成为世界公认的突出环境问题之一。

二是废旧物资。我国废旧物资回收利用率只相当于世界先进水平的 1/4～1/3，大量可再生资源尚未得到回收利用，流失严重，造成污染。

三是城市生活垃圾。我国城市生活垃圾产生量增长快，每年以 8%～10%的速度增长，而目前城市生活垃圾处理率较低，仅为 55.4%，近一半的垃圾未经处理随意堆置，致使 2/3 的城市出现垃圾围城现象。

全国工业固体废物产生量逐年上升，且增长速度很快。

（1）总体情况[①]

2019 年，全国共有 200 个大、中城市向社会发布了 2018 年固体废物污染环境防治信息。其中，应开展信息发布工作的 47 个环境保护重点城市和 55 个环境保护模范城市均已按照规定发布信息，另外还有 98 个城市自愿开展了信息发布工作。经统计，此次发布信息的大、中城市一般工业固体废物产生量为 15.5 亿 t，工业危险废物产生量为 4 643.0 万 t，医疗废物产生量为 81.7 万 t，生活垃圾产生量为 21 147.3 万 t。

（2）一般工业固体废物

2018 年，200 个大、中城市一般工业固体废物产生量达 15.5 亿 t，综合利用量 8.6 亿 t，处置量 3.9 亿 t，贮存量 8.1 亿 t，倾倒丢弃量 4.6 万 t。一般工业固体废物综合利用量占利用处置总量的 41.7%，处置量和贮存量分别占比 18.9%和 39.3%，综合利用仍然是处理一般工业固体废物的主要途径，部分城市对历史堆存的一般工业固体废物进行了有效的利用和处置。一般工业固体废物利用、处置等情况见图 8.6。

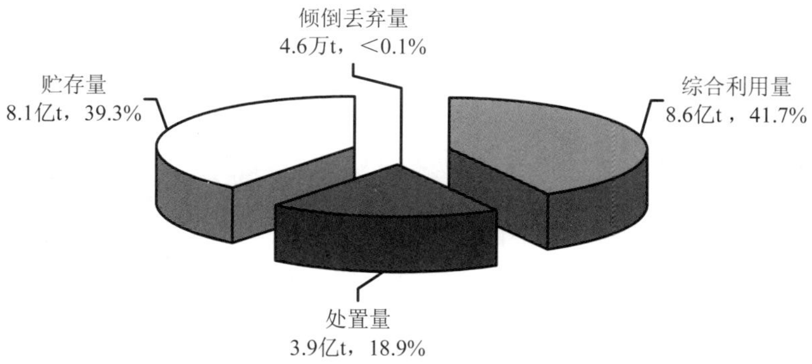


**图 8.6　一般工业固体废物利用、处置等情况**

资料来源：生态环境部《2019 年全国大、中城市固体废物污染环境防治年报》。

（3）工业危险废物

2018 年，200 个大、中城市工业危险废物产生量达 4 643.0 万 t，综合利用量 2 367.3 万 t，处置量 2 482.5 万 t，贮存量 562.4 万 t。工业危险废物综合利用量占利用处置总量的 43.7%，处置量、贮存量分别占比 45.9%、10.4%，有效利用和处置是处理工业危险废物的主要途径，部分城市对历史堆存的危险废物进行了有效的利用和处置。工业危险废物利用、处置等情况见图 8.7。

---

① 生态环境部《2019 年全国大、中城市固体废物污染环境防治年报》。

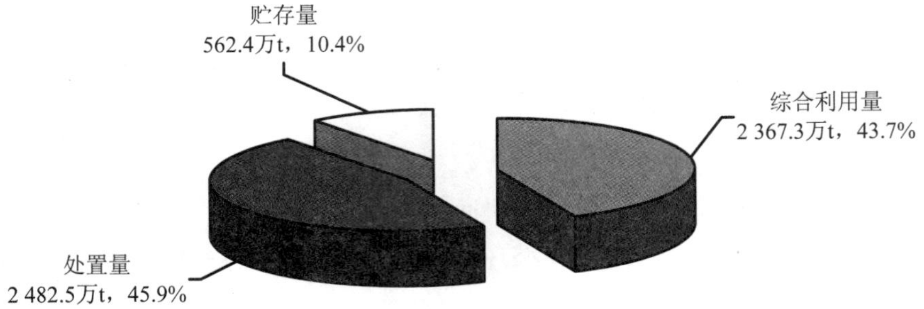


图 8.7　工业危险废物利用、处置等情况

资料来源：生态环境部《2019 年全国大、中城市固体废物污染环境防治年报》。

（4）医疗废物

2018 年，200 个大、中城市医疗废物产生量 81.7 万 t，处置量 81.6 万 t，大部分城市的医疗废物都得到了及时妥善处置。

医疗废物属于危险废物，处置医疗废物需要申请领取危险废物经营许可证。全国拥有危险废物经营许可证的医疗废物处置设施分为两大类，即单独处置医疗废物设施和同时处置危险废物和医疗废物设施。截至 2018 年，全国各省（区、市）共颁发 407 份危险废物经营许可证用于处置医疗废物（383 份为单独处置医疗废物设施，24 份为同时处置危险废物和医疗废物设施）。

新型冠状病毒肺炎发生后，武汉医疗废物“日产日清”

（5）城市生活垃圾[①]

2018 年，200 个大、中城市生活垃圾产生量 21 147.3 万 t，处置量 21 028.9 万 t，处置率达 99.4%。城市生活垃圾产生量最大的是上海市，产生量为 984.3 万 t，其次是北京、广州、重庆和成都，产生量分别为 929.4 万 t、745.3 万 t、717.0 万 t 和 623.1 万 t。前 10 位城市产生的城市生活垃圾总量为 6 256.0 万 t，占全部信息发布城市产生总量的 29.6%。

作为环保产业的重要一环，与污水处理和大气处理相比，我国目前固体废物处理行业仍处于初始阶段，产业化程度和市场集中度非常低，随着投资规模的快速加大，固体废物处理行业也必将高速发展。

### 8.4.2.2　城市固体废物的构成

我国幅员辽阔，在不同地区人们生活水平和生活习俗差异性很大，因此，各地人均生

① 生态环境部《2019 年全国大、中城市固体废物污染环境防治年报》。

活垃圾产生量存在很大差异。目前，人均生活垃圾产生量通常是经济发达地区高于经济落后地区，燃气普及率低的地区大于燃气普及率高的地区，而北方地区由于冬季取暖的需要，人均生活垃圾的产生数量也要相对高于南方地区。一般认为固体废物的分类可分为无机物和有机物两大类，具体分类见表 8.8。

表 8.8　城市固体废物的分类

| 分类 | 项目 | 成分 |
| --- | --- | --- |
| 无机物 | 玻璃 | 碎片、瓶、管、镜子、仪器、球、玩具等 |
| | 金属 | 碎片、铁丝、罐头、零件、玩具、锅等 |
| | 砖瓦 | 石块、瓦、水泥块、缸、陶瓷件、石灰片等 |
| 有机物 | 炉灰 | 炉渣、灰土等 |
| | 塑料 | 薄膜、瓶、管、袋、玩具、鞋、录音带、车轮等 |
| | 纸类 | 包装纸、纸箱、信纸、卫生纸、报纸、烟纸等 |
| | 纤维类 | 破旧衣物、布鞋等 |
| | 有机质 | 蔬菜、水果、动物尸体与毛发、废弃物品、竹木制品等 |
| | 其他 | 废电池、石膏等 |

资料来源：《中国环境统计年鉴》。

### 8.4.2.3　政策回应

1993 年，城乡建设部发布了《城市生活垃圾管理办法》；1996 年国务院批转由国家经济贸易委员会、财政部、国家税务总局联合发布了《关于进一步开展资源综合利用的意见》；2001 年，国务院颁布了《报废汽车回收管理办法》①；2002 年，全国人大常委会颁布了《清洁生产促进法》；2003 年，国务院颁布了《排污费征收使用管理条例》②，并配套制定了《排污费征收标准管理办法》；2003 年 6 月，国务院颁布了《医疗废物管理条例》；全国人大常委会于 2005 年 4 月 1 日重新实施经修订的固废法；等等。

2016 年重新修订固废法，修订后的固废法较之于原固废法不仅仅是条文的增加与结构的微调，更重要的是从国家意志的角度对固体废物污染防治的观念进行更新和对于相关法律制度进一步完善③。

① 2019 年 5 月，国务院颁布《报废机动车回收管理办法》于 2019 年 6 月 1 日起施行，《报废汽车回收管理办法》同时废止。

② 2018 年 1 月 1 日起施行《中华人民共和国环境保护税法》，该管理条例同时废止。

③ 周珂. 生态环境法论. 北京：法律出版社，2001：67.

（1）将循环经济理念融入相关政府责任

“循环经济”是在全球资源日益紧张的情况下适应可持续发展的要求产生的新的经济发展模式，它涵盖了“末端治理”与“源头控制”两种环境与资源保护模式，又可以将两者有机结合起来，突出“循环”在整个经济发展中的重要位置，更好地协调在社会发展过程中所产生的环境、资源与经济之间的尖锐矛盾。中央政府把发展循环经济提到了很高的地位，各级政府和综合经济管理部门的相关政策中，已经逐渐把发展循环经济作为整体政策中的一个环节进行具体落实。在我国一些地方政府通过更加严格的命令促使废物处置企业进行废物再循环。具体讨论见二维码中的内容。

扫码获取

我国的固体废物回收利用：河南省郑州市建筑垃圾资源化利用

（2）“维护生态安全”首次进入我国的环境资源立法

我国对生态安全一直都高度重视，但是从未在正式的立法中做明确的规定，新修订的固废法在第一条中就明确规定了要“维护生态安全”，这不得不说是我国立法上的一次新的突破。更指出维护生态安全是我国固废法的宗旨和立法目的，这是我国立法观念发展的重要体现。

（3）规定了农村固体废物防治

固废法经过修订后，有两处大的改动：第一是把农业及农村的污染纳入调整的范围，同时对于农村生活垃圾提出了处理要求，并对种植养殖业产生的固体废物给出了相应的处理意见。第二是允许地方制定法规来对农村生活垃圾的环境保护出台具体的意见。这样的规定，既可以将农业和农村的污染问题纳入法律调整的范围，避免出现法律调整空白，又可以通过授权立法方式视情置宜，考虑法律的可操作性和实施条件，使法律规制更为科学、更加合理。

（4）污染者负责原则进一步具体化

“谁污染，谁负责”不仅是我国的污染控制原则，也是国际上通行的污染控制基本原则。固废法（修正案）许多法条的修改都是围绕这个问题展开的。这样做的目的在于明确造成污染的各个主体的相关责任，同时也督促各个污染主体在固体废物污染防治方面应履行怎样的法定义务。

（5）生产者延伸责任的引入

固废法中一项重要的修改内容就是引入了生产者延伸责任。生产者延伸责任在国际上的研究相当普遍，对其的引用是适时和必要的，对于我国的固体废物管理及处置具有很好的借鉴作用。对此，新修订的固废法补充了有关生产者延伸责任的条款，规定国家对部分产品、包装物实行强制回收制度。

（6）程序规范更加完善

有程序才有权力，国家在承担防治固体废物污染防治职责的同时，公民依法享有在不被固体废物污染的环境中生活的权利，这种权利的实现，需要一定的法律规范加以保障。固废法（修正案）在法律责任制度中，除规定环境污染损害赔偿的无过错责任以外，还对举证责任、环境监测、法律援助等程序问题做出了较为明确的规定，这些规定都有助于公民环境权益的保障与实现[①]。

2016 年 6 月 20 日颁发的《垃圾强制分类制度方案》和其后在 11 月 6 日印发的《关于进一步加强城市生活垃圾处理工作的意见》两大政策前后呼应，完善了垃圾分类的法律法规和制度，同时建立了生活垃圾减量化、无害化、资源化和产业化的基本体系。2017 年 3 月 18 日，经国务院同意，国家发展改革委、住房城乡建设部发布了《生活垃圾分类制度实施方案》，提出推进生活垃圾分类要遵循减量化、资源化、无害化原则，加快建立分类投放、分类收集、分类运输、分类处理的垃圾处理系统，形成以法治为基础、政府推动、全民参与、城乡统筹、因地制宜的垃圾分类制度。到 2020 年年底，基本建立垃圾分类相关法律法规和标准体系，形成可复制、可推广的生活垃圾分类模式，在实施生活垃圾强制分类的城市，生活垃圾回收利用率达到 35%以上。

2019 年 1 月 21 日，国务院办公厅印发《"无废城市"建设试点工作方案》，该方案指出"在全市域范围内开展'无废城市'建设试点"。

### 8.4.2.4　固体废物治理过程中地方政府的责任与中央政府的责任[②]

（1）地方政府的责任

县级以上地方人民政府生态环境主管部门对本行政区域内固体废物污染环境的防治工作实施统一监督管理。有权依据各自的职责对管辖范围内与固体废物污染环境防治有关的单位进行现场检查。被检查的单位应当如实反映情况，提供必要的资料。检察机关应当为被检查的单位保守技术秘密和业务秘密。检察机关进行现场检查时，可以采取现场监测、采集样品、查阅或者复制与固体废物污染环境防治相关的资料等措施。检察人员进行现场检查，应当出示证件。

县级以上人民政府有关部门应当制定工业固体废物污染环境防治工作规划，推广能够减少工业固体废物产生量和危害性的先进生产工艺和设备，统筹安排建设城乡生活垃圾收集、运输、处置设施，提高生活垃圾的利用率和无害化处置率，促进生活垃圾收集、处置的产业化发展，逐步建立和完善生活垃圾污染环境防治的社会服务体系。且应当组织对城市生活垃圾进行清扫、收集、运输和处置，可以通过招标等方式选择具备条件的单位从事生活垃圾的清扫、收集、运输和处置。

---

① 周珂. 生态环境法论. 北京：法律出版社，2001：67.

② 中华人民共和国固体废物污染环境防治法. 环境经济，2005（10）：54-60.

（2）中央政府的责任

国务院生态环境主管部门对全国固体废物污染环境的防治工作实施统一监督管理。国务院有关部门在各自的职责范围内负责固体废物污染环境防治的监督管理工作，根据国家环境质量标准和国家经济、技术条件，制定国家固体废物污染环境防治技术标准。

2018 年 5 月 18—19 日，习近平同志在全国生态环境保护大会上强调："要全面落实土壤污染防治行动计划……突出重点区域、行业和污染物，强化土壤污染管控和修复，有效防范风险，让老百姓吃得放心、住得安心……要持续开展农村人居环境整治行动……打造美丽乡村，为老百姓留住鸟语花香田园风光。"

国务院生态环境主管部门建立固体废物污染环境监测制度，会同相关部门制定、调整并公布禁止进口、限制进口和自动许可进口的固体废物目录。禁止进口列入禁止进口目录的固体废物；进口列入限制进口目录的固体废物，应当经国务院生态环境主管部门会同国务院对外贸易主管部门审查许可；进口列入自动许可进口目录的固体废物，应当依法办理自动许可手续；进口的固体废物必须符合国家环境保护标准，并经质量监督检验检疫部门检验合格。

国务院生态环境主管部门应当会同国务院经济综合宏观调控部门和其他有关部门对工业固体废物对环境的污染做出界定，制定防治工业固体废物污染环境的技术政策，组织推广先进的防治工业固体废物污染环境的生产工艺和设备。

### 8.4.2.5 我国城市固体废物治理技术方法①

（1）卫生填埋

卫生填埋是处理城市固体废物的一种行之有效的方法。过去人们常常把卫生填埋与废弃物露天堆放和垃圾填坑等简易垃圾堆放场相混淆。近年来，人们已经认识到卫生填埋应该是一种工程处理工艺，需要精确的实地勘测，详细的规划、设计，精心建设以及按照卫生填埋作业规范进行填埋作业。其基本方法是将固体废物铺成薄层，进行压实，然后在上面用土覆盖，使环境受到的污染减到最低程度。卫生填埋场主要采用防渗处理技术、渗滤液导排技术、沼气顺利导出技术等，不使填埋的垃圾对地下水、地表水、土地、空气及周围环境造成污染，使垃圾降解产生的气体能够顺利排除。

（2）堆肥处理

堆肥是利用微生物将垃圾中的有机成分转化为有机肥或土壤改良剂。露天堆肥是我国主要采用的堆肥处理方式，即依靠自然通风供氧进行有机物高温发酵分解，其优点是工艺简单、成本低廉，缺点是减量程度低（减量 40%左右）、产肥率低、肥料质量低且对垃圾组分有所限制，垃圾堆肥处理在我国发展受到限制。

---

① 郭茂盛，刘海云. 浅谈城市垃圾卫生填埋的工艺设计. 环境卫生工程，2003（3）：137-140.

（3）焚烧发电处理

垃圾焚烧通常在 800～1 000℃的高温下使有毒有害物质充分热解，产生的大量高温烟气经除尘设施净化后可通过余热锅炉将热量回收，获得一定温度和压力的热蒸汽，再通过发电机组使其转化为电能，实现废物资源的再利用。焚烧处理方式具有减容减重效果好（焚烧后垃圾体积减小 80%～90%，重量减小 70%）、消毒灭菌彻底、占地面积小、释放的热量可转化为电能、灰渣可转化为建筑材料等优点，在能源和土地资源日益减少的条件下，符合我国循环经济发展的要求，得到了国家大力扶持。

扫码获取

城市垃圾处理新技术的发展

### 8.4.2.6　我国城市固体废物治理市场方法

（1）实行生活垃圾处理收费制度

实行生活垃圾处理收费制度，是适应社会主义市场经济体制的客观要求，促进垃圾处理体制改革，逐步实现垃圾处理产业化的重要措施。

为了建立科学的生活垃圾处理收费制度，国家计委、财政部、建设部、国家环境保护总局于 2002 年发布了《关于实行城市生活垃圾处理收费制度促进垃圾处理产业化的通知》，该通知指出："按照垃圾处理产业化的要求，环卫企业收取的生活垃圾处理费为经营服务性收费，其收费标准应按照补偿垃圾收集、运输和处理成本，以及合理盈利的原则核定，并区分不同情况，逐步到位。"

文件发布后，我国部分城市开始征收生活垃圾处理费。自 2011 年 4 月 1 日起，广州开始施行《广州市城市生活垃圾分类管理暂行规定》：自 2012 年 7 月 3 日起，拟挑选小区试点垃圾费按袋计量收费，垃圾袋少用的居民可能会获得减免垃圾费奖励。试点小区的居民将按月获得每天 2 个专用垃圾袋，一个装厨余垃圾，一个装其他垃圾，垃圾袋的容量为 10～14L。专用垃圾袋上均标有防伪标志的标签及每个家庭对应信息的编码。若居民使用垃圾袋超出基准数（约为 60 个），则需另购买专用垃圾袋（约为 1 元/个）[①]。

2016 年 12 月，习近平同志主持召开中央财经领导小组会议研究普遍推行垃圾分类制度，强调要加快建立分类投放、分类收集、分类运输、分类处理的垃圾处理系统，形成以法治为基础、政府推动、全民参与、城乡统筹、因地制宜的垃圾分类制度，努力提高垃圾分类制度覆盖范围。习近平同志还多次实地了解基层开展垃圾分类工作情况，并对这项工作提出明确要求。

2019 年 6 月，习近平同志对垃圾分类工作做出重要指示："实行垃圾分类，关系广大人民群众生活环境，关系节约使用资源，也是社会文明水平的一个重要体现。"同时指出，

① 胡建文，等. 国内外生活垃圾处理收费制度述评及其对上海的借鉴. 环境卫生工程，2013（5）：15-18.

“推行垃圾分类，关键是要加强科学管理、形成长效机制、推动习惯养成。要加强引导、因地制宜、持续推进，把工作做细做实，持之以恒抓下去。要开展广泛的教育引导工作，让广大人民群众认识到实行垃圾分类的重要性和必要性，通过有效的督促引导，让更多人行动起来，培养垃圾分类的好习惯，全社会人人动手，一起来为改善生活环境作努力，一起来为绿色发展、可持续发展作贡献”。

目前，由于缺乏有效的收费渠道，多数地区垃圾处理费收缴率不足50%，收取的垃圾处理费，很大一部分用于支付收费人员的费用，真正能够用于垃圾处理的资金十分有限。因此，迫切需要对当前垃圾处理收费方式进行改革，逐步实现垃圾处理与经济发展和人民群众日益提高的生活水平相适应。改革的基本原则：一要建立健全垃圾处理费用补偿机制，合理划分财政补偿与收费补偿的范围，明确哪些费用项目应由财政拨款解决，哪些费用项目应由收费补偿。二要鼓励垃圾管理分类和综合利用；改革收费方式，合理确定收费标准。各试点城市有关部门，要结合当地实际，提高收缴率，降低收费成本。要精简收费人员，减少人员支出。合理规定垃圾处理收费标准，经听证后报城市人民政府批准。

（2）保证金/还款制度

据《国际商报》2007 年 7 月 17 日消息，我国废旧轮胎回收率较低，翻新利用率不足4%，而发达国家的回收率一般在10%，欧盟更是达到18.8%。与国外相比，易拉罐的情况差别更大，我国易拉罐的回收率不足20%，而国外回收率达到了80%以上。因此在我国实施环境保证金制度有现实可能性。

目前我国环境保证金的主要形式有以下几种：“三同时”保证金；节能减排保证金；矿山环境恢复治理保证金；秸秆焚烧保证金；扬尘污染控制保障金；水电开发修复保证金。

虽然在我国推行了几种环境保证金，但大多数执行并不顺利，主要原因有以下几点：第一，没有相关的法律法规支持。我国关于环保的立法在固体废物处理上没有相关的规定。第二，环保部门只是政府的一个部门，过去在政策的制定和执行上欠缺力度。我国的企业由工商部门、税务部门管理，而环保部门的作用很小，这样就没有充分的手段保证零售商为饮料包装向生产商支付保证金。第三，保证金/还款制度不能避免消费者使用替代包装产生的负面影响。因此在城市固体废物中，塑料包装的处置量的增长远高于其他包装。第四，参与保证金/还款计划的机会成本也导致人们投反对票。这里的机会成本是指收集、清理、储存以及运输包装的时间价值。很多消费者认为时间价值比还款价值更大，人们为了追求成本最小化，个人的理性选择就不参与保证金/还款计划①。

① 李茂福. 浅论环境押金制度. 法制与社会，2008（11）：21.

### 8.4.3　有毒化学物质污染治理

进入环境的有害化学物质对人体健康和环境造成了严重危害或潜在危险，有害化学物质是指任何已经被确认对人类健康和环境有危害性的化学品。随着工农业的迅猛发展，有毒有害污染源随处可见，而给人类造成的灾害要属有毒有害化学品为最重。

#### 8.4.3.1　我国有毒化学品环境污染现状

我国是化学工业生产大国，有害化学品对人体健康和环境的危害是我国环境保护中亟待解决的重要问题。目前化学工业的特点是，产品品种繁多，工艺复杂，技术落后，操作水平低，加上生产管理不完善，致使产品产量低，副产物多，“三废”排放量大。产生的废气、废水和废渣成分复杂、毒性大，由此引发的环境污染事件时有发生。

（1）我国农田农药的污染现状

据统计，农田中施用的农药量仅有 30%左右附着在农作物上，其余 70%左右扩散到了土壤和大气中，导致土壤中农药残留量及衍生物含量增加，造成农田土壤污染。这不仅会破坏土壤中的生物多样性，还会通过饮用水或土壤-植物系统经食物链进入人体，危害人体健康。早在 20 世纪 70 年代，国外就开始了土壤农药污染的治理与修复工作。我国随着民众对农产品安全和品质需求的提升，土壤农药污染的治理与修复受到越来越多的重视。[①]

据统计，目前世界上生产和使用的农药有几千种，世界农药的施用量每年以 10%左右的速度递增。我国是一个农业大国，农药使用量居世界第一位，每年达 50 万～60 万 t，其中 80%～90%最终将进入土壤环境，造成 87 万～107 万 $hm^2$ 的农田土壤受到农药污染。我国农药使用量以上海和浙江用药量最高，分别达到了 10.8 $kg/hm^2$ 和 10.41 $kg/hm^2$。以小麦为主要农作物的北方干旱地区施药量小于南方水稻产区；蔬菜、水果的用药量明显高于其他农作物。目前，农药污染已成为我国影响范围最大的一类有机污染，且具有持续性和农产品富集性。随着使用量和使用年数的增加，农药残留逐渐增加，呈现点-线-面的立体式空间污染态势。

（2）农药对人类健康的潜在风险

由于农药使用者缺乏农药知识和用药技术，长期大量不合理地使用农药，造成蔬菜、水果、畜禽养殖产品等农药残留量过高，而这些农产品会对人体健康造成急慢性中毒危害。农药和重金属是蔬菜、茶叶及粮食作物的主要污染物。其中，叶菜类易受农药污染。国家质量监督检验检疫总局公布的 2001 年第三季抽查结果显示，23 个大、中城市的大型蔬菜

---

① 赵玲，滕应，骆永明. 中国农田土壤农药污染现状和防控对策. 土壤，2017，49（3）：417-427.

批发市场，47.5%的蔬菜农药残留量超标，2012 年，叶雪珠等对浙江省蔬菜生产中的农药使用情况和 4 种农药残留进行了分析，发现目前蔬菜生产中主要使用 78 种农药，包括杀虫剂、杀菌剂、生长调节剂和除草剂，以低毒农药品种为主；蔬菜中主要残留 28 种农药，检出的残留农药品种中，有 46.4%在调查中未发现有使用，甲胺磷等高毒农药仍有检出，说明蔬菜食用仍存在农药残留安全风险。此外，研究表明很多农药都具有内分泌干扰物（EDs）的特性。EDs 对个体的生殖、发育以及行为产生多方面的影响，表现出拟天然激素或抗天然激素的作用。在已报道的 125 种 EDs 中，农药就有 86 种，占 68.8%。我国当前几种主要除草剂中杀草强等均是 EDs。近 20 年来出现的拟除虫菊酯类，被农业和家庭广泛用作杀虫剂，现已证实它能刺激乳腺癌 MCF7 细胞增殖和 p52 基因表达。世界各国广泛使用残效期很长的有机氯杀虫剂，包括 DDT、氯丹、狄氏剂、毒杀芬和六氯苯等物质是 EDs。虽然已禁止在中国使用，土壤中的残留也在逐步降低。但是由于 EDs 具有低剂量效应，一些用量并不多的农药也可能因为低剂量效应，危害具有相加作用而应给予重视。此外，农药乳化剂或杀虫剂载体不仅污染广泛，而且其雌激素活性很高。具有 EDs 特性的农药不仅具有致癌作用，而且有可能导致男性基本丧失生育能力，使人类在一代人的时间里灭绝。

要想控制或减少对环境的污染，应从化学品的生产过程中的污染控制方面加以考虑。首先应了解化工厂的污染情况，包括污染源种类、主要污染物、排放情况、环保措施以及周围环境敏感性等。特别应对污染源分布进行调查和污染物排放量进行统计，了解污染影响类型，判断是否属于一次污染或二次污染、长期污染或短期污染、可逆污染或不可逆污染、局部污染或大面积污染、单因素污染或多因素复合污染等。

### 8.4.3.2 我国有毒化学品的立法①

目前，我国还没有一部独立的、完整的、系统的有毒化学品法，但是我国有毒物质立法的时机基本成熟。其所具备的条件如下：

（1）我国与有毒化学品立法有关的法规

早在 1979 年，我国《环境保护法（试行）》即规定："对有毒化学品必须严格登记和管理。"这开始了对有毒化学品进行法制管理的尝试。但是，这一规定并未得到很好的执行，更没有带动有毒化学品的管理领域立法。

目前，我国与有毒化学品的管理直接相关的立法主要有有关农药管理的法规和标准、药品管理法规、《国家危险废物名录》。《国家危险废物名录》是危险废物管理、分类和鉴别的重要技术文件，农药废物被列在该名录的 HW04 类，其主要来自杀虫、灭菌、除草、

---

① 陈茂云，从选功. 中国有毒化学品立法研究. 政法论坛，1994（2）：66-73.

灭鼠和植物生长调节剂的生产、经销、配制和使用过程中产生的废物。为加强对医疗废物的管理，国务院 2003 年颁布了《医疗废物管理条例》，对医疗废物的产生、收集、运输、贮存和处置的有关管理做出了规定。为落实这一条例，原卫生部和国家环境保护总局联合颁布了《医疗废物管理行政处罚办法》等。

我国现行环境法也构成有毒化学品立法的条件。《环境保护法》第四十八条规定：“生产、储存、运输、销售、使用、处置化学品和含有放射性物质的物品，应当遵守国家有关规定，防止污染环境。”这一规定奠定了从环境保护的角度出发对有毒化学品进行全面管理的基础。《大气污染防治法》《水污染防治法》的有关条款也可适用于有毒化学品的管理。

（2）我国有毒化学品相关法中的基本措施

我国与有毒化学品相关的法规中，有一些基本措施和制度可改造利用：①登记制度，该制度作为政府对新产品予以控制的有效手段，在农药法规中得到了充分的体现；②许可证制度，在有毒化学品相关领域的管理中，许可证制度应用广泛，主要有生产许可证、登记许可证、经营许可证、进口许可证等；③事故管理制度，主要包括报告制度、调查制度、应急措施制度等；④其他制度，如“三同时”制度，均可在某一环节上对有毒化学品进行控制。

通过综合全面的考察，从对有毒化学品进行科学管理的角度来看，目前我国的现行法规已有一定的基础，因此，依法全面地管理有毒化学品的时机和条件已趋于成熟，对策只有一个：根据客观需要，全面开展系统的有毒化学品立法。

#### 8.4.3.3　我国有毒物质治理措施①

（1）制定和健全环境立法，加强环境执法力度

我国现行化学品环境立法需要针对当前化学品管理法律法规中的薄弱环节加以补充完善，并与国际化学品管理体制接轨。此外，当前迫切需要加强的是对化学品管理法律法规的执法力度。对环境保护造成严重污染的企业，应依法给予追究，对人身由环境污染造成危害的应依据法律给予处罚和赔偿。还应通过宣传教育提高从事化学危险品生产、储存、经营、运输和使用的单位和个人的遵法守法意识，加强对有害化学品的安全和环境管理，特别是应按照我国环境保护法来严格管理有害化学品。

（2）加强对重点有害化学品的环境管理

近几年，一部分国外禁止或严格限制使用的有害化学品，如 DDT、氰化钠、三氧化二砷（砒霜），我国仍有大量生产和进出口。有些发达国家正在伺机将自己国内禁止或严格限制的化学品转移到发展中国家生产，然后再从中购回自己需要的产品。我国正面临着国

---

① 有害化学品的污染危害与环境保护. 劳动保护科学技术，1998（3）：64-66.

外将污染严重的化学品向境内转移的威胁。建立相应登记管理制度，对那些已知或怀疑对人类有致癌、致畸、致突变物质或者对环境有严重危害的化学品采取禁止或严格限制使用和淘汰、替代措施，以有效减少这些化学物质的污染危害。

（3）推行清洁生产，严格控制有害化学物质向环境中排放

化工污染之所以严重，一个重要原因是一大批老企业长期以来没有进行技术改造，资源、能源消耗较高，排污量较大。全面推行清洁技术改造，通过改革工艺设备，尽可能把“三废”消除在生产过程中，减轻末端治理的负担，是改变化工生产消耗高、污染大的落后局面的根本途径。积极推行清洁生产，选用清洁原料，采用无毒无害物质替代有害原材料、设计清洁工艺、生产清洁产品。同时改善和加强企业内部安全管理等措施，在污染的源头削减污染物和废物产生量并回收利用废物。最大限度地消除或削减有害物质的排放。对通过预防不能解决的污染物，应采取源控制措施进行安全处理处置，使污染物达到国家或地方规定的排放标准。

（4）强化危险废物管理

根据固废法的规定，从事危险废物的收集、储存、处置经营活动的单位，必须经生态环境主管部门批准并领取经营许可证。国家对危险废物的产生实行申报登记制度和对危险废物处置实行行政代执行制度，即对产生危险废物而不按规定处置（处理）的，依法指定其他单位代为处置，所需费用由被代理方支付。

（5）普及安全和环境保护知识，鼓励公众监督

通过建立和实行危险化学品的安全标签和安全技术说明书制度，在企业员工和化学品使用者中普及化学品安全和环境保护知识。并在全社会积极宣传有关化学品安全与环境保护知识，提高社会公众对有害化学品的危害、安全防护措施和环境保护的认识，大力鼓励公众参与监督有害化学物质的污染防治。

### 8.4.3.4 对我国固体废物和有毒物质政策的经济分析

当固体废物和有毒物质通过处理进入环境时，不仅要考虑对环境的影响评价，还需要考虑成本和收益。但关于这方面全国性的资料很难查到，所以本章用北京市生活垃圾处理的成本-收益分析来推测全国的情况。

（1）北京市生活垃圾处理成本

根据《2006 年北京市生活垃圾处理设施运行报告》，北京市生活垃圾处理设施处理 1 t 垃圾的单位成本见表 8.9，其中焚烧和堆肥处理成本较高，是填埋处理的 2～3 倍，且运行成本远高于填埋处理。

表 8.9　生活垃圾处理厂投资成本　单位：元/t

| 处理方式 | 投资成本 | 运行成本 | 成本合计 |
|---|---|---|---|
| 卫生填埋场 | 33.36 | 30.87 | 64.23 |
| 堆肥处理厂 | 86. 32 | 123.48 | 209.80 |
| 焚烧处理厂 | 87. 33 | 157. 37 | 244.70 |
| 综合处理厂 | 17.81 | 71.81 | 89.62 |

（2）生活垃圾处理收益

生活垃圾处理的收益包括生活垃圾处理费的收益、垃圾焚烧收益、垃圾堆肥收益、垃圾填埋气发电收益。

1）生活垃圾处理费的收益。北京市生活垃圾处理费为 3 元/（户·月）。根据北京市人口统计资料，北京市 2008 年人口数 466.8 万户，生活垃圾处理量约 14 000 t/d，计算得垃圾处理收益=3×466.8 万/（1 400×30）=33.3 元/t。

2）垃圾焚烧收益。垃圾焚烧处理产生的余热可以用来供电或者供热。假设垃圾焚烧余热全部用来供电，焚烧厂处理 1 t 垃圾可以回收 271.2 kW·h 电量。以 0.51 元/（kW·h）上网，则垃圾焚烧发电收益为 138.3 元/t。

3）垃圾堆肥收益。有机肥料价值 400 元/t，每吨垃圾产生成品肥 0.368 t，则堆肥收益为 147.2 元/t。

4）垃圾填埋气发电收益。设填埋气能收集 60%，其中 50%用于焚烧发电，则垃圾填埋气发电量为 0.026 10 kW·h/t。同样以 0.51 元/（kW·h）计算，则填埋气发电收益为 0.133 元/t。

生活垃圾处理收益汇总，见表 8.10。

表 8.10　生活垃圾处理收益汇总　单位：元/t

| | 填埋处理 | 堆肥处理 | 焚烧处理 | 综合处理 |
|---|---|---|---|---|
| 产品收益 | 0.132 | 147.2 | 138 | 95. 1 |
| 生活垃圾处理费收益 | 33.4 | 33.4 | 33.4 | 33.4 |
| 合计 | 33.5 | 180.6 | 171.4 | 128.5 |

资料来源：纪丹凤. 城市生活垃圾处理处置的生命周期与环境经济评价——以北京市为例. 北京化工大学，2010：48-51。

4 种处理方式中，堆肥处理和焚烧处理的收益较高，这是由于堆肥处理和焚烧处理可以回收大量的物质和能量。但是需要注意的是，本书中计算的只是一个理论数据，可以看作因使用堆肥产品而减少对化肥的使用带来的收益。填埋处理的收益远小于其他 3 种处理方式，因其资源化利用率不高。

（3）生活垃圾处理成本-收益分析

综合上述分析结果，得出生活垃圾处理的成本-收益分析，见表 8.11。

表 8.11　生活垃圾处理成本-收益　　单位：万元

| 项目 | 填埋处理 | 堆肥处理 | 焚烧处理 | 综合处理 |
| --- | --- | --- | --- | --- |
| 环境污染损失 | 50.88 | 20.50 | 119.33 | 40.10 |
| 处理成本 | 64.23 | 209.80 | 244.70 | 89.62 |
| 处理收益 | 33.5 | 180.6 | 171.4 | 128.5 |
| 收益-成本比 | 0.29 | 0.78 | 0.47 | 0.99 |

从表 8.11 中可以看出，4 种处理方式中，堆肥处理的环境污染损失最小，其次是综合处理，再次是填埋处理，焚烧处理的环境污染损失最大。所以，在选取焚烧处理作为处理方式时，不能仅考虑其处理的余热利用收益，也要注意其污染物排放给环境带来的损失。

4 种处理方式中，收益-成本比最高的是综合处理。综合处理方式在各单项指标比较中均不突出，但是其收益-成本比远高于其他几种处理方式，这是因为该方式经过对垃圾按其成分的合理化分配，最大限度地利用了其有用成分，同时减少了不必要的环境排放。堆肥处理次之，因为其虽然处理成本较高，但是排放的环境污染物相对较少，对人体健康和人类生产危害不大，所以其环境污染带来的经济损失较小。同时其堆肥产品有着良好的环境收益，从而得到一个较高的收益-成本比。焚烧处理虽然收益较高，但是其处理成本和环境污染损失巨大，所以其收益-成本比并不高。填埋处理虽然方法简单、成本低廉，但是其资源化利用率低，收益小，污染大，所以导致其收益-成本比在 4 种处理方式中最低。

## 8.5　中美对固体废物和有毒物质污染治理之比较

### 8.5.1　固体废物相关立法比较①②

美国早在 1965 年就制定了《固体废物处理法》，并成为第一个以法律形式将废弃物利用确定下来的国家。美国《资源保护和恢复法》是为有害和无害固体废物处理提供准则的基本法律，其于 1976 年 10 月 21 日由美国联邦政府颁布，并修正了 1965 年制定的《固体废物处理法》，旨在解决随着经济发展而日益严峻的城市和工业废物问题。其目标有：

① 周俐萍. 中美危险固体废弃物管理比较研究及对我国的启示. 生态经济，2009（10）：170-173.

② 卢静. 美国固体废物立法对我国的启示. 菏泽学院学报，2013，35（4）：60-62.

保护人类健康和环境免受废物的处理带来的潜在危害；节约能源、保护自然资源；减少垃圾生成；确保废物的处理不会对环境产生危害。为确保这些目标的实现，RCRA 设立了 3 个既相互区别又相互联系的项目：危险固体废物项目、无危险固体废物项目和地下储油罐项目。

①危险固体废物项目在 RCRA 副标题 C 下，建立了一种对有害废物从产生到最终被清理全过程进行控制的体系，即所谓的“从摇篮到坟墓”模式。

②无危险固体废物项目在 RCRA 副标题 D 下，鼓励各个州制订自己的综合计划来处理无害的工业和地方固体废物，并对各地方的固体废物填埋地和其他固体废物清理设施设定标准，禁止固体废物公开倾倒。

③地下储油罐（UST）项目在 RCRA 副标题 I 下，规范含有有害物质和石油产品的地下储藏罐。美国《资源保护和恢复法》仅从广义上为国会提出的废物管理项目设定通用法律，其可以经国会授权指令美国国家环保局建立一套完整的法规来保证法律的实施。比如，RCRA 禁止一切固体废物的公开倾倒，鼓励资源的节约和回收利用，并促进各地方固体废物的安全清理。

但对有害废物“从摇篮到坟墓”模式，即是 RCRA 框架下的第一个法规所建立的有害废物管理方式。通常，美国国家环保局根据 RCRA 的授权制定一系列相关的配套法规对固体废物的处理提出具体要求和标准，例如其将危险固体废物分为两大类：一类是列表废物，包括无特殊来源的废物、有特殊来源的废物、废弃工业化学产品；第二类是特征废物，包括可燃性物质、腐蚀性物质、易反应性物质和毒性物质。

《固体废物污染环境防治法》是目前我国对固体废物处理进行立法的主要法律，这部法律确定的固体废物污染环境的治理原则是“谁污染，谁负责”原则。其立法宗旨是防止固体废物污染环境、保障人体健康、维护生态安全、促进经济社会发展。对固体废物污染环境防治是以预防为主，以控制减少固体废物危害环境。本法总则中第三条规定：“国家对固体废物污染环境的防治，实行减少固体废物的产生量和危害性、充分合理利用固体废物和无害化处置固体废物的原则，促进清洁生产和循环经济发展。国家采取有利于固体废物综合利用活动的经济、技术政策和措施，对固体废物实行充分回收和合理利用。”此外，在本法中第七条、第三十八条、第四十二条、第四十三条、第四十五条都有对固体废物回收利用的一般性规定，也是对防止固体废物污染环境进行的原则性规定，在一定程度上对固体废物处理和利用起到了指引作用，但无法深入贯彻实施。对比两国的相关法律不难发现，首先，美国《资源保护和恢复法》规定禁止公开倾倒固体废物，对固体废物的清理和回收利用建立起完善的体系，并对各地方立法设立了标准。而我国固废法中对固体废物的处理和回收方式仅做出了原则性的规定，而未建立起相关的配套法律法规，比如第三十八条中要求县级以上人民政府统筹安排城乡垃圾收集处置等事项，第四十三条中要求城市人民政府统筹规划生活垃圾的回收利用工作，而事实上，这些原则性规定既没有具体的实施细则也没有相关的配套法律法规进行跟进，从而使固体废物的有效回收利用难以进行下去。

其次，美国对固体废物的定义、分类和治理标准在《资源保护和恢复法》中有明确的表述，即将固体废物分为有害和无害两种，并在有害固体废物和无害固体废物两种分类体系下做出了更细致的划分，对各种固体废物进行描述并举例说明，同时确立了各项固体废物的处置标准和惩罚措施。而我国在固体废物立法中仅对固体废物做出了定义和大致分类，没有将其具体化，也没有规范统一的回收利用标准。这往往造成固体废物在回收利用过程中，无法清晰地区分有害与无害、可燃与不可燃、可回收与不可回收等，从而可能导致资源浪费和环境污染。所以我国应当尽快对固体废物进行科学分类，并设立固体废物在产生、运输、清理、回收、利用等各个阶段中的具体实施标准和措施，确保固体废物在回收的过程中对环境的污染和破坏降到最低，同时最大限度地实现其再利用价值。

最后，从美国《资源保护和恢复法》中可以看出其贯穿始终的立法思想是对固体废物中的可用资源实现回收再利用，既保护环境又节约资源。而我国固废法的立法思想还始终局限在“先污染，后治理”的末端治理思想上，把固体废物全部视为有害废物，未对其中的可利用废物进行回收再利用，从而造成了资源的浪费。所以，今后我国应当转变立法观念，树立起“垃圾是放错了地方的资源”的指导思想，切实做到把垃圾变废为宝，早日建立起资源节约型、环境友好型社会。

### 8.5.2 废弃物管理的参与者比较

（1）美国废弃物管理的参与者

在美国的环境保护政策中，废弃物管理是一项特殊的任务。单纯地使用严格的控制标准和条款，专业人员的执行根本赶不上废弃物迅猛的增长势头。环境生态与自然资源具有典型的公共物品属性，市场机制对公共物品的配置效率较低，这时政府不得不承担一项职能进行积极干预。外部性可通过界定产权来解决，通过垃圾来管人。美国采取“积极的干预”，打破以往严格管制的方法，把“外部性”内化，把能推向市场的部分分离出来推向市场，这种经济激励手段被称为基于市场的政策工具的应用。通过市场信号刺激行为人的动机，而不是通过过分严格和明确的环境控制标准和条款来约束人们的行为，这是美国环境政策制定的新趋势。

1）直接参与废弃物管理的联邦政府机构：①改善环境质量委员会；②国家环保局（EPA）。

2）间接参与及影响废弃物管理的政府机构：①总统和行政办公室。总统对 EPA 有两种有限的控制途径：一是通过对国家环保局局长和高级职员的任命；二是在总统预算提议的准备过程中实现，因为预算管理办公室是总统执行办公室的一部分。②国会。国会控制 EPA 的预算，并且是 EPA 的权力来源。国会授权 EPA 局长作为代表来解释环境法规的细节。国会还能通过要求进程报告和要求审计署进行绩效评价的方式监测 EPA 对环境法的执行情况。③法院。EPA 局长通常作为被告，而原告往往是环境组织或者商业实体。环境组织通常因为 EPA 没有执行环境法的条款或没有完全执行而起诉，商业实体通常是因为 EPA 制定的标准过高而起诉。在解决诉讼时，法院对 EPA 的政策形成和实施均有影响。④州政府。1965 年美国颁布了《固体废物处理法》，这部法律开创了美国中央政府对各州和地方政府对城市固体废物处理示范项目进行小规模财政和技术援助的先河。

3）废弃物管理的非政府组织参与者：①企业；②环境非政府组织；③大众传媒和公众。

（2）我国废弃物管理的参与者

①生态环境部；②地方政府与省级生态环境厅；③下属环境监测机构；④市县级生态环境局。

我国环保机构归地方政府管理，在一定程度上限制了环境保护环境监测的管理控制力度，在工作执行上有一定的阻力。

我国应健全公众参与制度。公众广泛参与是其维护自身合法权利的重要方式，应发动公众对发生在日常生活中的环境污染事件及时制止并举报，起到社会监督的作用，公众可直接向政府部门反映，政府部门必须做出回应。但是这里参与的前提是公众必须具有良好的心理承受能力和危机防范与应急处理等方面的常识。

为此，在全社会开展环境素质与应急处置教育，学校开设《环境素质教育》课程，环境保护警钟长鸣，全社会每一位公民都应当充当环境保护志愿者，从自身做起，并且具有防范、制止环境污染的意识和行为。对于突发性环境污染事件发生后，我们也必须学会如何应急处置，做好自我保护，尽可能减少损失。美国从小学就开设了《环境素质教育》课程，美国民众环保意识深入人心与此做法的积极意义密不可分。

### 8.5.3　对危险固体废物的管理与政策运行的比较

（1）美国采取的管理措施

1）危险废物管理。①危险废物跟踪系统。美国提出了有害废物“从摇篮到坟墓”的概念。有害废物的生成或制造是“摇篮”，而废物处理、储存和处置工厂（treatment，storage and disposal，TSD）则是“坟墓”。②TSD 设施的必要条件。20 世纪 80 年代后期，美国几千个 TSD 设施接受危险废物。这些设施既包括焚烧、脱水和固体废物的处理设施，也包括填埋、表面蓄水、地下注水井等处理设施。接受危险固体废物的 TSD 设施必须获得 TSD

设施危险废物许可。③陆地禁令。在 1984 年 RCRA 的修正案中，美国国会对陆上危险性物质的处置增加了新的要求。这些要求导致了一系列复杂的附加规则：陆地处置约束。它促使 EPA 规定了关于危险性物质可以被安全放置在填埋场、表面蓄水坝、注水井等地之前所需处理的要求。

2）超级基金项目。美国国会颁布《综合环境反应、赔偿与责任法》，要求清洁已污染的危险废物场所，这一法律创建了危险废物反应信托基金，因此常被称为超级基金。信托基金主要来源于厂商使用的原油和化学原料的征税以及当局的环境税。超级基金项目清除过程从有害物质可能释放的地点的发现或是通告开始。地点可以被任何组织发现，包括市民、州政府和 EPA 的地方办公机构。一旦被发现，这些地点将被纳入综合环境反应、赔偿、责任信息系统（CERCLIS）以及 EPA 对潜在有害物质释放地点的计算机操作化目录。然后 EPA 用预备评估/定位监测—HRS 分值（把地点列入国家优先名单）—NPL 地点排序过程（整理出最严重的地点以尽可能进行长期清除）—补救的观察/现实性研究—决策哪些地点应给予补偿 NPL，采纳—补救设计/补救行动—完成建设和善后建设 8 个阶段来一步步清除有害物质的释放。

3）押金/返还制度。其目标是减少废物的非法处置，而非减少废物流量，从而总体上增加物质的循环利用水平。废物合法处置成本和（对非法处置或乱扔的废物进行）清理成本之间存在显著差异。基于这些情况，对于能通过容器传输的废物（如铅）的处理来说，押金/返还制度是最有效的政策选择之一。

（2）我国采取的管理措施

借鉴美国的环保管理经验，我国国家环保机构应独立行使管理职权，完善相关责任制度。现行法律制度对突发环境事件的法律责任规定不尽合理。环境事件的发生，往往因造成损害的当事人的违法行为而导致，然而承担的责任过轻，使得责、权、利不相一致。人们头脑中的防范与应急处理工作消极懈怠，使得许多原本不应该发生的环境事件突然来袭。我国《环境保护法》中无过失责任原则的确立是一项进步表现，但力度不够。对环境污染与破坏较为严重的中小企业应当加强监管力度，勒令其据实予以赔偿，构成犯罪的，依法追究其刑事责任。在这一点上地方政府不能因地方利益来干涉职能部门的执法行为，否则也应视为违法行为受到限制与制裁。

建立突发污染事件处理的紧急救援系统。当前我国已初步建立起环保危机管理机制，然而在针对突发环境事件及其应急处理过程中，应急主体管理机构的设置令人无法满意。当今许多国家均已设置了专门进行危机管理的机构，如美国联邦紧急事态管理局（FEMA）、日本内阁危机管理中心等。而我国当然也应当根据需要来设置一个专门的机构来进行危机应急管理。

面对突发性环境污染事故，不仅要解决应急监测及处理、处置，还要实行紧急救援并做好善后工作，把污染事故的危害减至最小。由于一旦发生突发性环境污染事件，处理时间会相当有限，加之生命财产安全的重要性，所以这绝不仅是环保部门的事情，国家应进入紧急状态。例如，勒令其据实予以赔偿，构成犯罪的，依法追究其刑事责任。在这一点上地方政府不能因地方利益来干涉职能部门的执法行为，否则也应视为违法行为受到限制与制裁。

### 8.5.4 对危险固体废物的处理处置方法的比较

在一些发达国家，由于先进的技术水平和公民较强的环保意识，对危险固体废物处理处置的法律政策、管理体系和处理技术也较为成熟。发达国家对危险固体废弃物的处理处置按照清洁生产（clear）、循环利用（cycle）和有效控制（control）的“3 C”原则，从生产源头上保证了危险固体废物的排放并在处理处置的过程中，运用先进的技术手段和严谨的法律法规，不断加强危险固体废物的回收，最终达到减量化、资源化和无害化的程度。

（1）美国对危险固体废物的综合治理

美国对危险固体废物的处理处置有自己的一套管理体系和法律法规。在 20 世纪 70 年代开始制定相关法律（1976 年通过《资源保护和恢复法》）。美国有专门的数据库对危险物质进行统计和分析，政府环保部门制定的《有毒物质释放清单》（TRI），相当于危险固体废物名录。对于产生有毒物质企业会公布给大众，让大众成为最有效的监督者。这些企业同时要将有毒废物的处理方法等相关信息及时传递给政府的环保部门。同样美国提倡从生产源头上减少危险废物的产生和排放，从危险废物的产生到治理的各个环节也要经过非常严格的程序，但是美国强调的是执行标准，也就是说，只要达到规定的技术和排放要求就可以排放。美国对危险固体废物的处理处置主要采用的技术有焚烧法、高温灭菌法、微波法和化学法等。各种技术手段也有专门的生产商，实现了危险废物处理的产业化，针对不同成分的危险固体废物可采取不同的技术手段。美国对危险废物的处理也处于领先水平，这与美国强大的经济实力、科技水平、完善的管理制度和大众对环保的强烈意识密不可分。

（2）我国危险固体废物处理处置技术

虽然我国危险固体废物处理处置起步晚，与发达国家相比技术仍需改进，但随着我国对环境保护的重视和大力支持，我国的危险废物处理处置技术已较为成熟。同时我国也在积极向国外治理危险废物成效突出的国家学习借鉴。对危险废物的治理主要分为前期处理和后期处置两大部分。危险废物的处理技术主要有化学法、物理法、生物处理法和稳定固化法等。这些处理方法的主要目的是通过对危险废物中的有毒有害物质进行物理化学改性，进而达到无害化程度。在前期处理的过程中也可以回收危险废物中可利用的成分，如金属、有机溶剂等。危险废物的后期处置主要包括安全焚烧、卫生填埋和海洋处置等，其中焚烧法是危险废物最终处置技术中最有效的一种方法。通过焚烧炉的焚烧过程进一步将危险废物中有毒有害的有机成分消除，并实现减量化，其中产生的热源也可进行回收利用。但焚烧过程中要注意气体的排放，安装废气处理装置，避免二次污染。卫生填埋是将最终不能再利用处置的部分进行固化填埋，其弊端是会造成地下水污染的隐患。海洋处置是将固废残渣通过处理达到排放标准在海洋中倾倒或焚烧。总之随着科技的发展，对危险废物的处置技术也是逐渐发展的过程。

但是，由于我国以往粗放型的经济发展方式，在经济发展的同时对环境造成了不可避免的危害，并且我国公民的环保意识较为薄弱，政府环保部门的政策、法律法规等也不够完善。我国的固体废物处理处置的相关工作发展相对较慢，且处理技术和设备也比较落后，致使我国危险废物集中处置率较低，执法不力，环境破坏严重。现如今，由固体废物污染引发的一系列社会现象已经给大家的生活、工作带来了严重影响，对身体健康的危害不容忽视。

国家应制定管制固体废物的经济政策并增加违规违法的处罚力度。据美国的做法和我国学者的理论研究，在经济政策上，可运用外部化由市场解决的思路，通过市场调节减少固体废物排放量，具体可采取以下经济政策：①下游管制：按抛扔量收费；②上游管制：税收和补贴；③押金/返还制度；④危险废物经营许可证制度。国际社会在 1989 年签署了《控制危险废物越境转移及其处置的巴塞尔公约》，每年召开成员国大会，推动危险废物的管理和处置。我国于 1991 年加入该公约。危险废物经营许可证制度是我国环境保护法律法规规定的一项重要制度，也是世界各国的通行做法。

及时、科学地处理固体废物，提高再循环效率。在废物管理中，固体废物的管理起步较晚，应该多借鉴国外成功的案例，引进或自主研发先进的技术和设备。政府环保部门应加强对危险废物管理和监督的力度，完善现有法律法规，加大对危险废物处理处置企业的支持。真正达到从源头上减量化，提倡企业在生产制造过程中清洁生产，一旦产生危险废物，对数据和处理进行实时跟踪。

## 思考题

1. 试分析美国危险固体废物污染程度和来源。
2. 美国是如何控制危险固体废物污染的？
3. 1984 年前后美国危险固体废物处理政策效果如何？
4. 在城市固体废物治理中我国地方和中央政府各自承担了什么责任？
5. 试分析城市固体废物的供给和需求状况及资源状况。
6. 城市固体废物政策的市场手段有哪些？

7．美国是如何控制农药等有毒化学物质的使用的？

8．我国是如何控制危险固体废物污染的？

9．我国是如何控制城市固体废物污染的？

10．我国是如何控制农药等有毒化学物质的使用的？

11．通过中美固体废物染防治法的比较，美国在固体废物污染防治方面有何经验值得借鉴？

## 案例讨论

日本垃圾处理以清洁高效而著称，其中可燃垃圾大多通过焚烧来处理，焚烧率达到78%以上，焚烧厂约有 1 717 个。但是由于垃圾焚烧厂的建设可能会对当地环境造成影响，围绕垃圾焚烧厂的建设问题，当地居民和政府部门发生争执的现象时有发生，甚至对簿公堂。针对这一现象，地方自治政府探索出了一系列可行的解决办法，下面是长野市的成功做法——为当地居民提供生活和娱乐便利。

1．利用余热资源

建设垃圾焚烧厂的同时，建设余热利用的相关配套设施，开展利用余热的各种活动；尽可能地保障居民健康，开展健康饮食、快乐健身活动，引入民间资本，增设医疗保健中心、干洗中心等便民场所，为当地居民提供质优价廉的生活服务项目；增加绿色植被，在垃圾焚烧厂周围建设市民农业园、农业中心、生态村等；教育示范，依托垃圾焚烧厂，设置环保学习点，向市民宣传环保知识。

2．促进垃圾焚烧厂和居民生活一体化

根据当地情况，促进可燃垃圾中废弃食用油燃料化，为地方企业或居民提供机械动力；生鲜垃圾则进行堆肥处理，为当地农业发展提供肥料；建设垃圾焚烧厂时，尽量增加当地居民的就业机会；周末、节假日定期开放垃圾焚烧厂，供居民参观，居民可同时监督垃圾处理过程；利用垃圾焚烧厂建筑普遍较高的优势，在顶部增设公共展望台等，作为公共设施供市民利用。

长野市的成功做法给了你哪些启示？

# 第 9 章　生态补偿政策

生态补偿政策是我国现行的一项重要的经济政策。实行生态补偿政策有利于推进资源的可持续利用，实现环境友好型建设，实现不同地区、不同利益群体和谐发展。制定完善的生态补偿政策是新时期生态环境保护工作的迫切要求。为此，我们在本章首先阐述了生态补偿的理论基础；其次，介绍了美国的生态补偿，主要是土地休耕生态补偿模式选择分析、运用生态补偿政策对农业非点源污染的治理、矿产资源开发补偿；再次，介绍了我国的生态补偿，主要是流域生态补偿、区域生态补偿、资源生态补偿、生态系统补偿；最后，通过中美生态补偿政策比较，借鉴美国生态补偿政策的经验，以改善我国的生态补偿政策。

## 9.1　生态补偿理论基础

### 9.1.1　生态补偿的概念

国际上常用的概念是“生态服务付费”（payments for environmental services，PES）或“生态效益付费”（payment for ecological benefit，PEB），在这一概念中“生态服务”或“生态效益”被视为一种产品，而消费这种产品需要支付一定的费用。

国内研究中与之对应的概念是生态补偿（ecological compensation，EC），这一概念源于自然科学，它被引入社会科学研究领域后内涵日益丰富，不仅指自然生态的补偿，还包含法律和经济方面的内涵。

虽然学术界对生态补偿已有不少定义，但研究视角和侧重点不同，加之生态补偿本身的复杂性，使得生态补偿至今仍没有一个统一的定义。有学者认为生态学意义上的生态补偿是对平衡开发行为所造成的环境负面影响，保证整体生态质量不致降低的一种补救措施。有学者从生态环境治理的内涵出发将生态补偿分为广义和狭义两种定义，“狭义的生态补偿是指对人类的社会经济活动给生态系统和自然资源造成的破坏及给环境造成的污染进行补偿、恢复、综合治理等一系列活动的总称。广义的生态补偿则还应包括对因环境保护丧失发展机会的区域内的居民进行的资金、技术、实物上的补偿、政策上的优惠，以及为增进环境保护意识，提高环境保护水平而进行的科研、教育费用的支出”。有学者从协调经济利益关系的角度出发，将生态补偿定义为“通过对损害（或保护）环境资源的行为进行收费（或补偿），提高该行为的成本（或收益），从而刺激损害（或保护）行为的主体减少（或增加）因其行为带来的外部不经济性（或外部经济性），达到保护资源的目的”；有学者则认为生态补偿是一种调节生态保护者、受益者和破坏者的经济利益关系的制度安排；有学者给出了相对综合的定义，他们认为生态补偿的目的是人类社会的可持续发展，生态补偿的基本内涵应集中体现为通过一系列经济手段和法规、行政措施，对已在人类活动影响下丧失自我反馈与恢复能力的生态系统进行物质、能量的反哺和调节机能的修复。

从上述定义中可以看出，生态补偿既有自然属性，也有社会属性；而且其内涵是随时间和环境的变化而不断丰富和发展的，从“人-物”关系到“人-人”关系的反映，说明生态补偿不仅是简单的相关生产力的调整和促进，而且是相关生产关系的调整和改善。

## 9.1.2 生态补偿机制建立的基本原则

### 9.1.2.1 破坏者付费原则

破坏者付费原则（DPP），主要针对行为主体对公益性的生态环境产生不良影响从而导致生态系统服务功能退化的行为进行的补偿。这一原则适用于区域性的生态问题责任的确定。

### 9.1.2.2 使用者付费原则

环境资源属于公共资源，具有稀缺性应该按照使用者付费原则，由环境资源占用者向国家或者公共利益代表提供补偿。该原则可应用在资源和生态要素管理方面，如占用耕地、采伐利用木材和非木质资源、矿产资源开发等方面，企业在取得资源开发权时，需要向国家交纳资源占用费。

### 9.1.2.3 受益者付费原则

在区域之间或者流域上下游间，应该遵循受益者付费原则，即受益者应该对生态环境服务功能提供者支付相应的费用。例如，对国家生态安全具有重要意义的大江大河源头区、防风固沙区、洪水调蓄区等区域的保护与建设；国家级自然保护区与国家级地质遗迹或自然与文化遗产的保护，受益范围是整个国家乃至世界，国家应当承担其保护与建设的主要责任，同时国际社会也应承担相应责任；区域或流域内的公共资源，由公共资源的全部受益者按照一定的分担机制承担补偿的责任。

#### 9.1.2.4 保护者得到补偿原则

对生态建设的保护做出贡献的集体和个人，对其投入的直接成本和丧失的机会成本给予补偿和奖励。

#### 9.1.2.5 公平性原则

环境资源是大自然赐予人类的共有财富，所有人都有平等利用环境资源的机会。个人对环境资源的利用，不能损害他人的利用，否则就应该给受害人相应的补偿。公平性包括代内公平（同一代人之间在利用环境资源方面的公平性）和代际公平（即当代人和后代人在利用环境资源方面的公平性）。

#### 9.1.2.6 政府引导与市场调控相结合的原则

要充分发挥政府在生态补偿机制建立过程中的引导作用，结合国家相关政策和当地实际情况研究改进公共财政对生态保护的投入机制，同时要研究制定完善调节、规范市场经济主体的政策法规，增强其珍惜环境和资源的压力和动力，引导建立多元化的筹资渠道和市场化的运作方式。

### 9.1.3 生态补偿政策的理论基础

#### 9.1.3.1 环境资源价值理论

随着生态环境破坏的加剧和生态服务功能的研究，人们更加深入地认识到生态环境的价值，并使生态环境成为反映生态系统市场价值、建立生态补偿机制的主要基础。人类在制定与生态系统管理有关的决策时，既要考虑人类福祉，也要考虑生态系统的内在价值。生态补偿是促进生态环境保护的一种经济手段，而对于生态环境特征与价值的科学鉴定，则是实施生态补偿的理论依据。

#### 9.1.3.2 经济外部性理论

在生态环境问题的研究过程中，我们必然要涉及外部性问题。通过对外部性问题的探讨，我们找到了一个解决生态环境问题的有效方法——生态补偿。因此，很多时候，我们会从外部性的角度对生态补偿加以定义，以显示外部性对生态补偿的重要作用。若存在外部性，社会对市场结果的关注则会扩大到超出市场中买者与卖者的利益之外，还要包括受到影响的旁观者的利益。但在现实中，由于消费者与生产者在决定需求或供给时，很少考虑到他们行为的外部效应，所以当存在外部性时生态资源配置与利用很难达到最优状态[①]。正如同庇古所说，“社会边际成本收益与私人边际成本收益背离时，不能靠在合约中规定补偿办法予以解决。这就必须依靠外部力量，即政府干预加以解决。当它们不相等时，政府可以通过税收与补贴等经济干预手段使边际税率（边际补贴）等于边际外部成本（边际外部收益），使外部性内部化”。目前，庇古的这种外部性“内部化”思想已被绝大多数研究生态补偿问题的学者所采用，并由此引出产权清晰理论，提出对生态环境资源界定产权，内化生态环境问题中的外部性。

### 9.1.3.3　生态资本理论

生态资本主要包括：能直接进入当前社会生产与再生产过程的自然资源，即自然资源总量（可更新的和不可更新的）和环境消纳并转化废物的能力（环境的自净能力）；自然资源（及环境）的质量变化和再生量变化，即生态潜力；生态环境质量，这里指生态系统的水环境质量和大气等各种生态因子为人类生命和社会生产消费所必需的环境资源[②]。随着人类对生存环境质量要求的提高，生态系统的整体性就越重要，而生态资本存量的增加在经济发展中的作用也日益显著。随着生态产品稀缺性的日益凸显，人们意识到，不能只向自然索取，而要投资于自然。但是，如果随着生态资本的增值，生态投资者不能得到相应的回报，社会从事这种“公益事业”的长期积极性就不可能坚持[③]。

### 9.1.3.4　公共产品理论

公共产品理论解释了环境为什么会被破坏，资源为什么会被过度使用以及政府为什么需要出面来保护生态环境。我们知道，公共产品是这样一种产品，它能够以低价向一部分消费者提供，但是一旦该产品向一部分消费者提供，就很难阻止其他人也消费[④]。与私人产品相比，公共产品具有两个基本特征：非竞争性和非排他性。一般来讲，生态环境及资源具有公共产品的两个基本特征，它的非竞争性让人们只看到眼前利益，过度使用，最终使全体社会成员的利益受损；它的非排他性导致整个生态环境资源保护过程中的生态效益与经济效益脱节，在缺乏有效激励的情况下，很少会有人愿意向生态环境资源保护进行投资，而这种投资却恰恰是整个社会所急需的。因此，要解决好生态环境资源的保护和恢复问题，就必须立足于公共产品理论，建立有效的激励措施，使生态产品的受益者付出相应的费用，供给者获得合理的经济回报。

---

① 黄立洪，柯庆明，林文雄. 生态补偿机制的理论分析. 中国农业科技导报，2005（3）：7-9.
② 张建肖，安树伟. 国内外生态补偿研究综述. 西安石油大学学报（社会科学版），2009，18（1）：23-28.
③ 贾引狮. 生态补偿机制的生态经济学分析. 商场现代化，2009（3）：372-373.
④ 平狄克，鲁宾费尔德. 微观经济学. 4 版. 北京：中国人民大学出版社，2004：529.

#### 9.1.3.5 可持续发展理论

可持续发展理论是人类社会发展到一定程度的产物。在生存环境日益恶劣的威胁下，人们不得不重新审视社会发展与自然环境的关系，探索长久稳定、适宜生存的新发展模式。作为反思的结果，可持续发展理论不仅为人类日后的发展指明了方向，也为人们进行的生态补偿描绘出了最终目标。可持续发展是指既满足当代人的需要，又不对后代人满足其需要的能力构成危害的发展，突出表现在两个方面：一是时间上的可持续性；二是空间上的协调性，通过横向和纵向的持续协调达到打破束缚、改变现状的目的。可持续发展是一项经济和社会发展的长期战略，主要包括生态环境资源的可持续发展、经济的可持续发展和社会的可持续发展三个方面，特别强调经济发展与环境保护是统一的。必须摆脱过去的发展模式，从整体生态系统考虑环境问题，制定协调改善经济发展和环境保护的长期政策，重视自然资源的合理利用和持续利用，以生态改善来保障可持续发展目标的完成。

### 9.1.4 生态补偿机制的基本要素①

生态补偿就是以改善、维护、恢复生态环境和生态服务功能，促进人与自然和谐相处为目的，生态服务的受益者（或破坏者）通过政府和市场两种途径，按照一定的标准，给予生态服务的权益拥有者（或受损者）一定数量的资金、技术、实物上的补偿或政策上的扶持。基于这一定义，我们认为生态补偿由补偿支付主体、补偿对象、补偿客体、补偿标准、补偿方式、补偿途径 6 大基本要素构成，其中补偿支付主体和补偿对象又称为补偿主体。

#### 9.1.4.1 补偿支付主体

补偿支付主体也称为补偿提供主体，是指直接给补偿对象提供补偿的单位。补偿支付主体既可以是作为公权力代表的政府，也可以是享受生态服务的一方，还可以是生态环境破坏的一方。作为公权力代表的政府，主要是通过履行政府权力，运用财税等政策筹措补偿资金，再将补偿款项支付给补偿对象，或给补偿对象提供技术支持和优惠政策；作为享受生态服务的一方，主要是运用市场调节的手段，以协议的形式，直接将补偿款项支付给补偿对象；作为生态环境破坏的一方，主要是对其破坏环境的行为承担向生态环境权益受损的一方支付生态补偿的责任。

---

① 李团民. 生态补偿基本要素的研究. 湖南医科大学学报（社会科学版），2010，12（4）：85-86.

#### 9.1.4.2　补偿对象

补偿对象是指接受补偿的单位或个人，包括生态环境保护的贡献者和生态环境破坏的受损者。具体来说，一是指从事生态维护建设的单位或农民；二是指生态环境破坏受损的单位或农民；三是指补偿对象没有具体明确或产权关系、权益关系没有完全界定之前，作为公众利益的代表（代理人）而接受补偿的政府。

#### 9.1.4.3　补偿客体

客体是权利义务指向的对象。就环境维护建设而言，生态系统不仅向社会提供了有形的自然资源物质，还向社会提供了无形的、非物质性的生态环境功能性的服务产品；就环境破坏而言，权益受损的不仅包括有形的、物质性的环境介质，如大气、水、土地等，还包括无形的、非物质性的环境功能性服务。生态补偿支付主体支付资金、技术、政策的原因是自己享受了生态服务，或者是自己的行为而导致他人享受生态服务的权益受损。因此，生态补偿的客体是生态服务，而不是自然生态系统本身。

#### 9.1.4.4　补偿标准

标准就是衡量事物的依据或准则。就生态补偿而言，补偿标准是以什么为生态补偿的依据或准则。补偿标准的确定主要有 4 种方法：一是按生态保护者的直接投入或生态破坏的恢复成本计算；二是按直接投入或恢复成本，再加上机会成本计算；三是按生态受益者的获利计算；四是按生态系统服务的价值量计算。由于价值量计算所采用的指标、估算方法没有统一，而且所计算出来的标准远大于现实的补偿能力，而生态维护建设的直接投入和生态破坏的恢复成本是生态服务得以延续的最基本支出，因此，直接投入或恢复成本是补偿的理论下限值，生态系统服务的价值量则只能作为补偿的理论上限值。在具体补偿时，应根据实际发生的成本或遭受的损失，在综合考虑地区经济发展水平、鼓励生态保护行为的基础上，在上限值和下限值之间选择补偿标准。

#### 9.1.4.5　补偿方式

补偿方式又称补偿的支付方式，包括资金补偿、实物补偿、政策补偿、技术补偿、建设项目补偿、异地开发补偿等。其中资金补偿是最常见的补偿方式，包括支付补偿金或补贴款、减免退税、信用担保贷款、财政转移支付等。实物补偿是指补偿者用物资、劳动力和土地等进行补偿，以解决补偿对象部分生产要素和生活要素。政策补偿是指政府通过制定一系列优惠政策，使补偿对象享有优先权和优惠待遇，从而促进本地区的生态环境建设和经济发展。技术补偿是指补偿者开展智力服务，提供无偿技术咨询和指导，培养受补偿地区或群体的技术人才和管理人才。建设项目补偿主要是科技项目补偿，是指支付主体将补偿资金转化为技术项目安排到被补偿方，帮助生态保护区群众建立替代产业，形成造血机能和自我发展机制。异地开发补偿是指上游地区因实施保护行为而错失大量工业项目，下游地区为其腾出一块“工业用地”，突破其发展的地理空间“瓶颈”。

#### 9.1.4.6 补偿途径

生态补偿主要通过政府补偿和市场补偿两种途径来实现。政府补偿是指以国家或上级政府为补偿支付主体，以区域、下级政府或农牧民为补偿对象，以国家生态安全、社会稳定、区域协调发展等为目标，以财政补贴、政策倾斜、项目实施、税费改革和人才技术投入等为手段的补偿途径。国家是生态补偿的主要承担者，政府补偿是生态补偿的主要途径，也是比较容易启动的补偿途径。市场补偿是按照市场机制的运行模式，生态环境受益的一方向生态服务提供者、权益者（或者生态环境破坏的一方向生态服务功能受害者、权益者），通过市场交易的方式，兑现生态服务的价值。

#### 9.1.4.7 生态补偿各基本要素之间的关系

生态补偿基本要素又称“6Q”要素，着重解决的是6个方面的基本问题。具体来说，补偿支付主体解决的是“由谁补偿的问题”，补偿对象解决的是“补偿给谁的问题”，补偿客体解决的是“为什么补偿的问题”，补偿标准解决的是“补偿多少的问题”，补偿方式解决的是“补偿什么的问题”，补偿途径解决的是“怎么补偿的问题”。生态补偿6个基本要素从不同侧面反映了生态补偿的基本内涵（表9.1），共同完成生态补偿的全过程，构成生态补偿的统一整体。各基本要素之间互相依存、互相联系、共同发展，不可分割。

**表9.1 生态补偿基本要素一览表**

| 基本要素 | 解决的问题 | 主要内容 |
|---|---|---|
| 补偿支付主体 | 由谁补偿的问题 | 行使公权力的政府、享受生态服务或对生态造成破坏的单位 |
| 补偿对象 | 补偿给谁的问题 | 公众利益代表的政府、对生态环境保护工作做出贡献或因生态环境破坏而受损的单位或农民 |
| 补偿客体 | 为什么补偿的问题 | 生态服务 |
| 补偿标准 | 补偿多少的问题 | 上限值：生态服务价值量；下限值：生态环境维护建设直接成本，或生态环境直接恢复成本 |
| 补偿方式 | 补偿什么的问题 | 资金补偿、实物补偿、政策补偿、技术补偿、建设项目补偿、异地开发补偿等 |
| 补偿途径 | 怎么补偿的问题 | 政府补偿、市场补偿 |

## 9.2　美国的生态补偿

### 9.2.1　生态补偿机制的发展历程

美国对生态保护的重视程度，最早可以追溯到 20 世纪 30 年代，由于当时受到自然灾害的影响，特别是美国西部一些地方出现了干旱、沙尘暴，美国政府便出台政策，鼓励农户采取自愿支付的方式来保护耕地①。此时的生态补偿更多的是一种政府指导下的行为，但这恰恰开启了美国生态补偿的里程碑。美国在 1936—1940 年农业大萧条时期，正是通过实施生态补偿，才使得美国广大农户得以渡过难关，并使美国有 180 万 $hm^2$ 的土地得以休耕，这中间的核心就在于政府发挥的主导作用。美国在经过实施最初的生态补偿机制以后，发现单纯靠政府的主导行为无法从根本上解决生态补偿问题，多年的实践表明，生态补偿应该充分调动市场的活力才能使美国的生态环境得到最大限度的改善。生态补偿最终还是要按市场规律运行的，补偿的金额与农产品价格、土地交易价格息息相关，一旦农产品价格和土地交易价格持续走低，美国政府会及时调整生态补偿的金额，保障农民的合法权益②。从 1980 年开始，美国生态补偿机制的核心在于补偿手段开始按照市场化进行，对生态补偿产品和服务按照市场需求不断创新，并通过许可证制度对产品的设计、生产、销售进行绿色认证，加强对能源的利用，减少对环境的破坏，使生态补偿的服务商品化，将所得收入完全用于生态补偿的资金来源，这样的一种转移支付的手段实际上是利用市场的作用为生态补偿进行了合法的解释，从而也为美国环境保护的市场化运作提供了保障。1990 年以后，美国由于过去实行生态补偿，环境得以有效改善，更多的是对过去生态补偿机制的细节加以完善。例如，在美国的法律体系中，环境保护和生态补偿占有十分重要的地位。美国一直认为，农业是影响社会最直接的行业，所以美国对生态补偿的一些法律规定主要涉及农业，大部分对于资金的补贴会以法律的形式进行规定。其中 1990 年颁布的《综合环境反应、赔偿与责任法》，1998 年颁布的《超级基金法》，规定以环境税的形式向排污企业征税，所得收入全部作为生态补偿的资金来源。这样的法律政策传达了政府对环境保护的决心，不管采用哪一种政策，都会以法律形式保障最终目标的实现，并在法律中制定一些大型生态保护项目的激励政策，如水质改善项目、自然区保护项目、农产品质量安全保护项目，凡是对这些项目做出贡献的居民，都可以根据法律规定获得

---

① 刘嘉尧，吕志祥. 美国土地休耕保护计划及借鉴. 商业研究，2009（8）：13-136.

② 赵彦泰. 美国的生态补偿制度. 青岛：青岛大学，2010：25-30.

一定的奖励①。经过多年的成功运用，美国生态补偿机制在进入 21 世纪后逐步得以完善，很多国家都开始借鉴其成功的经验。

## 9.2.2 土地休耕生态补偿模式选择分析

美国独立后，由于人口的快速增加而大肆开发土地，农作物的种植面积不断扩大。随着农业机械技术和更先进的农业设备的出现，采用密集机械化方式耕种的农田面积不断扩展。广袤的中西部大平原由于强力耕作而未考虑到足够的水土保持措施，暴发了一系列的自然灾害，史上称为美国“黑风暴”。为了应对这一困境，美国国会于 1929 年授权美国农业部进行土壤侵蚀研究，并建立了专门基金。在进行了实地的调查和监测后，美国开始了大规模的土地环境保护和生态补偿计划。为了加强土地休耕计划及其补偿，美国在 1965 年通过了《食品和农业法》，该法律设计了一个鼓励农田长期休耕达到一个适度数量的计划。

### 9.2.2.1 美国土地休耕生态补偿模式的核心内容

土地休耕计划具有志愿性的特征。政府农业部门制定土地休耕的规划，农户可提出加入申请。申请获批后农户可获得政府提供的年度租金、特定活动的激励金。除此之外，政府还为农户种植保护土壤层的特定植被提供成本补贴。从实施层次上看，美国土地休耕生态补偿模式分为三个层次，即国家、州和土地所有者或经营者②。

（1）国家层次

土地休耕计划设定了一种激励机制，鼓励农民为有利于资源长期保护而在农地上种植永久性植被，如草原、灌木丛、森林、矮树林等，以防止水土流失，同时为野生动物建立栖息资源。美国在国家层面上设立了商品信用公司，其功能主要是为每年参加休耕计划的农民提供资金，资金包括土地租金和种植被批准的植被保护层的一半成本。在休耕土地上种植什么样的植被保护层由农场经营者和政府自然资源保护官员协商确定，双方同时签订 10～15 年期限的土地休耕合同，合同中一般会规定双方的权利和义务，包括植被保护层的验收标准。验收标准是农民获取生态补偿金需满足的必要条件。

（2）州层次

参与休耕的土地大多位于大平原的北部和南部。美国农业部的农业服务局和自然资源保护服务机构都设有与各州和地方对口的办公室，负责实施有关土地休耕保护计划。县农业委员会和水土保持机构（由地方选举产生）以其人力和技术资源支持休耕计划在本县的

---

① Wunder.The evolution of South Korea ural labor market during the reforms. Journal of Comparative Economies, 2002 (3): 329-333.

② Heimlich R E. 美国以自然资源保护为宗旨的土地休耕经验. 杜群，译. 林业经济，2008（5）：72.

实施，甚至会雇用工作人员直接参与休耕计划的工作。

（3）土地所有者或经营者层次

土地所有者和农场经营者参与土地休耕计划的主要方式是提供可供休耕的特定土地。参与美国土地休耕计划的土地应满足以下条件：在最近5个粮食生产季度中已经种过至少两季农作物的土地；以前登记在其他保护计划中的非重要牧场；属于河流或水体的缓冲地带。

除满足上述条件中的某一项外，参与休耕的土地客观上还应具有下列某属性或资源：一是有一个等于或大于8的侵蚀指数（EI），或被认为是侵蚀严重的土地；二是可耕种的湿地；三是具有环境保护的惠益，如属于河流缓冲带、草场排水道、保地带、水源保护区以及其他类似的功能；四是易遭受冲蚀；五是位于美国联邦或州的土地休耕计划的优先保护区域；六是与非农耕湿地有关或环绕非农耕湿地的农田。凡是符合上述要求或标准的土地，其所有者或农场经营者均可依程序申请加入土地休耕计划，申请获批后，与联邦政府农业部或所属各州农业服务局签订土地休耕合同，并领取年度租金和种植植被保护层的成本补偿费用。在美国，登记休耕的土地面积往往跟农场净收入成反比。当农产品价格低时，登记休耕的土地面积增加，农产品价格回升时登记的土地面积则减少。美国的土地休耕政策的用意是通过推行不同的计划将不同类型的土地从农业生产分离出去加以休整和保护。

### 9.2.2.2 美国土地休耕生态补偿模式的实施绩效

美国国会和政府实施土地休耕计划，并选择以政府补偿为主的模式激励参与休耕的土地所有者和经营者，获得了良好的效果①。在土地休耕计划实施的前10年，人们最关心的是能否通过休耕计划控制土壤侵蚀，提高农作物产量及其经济影响。但随着土地休耕计划的逐年实施，越来越多的人对其带来的环境和社会效益感到惊喜。观察和研究表明，土壤侵蚀所致的对农作物及其经济的影响远小于其所导致的环境负面影响，包括对水质、鱼类和野生动物栖息地，以及公共设施如大坝、沟渠、运河等的侵蚀和沉降的影响。通过实施土地休耕，上述环境效益和公共设施的社会效益均得到较大改善。鉴于此，1990年后，为了达到多重环境目标并强化成本-效益最大化，美国农业部发展并制定了一个环境收益指数，用以评估所申报的每块休耕土地的环境属性，包括下列标准：地表水质的改进、地下水水质的改进、土壤生产力的持续性、对参与休耕计划的生产者潜在问题的援助等。其目标是力争使政府支付的每1美元生态补偿都能获得最高的环境效益和社会效益。

通过土地休耕计划，2002年美国退耕面积为1 360万 $hm^2$，占全国农田面积的10%，政府每年投入补偿资金15亿美元，有37万户农民参加了退耕计划，占农户总数的18%。

---

① Heimlich R E．美国以自然资源保护为宗旨的土地休耕经验．杜群，译．林业经济，2008（5）：72.

此外，长达 70 年的土地休耕计划也使得社会各界无论是土地所有者、政府，还是消费者都从该计划中得到了诸多环境效益，休耕土地每年带来 20 亿～27 亿美元的净环境收益，每年增加 58 亿～76 亿美元的净农业收入。

### 9.2.3 运用生态补偿政策对农业非点污染源的治理

#### 9.2.3.1 美国对农业非点源污染控制回顾

农业活动造成非点源污染的活动包括动物饲养、牲畜放牧、农田耕作、喷洒农药、灌溉、施用化肥、作物播种、收获等，这些活动的结果是泥沙、营养物质、病原体、农药、化学盐等进入水体。农业活动也可以破坏栖息地和渠道水流，对地表水和地下水以及对农作物生长造成影响，可能导致非点源污染。美国对非点源污染的认识始于 20 世 70 年代，真正开展污染治理和控制研究的时间则是 20 世纪 80 年代末。根据美国 1990 年的调查评价报告显示，美国非点源污染约占总污染量的 2/3，其中农业非点源污染占非点源污染总量的 68%～83%，导致 50%～70%的地面水体受污染或威胁。美国农业部的调查资料表明，在美国，流入地表水的水质污染物约有 50%来自农业生产活动。农业生产上使用的化学物质一旦污染了地下水，就会污染整个地下水水脉，而地下水质的污染危及农业生产地区人口总数的 97%，占美国总人口 50%的居民健康受到威胁。经过 10 多年的有效治理控制，美国的农业非点源污染已大幅减少。据 2006 年统计，美国农业非点源污染已比 1990 年减少 65%①。

#### 9.2.3.2 美国生态补偿机制与政策措施

美国运用生态补偿政策对农业非点源污染治理的经验总结可概述为如下几个方面：

（1）非点源污染财政补偿

美国联邦政府、各州以及地方政府，都从不同渠道为水体环境保护和农业面源污染控制提供了资金保障。1991 年，美国国家环保局发布了关于如何分配和管理基金的行动指南。这份指南鼓励各州采取优先行动，如处理高风险的非点源污染问题、促进完善的流域管理、保护敏感和具有重要生态意义的水体。从 1991 财政年度到 2001 财政年度，联邦拨款的总额达 13 亿美元②。提供资金的途径各不相同，可以采取直接资助、借贷等方式为非点源污染提供全部或部分资金，其中借贷又可以分为有息贷款和无息贷款两种。美国国家环保局和国家净水滚动基金（clean water state revolving fund，CWSRF）的州管理者合作，增加非

---

① U.S.Congress.CBO（1985）. p.48.table13.

② Heimlich R E. 美国以自然资源保护为宗旨的土地休耕经验. 杜群，译. 林业经济，2008（5）：72.

点源污染项目投资最为常用，是最成功的联邦政府农业环境与发展水质基金项目。合理的现场管理体系是国家废水基础设施的重要部分，美国国家环保局鼓励州、部落和地方政府自愿采用指南，利用基金有效管理体系。自1989年以来，CWSRF资助了900多个项目，在非点源污染项目上的投资超过6.5亿美元①。

（2）政策补偿

1）补贴政策。补贴政策倾向于鼓励和引导农民采取利于环境的生产方式开发经营绿色产业，是对生产者的环保行为进行补偿、资助或奖励，鼓励生产者加强环境保护。补偿标准测算包括两个方面：一方面是以为水质水量所付出的努力即直接投入为依据，主要包括环境污染综合整治、农业非点源污染治理、污水处理设施建设、修建水利设施等项目投资；另一方面是以水质水量所丧失的发展机会为损失即间接投入为依据，主要包括节水的投入、限制产业发展的损失等。纽约市与上游Catskills流域（位于特拉华州）之间的清洁供水交易就是一个典型的例子②。当地水务局通过协商确定流域上下游水资源与水环境保护的责任与补偿标准，通过对水用户征收附加税、发行纽约市公债及信托基金等方式筹集补偿资金，补贴上游地区的环境保护主体，以激励他们采取有利于环境保护的友好型生产方式，从而改善Catskills流域的水质。

2）排污收费、可交易排污许可证制度的运用。排污收费是美国水污染控制的激励政策之一，政府制定了以“体积”为基础的排污收费制度和以“体积和污染物”为基础的排污收费制度，一些公共处理工程也运用了类似的手段。可交易排污许可证方法在大气污染控制上特别有效，后来又被用于水污染控制，并再一次证明它有强大的监督能力③。

### 9.2.3.3 技术补偿

美国在技术补偿方面主要表现在农业生产管理技术，农业生产管理技术包括以下几个方面：

（1）养分管理，即通过对作物施肥的种类、数量、比例、施肥时间和地点等进行的综合管理措施。

（2）农药管理，旨在对农田杂草、病虫害进行综合管理④。除采用非化学性农药控制方法外，还包括商业杀虫剂的正确使用，以及相关有毒物质如除草剂、杀虫剂、灭鼠剂和杀菌剂的正确施用等。

（3）灌溉水管理，其目的在于节约水资源，防止土壤侵蚀和最大限度地减少农药、化肥对地下水和地表水体的影响。

---

① US Environmental Protection Agency Region 1. Best management practices to reduce non-point source pollution in the town of Plainfield－connecticut (a guidance manual). (2000-12). http://www.agwt. org/Plainfield/plainfield_ manual.

② 丁恩俊，谢德体．国内外农业面源污染研究综述．中国农学通报，2008，24（11）：180-184.

③ 卡兰，托马斯．环境经济学与环境管理：理论、政策和应用．李建民，姚容译．北京：清华大学出版社，2006：351-365.

④ 王金南，邹首民，洪亚雄．中国环境政策（第二卷）．北京：中国环境科学出版社，2006：422-437.

（4）畜禽养殖管理，政府对畜禽养殖进行适当控制和合理引导，对畜禽养殖进行科学规划和合理布局，同时配套经济实用的畜禽污染控制工程，如特定设计的储存畜禽粪尿的构筑物等，减轻其对环境的危害。

#### 9.2.3.4 项目补偿

工程治理措施[①]包括以下几种：

（1）暴雨蓄积塘和沉淀塘。能有效地缓解污水的循环时间，提高蓄积池的污水停留容量，从而有效地提高污染物的去除率。

（2）滨岸缓冲带体系。农业非点源污染控制中的滨岸缓冲带，是在农田的下坡方向濒临水体的地方，设立的由树木、灌木或其他植被组成的区域。通过捕获和过滤沉积物、养分和其他化学物质等，可大大降低径流水中的N、P含量，达到减小非点源污染的目的。

（3）自然资源保护计划。自然资源保护计划包括保护环境安全计划（CSP）、草地储备计划（GRP）、环境质量激励计划（EQIP）、野生动物栖息地激励计划（WHIP）。

### 9.2.4 矿产资源开发生态补偿

主要是通过设立废弃矿恢复治理基金和矿区复垦保证金两种制度来实现。1977年，美国国会通过并颁布了《露天采矿管理与修复法》（*Surface Mining Control and Reclamation Act*），规定矿山企业进行采矿，必须取得政府的许可证，许可证的内容包括企业的复垦计划。开采许可证申请得到批准但尚未正式颁发以前，申请人还必须先交纳复垦保证金，或由银行、保险公司担保，承担担保责任。保证金的数额根据许可证所批准的复垦要求确定。因地理、地质、水文、植被的不同而有差异，其数额以前5年破坏累积的环境恢复费用为标准，具体数额由管理机关决定。该保证金是在采矿者不履行复垦计划时用来支付复垦作业的费用。保证金三个阶段完成复垦且验收合格后予以返还，每个阶段都规定了严格的验收标准。矿山企业未能完成复垦计划的，其复垦保证金将被用于第三方进行复垦；采矿企业应按照采掘矿产的数量交纳一定数量的废弃老矿区复垦基金，用于实施以前老矿区的土地恢复和复垦；在国库中设立“废弃矿恢复治理基金”，以保证因矿产资源开发造成的废弃矿区的生态环境破坏。国家废弃矿恢复治理基金由内政部长统一掌管。

① 赵玉山，朱桂香. 国外流域生态补偿的实践模式及对中国的借鉴意义. 世界农业，2008（4）：14-17.

# 9.3 我国的生态补偿

## 9.3.1 生态补偿概况

### 9.3.1.1 生态补偿相关法律制度建设①

（1）建立生态补偿机制

建立生态补偿机制是我国政府的一项重要环境保护政策。国家陆续颁布了一系列规范性文件，逐步提出了建立生态补偿机制的相关要求。2002 年《全国生态环境保护“十五”计划》，要求遵循“谁使用谁付费”的原则，进行试点实践，探索建立以资源开发补偿、流域补偿、遗传资源惠益共享为主要内容的生态环境补偿机制。2005 年 12 月国务院《关于落实科学发展观　加强环境保护的决定》中提出“要完善生态补偿政策，尽快建立生态补偿机制。中央和地方财政转移支付应考虑生态补偿因素，国家和地方可分别开展生态补偿试点”。2007 年 8 月，国家环境保护总局《关于开展生态补偿试点工作的指导意见》指出，必须充分意识到生态补偿试点的意义，弄清进行生态补偿试点的指导思想、原则和目标，探索建立重点领域的生态补偿机制。2007 年 10 月党的十七大报告提出，实行有利于科学发展的财税制度，建立健全资源有偿使用制度和生态环境补偿机制。2010 年 10 月，党的十七届五中全会通过的《中共中央关于制定国民经济和社会发展第十一个五年规划的建议》提出，加快建设生态补偿机制，加强重点生态功能区保护和管理，增强涵养水源、保持水土、防风固沙堤力，保护生物多样性。2012 年党的十八大报告明确要求建立反映市场供求和资源稀缺程度，体现生态价值和代际补偿的资源有偿使用制度和生态补偿制度。2013 年 11 月党的十八届三中全会通过的《中共中央关于全面深化改革若干重大问题的决定》提出，实行资源有效使用制度和生态补偿制度。

（2）我国现行生态补偿的法律法规

20 世纪 90 年代初期，我国的生态补偿立法开始起步，主要有两个层面：一是国家立法，制定法律法规及政策等；二是地方性法规、规章等。

1）《宪法》的规定。《宪法》的相关规定有：第九条规定：“国家保障自然资源的合理利用，保护珍贵的动物和植物，禁止任何组织或者个人用任何手段侵占或者破坏自然资源。”第十条第五款规定：“一切使用土地的组织和个人必须合理地利用土地。”第二十六条规定：“国家保护和改善生活环境和生态环境，防治污染和其他公害。国家组织和鼓励

① 巴里·菲尔德，玛纱·菲尔德. 环境经济学. 3 版. 原毅军，陈艳莹，译. 北京：中国财政经济出版社，2006：229-235.

植树造林，保护林木。”《宪法》是我国的根本大法，上述规定奠定了建立和完善生态补偿制度的基石，确立了生态环境资源保护的基本国策。

生态文明建设是中国特色社会主义事业的重要内容，关系人民福祉，关乎民族未来，事关“两个一百年”奋斗目标和中华民族伟大复兴中国梦的实现。党中央、国务院高度重视生态文明建设，先后出台了一系列重大决策部署，推动生态文明建设取得了重大进展和积极成效。但总体上看我国生态文明建设水平仍滞后于经济社会发展，资源约束趋紧，环境污染严重，生态系统退化，发展与人口资源环境之间的矛盾日益突出，已成为经济社会可持续发展的重大“瓶颈”制约。

加快推进生态文明建设是加快转变经济发展方式、提高发展质量和效益的内在要求，是坚持以人为本、促进社会和谐的必然选择，是全面建成小康社会、实现中华民族伟大复兴中国梦的时代抉择，是积极应对气候变化、维护全球生态安全的重大举措。要充分认识加快推进生态文明建设的极端重要性和紧迫性，切实增强责任感和使命感，牢固树立尊重自然、顺应自然、保护自然的理念，坚持“绿水青山就是金山银山”，动员全党、全社会积极行动、深入持久地推进生态文明建设，加快形成人与自然和谐发展的现代化建设新格局，开创社会主义生态文明新时代。

2）与生态补偿有关的法律及规范性文件规定。目前，我国与生态补偿相关的法律法规及规范性文件主要包括《森林法》《草原法》《野生动物保护法》《水污染防治法》《防沙治沙法》《水土保持法》《农业法》《土地管理法》《城市房地产管理法》《土地复垦规定》《基本农田保护条例》《矿产资源法》《矿产资源法实施细则》《矿产资源补偿费征收管理规定》等法律法规，这些法律都分别对自身管理领域的生态环境和污染防治等相关内容做了详细的规定，有效保证了生态补偿相关政策的实施，促进了森林、草原、生物多样性、流域、农田、自然资源、重要生态功能区等生态环境的改善、生态功能服务价值的提升。

3）地方颁布的与生态补偿相关的地方性法规、政府规章和规范性文件。主要有 1992 年《北京市实施〈中华人民共和国水土保持法〉办法》、2002 年《广东省生态公益林建设管理和效益补偿办法》、2003 年《江西省鄱阳湖湿地保护条例》、2005 年《浙江省人民政府关于进一步完善机制的若干意见》、2007 年《江苏省环境资源区域补偿办法》、2007 年《福建省闽江、九龙江流域水环境保护专项资金管理办法》、2008 年《辽宁省东部重点区域生态补偿政策实施办法》、2008 年《浙江省生态环保财力转移支付试行办法》等。

2017 年 2 月 7 日，中共中央、国务院印发了《关于划定并严守生态保护红线的若干意见》（以下简称《意见》）。《意见》指出，2017 年年底前，京津冀区域、长江经济带沿线各省（直辖市）划定生态保护红线；2018 年年底前，其他省（自治区、直辖市）划定生态保护红线；2020 年年底前，全面完成全国生态保护红线划定，勘界定标，基本建立生态保护红线制度，国土生态空间得到优化和有效保护，生态功能保持稳定，国家生态安全格局更加完善；到2030年，生态保护红线布局进一步优化，生态保护红线制度有效实施，生态功能显著提升，国家生态安全得到全面保障。

自2018年1月1日起，在全国试行生态环境损害赔偿制度。通过试行，进一步明确生态环境损害赔偿范围、责任主体、索赔主体、损害赔偿解决途径等，形成相应的鉴定评估管理和技术体系、资金保障和运行机制，逐步建立生态环境损害的修复和赔偿制度。方案明确，到2020年，力争在全国范围内初步构建责任明确、途径畅通、技术规范、保障有力、赔偿到位、修复有效的生态环境损害赔偿制度。

2019年1月11日，国家发展改革委、财政部、自然资源部等9个部门印发了《建设市场化、多元化生态保护补偿机制行动计划》，明确到2020年初步建立市场化、多元化生态保护补偿机制，初步形成受益者付费、保护者得到合理补偿的政策环境。到2022年市场化、多元化生态保护补偿水平明显提升，生态保护补偿市场体系进一步完善。

#### 9.3.1.2 我国的生态补偿历程①

（1）生态补偿的起始阶段（20世纪80年代初至90年代中后期）

早在1983年，针对采矿业对生态环境造成的严重影响和破坏，云南省以昆阳磷矿为试点，每吨矿石征收0.3元，用于采矿区植被恢复及其他生态破坏的恢复治理，这可视为我国施行生态补偿政策的开始。随后，又有一些省（区）陆续开始征收针对矿产开发的补偿费用。1989年江苏省制定并实施《江苏省集体矿山企业和个体采矿业收费试行办法》，1990年福建省决定对国营、集体和个体煤矿征收“生态环境保护费”，1993年国务院批准在晋陕蒙接壤地区的能源基地试行生态环境补偿政策等。

对森林生态效益的补偿是我国较早开始探索的另一种生态补偿形式。1998年森林生态效益补偿基金正式写入了《中华人民共和国森林法》，从而为开展森林生态效益补偿制度奠定了法律基础。

这一阶段是我国生态补偿政策萌生并初步发展的阶段，实施范围主要是针对矿产开发所引起的生态环境问题及森林的公益性生态效益。从费率确定、补偿标准、实施管理办法、社会经济和环境效果等方面来看，也都还有许多需要改进和完善的地方。

（2）生态补偿的快速发展阶段（20世纪90年代中后期至今）

进入20世纪90年代以来，我国的生态环境问题日渐突出，水土流失加剧、荒漠化快速发展、地下水位下降、湖泊面积缩小、水体污染加重等。这些生态环境问题导致了一系列的生态灾难，其中较为突出的就是1998年长江流域的特大洪水和2000年春季北方地区的沙尘暴。在这一背景下，我国政府在20世纪90年代末期启动了以退耕还林、天然林保护为代表的一系列大型生态建设工程，与之相应的补偿措施将我国的生态补偿推向了快速

---

① 姜妮. 流域水质生态补偿在实践中前行——访环境保护部环境规划院生态环境部主任张惠远. 环境经济，2011（3）：32.

发展的阶段。

近些年来，除大型的林业工程之外，我国还在其他领域开展了一系列的生态补偿计划或项目，如农村新能源建设、水土保持补贴和农田保护等。此外，一些地方性生态补偿项目也逐步兴起。例如，新疆为了解决塔里木河下游干涸和土地荒漠化问题，对中上游用水施行限额政策；浙江省为保护生态环境对一些造纸厂和化工厂进行关闭和补偿；在上海浦东区的生态补偿收费试点过程中，浦东区规定：凡是从事对生态环境有不良影响的新建、改建和扩建项目，均实行生态补偿收费制度，并视污染情况不同进行分类，对不符合产业导向的重污染项目征收高额生态补偿费。

生态补偿制度建设仍在摸索之中。尽管生态补偿专门性立法尚未出台，但是多领域的生态补偿机制正在探索建立。

## 9.3.2 生态补偿实践及其问题

### 9.3.2.1 流域生态补偿

我国政府对流域生态补偿高度重视。首先，建立完善生态补偿机制。探索建立多元化补偿机制，逐步增加对重点生态功能区转移支付，完善生态保护成效与资金分配挂钩的激励约束机制。制定横向生态补偿机制办法，以地方补偿为主，中央财政给予支持。鼓励各地区开展生态补偿试点，继续推进新安江水环境补偿试点，推动在京津冀水源涵养区、广西广东九洲江、福建广东汀江—韩江等开展跨地区生态补偿试点，在长江流域水环境敏感地区探索开展流域生态补偿试点。科学界定生态保护者与受益者权利义务，加快形成生态损害者赔偿、受益者付费、保护者得到合理补偿的运行机制。结合深化财税体制改革，完善转移支付制度，归并和规范现有生态保护补偿渠道，加大对重点生态功能区的转移支付力度，逐步提高其基本公共服务水平。建立地区间横向生态保护补偿机制，引导生态受益地区与保护地区之间、流域上游与下游之间，通过资金补助、产业转移、人才培训、共建园区等方式实施补偿。

2013 年 5 月 24 日，习近平同志在十八届中央政治局第六次集体学习时指出：“要建立健全资源生态环境管理制度，加快建立国土空间开发保护制度，强化水、大气、土壤等污染防治制度，建立反映市场供求和资源稀缺程度、体现生态价值、代际补偿的资源有偿使用制度和生态补偿制度，健全生态环境保护责任追究制度和环境损害赔偿制度，强化制度约束作用。”

其次，重视流域生态治理的总体规划。2019 年 9 月 18 日，习近平同志在黄河流域生态保护和高质量发展座谈会上强调：“治理黄河，重在保护，要在治理。要坚持山水林田湖草综合治理、系统治理、源头治理，统筹推进各项工作，加强协同配合，推动黄河流域高质量发展……第一，加强生态环境保护。黄河生态系统是一个有机整体，要充分考虑上中下游的差异。上游要以三江源、祁连山、甘南黄河上游水源涵养区等为重点，推进实施一批重大生态保护修复和建设工程，提升水源涵养能力。中游要突出抓好水土保持和污染治理，有条件的地方要大力建设旱作梯田、淤地坝等，有的地方则要以自然恢复为主，减少人为干扰，逐步改善局部小气候。对汾河等污染严重的支流，则要下大气力推进治理。下游的黄河三角洲……要做好保护工作，促进河流生态系统健康，提高生物多样性。”又说：“推动黄河流域高质量发展……。要从实际出发，宜水则水、宜山则山，宜粮则粮、宜农则农，宜工则工、宜商则商，积极探索富有地域特色的高质量发展新路子。三江源、祁连山等生态功能重要的地区……主要是保护生态，涵养水源，创造更多生态产品。河套灌区、汾渭平原等粮食主产区要发展现代农业，把农产品质量提上去……区域中心城市等经济发展条件好的地区要集约发展，提高经济和人口承载能力。贫困地区要提高基础设施和公共服务水平，全力保障和改善民生。”

2018 年 4 月 26 日，习近平同志在深入推动长江经济带发展座谈会上强调：“长江是中华民族的母亲河……把修复长江生态环境摆在压倒性位置，共抓大保护，不搞大开发。”

多年来，为保障流域生态安全以及水资源的可持续利用，大多数河流上游地区都投入了大量的人力、物力和财力进行生态建设和环境保护。而我国大多数河流的上游地区又往往是经济相对贫困、生态相对脆弱的区域，摆脱贫困的需求十分强烈，导致流域上游区发展经济与保护流域生态环境的矛盾十分突出。因此，建立流域生态补偿机制，实施中央及下游受益区对流域上游地区的补偿机制，可以加快上游地区经济社会发展并有效保护流域上游的生态平衡。

“十一五”以来，江苏、福建、浙江、河北、河南、辽宁、山东、山西、湖南等地均出台了“探索流域共建共享长效新机制，已经初步形成了几种以政府主导补偿为主的流域生态补偿试点模式，主要是基于水质目标考核和统筹考虑水质水量的流域生态补偿模式以及专门面向水环境保护的流域生态补偿模式”①。

浙江省在国内各省流域生态补偿实践上走在了前列。为了进一步完善生态补偿机制，浙江省政府在 2005 年出台了《浙江省人民政府关于进一步完善生态补偿机制的若干意见》，率先在全国省份中提出完善生态补偿机制的意见，确立了生态补偿机制的基本原则，具体政策途径和措施包括：健全公共财政体制、调整优化财政支出结构，加大财政转移支付中生态补偿的力度；加强资源带征收的管理工作，增强其生态补偿功能；积极探索区域间生态补偿方式，支持欠发达地区加快发展；加强环境污染整治，逐步健全生态环境破坏责任者经济赔偿制度；积极探索市场化生态补偿模式，引导社会各方面参与环境保护与生态建

① 李克国. 环境经济学. 3 版. 北京：中国环境出版社，2014：266.

设。2006年浙江省政府办公厅印发《钱塘江源头地区生态环境保护省级财政专项资助暂行办法》，对钱塘江源头地区生态保护加大财政专项支付力度。2008年浙江省制定出台《浙江省生态环保财力转移支付试行办法》，决定在全省的八大流域源、所在市、县（市）全面实施生态环保财力转移支付。在流域生态补偿的具体实践上，浙江省积极探索和开创了多种形式的流域生态补偿模式，如金华市的异地开发模式、德清县流域生态补偿资金模式、东阳市和义乌市的水权交易模式和嘉兴市排污权交易等，这些都是浙江省开展流域生态补偿的典型案例①。

但是，这些试点和实践也存在一些问题②。例如，目前地方实施的流域水质生态补偿并不是严格意义上的生态补偿，大部分是一种基于水质协议的“超标罚款”性质的污染赔偿制度。这些流域水质生态补偿仍然是以政府平台为主，即使受损方和受益方易于明确界定的水源地生态补偿，也基本上没有形成市场机制。

流域水质生态补偿形式较单一，主要采用资金形式，而且存在财政支付生态补偿金的合法性问题。对于政策补偿、实物补偿、技术补偿、智力补偿等形式没有足够考虑。基于利益相关者的责任关系界定不明确，上下游水污染治理和水质保护的责任没有完全厘清，上下游“环境责任协议”的模式没有形成。因此，这些生态补偿实践与稳定长效、具有生态含义的生态补偿机制尚有很大的差距。

理论依据不足也是各地流域生态补偿实践存在的一个突出问题，特别是补偿标准的合理设置方面。目前各地流域生态补偿标准的设置是政府主导的，补偿标准的确定是通过部门讨论制定甚至领导直接确定的，没有一定的科学方法测算作为依据，也不是流域上下游政府反复“讨价还价”后形成的“协议补偿”，补偿标准令人难以信服。从考核指标来看，一些流域主要考虑化学需氧量，对氨氮、总磷以及一些特征性污染物尚未考虑，这与流域污染的实际情况不符；从考核范围来看，目前流域断面水质目标考核的范围主要针对干流和一级支流，小支流未纳入考核范围，这可能造成考核结果存在一定的误差。与此同时，因目前没有生态补偿的实施办法、技术指南等政策文件出台，地方开展流域生态补偿实践呈现出部门行政色彩浓厚的特征，基本上都是基于一些政府性文件开展的实践活动，并出现了补偿不到位或者补偿受益者与需要补偿者相脱节等问题。

关于流域生态补偿的组织，2019年9月18日，习近平同志在黄河流域生态保护和高质量发展座谈会上指出：“要坚持中央统筹、省负总责、市县落实的工作机制。中央层面主要负责制定全流域重大规划政策，协调解决跨区域重大问题，有关部门要给予大力支持。省级层面要履行好主体责任，加强组织动员和推进实施。市县层面按照部署逐项落实到位。要完善流域管理体系，完善跨区域管理协调机制，完善河长制湖长制组织体系，加强流域

① 姜妮. 流域水质生态补偿在实践中前行——访环境保护部环境规划院生态环境部主任张惠远. 环境经济，2011，3：32.

② 李克国. 环境经济学. 3版. 北京：中国环境出版社，2014：268.

内水生态环境保护修复联合防治、联合执法。”

#### 9.3.2.2 区域生态补偿

我国政府对区域生态补偿也高度重视。首先，对区域生态补偿提出了基本原则。2018年5月18—19日，习近平同志在全国生态环境保护大会上提出：“一是坚持人与自然和谐共生……坚持节约优先、保护优先、自然恢复为主的方针……像保护眼睛一样保护生态环境，像对待生命一样对待生态环境……让自然生态美景永驻人间，还自然以宁静、和谐、美丽。二是绿水青山就是金山银山……贯彻创新、协调、绿色、开放、共享的发展理念，加快形成节约资源和保护环境的空间格局、产业结构、生产方式、生活方式……给自然生态留下休养生息的时间和空间……三是良好生态环境是最普惠的民生福祉……坚持生态惠民、生态利民、生态为民，重点解决损害群众健康的突出环境问题……不断满足人民日益增长的优美生态环境需要……四是山水林田湖草是生命共同体……必须统筹兼顾、整体施策、多措并举，全方位、全地域、全过程开展生态文明建设……五是用最严格制度最严密法治保护生态环境……加快制度创新……强化制度执行，让制度成为刚性的约束和不可触碰的高压线……六是共谋全球生态文明建设……深度参与全球环境治理……形成世界环境保护和可持续发展的解决方案……引导应对气候变化国际合作。”

其次，抓住区域生态补偿的核心。2018年4月11—13日，习近平同志在海南考察时指出：“青山绿水、碧海蓝天是海南最强的优势和最大的本钱，是一笔既买不来也借不到的宝贵财富，破坏了就很难恢复。要把保护生态环境作为海南发展的根本立足点，牢固树立绿水青山就是金山银山的理念，像对待生命一样对待这一片海上绿洲和这一汪湛蓝海水，努力在建设社会主义生态文明方面作出更大成绩。”

2016年8月22—24日，习近平同志在青海考察时强调：“青海最大的价值在生态、最大的责任在生态、最大的潜力也在生态，必须把生态文明建设放在突出位置来抓，尊重自然、顺应自然、保护自然，筑牢国家生态安全屏障，实现经济效益、社会效益、生态效益相统一。”

区域生态补偿对国家生态安全方面具有特殊意义，历史上受到过人为严重干扰和破坏且经济相对落后的地区，应作为区域性补偿的内容，我国西部地区就是一个典型的案例。西部地区是我国生态较为脆弱的地区，也是我国中东部地区重要的生态环境屏障和水源涵养地，对我国生态具有极其重要的作用，是确保我国生态安全的关键地区。但长期以来，由于受人为不合理的经济活动和气候变化的影响，西部地区生态恶化的趋势较为明显。因此，建立对西部地区的生态补偿机制有利于西部地区生态环境的保护和人民生活水平的提高，也有利于我国生态经济的协调发展。首先，需要对西部地区生态系统提供的各项产品和服务的价值进行科学核算，同时分析长期以来在资源利用过程中对生态破坏造成的经济损失。其次，要整合现有的生态补偿措施与资金以发挥更大的效用。多年来，中央政府通过一系列工程计划和财政转移支付对西部地区的生态保护和经济发展进行了补贴，如退耕还林、天然林保护、风沙源治理等，这些项目在一定意义上都具有生态补偿的内涵，需要整合这些项目和资金，统筹安排，避免重复建设并提高资金使用效率。

最后，根据西部地区生态赤字与生态建设投入之间的差距，同时参考国家的财政状况，分期、分批有计划地适当加大财政转移支付的力度，逐步偿还生态旧债，缩小差距。由于生态系统提供的众多服务很难进入市场以体现其价值，同时就我国生态保护和市场发育程度的实际情况而言，政府的作用是主要的，通过对比西部地区生态系统提供各项服务的价值与西部地区获得的财政收入，应适当提高补偿标准，以弥补收支缺口。

（1）西部生态补偿总体战略框架

随着西部大开发战略的实施，对西部地区的生态补偿也已实质性展开，并形成了以不断完善的政策法规体系为支撑，以一系列重大战略规划和计划为导向，以中央财政转移支付为主要投资渠道，以重大生态保护和建设工程及其配套措施为主要形式，以各级地方政府为实施主体的生态补偿总体构架。

（2）西部生态建设工程

直接针对西部生态建设且国家投入较大、实施效果较好的项目，为退耕还林（草）、天然林保护、退牧还草、“三北”及长江上游防护林工程、京津风沙源治理工程等，是目前西部生态补偿实施的主要形式。

从 2000 年开始，国家西部地区人均投入水平已经超过全国平均水平也超过中东部地区平均水平，表明国家在投入方面正式开始向西部地区倾斜。2000—2002 年，财政性建设资金用于西部约 2 700 亿元。其中基础建设投资 2 000 亿元，生态环境投资 500 多亿元，社会事业投资 100 多亿元。长期建设国债资金 40%以上用于西部，达 1 800 亿元，中国财政对西部地区转移支付约 3 000 亿元，西部地区金融机构各项贷款余额增加 6 000 多亿元，金融机构对西部地区增加中长期贷款 3 130 亿元。通过以上投资实施了一大批重大项目，并取得了显著进展。

（3）西部地区生态补偿方式与补偿标准所面临的困境①

1）缺乏市场的分析评价与生态利益者的参与，导致生态补偿的标准过低。生态补偿的标准与强度是生态补偿的关键与难点，这需要综合诸多因素进行考虑。遗憾的是，在生态补偿标准制定，尤其是西部生态脆弱区的生态补偿标准制定的过程中，缺乏生态补偿利益相关者的广泛参与和基于市场的分析和评价，造成现行生态补偿标准严重背离实际。西部地区生态补偿标准过低的成因可以从两个方面进行分析：首先，因为生态补偿制定的标准仅仅是从生态损害的抽象评估出发，较少考虑生态权益受损者和为保护生态环境而付出

① 刘嘉尧，陈思涵. 西部地区生态补偿方式与补偿标准研究. 新疆社会科学，2012（6）：38.

的生态保护者的机会成本与生态系统服务的价值。其次，生态补偿标准的确定是双方利益主体共同协商的结果，这需要从西部地区的社会构成出发，以西部地区生态补偿中主体利益多元化为基础。而现有的从上至下的补偿体制无法确定补偿的数额标准，使生态补偿的标准处于两难境地。

2）缺少系统的善后补偿措施。生态补偿工程经常涉及生产经营方式的改变，在这一转换过程中需要的时间跨度是不同的。由于缺少系统的善后补偿措施，一些西部生态区内的民众在补偿期限结束后，仍没有新的生活来源，陷入经济上的困境。在退耕还草的过程中，农牧民最担心的问题就是国家补助政策的持久性和稳定性。在甘肃玛曲县，退耕还草的年限为 3～5 年，5 年的期限如果到了，农牧民的生活保障就会成为大问题。农牧民本来以农牧业为生，被禁牧之后，当地的农牧民难以找到新的社会定位。农牧民为了维持生活，很可能会选择重新回到牧场，破坏禁牧过程中已经取得生态效益的草原。退耕还林（草）作为一项长期的系统工程，如何在稳中进一步推进成了重中之重。在玛曲，如果补助期一过，而受补偿的农户又没有实现产业转型，这时国家应出台政策以解决农户的生活问题。如果在未来的时间里，参与退牧的牧民仍无法实现其收支结构的转化和收入来源的多样化，牧民复牧的可能性就会增加，生态补偿对生态修复的可持续性将令人担忧。西部地区的生态补偿工程不仅要保证民众的温饱问题，而且需要完善的善后补偿措施，避免“富了一时，穷了一世”的悲剧发生。

3）“输血型”补偿方式的固有缺陷与弊端。直接的“输血型”补偿虽然拥有极大的灵活性，但是缺点也是比较明显的。该方式无法解决民众发展权的补偿问题，即保护生态环境而牺牲的部分发展权无法得到相应的补偿，很难在补偿的供给和需要双方找到一个平衡点。我们应当看到，西部地区大部分是经济欠发达地区，一味地靠“输血”很难解决生态补偿工程的持续进行，也很难让当地的民众通过补偿项目真正地改善生活。简单的财政转移支付方式，往往达不到生态恢复的目的，容易在转移过程中形成下一级单位对补偿资金的不正当使用，甚至连“输血”的作用也谈不上。在西部地区的生态补偿过程中，如何形成生态环境保护和建设的内在动力，如何通过生态补偿缩小西部地区的贫富差距，形成地区生态与经济发展的良性循环，是我们应当思考并解决的问题。

#### 9.3.2.3　资源生态补偿

矿产资源是社会经济发展必不可少的物质基础。矿产资源的开发和利用，既对经济的发展起到了巨大的推动作用，也对生态环境产生了重大的负面影响。如何调整生态损害与保护的关系和加速矿区生态环境的修复已成为我国当前一项十分重要的任务。矿山资源生态补偿，应明确矿区生态环境恢复治理的主体、责任和界限，将矿区生态环境恢复治理的责任区分为旧账（历史已造成的破坏）和新账（新造成的破坏）两种情况区别对待。废弃矿区和老矿区的生态环境补偿由政府通过建立“废弃矿山生态环境恢复治理基金”来实现。该基金的主要来源是政府财政支出，向正在生产矿山企业征收废弃矿山生态环境补偿费等，由地方环境或国土部门征收后上交国家，建立专门账户，专款专用。新矿区造成的破坏由企业负担全部治理责任，通过征收生态环境修复保证金实现，强调开矿许可与生态补偿相结合。

我国从20世纪80年代中期开始并经90年代中期改进，对矿产资源开发征收了矿产资源税，用以调节资源开发中的级差收入，促进资源合理开发利用。1994年2月，国务院以150号令发布了《矿产资源补偿费征收管理规定》，标志着我国结束了近半个世纪矿产资源无偿占有、无偿开采的历史。我国最早的生态环境补偿费实践始于1983年①，20世纪90年代中期进入高峰，全国有广西、福建等近一半省份的140多个县市开始试点，生态环境补偿费征收范围包括矿产开发、土地开发、旅游开发、自然资源、药用植物和电力开发6大类。

征收方式主要有按项目投资总额、产品销售总额、产品单位产量、生态破坏的占地面积、综合性收费和押金制度等，征收标准有固定收费和按比例（或称浮动）收费两种②。

但作为一种新的生态环境管理手段，生态补偿费在实施初期存在许多问题③，主要包括：缺乏严格的法律依据；征收标准和范围不统一；征收方式基本采用“搭便车”方式，不尽合理；费用管理不严格，没有完全用于生态恢复和补偿，费用收取和使用都存在很大漏洞等④。

2013年，为了规范矿产资源补偿费征收工作，国土资源部颁布了《国土资源部关于进一步规范矿产资源补偿费征收管理的通知》（国土资发〔2013〕77号）。文件规定：将进一步加强补偿费征收与开采回采率挂钩，规范征收管理。包括严格确定开采回采率系数、规范确定矿产品计征销售收入、对难以核定销售价格或销售收入的矿产资源补偿费提出计征办法等。

2013年全国矿产资源补偿费征收入库额为212.5亿元，比上年度增加7.6%。这是我国自1994年开征矿产资源补偿费以来，征收入库额首次突破200亿元。2013年各省（区、市）矿产资源补偿费征收入库额总体保持稳定增长。主要征费矿种格局基本保持稳定，煤炭、石油、天然气、铁、铜、铅、锌、钼、金、磷、钾盐、水泥灰岩、建筑石材以及普通建筑用砂石、黏土等矿种为主要征费矿种。

从总体上看，我国矿产资源开发生态环境补偿机制还处于摸索阶段。目前涉及矿产资源开发的生态补偿制度主要有征收矿产资源税、征收生态补偿费、收取矿产资源开发押金制度等。由于我国尚未建立矿产资源生态补偿机制，地方的生态修复治理工作缺少法律依据和科学政策指引，生态补偿工作步履维艰，“谁破坏，谁治理”的生态修复治理原则得不到落实，最终承担环境破坏成本的仍然是政府和社会⑤。目前生态建设主要由政府推动，在一定程度

① 庄国泰，高鹏，王学军. 中国生态环境补偿费的理论与实践. 中国环境科学，1995，15（6）：413-418.
② 杨朝飞. 市场经济条件下的生态环境补偿费试点工作（上）. 环境保护，1995，23（7）：12-16.
③ 杨朝飞. 市场经济条件下的生态环境补偿费试点工作（下）. 环境保护，1995，23（9）：18-20.
④ 庄国泰，高鹏，王学军. 中国生态环境补偿费的理论与实践. 中国环境科学，1995，15（6）：413-418.
⑤ 宋蕾，李峰. 矿产资源生态补偿现状及对策研究. 兰州商学院学报，2006（6）：24-27.

上强化了政府的行政能力而不是市场的机制。过度依赖政府不符合市场经济规律[①]。

#### 9.3.2.4 生态系统补偿

生态系统不仅能提供食品、原材料、能源等多种产品，而且能为人类提供重要的生态系统服务。然而后者的价值很大一部分都未能进入市场而得到实现，只有通过适当的措施将生态系统效益的外部经济性内部化，部分或全部地实现生态效益的价值，才能更好地加强生态系统的可持续经营能力。生态系统包括森林、草地、湿地、海洋、农田等多种类型，其生态系统的稳定及持续性的生态服务供给对维持国家生态安全和促进区域可持续发展发挥了重要作用。

森林是陆地生态系统的主体。在我国对生态系统补偿的研究和实践中，森林生态补偿开始得最早，所取得的经验对于其他生态系统的生态补偿工作也有着一定的借鉴意义。我国对森林生态系统曾颁布过多项政策，例如对生态公益林的补偿主要是根据国家林业局和财政部联合发布的《森林生态效益补偿基金管理办法》，在天然林保护工程和退耕还林工程的实践中起到了重要指导作用。但由于缺乏长效机制而无法长期保障林农保护森林、进行生态建设的积极性。需要在整合现有的多项补偿体系的基础上，按照不同的森林类型，考虑营造林的直接投入以及为了保护森林生态功能而放弃经济发展的机会成本和森林生态系统服务功能的效益，同时考虑地域因素、林种、树种、造林方式、地方经济发展水平等，因地制宜，逐步实现森林生态补偿标准的科学化。

退耕还林（草）工程。我国制定了退耕还林（草）10 年规划，规划范围涉及全国 22 个省份，准备 10 年之内完成退耕还林面积 530 万 $hm^2$，宜林荒山造林 800 万 $hm^2$，控制水土流失面积 3 600 万 $hm^2$，防风固沙控制面积 7 000 万 $hm^2$。为了实现上述目标，国家在政策、资金和物资方面给予了前所未有的支持。2002 年国务院制定了《退耕还林条例》，将工程的内容、范围、各部门的责任等做了明确规定。退耕还林工程的补偿包括国家对退耕农户和地方政府两部分，对退耕农户国家无偿提供粮食、种苗费和管护费补助[②]。此外，还规定补助年限，即“还草按 2 年计算，还经济林按 5 年计算，还生态林暂按 8 年计算”。为巩固退耕还林成果，改善退耕农民的长期生计和防止复耕，2007 年《国务院关于完善退耕还林政策的通知》明确了中央财政继续对退耕农户进行直接补助，新的补助标准除现金补助和补助年限与上一轮补贴期保持不变以外，每年粮食补助降低为原来的一半。

在我国的退耕还林工程中，相关利益主体主要包括中央政府各部门、地方政府以及农户。每个群体都有自己的利益倾向，并以最大化自身利益为出发点，行动的结果直接影响退耕还林工程的实施效率。

---

① 李小云，靳乐山，左停，等. 生态补偿机制：市场与政府的作用. 北京：社会科学文献出版社，2007，5：1-14.

② 李克国. 环境经济学. 3 版. 北京：中国环境出版社，2014：270.

退耕还林是在政府的强权下自上而下推行的，其运作方式为中央政府以红头文件的形式下达任务到地方政府，再由地方政府组织农民具体实施。其中，委托人与受托人之间的产权关系，不是通过正式的契约加以确定的，而是在国家政权结构的框架内，上级对下级机构下达行政指令，要求下级机构贯彻执行。对于中央政府而言，在代表全民的意义上，实施退耕还林不仅能够改善和保护生态环境，功在千秋，而且适逢土地结构利用的改革和调整，通过退耕还林工程促进土地结构利用向可持续性转变，通过补偿和还林得到的收益来提高农民的生活水平。此外，该工程还隐含着中央政府 1998 年以后降低粮食部门库存并减少国有粮食部门巨额亏损挂账的政策目标。因此，中央政府有足够的动力去推行退耕还林工程，但对于日益扩大的退耕还林工程，中央政府负担加重，当边际成本超过边际收益时，工程规模便扩展到极限。

对于地方政府而言，它既是退耕还林政策的执行者也是监督人，由于中央政府提供了优惠的条件（具体表现为补偿资助远远高于土地利用的机会成本），地方政府表现出了很大的热情，不仅积极组织农民进行退耕工作，竭力扩大退耕面积，甚至争夺退耕还林指标，而较少考虑工程质量和本地宜林荒山造林的实际情况。究其原因，国家在退耕还林中实行强制执行政策，地方政府一方面要达标来获得政绩和荣誉，以及造林所获得的林业经济效应；另一方面在退耕还林过程中地方政府也要相应地付出直接成本和间接成本，包括组织农户退耕、因农业税减少而减少的财政收入等，而且退耕地区多属经济落后地区，在没有其他的收入来源的情况下，退耕所带来的财政收入的减少使得地方政府就更加只顾退耕造林数量而不顾后期工程质量的维持。从某种程度上说，地方政府进行退耕还林的热情说明了自身财政状况难以为继。因此，地方政府在退耕还林行动中所支付的成本大于其所分享的收益而缺乏进行退耕还林工程持续性的经济动力。

对于农户来说，农户是最终受托人，承担具体的退耕还林任务。由于信息不对称和我国政府自上而下推行的政策导致委托-代理链条环节过多。一方面，处于链条最末端的农户具有治理业绩最准确、最完全的信息，越是远离最终环节，就越难以得到治理业绩的全部准确的信息。另一方面，多环节的委托-代理链条容易造成生态建设资金被剥蚀，中央政府的投资到了最后农户的手上往往大打折扣，严重影响了基层生态建设的积极性。而且我国的补偿政策容易受到国家财政和经济发展状况的影响，一旦国家工作重心转移，补偿期满以后补偿地区的居民在传统的农业种植模式尚未改变的条件下，又会重新“靠山吃山，靠水吃水”，继续对环境产生不良的影响。因此，短期来看，因为有国家高于农田机会成本的补偿，使得农户具有退耕还林的动力，但长期来看，农户因承担极大的风险成本而退耕不到位或复耕现象严重，退耕还林工程大打折扣[①]。

① 聂晓文，李云燕. 退耕还林工程与美国土地休耕计划生态补偿效率比较分析. 学术论丛，2009（44）：78.

## 9.4 借鉴国外生态补偿经验

### 9.4.1 政府补偿应考虑被补偿主体的参与意愿

政府补偿通常具有强制性，但从美国土地休耕补偿的经验来看，在选择政府补偿的模式后，并非就完全排除了被补偿主体参与的自愿性，二者可以在实施过程中有机结合。在美国土地休耕计划中，参与农户的意愿和利益受到充分尊重和考虑，市场和政府的双重协调作用得到很好的发挥。具体来说，农户可根据自己所有或经营土地的具体情况决定是否申请加入土地休耕计划，即公民的自主性与利益是政府制订土地休耕计划要考虑的第一要务。

美国土地休耕计划虽然也涉及国家、州（地方）和土地所有者层面，并且也是由国家制定全部政策并实施，但整个计划是一个志愿性的，国家和州提供休耕的技术支持和补偿资金，并和志愿加入该计划的土地所有者通过签订合同确定如何建立土地保护及验收工作。可以说，在土地休耕计划中，美国充分利用了市场机制来进行公共物品的生产和提供，利用市场机制提供的信息不断调整该计划，根据休耕所产生的经济社会效应来调整环境收益指数以及通过土地所有者之间的竞争来鉴别信息、选择合适的补偿对象等。

美国土地休耕计划的参与主体主要是美国政府和土地所有者，州政府的主要责任是提供计划实施的技术条件及参与工作，协助国家筛选符合补偿需要的地块，并不承担具体的退耕活动和补偿资金的分配。美国政府通过土地休耕来改善环境，其所带来的社会经济效应（提高农业收入及环境收益）也使得美国政府有足够动力去实施该计划，该计划在美国长达 70 年的推行也说明了国家层面上的收益大于成本，这也得益于该计划实施目标的有效完成情况。对于土地所有者而言，根据自身土地收益状况来决定是否参与是补偿机会持续实施的根本条件。土地所有者是休耕计划的执行人，通过与国家签订休耕合同来保护自身收益能够很好地调动其积极性，而国家根据休耕合同直接付给土地所有者补偿资金。显然，土地所有者是明显的赢家，具有休耕的足够动力①。

### 9.4.2 生态补偿要有法律依据

土地休耕成为美国的一项基本农业政策后，美国制定了一系列专项法规作为执行和规范该政策的立法依据。其中，1933 年《农业调整法》规定，采取对特定农作物征税的政策来补偿那些农业生产受限制的土地所有者以此减少耕作农田面积和控制农产品供给。但是

① 李爱年. 生态效益补偿法律制度研究. 北京：中国法制出版社，2008：225.

该法在司法实践中产生了是否具有合宪性的争议，联邦最高法院就此问题做出裁定。由于《农业调整法》没有为农民提供绝对的财产保障而不符合美国宪法的规定。此裁定的出台直接导致了另外两部相关法律的颁布。另外，农户申请获批后，会获得政府提供的租金补偿和植被种植补贴。反观我国已经实施的生态补偿计划，大多政府补偿模式的典型特征是强制性“一刀切”，在制订生态补偿计划时忽视参与者的诉求，实施方式粗暴，以“命令式”为主。我国幅员辽阔，制订出一个适用于全国的生态补偿计划是不现实的，只有根据各地的现实情况，尊重公民的个人权利，设计人性化的生态补偿制度，才能及时合理、合法地处理好环境权、生存权和发展权之间的关系①。

### 9.4.3 产权清晰有利于生态补偿取得积极成效

无论选择何种生态补偿模式，一个生态补偿计划实施的前提条件就是确定并尊重生态效益的产权。生态效益补偿法律关系主体的责、权、利的明确也离不开明晰的生态效益产权。美国土地休耕生态补偿计划实施多年绵延不绝，并取得良好的实施绩效，与美国清晰的土地和自然资源产权不无关系。在土地休耕计划的运作过程中，美国政府一开始就明确规定：私人产权应得到尊重，哪怕是政府制定的重要规划，若要限制私人产权，必须取得产权所有人同意并给予相应补偿，否则就是违宪。而我国的情形与此不同。《中华人民共和国宪法》第九条规定：“矿藏、水流、森林、山岭、草原、荒地、滩涂等自然资源都属于国家所有，即全民所有。”我国的环境资源是公有的，任何个人或团体均不具有生态环境的所有权，除了国家。这种产权形式虽然在理论上可行，但在实践中容易导致生态环境产权主体模糊或者缺失，从而影响生态环境权利和义务的确定。要完善生态补偿模式，需明确自然资源产权关系。从长远来看，只有用法律的形式将生态补偿区域居民的自然资源经营权、收益权确定下来，才能充分激发生态保护活动参与主体的生态保护和生态建设积极性，生态补偿计划方能取得良好的实施效果。在美国土地休耕计划中，政府并非只关注计划实施的生态环境保护效果，还很注重保障生态补偿对象的权利。以补偿期限为例，最初硬性规定为10～15年，其后就调整为动态的补偿期限；补偿方式多种多样，最重要的始终是政府与参与计划的农户之间的充分协商，在这个过程中，政府对土地进行休养生息谋求长期发展的目标实现了，农户们的生存权与发展权实现了，公民的环境权也实现了，真正做到了多方共赢。然而从我国实施的若干生态补偿计划的实践来看，发展权、生存权与环境权“撞车”的情形并不少见，无法形成多方共赢的局面。究其原因主要是缺乏清晰的环境资源产权。

---

① 刘嘉尧，吕志祥. 美国土地休耕保护计划及借鉴. 商业研究，2009（8）：134.

### 9.4.4　补偿评价指标应根据实践适时调整

美国土地休耕生态补偿的成功在很大程度上也得益于其科学的补偿评价指标。在土地休耕生态补偿计划实施之初，美国农业部门就建立了环境效益指数，即以土壤数据库、各地地形图、各区域分布图等为依托而形成的一个综合评价体系，用来评价参与计划地块的生态效益。同时也充分采用市场机制，根据全美各地的土地交易信息，确定不同地区、不同生态效益地块的补偿标准。哪些自然资源处于濒危状态就进行重点保护，加大补偿力度，提高补偿标准，吸引该地块农户放弃农业耕作，参与补偿计划。联邦政府制订土地休耕计划，但各个州拥有对补偿资金的一定支配权，兼顾了计划的效率与公平。补偿评价指标确定后并非一成不变，而是在一定周期内，根据国际农产品交易价格、美国农业发展形势、生态资源的恢复状况、通货膨胀率、居民实际购买力等因素进行调整，引导生态补偿计划实现既定目标。因此，一个优秀的生态补偿计划离不开合理模式的选择，选定这种模式后也并非一劳永逸，而需要根据现实情况进行适时调整。

我国的生态补偿计划实施中，补偿标准由政府确定，且一经确定，往往不做任何调整。随着经济形势的变化，这种补偿已经无法达到当初计划制订者的补偿目标，有违计划的效率与公平原则，应积极改进。另外，在美国生态修复工程中还运用平均侵蚀指数、土地相对生产率等定量指标。对于我国来说更应该重视这种效益评价体系，通过对生态补偿工程项目的可行性研究和项目前评估，确定项目是否值得、可行，使资金得到更合理的分配。

### 9.4.5　明确补偿主体

生态补偿是对环境保护做出贡献者的补偿，从本质上讲，是一种政府行为，由于环境大都具有公共产品的特征，所以在界定时往往存在一定的困难，所以美国政府从一开始就明确了生态补偿的主体[①]。首先，生态补偿的行为一开始必须由政府出面组织才能有效展开。进行生态保护必须有资金支持，而大部分的环境保护又不能直接产生效益，所以，政府的主体地位对生态功能具有重要意义的河流、森林、湖泊等就起到决定性的作用，这在一定程度上保证了美国生态系统的平衡。其次，由于具有公共产品的性质，生态补偿也需要政府进行宏观调控，从而避免“碰车”的行为发生。

① 邢祥娟，王焕良，刘璨. 美国生态修复政策及其对我国林业重点工程的借鉴. 林业经济，2008（7）：21.

### 9.4.6 科学合理的补偿标准

美国依托强大的科技手段，在生态补偿时一般都会运用成本-收益法、随机评估法、综合法，从而使补偿标准尽量做到科学合理。这种科学合理的补偿标准主要还是取决于多渠道地收集信息进行分析。首先，对于竞争的申请者主动提供该地区近3年来的农业生态变化信息，包括土壤污染、空气变化、水质变化等。决策部门对申请者提供的信息进行初步分析，然后由农业主管部门进行最后的审核。其次，农业主管部门会要求投标者提供一份详细的实施计划书，说明参与者对此次生态保护行为的最低补偿价格，一旦接受生态补偿，就要明确保护的土地类型和范围，参与者价格的高低是政府愿意补偿的重要因素，利用这些资金信息就可以制定相应的合同，把一系列的数据指标联系起来考核。最后，运用成本-收益法则对申请者进行筛选，成本-收益法则是美国实施生态补偿机制最重要的方式，用经济学的方法来测定生态补偿实施以后的作用，根据每个美元支出后获得的环境收益对申请者进行排序，并从中确定适合的参与者享受生态补偿的优惠政策[①]。

### 9.4.7 规范的生态补偿管理制度

对于实施生态补偿的原则与过程，美国政府都有规范的管理制度。首先，鉴于生态环境及补偿的认识，建立统一的原则，坚持凡是对生态环境进行开发的行为都需要付费、对环境产生污染破坏的行为都需要赔偿的指导思想。获得环境好处的人们有义务向环境提供者的行为支付费用，环境的投资者有权利获得回报。其次，美国环境部门对生态补偿每年都有具体的预算，每个生态补偿的项目都具有竞争性，通过这种竞争，美国农业部就可以知道农民愿意提供什么样的土地和愿意接受什么样的支付水平。最后，美国政府实行严格的监督管理办法。采取生态补偿资金使用考核评估制度的方法，对生态补偿资金的使用进行严格考核，使资金用于最需要补偿的地区，更好地发挥财政资金的激励作用。在后期的管理方面，美国还建立了公开透明的信息公开制度，接受全社会的监督。

## 思考题

1．美国如何进行土地休耕生态补偿？

2．美国如何运用生态补偿政策对农业非点源污染进行治理？

3．我国流域生态补偿有什么意义？存在哪些问题？

---

① 赵云峰，侯铁珊．生态补偿银行制度的分析美国经验及其对我国的启示．生态经济，2012（6）：3-38.

4．我国区域生态补偿有什么意义？如何更新的？存在哪些问题？
5．我国矿产资源开发生态补偿有什么意义？如何更新的？存在哪些问题？
6．我国退耕还林（草）生态补偿有什么意义？如何更新的？存在哪些问题？
7．美国生态补偿经验对我国有什么借鉴？

## 案例讨论

三江源地区地处青藏高原腹地，是我国著名三大江河——黄河、长江和澜沧江的发源地，长江总水量的 25%、黄河总水量的 49%和澜沧江总水量的 15%都来自三江源地区，这里成了我国乃至亚洲的重要水源地，素有“江河源”“中华水塔”“亚洲水塔”之称。其中，三江源自然保护区面积 15.23 万 $km^2$，是全国面积最大的自然保护区。三江源对国家的生态安全、经济社会发展具有无可替代的战略作用。因此，建立三江源地区生态补偿机制，对三江源地区生态环境进行长期保护，对改善当地农牧民的生产生活条件，对保障青藏高原乃至全国生态安全具有重要意义。

近年来，国家对三江源生态保护给予了高度重视，国家每年在教育、卫生、农业、牧业等方面给予大量财政转移支付，其目的就是保护三江源的生态系统。完整的生态补偿首先是实施《保护区规划》的资金补助。根据《保护区规划》，国家将投资 75 亿元用于三江源生态保护和建设。显然，这些基于《保护区规划》项目的投资是目前最主要的三江源生态补偿资金。

由于《保护区规划》以及主体功能区综合试点规划的实施，将对三江源 4 个州的财政收支产生重大影响。对由此产生的减收增支因素，需要通过一般性转移支付制度进行生态补偿。

到 2012 年年底，财政部根据《保护区规划》拨付给三江源生态保护区的资金达 60 多亿元。根据《试验区方案》，国家要求三江源生态补偿先行先试，加大生态补偿力度，从 2011 年开始连续 3 年增加生态补偿资金 15 亿元。同时，启动《保护区规划》的二期工程方案制定。

根据案例，简述三江源生态补偿机制的定位。

# 第 10 章　可持续发展战略

本章我们将关注可持续发展目标以及已经实施的可持续发展战略。虽然我们已经阐明了许多问题，但是，一些新的议题正在出现，其中包括工业生态学、制定预防性政策等。这些新的议题被许多人视为全球环境管理重要变化趋势的标志。

可持续发展的综合性目标要求社会在如何进行市场决策（包括生产决策和消费决策）时，做出根本改变。在保护自然资源和环境的前提下，通过改变市场活动获得经济繁荣。这个巨大的变化要求一种新的政策手段，这种手段与过去依赖于规定和限制的手段截然不同。

观念必须改变，要认识到资源保护和污染削减既能增加个人福利，也能增加社会福利。无论在国家内部还是国家之间，应该加强有关不减少盈利并可以保护环境的技术、投入要素和生产过程的信息分享与交流。如果上述几个方面能够实现，那么，社会公共部门和私人部门之间的对立关系将被合作所取代，同时，也会减少对昂贵的监管和强制手段的依赖。

在本章中，10.1 节对可持续发展以及人口增长对环境的影响进行了一般概括。10.2 节探讨了正在成为许多国家的长期性环境政策——工业生态学和污染预防。我们运用物质平衡模型来分析这些政策的重要意义，并探讨这些政策的综合实施效果。10.3 节介绍并探讨了循环经济：工业生态学和污染预防在我国的践行。

## 10.1　可持续发展：全球目标

本节主要探讨环境政策转变的基础，重点分析环境目标。我们从讨论可持续发展的概念出发，通过研究经济增长对环境质量改善的意义来探究其动机。

### 10.1.1　重新定义环境目标

#### 10.1.1.1　再议环境质量

在过去几十年的环境政策发展中，政策的焦点是通过把人为污染削减到社会“可接受”的水平以改善环境质量。政策制定者被“多么清洁是清洁”这个令人头疼的问题纠缠了许多年。寻找行之有效的、能够实现环境质量目标的方法始终是个挑战。通过不断的修正、政治辩论和逐渐增强的社会意识，政策发展取得了一定的进步，并且进行了必要的调整。然而，人们已经逐渐意识到变革比定期修订立法更为重要。这种变革就是重新定义环境政策目标。

#### 10.1.1.2　走向可持续发展

人们正在达成一个共识，那就是应该根据一个基于全球范围和动态角度的更宽泛的目标引导公共决策和私人决策。可持续发展就是这样一个目标——管理地球资源，使它们长期的质量和数量能够满足未来子孙后代的需求。这个目标是在 1992 年联合国环境与发展大会上作为一个十分紧迫的议题被提出的，也就是一般所指的代际公平。这个目标清楚地表明环境政策必须有更长远的考虑。只追求经济增长而不考虑环境变化是愚蠢的，只追求环境目标而忽略经济后果也同样愚蠢。2017 年 1 月 18 日，习近平同志在日内瓦万国宫出席“共商共筑人类命运共同体”高级别会议上提出：“我们应该遵循天人合一、道法自然的理念，寻求永续发展之路。我们要倡导绿色、低碳、循环、可持续的生产生活方式，平衡推进 2030 年可持续发展议程，不断开拓生产发展、生活富裕、生态良好的文明发展道路。”

### 10.1.2　经济和人口增长对环境的影响

可持续发展建立在经济增长和环境质量改善必须协调的基础之上，世界人口和收入增长的统计数据有助于解释其中的原因。

#### 10.1.2.1　数据意味着什么

有研究表明，人均收入水平每年至少要增长 2%才能减少世界贫困和缩小贫富差距，这表明了经济增长的重要意义。而且，世界人口正在以每年 1.7%的速度增长，预计该增长率将会下降得非常慢。经济增长会对环境产生影响，这些数据意味着每单位收入产生的环境影响必须以每年 3.5%～4%的比例减少才能避免进一步的污染和自然资源耗竭。为了概括这个观点，我们可以把人口增长、收入增长和环境在某一时点上的关系定义为

$$\text{环境影响} = \text{人均收入} \times \text{每单位收入的环境影响} \times \text{人口}$$

发展中国家面临的状况更为严峻，既要发展经济以适应快速增长的人口，同时还面临着经济增长带来的环境污染剧增。随着人口的增长，人们对产品和服务的需求也会增长。如果一个国家的生产能力不能满足人口增长需要，就会出现商品短缺和为了弥补供求失衡而滥用资源。

#### 10.1.2.2　环境库兹涅茨曲线

经济增长和环境质量改善之间关系的意义引发了大量的研究。其中一些研究是探讨经济增长（通常由人均收入来衡量）和环境退化的技术关系或模型。环境库兹涅茨曲线就是其中一个为众人所熟知的模型。这个模型假定经济增长和环境退化之间呈倒“U”形关系，如图 10.1 所示。

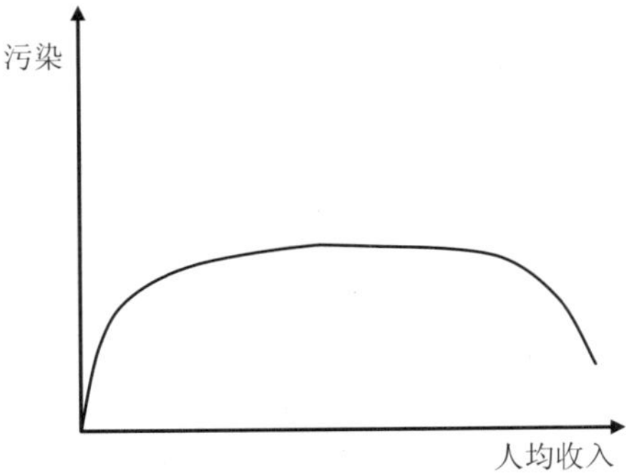


图 10.1　环境库兹涅茨曲线

这个模型提出，在工业化的早期阶段污染水平会上升。在这一阶段，经济增长远远优先于自然资源保护，环境管制很松散或根本不存在；随着经济的进一步发展，环境污染水平在经过一个拐点后，朝着相反的方向变化，开始出现下降，此时随着环境制度的强化，环境质量会得到改善。这个理论推动了经验主义者之间的争论，正如二维码中 1 的内容所解释的那样，多数人认为，在经济增长和环境质量改善之间不可能像过去人们所担心的那样只能交替出现，相反，这个理论表明这些目标的协调是可以实现的。

扫码获取

目录 1. 经济增长和环境质量：环境库兹涅茨曲线
2. 我国太湖流域经济发展与环境质量的冲突及其化解

我国太湖流域经济发展与环境质量的冲突及其化解的历程就是环境库兹涅茨曲线传统观点的很好的例子。

## 10.2　可持续途径：工业生态学和污染预防

正如前面所讨论的，可持续发展是一个志向远大的追求。实现可持续发展的基础是循环流中的市场行为和环境政策的实质性改变。可持续发展的关键是改变行为，促使经济增长和环境保护能够同时得到加强，而不是互相排斥。虽然可持续发展所要求的改变需要时间，但是，世界上一些国家正在制定新的政策，以促进国家和个人共同努力实现可持续发展。

工业生态学为这些新政策提供了一个多学科框架。该框架运用并发展了系统方法进行环境管理，并承认生态系统和工业系统的互动关系，其目标是将经济行为对环境的影响最小化。工业生态学将经济目标和环境目标融为一体，而这恰好是可持续发展的要求所在。工业生态学倡导的环境战略和传统的行政管制方法有很大差异。特别重要的是，工业生态学可以促进工业生态学系统的发展。在这个系统中，一个生产过程的残留物或废物可以成为另一个产品生产的原料。

实现可持续发展的更常见途径是污染预防。正如其名称所表述的那样，污染预防是减少或消除废物，而不是在产品周期末端处理废物。污染预防可以避免不必要的高昂的污染控制成本，同时，污染预防也被认为是实现可持续增长和发展的必要条件之一。尽管污染预防和工业生态学的目标不同，但是，在实现长期环境目标方面，它们都认为末端治理政策是无效的。

## 10.2.1　工业生态学：实现可持续发展的系统方法

就整个社会而言，我们开始逐渐认识到末端污染治理难以实现长期环境目标。在污染发生后，仅仅清除污染的影响还远远不够。这意味着我们必须更全面地评估消费和生产的环境影响，而厂商必须采取可持续的商业行为。

### 10.2.1.1　工业生态学[①]

在环境政策的发展过程中，有一种日益盛行的观点，即在促进环境质量改善时应该充分考虑产品的整个生命周期，包括所有物质和能量流的影响。这种观念的根本转变为工业生态学奠定了基础。尽管关于工业生态学还没有标准的定义，但是，工业生态学可以被认为是研究工业过程和环境之间物质、能量流的多学科系统方法。工业生态学之所以被认为是系统方法，是因为它倡导将生态系统和工业系统进行融合。工业生态学有助于促进新观念的形成——将生产过程看作一个工业生态系统。

无论如何，工业生态学的主要目标都是促进废物的再循环利用，促进一个生产过程的废物成为另一个生产过程的原料。工业生态学也支持最佳物质流或产出非物质化，这意味着在生产中有效地利用物质和能量。需要注意的是，这种环境保护的方法主要应用于工业，在相互依赖的产业群内部实施。

基于其概念表述，工业生态学最初是与可持续发展相联系的。事实上，有人认为工业生态学是促进可持续发展的途径，或者说，实现可持续发展是工业生态学的最终目标。工业生态学也被认为是管理手段，因为它直接针对工业生产。由于工业生态学直接与经济系

① Garner A, Keoleian G A. Industrial ecology: an introduction. National Pollution Prevention Center for Higher Education，1995.

统中的物质流有关，所以，我们需要对物质平衡进行分析。

#### 10.2.1.2　回顾物质平衡模型

把循环模型纳入更宽泛的框架中即可建立物质平衡模型，该模型能够使我们更好地理解经济活动和自然界之间的动态关系。物质平衡模型在第 1 章已经介绍过，该模型说明了经济活动和自然环境之间的关系，实现可持续发展的重要关系。如图 10.2 所示，经济活动和自然环境的关系是通过从自然界到经济系统的资源流以及从经济活动回到环境的残留物流来定义的。

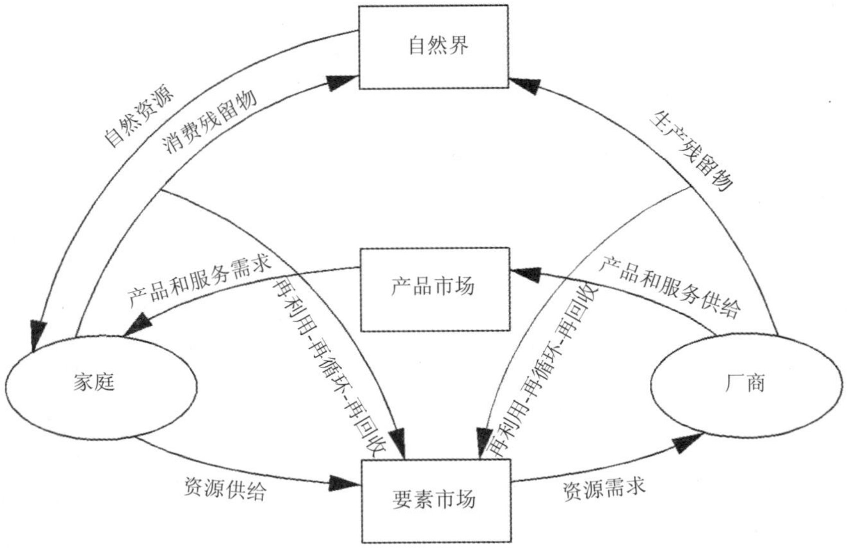


**图 10.2　回顾物质平衡模型：可持续发展的含义**

资料来源：Economics and the environment: a materials balance approach. Routledge。

在整个环境经济学研究中，我们特别关注残留物流及其危害。事实上，运用末端行政管制手段的传统政策途径就是在残留物产生后限制有毒残留物的排放。这种途径意味着通过经济系统的物质流是线性和开放的。

物质平衡模型显示的是经济活动和自然界之间的动态关系。资源从自然界流入经济系统。残留物从经济活动领域流回环境。传统环境政策是使用末端治理手段对残留物流进行控制，这种政策难以解决长期的代际关系问题。社会必须寻求协调经济增长和环境质量的方法，而这种方法是可持续发展的基础。

#### 10.2.1.3　线性或开放的物质流：“从摇篮到坟墓”

如图 10.3 所示，线性物质流假定物质按照一个方向运行，以输入的形式进入经济系统，以废物或残留物的形式离开经济系统。这种“从摇篮到坟墓”的流向强调物质的使用、废物的产生和处置，相应的政策主要在末端削减废物残留物。例如，传统的清洁空气政策控制排入大气的有害物质（如二氧化硫和颗粒物），尽管这种政策可以在短期内改善环境质量，但无法解决长期后果。为了理解其原因，我们来分析动态的物质平衡模型。

假定物质按照一个方向运行，以输入的形式进入经济系统，以废物或残留物的形式离开经济系统，这是线性物质流。

第一，自然界转换物质和能量的能力是有限的。尽管残留物能够转变为另一种形式返回生产利用，但是，这种过程并非没有限度。因此，影响资源利用和环境危害的决策会对未来世代产生影响。图 10.3 中的内部流显示政府计划促进残留物回收、再利用，这有助于残留物的延迟排放，但并不能消除残留物。

以执行或技术为基础的标准主要是控制释放到环境中的污染物。这种途径的含义是：物质流是线性和开放的。如图 10.3 所示，线性物质流假定的物质按照一个方向运行，以投入要素的形式进入经济系统，以废物或残留物的形式离开经济系统。因此，相应的政策主要是在末端削减废物、残留物。

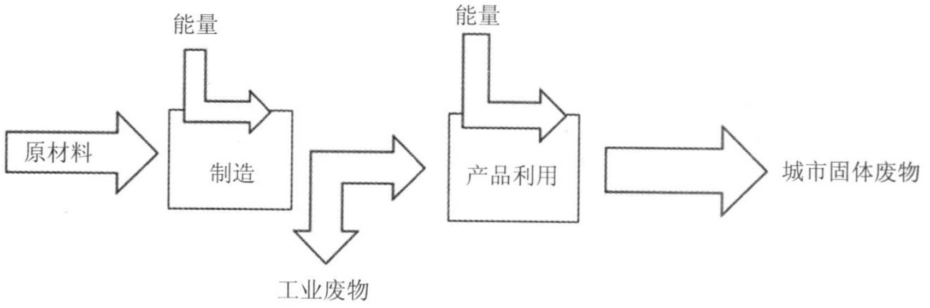


**图 10.3　传统的线性物质流观点**

第二，末端治理政策是在危害发生以后，采取措施进行控制或补救。末端治理政策使资源不能用于其他生产活动，而最终进入残留物流。清除危险废物堆放点或疏通受污染水路需要大量的原材料和能量，而这些使用的资源，又会进入残留物流，主要是在末端削减废物残留物。

第三，行政管制政策使得私人市场目标和经济增长的社会目标产生分歧，这主要体现为代际公平性问题。今天的经济发展将对自然环境造成损害，致使后代无法持续发展经济。根据物质平衡模型我们得知，人口增长和经济发展导致进入市场活动的资源流和返回自然界的残留物流增加。如果目前的决策不能从长远出发，那么，这些变化会对未来后代的福利产生不利影响。另外，如果为了保护环境而限制追求经济目标，又会剥夺当代人享受高质量生活的权利，而这同剥夺后代人享受高质量生活的权利是一样的。

### 10.2.1.4　循环或封闭的物质流："从摇篮到摇篮"

认识到经济活动的物质流不是线性的，这是解决问题的第一步。产品设计、制造加工和能量利用可以修正为循环或封闭的物质流，循环物质流是假定物质在封闭系统内循环流动，允许残留物返回生产过程。如图 10.4 所示。注意，图中模型是"从摇篮到摇篮"，显示出其更全面进行环境保护的特点，而不只是在残留物产生后对其进行控制。该图显示的废物预防、高效的能量和资源利用以及再利用或再循环的设计，都是保护环境的选择。总之，循环物质流系统表明，经济活动可以在整个生产和消费周期内做出改变，以减少经济活动对环境的影响。

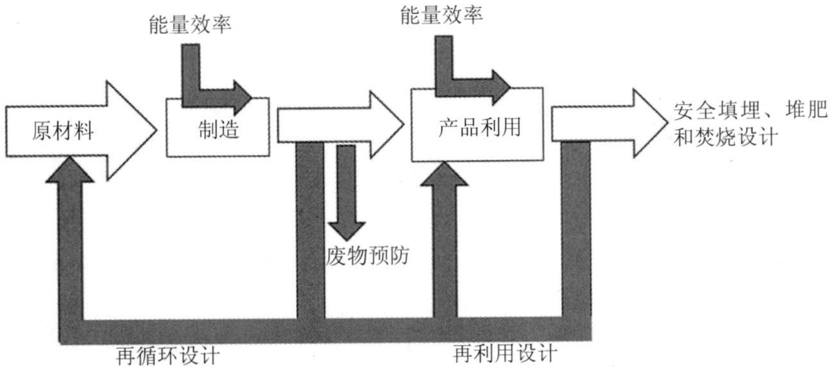


图 10.4　走向物质流封闭系统

（1）生命周期评估

为了将循环物质流的观念引入实践，我们将使用生命周期评估的概念。生命周期评估是一种分析工具，通过评估产品或工艺的所有阶段——从原材料到最终处置，分析产品的环境影响，对产品进行生命周期评估后，就可以采取措施改善生产，减少环境风险。

这个物质流模型展示了一个更全面的环境保护途径，而不仅仅是在残留物产生后对其进行控制。循环物质流模型说明经济活动如何在整个生产和消费周期内进行改变，以减少经济活动对环境的影响。在循环或封闭物质流中，可以对产品设计、制造加工和能量利用进行修正。

（2）工业生态系统

在现实世界中，封闭系统运行的结果是形成工业生态系统。在工业生态系统中。一个或多个生产过程的残留物可以重新应用于另一个生产过程①。工业生态系统的最基本形式是收集废物，如排放物或污水，将收集到的废物投入另一个生产过程，加工其他产

① Frosch P J, Pilz B, Andersen K E, et al. Patch testing with fragrances: results of a multicenter study of the European Environmental and Contact Dermatitis Research Group with 48 frequently used constituents of perfumes. Contact Dermatitis, 1995, 33(5): 333-342.

品或服务。这种转移一般通过不同企业的合作完成。尽管工业生态系统很深奥，但是，现在已经很普通了，例如生态工业园区在亚洲、欧洲和美国都有发展。具体讨论见二维码中的内容。

扫码获取

化害为利：成都电厂就地开展灰渣治理和资源综合利用

### 10.2.2　污染预防

俗话说"一分预防，胜于十分治疗"。这个历史悠久的谚语现在被用于帮助实现可持续发展。目前，世界各国的环境政策开始强调预防措施，以消除污染废物的排放，避免在危害发生后进行废物处置。

#### 10.2.2.1　污染预防的定义

污染预防（pollution prevention），常被称为 $P_2$，是一种为了减少排入环境的残留物数量或毒性的长期措施。从实践上看，污染预防是在源头减少或消除废物和残留物的手段。基于这样的定义，污染预防的目的是促进污染控制手段的转变，从末端治理向前端削减转变。污染预防意味着残留物的产生是一个战略性变量，而不仅仅是在产生后进行处置。在物质平衡模型中，预防战略能够改变经济活动，减少污染废物向自然界的排放。

污染预防和工业生态学都能够支持可持续发展，都是使用非末端治理的手段来消除污染物。从某种程度上看，污染预防和工业生态学都采用循环物质流理论，都将生命周期评估作为指导决策的重要工具。由于这些原因，人们把污染预防视为工业生态学的一部分。事实上，一些研究论文肯定了这一点，甚至交替使用污染预防和工业生态学的概念。由于没有标准定义，比较污染预防和工业生态学具有一定的难度，但是污染预防和工业生态学确实存在一些明显的差异。研究污染预防和工业生态学的差异，有助于我们阐明这两个战略的基本思想。

1997 年，奥登博格（Oldenburg）和格瑟（Geiser）发表了下列观点：第一，污染预防通过最小化或消除废物，促进风险控制，而工业生态学则将废物作为另一个生产过程的原料输入；污染预防主要针对单个企业（虽然其他部门也参与），而工业生态学则针对企业群，从收益成本的角度来看，工业生态学的潜在收益必须分享。第二，与第一部分有关，再循环并不是污染预防手段，却是工业生态学的重要措施。第三，污染预防议案通常由政府指定或监督，而工业生态学的支持者认为不需要政府干预。第四，污染预防将效率看作完成目标的潜在手段，而工业生态学则将资源和物质利用效率看作目标。

#### 10.2.2.2　污染预防的目标和立法

污染预防能够促进社会所有部门的残留物和废物的削减，污染预防的重点一直是工业部门，其是危险污染物的主要来源。对于工业而言，主要有两个预防性目标：第一个目标是污染源削减，即在污染源头削减所有危险物质和污染物的数量或控制其向环境排放的预防性战略。第二个目标是有毒化学物质替代，即用危害较低的化学物质代替较高危害的物质①。现在已经有一些技术被推荐给工业用于实现这些目标②。这些技术包括污染源隔离、原材料替代、改变生产工艺、产品替代。

污染源削减是在污染源头减少所有危险物质和污染物的数量，或控制其向环境排放的预防性战略。第一种技术是污染源隔离，是指阻止危险废物与无危险废物接触的方法。由于污染源隔离简单易行、成本低廉，所以在许多工业生产中得到广泛应用。两类废物的隔离使危险废物的堆积不会污染无危险废物，这不仅有助于企业降低废物管理成本，而且通过降低暴露风险提高社会收益。

另外两种方法是原材料替代和改变生产工艺，这些都有助于预防污染。这两种方法都可以用于生产阶段。利用原材料替代的方法可以产生较少或消除危险废物，使废物流的规模大幅缩减。同样，为了减少危险物的生产，可以寻求新的替代工艺或对现有工艺进行改造。最后一种方法是产品替代，这是在生产阶段之后进行的调整，产品替代是选择相对于环境更加安全的商品。

### 10.2.2.3 促进污染预防的立法

（1）美国污染预防立法。从 1969 年《国家环境政策法》开始，美国联邦政府就将污染预防纳入美国环境立法。施行《国家环境政策法》的目的之一是“促进阻止或消除环境和生物圈危害的行动”③。为了正式将污染预防纳入环境政策，美国国会通过了 1990 年《污染预防法》，该法关于国家环境政策优先领域的规定如下：

国会宣布污染预防是美国的一项国策：只要可行，就应在污染源头预防或削减污染；只要可行，就应以环境安全的方式对不能预防的污染实行再循环；只要可行，就应以环境安全的方式对不能预防或再循环的污染进行处理；处置废物或排入环境只是最后的手段，同时，也应以环境安全方式进行。

注意，该法律明确将污染预防列为第一目标，依废物再循环、处理和处置的次序管理废物作为第二目标。这种目标等级如图 10.5 所示。《污染预防法》将再循环列为第二目标，这引发了一些争议，因为有人认为再循环是污染预防的一种解决途径。但由于再循环仅仅是延迟废物处置，所以再循环并不是真正的预防方法。污染预防的目标也得到了美国其他环境政策的支持。例如，美国国家环保局的综合废物管理系统明确赋予污染源削减绝对优

---

① U.S. EPA，Office of Polluution（October 1991），p.7.

② U.S.EPA，Office of Solid Waste（November 1986），p.19.

③ Puh.L.91-190，sec2（1970，83Stat 852 codified as 42U.S.C. 4321）.

先权。《农药、杀真菌剂和灭鼠剂法》也授权美国国家环保局禁止或限制使用风险超出合理范围的农药，促进有毒化学物质替代品发展。因此，危害较小的农药市场将会扩大。《有毒物质控制法》对非农药化学物质的控制也采用类似的规定。

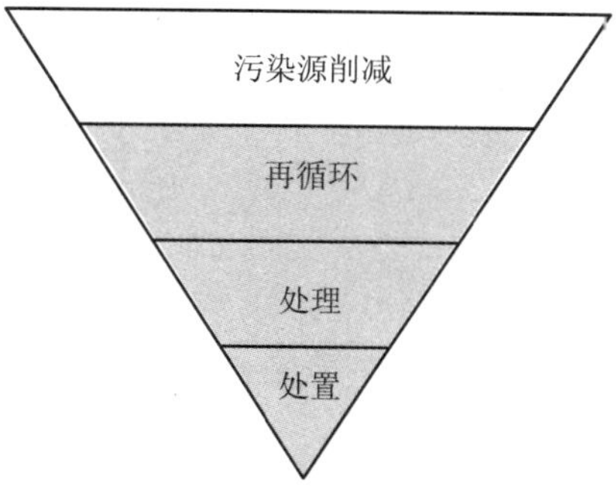


**图 10.5 美国 1990 年《污染预防法》的污染预防等级**

资料来源：U.S.EPA，Office of Pollution Prevention and Toxics（October 10，2001）.

（2）其他国家的污染预防立法。除了美国，其他国家也制定了国家环境立法促进污染预防，工业化国家更是如此。

欧盟在所有成员国一致认可的前提下，制定了一套规则，称为 1996 年《综合污染预防和控制指令》。该指令特别要求欧盟将污染水平降至最低，15 个成员国按照指令在 1999 年 10 月之前对本国立法做出调整[①]。

加拿大环境部门宣布 1999 年《加拿大环境保护法》是污染预防的基础。该法对污染预防定义如下：使用可以避免污染物和废物或使其最小化的工艺、活动、材料、产品、物质和能量，应该减少污染环境或人体健康的风险。

1999 年《加拿大环境保护法》的导言明确规定，加拿大政府致力于实现污染预防的国家目标，将污染预防作为保护环境的优先途径。该法还授予环境部门附加权力，推动可持续发展，要求企业实施污染预防计划，同时，要求建立国家污染预防信息交流中心[②]。

1992 年，澳大利亚制定了生态可持续发展的国家战略，建立了全国促进生态可持续发展的框架，其中包括废物最小化。澳大利亚面临的挑战是如何避免危险废物产生。澳大利亚也采用联合国环境规划定义的预防性策略——清洁生产。清洁生产是一种预防性环境策略，目的是提高生产和工艺的效率，降低风险。澳大利亚采用清洁生产主要是因为清洁生产是一种预防性方法，污染预防的表述如下：在防止环境危害方面，污染预防比管理或处理污染成本更低、效率更高。污染预防在生产过程的上游预防污染源，而不是在下游控制

① Marina I I. Update of the marina project on the radiological exposure of the Europen Community for Radioactivity in the North European Marine Waters. Report of Working Group, European Commission，2002.

② CEPA 1999，Environment Canadr（March 2000）.

危害，污染预防将取代环境控制[1]。

虽然有些国家仍旧没有制定明确的污染预防立法，但它们已经开始制定预防目标。例如，巴林和约旦已经制定环境立法，促进企业采用污染预防方法，减少废物的产生。

## 10.3 循环经济：工业生态学和污染预防在我国的践行

### 10.3.1 循环经济的内涵

目前，循环经济在全球范围迅速发展，但是，循环经济还没有统一的定义，本教材采用《循环经济促进法》中的定义，“循环经济是指在生产、流通和消费等过程中进行的减量化、再利用、资源化活动的总称”。

#### 10.3.1.1 循环经济的“3R”原则

（1）减量化原则（reduce）。减量化是指在生产、流通和消费等过程中减少资源消耗和废物产生，减量化原则要求用较少的原料和能源投入来达到既定的生产目的和消费目的，在经济活动的源头就注意节约资源和减少污染，这是输入端方法。

在生产中，减量化原则常常表现为要求产品包装追求简单朴实而不是豪华浪费，从而达到减少废弃物排放的目的，制造厂可以通过减少每种产品的物质使用量，或重新设计工艺来节约资源和减少排放。

（2）再利用原则（reuse）。再利用是指将废物直接作为产品使用或者经修复、翻新、再造后继续作为产品使用，或者将废物的全部或者部分作为其他产品的部件予以使用。再利用属于过程性方法，目的是延长产品和服务的时间强度，它要求产品和包装容器能够以初始的形式被多次使用，而不是用过一次就废弃，以抵制当今世界一次性用品的泛滥。

换句话说，人们尽可能以多种方式多次使用所买东西，通过再利用，可以防止物品过早成为垃圾。在生产中，使用标准尺寸进行设计，例如标准尺寸设计能使计算机、电视机和其他电子装置中的电路非常容易和便捷地更换，而不必更换整个产品。

（3）再循环原则（recycle）。《循环经济促进法》将再循环原则改为资源化，资源化是指将废物直接作为原料进行利用或者对废物进行再生利用，资源化是输出端方法，通过把废弃物再次变成资源以减少最终处理量，它要求生产出来的物品在完成其使用功能后能重新变成可以利用的资源而不是无用的垃圾，人们将物品尽可能多地再生利用或资源化。

---

① Australia, Ecologically Sustainable Development Steering Committee (December 1992).

由于循环原则建立在输出端，通过把废弃物资源化以减少最终处理量，资源化的过程有两种：①原级资源化，即将消费者遗弃的废弃物资源化后形成与原来相同的新产品，如将废纸生产再生纸，废玻璃生产玻璃，废钢铁生产钢铁等。②次级资源化，即废弃物变成不同类里的新产品。原级资源化在形成产品中以减少 20%～90%的原生材料使用量，而次级资源化减少的原生材料使用量最多只有 25%。

“减量化、再利用、再循环”原则在循环经济中的重要性并不是并列的，循环经济不是简单地通过循环利用实现废弃物资源化，而是强调在优先减少资源损耗和减少废物产生的基础上综合运用“3R”原则，“3R”原则的优先顺序是：减量化、再利用、再循环。

#### 10.3.1.2　三种循环模式

循环经济具体体现在经济活动的 3 个重要层面上，分别通过运用“3R”原则实现 3 个层面的循环。

（1）小循环（企业层面），“3R”原则应用于某家企业，在企业内部将推行清洁生产降耗，实现资源、能源消耗和污染物排放的最小化。

（2）中循环（区域层面），中循环是两家或两家以上企业间的物质循环，鼓励企业间物质循环，成“共生企业”，实现区域层面的循环经济，这种共生的“工业生态系统”常以生态产业链组成的生态产业回区的形式出现，把不同的企业联合起来形成共享资源互换副产品的工业共生组合，使得这些企业的共生资源和互换副产品的产业共生组合一家，企业的废气、废热、废水、废物等成为另一家企业的添料和能源。

（3）大循环（社会层面），是以整个社会的物质循环为着眼点，构筑包括生产领域的整个社会的大循环，将“3R”原则用于消费环节，大循环与循环型社会密切相关，循环型社会是社会发展形式的一种新的探索，正引起国际社会广泛兴趣。循环型社会是以人类社会发展与自然和谐统一的生态原理为指导原则，通过实现从国家发展战略社会的运行机制，到社会各层次主体的思想意识、行为方式及社会经济发展模式全方位地向可持续发展的轨道上的转变，达到以循环经济的运行模式为核心，减少生态破坏、资源耗竭、环境污染，实现社会、经济系统的高效、和谐，物质上的良性循环，达到环境与经济的双赢目的，从而实现社会的可持续发展。向循环经济社会转变的核心内容是建立循环经济的经济运行模式，即将可持续发展贯彻到经济、社会、文化各个方面。

### 10.3.2　我国循环经济的产生与发展历程

我国循环经济的发展大致可分为以下 3 个阶段：

（1）早期的循环经济。20 世纪 70 年代，尽管世界上还没有系统地提出循环经济的概念，但在我国已经开始废物综合回收与利用，实际生产中已经具有循环经济的萌芽，目的是解决资源匮乏问题。

（2）循环经济的初步实践（1998—2004 年）。1998 年引入德国循环经济概念，1999 年从可持续生产的角度推进实践，2003 年把循环经济纳入科学发展观之中，从可持续生产与消费层面拓展循环经济。

（3）循环经济的全面展开（2004 年至今）。2005 年颁布了《国务院关于加快发展循环经济的若干意见》，该意见明确了我国发展循环经济的指导思想，发展目标和指标，重点环节、建立和完善循环经济发展政策等内容。2008 年颁布了《循环经济促进法》，包括减量化、再利用和资源化，激励措施，法律责任等，并于 2009 年 1 月 1 日起施行。《循环经济促进法》共分七章、五十八条，九个方面的主要内容如下：

一是建立循环经济规划制度。循环经济规划是国家对循环经济发展目标、重点任务和保障措施等进行的安排和部署，是政府进行评价考核和实施鼓励、限制或禁止措施的重要依据。《循环经济促进法》规定了编制循环经济发展规划的程序和内容，要求县级以上人民政府编制的国民经济和社会发展规划及年度计划，县级以上人民政府有关部门编制的环境保护、科学技术等规划，应当包括发展循环经济的内容。同时规定了编制循环经济发展规划的程序，明确提出规划应当包括资源产出率、废物再利用和资源化率等具体指标。

二是建立抑制资源浪费和污染物排放总量的调控制度。要求各级政府必须依据上级政府制定的本行政区域主要污染物排放和建设用地、用水总量控制指标，规划和调整本行政区域的经济和产业结构。依据《循环经济促进法》，发展经济绝不能突破本地的环境容量和资源承载力，应把本地的资源和环境承载力作为规划经济和社会发展规模的重要依据。

三是建立以生产者为主的责任延伸制度。以往产品的生产者只对产品本身的质量承担责任，而现代社会发展要求生产者还应依法承担产品废弃后的回收、利用、处置等责任。也就是说，生产者的责任已经从单纯的生产阶段、产品使用阶段逐步延伸到产品废弃后的回收、利用和处置阶段。为此，《循环经济促进法》根据产业的特点，对生产者在产品废弃后应当承担的回收、利用、处置等责任做出了明确规定。相应地，对产品的设计也提出了更高的要求。

四是强化对高耗能、高耗水企业的监督管理。为保证节能减排任务的落实，《循环经济促进法》规定，国家对钢铁、有色金属、煤炭、电力、石油加工、化工、建材、建筑、造纸、印染等行业年综合能源消费量、用水量超过国家规定总量的重点企业，实行能耗、水耗的重点监督管理制度。

五是强化产业政策的规范和引导。《循环经济促进法》规定，国务院循环经济发展综合管理部门会同国务院环境保护等有关主管部门，定期发布鼓励、限制和淘汰的技术、工艺、设备、材料和产品名录。禁止生产、进口、销售列入淘汰名录的设备、材料和产品，禁止使用列入淘汰名录的技术、工艺、设备和材料。

六是明确减量化的具体要求。《循环经济促进法》对生产过程规定了产品的生态设计制度，工业企业的节水节油基本要求，矿业开采、建筑建材、农业生产等领域发展循环经济的具体要求；对流通和消费过程，提出了服务业节能、节水、节材的要求；在保障产品安全和卫生的前提下，限制一次性消费品的生产和消费等，并对政府机构提出了厉行节约、反对浪费的要求。

七是明确再利用和资源化的具体要求。《循环经济促进法》对生产过程规定了发展区域循环经济、工业固体废物综合利用、工业用水循环利用、工业余热余压等综合利用、建筑废物综合利用、农业综合利用以及对产业废物信息交流的要求。对流通和消费过程，规定了建立健全再生资源回收体系、废电器电子产品进行回收利用、报废机动车船回收拆解、机电产品再制造，以及生活垃圾、污泥的资源化等具体要求。

八是明确激励措施。主要包括：建立循环经济发展专项资金；对循环经济重大科技攻关项目实行财政支持；对促进循环经济发展的产业活动给予税收优惠；对有关循环经济项目实行投资倾斜；实行有利于循环经济发展的价格政策、收费制度和有利于循环经济发展的政府采购政策。

九是明确法律责任追究制度。《循环经济促进法》专设法律责任一章，对有关主体不履行法定义务的行为规定了相应的处罚细则，以保障该法的有效实施。如生产、进口、销售列入淘汰名录的产品、设备或使用列入淘汰名录的技术、工艺设备、材料的，将依法受到处罚。在禁止的期限或区域内生产、销售或使用黏土砖的，依法责令限期改正直至吊销营业执照；电网企业拒不收购企业利用余热、余压以及垃圾等低热值燃料生产的电力，造成企业损失的，依法承担赔偿责任。

为实施《循环经济促进法》，国务院及有关部门正在抓紧研究制定有关配套法规和标准，其中已经制定出台的包括《废弃电器电子产品回收处理管理条例》、再生金属产业“十一五”及中长期发展规划、《限制商品过度包装要求　食品和化妆品》（GB 23350—2009）国家标准等。这些法规和标准的出台，有效地保证了本法的实施。

2012 年 3 月，国家发展改革委、财政部颁布了《关于推进园区循环改造的意见》，文件要求推进现有的各类园区（包括经济技术开发区、高新技术产业开发保税区、出口加工区以及各类专业区等）按照循环经济要求进行改造。2013 年国务院发布的《关于印发循环经济发展战略及近期行动计划的通知》，通知包括循环经济现状与形势、指导思想、基本原则和主要目标，构建循环型工业、农业、服务业体系，实施循环经济“十百千”示范行动、保障措施。

在我国开展循环经济试点工作的同时，全国许多省（区、市）也在积极研究相关政策结合自身的实际，推动循环经济工作的开展。

浙江省把发展循环经济作为全省重大战略加以部署；天津市在国内较早启用了动脉产业和静脉产业并重的循环经济概念；广西壮族自治区提出要用循环经济的理念改造传统产业，建立环境友好企业和生态工业园区。目前，我国循环经济发展取得积极进展，循环经济从理念变为行动，在全国范围内迅速发展，在理论上、实践上、政策体系和制度上都取得了重大突破，初步形成了经济发展的政策循环和社会氛围，凝练出了一批具有特色的循环经济典型和模式。

### 10.3.3 我国循环经济发展成效与问题

#### 10.3.3.1 我国循环经济发展中的成效

我国政府高度重视循环经济发展中的成效。2013 年 5 月 24 日，习近平同志在十八届中央政治局第六次集体学习时指出：节约资源是保护生态环境的根本之策。要大力节约集约利用资源，推动资源利用方式根本转变，加强全过程节约管理，大幅降低能源、水、土地消耗强度，大力发展循环经济，促进生产、流通、消费过程的减量化、再利用、资源化。

加大财政资金投入，统筹有关资金，对资源节约和循环利用、新能源和可再生能源开发利用、环境基础设施建设、生态修复与建设、先进适用技术研发示范等给予支持。将高耗能、高污染产品纳入消费税征收范围。推动环境保护费改税。加快资源税从价计征改革，清理取消相关收费基金，逐步将资源税征收范围扩展到占用各种自然生态空间。完善节能环保、新能源、生态建设的税收优惠政策。推广绿色信贷，支持符合条件的项目通过资本市场融资。探索排污权抵押等融资模式。

《循环经济发展战略及近期行动计划》（国发〔2013〕5 号）全面总结了我国循环经济发展取得的主要成效：①循环经济理念逐步树立。国家把发展循环经济作为一项重大任务纳入国民经济和社会发展规划，要求按照减量化、再利用、资源化，减量化优先的原则，推进生产、流通、消费各环节循环经济发展。②循环经济试点取得明显成效。我国在重点行业、重点领域、产业园区和省市开展了两批国家循环经济试点，各地区结合实际开展了本地循环经济试点。通过试点，总结凝练出 60 个发展循环经济的模式案例，探索了符合我国国情的循环经济发展道路。③法规标准体系初步建立。《循环经济促进法》于 2009 年 1 月 1 日起施行，标志着我国循环经济进入法制化管理轨道。公布实施了《废弃电器电子产品回收处理管理条例》《再生资源回收管理办法》等法规规章，发布了 200 多项循环经济相关国家标准。一些地区制定了地方循环经济促进条例。④政策机制逐渐完善。深化资源性产品价格改革。⑤技术支撑不断增强。将循环经济技术列入国家中长期科技发展规划，支持了一批关键共性技术研发。实施了一批循环经济技术产业化示范项目，推广应用了一大批先进适用的循环经济技术。汽车零部件再制造技术已达到国际领先水平，废旧家电和报废汽车回收拆解、废电池资源化利用、共伴生矿和尾矿资源回收利用等一大批技术和装备取得突破。⑥产业体系日趋完善。产业废物综合利用已形成较大规模，产业循环链接不断深化，再生资源回收体系逐步完善，垃圾分类回收制度逐步建立，“城市矿产”资源利用水平得到提升，再制造产业化稳步推进，餐厨废弃物资源化利用开始起步。

例如，对于固体废物问题来说，科技创新是解决问题的重要的内在动力。提高现有的采选矿技术，减少采剥比，提高采矿效率，采用先进、合理的资源综合利用技术，减少固体废物的产生，从源头上解决废弃物问题。将固体废物作为“二次资源”加以利用，从固体废物中进一步回收有价元素，实现固体废物的最佳资源利用，是固体废物产生后处理的最佳途径。

我国大宗工业固体废物资源化利用情况如下：

（1）尾矿

2018 年，重点发表调查工业企业尾矿产生量为 8.8 亿 t，占重点发表调查工业企业一般固体废物产生量的 27.4%，综合利用量为 2.4 亿 t（其中利用往年贮存量 1 151.6 万 t），综合利用率为 27.1%。尾矿产生量最大的两个行业是有色金属矿采选业和黑色金属矿采选业，其产生量分别为 4.0 亿 t 和 3.7 亿 t，综合利用率分别为 23.4%和 26.8%。

（2）粉煤灰

2018 年，重点发表调查工业企业的粉煤灰产生量 5.3 亿 t，占比 16.6%，综合利用量为 4.0 亿 t（其中利用往年贮存量为 320.5 万 t），综合利用率为 74.9%。粉煤灰产生量最大的行业是电力、热力生产和供应业，其产生量为 4.5 亿 t，综合利用率为 75.7%；其次是化学原料和化学制品制造业，有色金属冶炼和压延加工业，石油、煤炭及其他燃料加工业，造纸和纸制品业，其产生量分别为 2 565.3 万 t、1 560.9 万 t、887.8 万 t、656.0 万 t，综合利用率分别为 61.8%、62.1%、68.8%、78.2%。

（3）煤矸石

2018 年，重点发表调查工业企业的煤矸石产生量为 3.5 亿 t，占比 10.9%，综合利用量为 1.9 亿 t（其中利用往年贮存量 380.8 万 t），综合利用率为 53.7%。煤矸石主要是由煤炭开采和洗选业产生，其产生量为 3.4 亿 t，综合利用率为 53.1%。

（4）冶炼废渣

2018 年，重点发表调查工业企业的冶炼废渣产生量为 3.7 亿 t，占比 11.6%，综合利用量为 3.3 亿 t（其中利用往年贮存量 491.9 万 t），综合利用率为 88.7%。冶炼废渣产生量最大的行业是黑色金属冶炼和压延加工业，其产生量为 3.3 亿 t，综合利用率为 91.8%；其次是有色金属冶炼和压延加工业，其产生量为 2691.7 万 t，综合利用率为 60.5%。

（5）炉渣

2018 年，重点发表调查工业企业的炉渣产生量为 3.1 亿 t，占比 9.6%，综合利用量为 2.2 亿 t（其中利用往年贮存量 156.6 万 t），综合利用率为 71.0%。炉渣产生量最大的行业是电力、热力生产和供应业，其产生量为 1.6 亿 t，综合利用率为 71.5%；其次是黑色金属冶炼和压延加工业，产生量为 7 261.2 万 t，综合利用率为 82.5%；第三位的行业是化学原料和化学制品制造业，产生量为 3 761.4 万 t，综合利用率为 56.0%。

（6）脱硫石膏

2018 年，重点发表调查工业企业的脱硫石膏产生量为 1.2 亿 t，占比 3.9%，综合利用量为 9 223.3 万 t（其中利用往年贮存量 121.8 万 t），综合利用率为 73.6%。脱硫石膏产生量最大的行业是电力、热力生产和供应业，其产生量为 1.0 亿 t，综合利用率为 74.3%；其次为黑色金属冶炼和压延加工业，有色金属冶炼和压延加工业，化学原料和化学制品制造业，其产生量分别为 746.0 万 t、575.7 万 t、388.7 万 t，综合利用率分别为 73.9%、66.4%、62.7%。

### 10.3.3.2 我国循环经济发展中的问题

我国循环经济发展规模还有待扩大，发展水平有待提高，主要表现在：循环经济理念尚未在全社会得到普及，一些地方和企业对发展循环经济的认识还不到位；《循环经济促进法》配套法规规章尚不健全，生产者责任延伸等制度尚未全面建立；部分资源性产品价格形成机制尚未理顺，有利于循环经济发展的产业、投资、财税、金融等政策有待完善；资源回收率低。例如，固体废物的分类回收体系和分类回收机制尚未建立和完善，很多可以循环利用的固体废物没有得到充分回收和利用，一些不易回收利用的再生资源丢弃现象严重，资源的回收多为低级的材料回收，如废纸、废玻璃、废钢铁等；常用分选场所不合理。以电子废物为例，生活电子废物的回收网络缺失，导致生活电子废物流向非法的“地下拆解工厂”或“家庭拆解小作坊”。因为正规资源再生企业为达到环保要求和无害化处理，其生产运营成本较高。在利益的驱动下，电子废物最终流向了“地下拆解工厂”和“家庭拆解小作坊”；经济上受到制约。实施循环经济近期必然要求环境保护方面增大投入。以垃圾处理为例，非循环的填埋处理成本大大低于分类处理和购入焚烧设备进行处理的成本。成本的增大，对于欠发达地区来说是难以承受的。我国最需要实施循环经济的地区恰恰是那些经济欠发达的地区，所以，国家在制定相关政策法规时，应在财政上适度倾斜；技术工艺相对落后。对于一些行业，产品回收利用技术开发投入严重不足，技术与装备水平不高，由于回收工艺技术的制约，导致了回收再造产品技术含量和附加值较低。

以葡萄酒酿造中产生的皮渣、酒泥沉淀等的处理为例，近年来，随着国内葡萄酒市场呈现持续快速增长的态势，葡萄酒行业处于高速成长期，葡萄酒生产过程中副产固体废物都能得到综合利用：葡萄籽可以提取葡萄籽油和原花青素；葡萄果梗和葡萄籽壳中含有相当多的丹宁可以提纯得到丹宁；葡萄的皮渣还可生产活性炭，由此生产的活性炭质量高、无异味；葡萄酒糟、皮渣、葡萄籽也可做饲料。到目前为止，我国对葡萄酒固体废物的利用率较低，生产高端产品的厂家更是少之又少。全国年产原花青素仅 80 t 左右，国内外市场产品供不应求。针对国内外市场对从葡萄酒生产过程中产生的副产物中提取高品位的具有医用和商业价值的高端产品需求紧俏、原料资源远远过剩的现状，应该在全国范围内特别是葡萄酒规模产地加强政府的引导和扶持，提供经济上的支持和技术上的帮助，建设综合利用这些葡萄酒副产固体废物的工厂，以实现资源再利用，也不会造成环境污染，从而实现葡萄产业可持续发展的目标。

再如，“城市矿产”的废旧轮胎资源充分利用。全国各地的轮胎翻修与循环利用行业的专家、企业从不同的角度发出声音：当前，作为“城市矿产”的废旧轮胎资源充分利用尚有广阔的空间可以开发，如果能尽早战略部署，加快开发步伐，缓解我国橡胶资源匮乏的困境是可以排出时间表的。

我国的处理方式比较侧重于材料利用方面。热能回收虽然能够很好地解决废旧轮胎处理问题，但从资源利用的角度来讲，大部分橡胶资源被白白浪费，并不是循环利用的最佳方式。与发达国家出于环保的角度处理废旧轮胎相比，我国废旧轮胎的资源循环利用更符合我国的国情，更是国际大势所趋。

事实上，由于我国天然橡胶资源上的劣势，我国在橡胶利用技术上的研发不断加强并取得显著成效。曾有专家断言，经过“十一五”“十二五”的发展，中国的橡胶工业已成为世界橡胶工业的大国，这将是中国成为世界橡胶工业强国的重要阶段。

现阶段，相关技术研发废旧轮胎再生资源的研发技术实力凸显。据中国轮胎翻修与循环利用协会会长朱军介绍，例如 2007 年年底，由重庆超科实业发展有限公司和重庆大学共同承担的“废旧汽车轮胎再制造关键技术与示范”项目通过专家评审验收，该技术掌握了超低温预硫化技术，打破了国外公司的技术垄断，形成了自主知识产权。同时，年产 50 万条废旧汽车轮胎再制造生产线也正式投入运行，标志着我国废旧轮胎再制造技术取得重大突破。

依托国家轮胎工艺与控制工程技术研究中心、中国轮胎翻修与循环利用协会以及青岛科技大学而成立的青岛万方循环利用环保科技有限公司，专门从事废旧轮胎循环利用技术和装备的研发，搭建全球废旧轮胎循环利用的产业平台。青岛万方循环利用环保科技有限公司负责人透露，在废旧轮胎橡胶循环利用领域，万方轮胎翻新的技术水平达到国际先进水平，已成功进入国际市场，翻新轮胎已取得美国 DOT 认证。

最后，我们用习近平同志关于环境治理的总体构想结束我们的学习。2017 年 5 月 26 日，习近平同志在主持题为“推动形成绿色发展方式和生活方式　为人民群众创造良好生产生活环境”的学习时，就推动形成绿色发展方式和生活方式提出六项重点任务。一要加快转变经济发展方式。根本改善生态环境状况，必须改变过多依赖增加物质资源消耗、过多依赖规模粗放扩张、过多依赖高能耗高排放产业的发展模式，把发展的基点放到创新上来，塑造更多依靠创新驱动、更多发挥先发优势的引领型发展。二要加大环境污染综合治理。要以解决大气、水、土壤污染等突出问题为重点，全面加强环境污染防治，持续实施大气污染防治行动计划，加强水污染防治，开展土壤污染治理和修复，加强农业面源污染治理，加大城乡环境综合整治力度。三要加快推进生态保护修复。要坚持保护优先、自然恢复为主，深入实施山水林田湖一体化生态保护和修复，开展大规模国土绿化行动，加快水土流失和荒漠化、石漠化综合治理。四要全面促进资源节约集约利用。生态环境问题，归根结底是资源过度开发、粗放利用、奢侈消费造成的。资源开发利用既要支撑当代人过上幸福生活，也要为子孙后代留下生存根基。要树立节约集约循环利用的资源观，用最少的资源环境代价取得最大的经济社会效益。五要倡导推广绿色消费。生态文明建设同每个人息息相关，每个人都应该做践行者、推动者。要加强生态文明宣传教育，强化公民环境意识，推动形成节约适度、绿色低碳、文明健康的生活方式和消费模式，形成全社会共同参与的良好风尚。六要完善生态文明制度体系。推动绿色发展，建设生态文明，重在建章立制，用最严格的制度、最严密的法治保护生态环境，健全自然资源资产管理体制，加强自然资源和生态环境监管，推进环境保护督察，落实生态环境损害赔偿制度，完善环境保护公众参与制度。

## 思考题

1. 环境库兹涅茨曲线说明经济增长和环境退化之间有怎样的关系？
2. 何谓工业生态学可持续发展的系统方法？
3. 什么是污染预防？污染预防的目标及技术有哪些？
4. 美国及其他国家污染预防立法状况如何？
5. 我国发展循环经济的成效与问题如何？

## 案例讨论

阜新市针对煤炭资源枯竭的现状，对城市布局和产业集聚区进行调整与再规划，合理延伸产业链，发展接续产业，形成了多个各具特色的产业园区，推动了产业转型升级。一是依托现有工业基础，构建“煤炭→电力→化工”“煤炭→电力（粉煤灰/脱硫石膏）→建材”等产业链；二是利用长期堆存的煤矸石和大量矿井水资源，发展煤矸石发电、利废建材、矿井水资源化利用等资源循环利用产业；三是以农林产品深加工基地建设为依托，发展循环型农业，形成了“种植→养殖→加工”“农林废弃物→食用菌→有机肥/沼气”等农业产业链，产业规模持续扩大，接续产业初步形成，产业结构得到优化，下岗职工再就业状况大为改善。

2010 年与 2005 年相比，在地区生产总值提高 163.1%，城镇人均可支配收入提高 9%，能源产出率提高 46.2%的同时，单位地区生产总值能耗下降 32%，单位工业增加值用水量下降 62.8%，工业固体废物综合利用率提高 30%，$SO_2$ 和 COD 排放量均下降 17%。

该模式对于资源枯竭型城市在转型时期，通过发展循环经济，实现产业接续，完成结构优化升级具有借鉴意义。

案例给了你怎样的启示？

# 主要作者简介

## ◆ 宋有涛教授，博士生导师

1973年锦州生人，南开大学本科毕业，日本山口大学生物资源专业硕士、鸟取大学农学博士，美国国家卫生研究院（NIH）、中科院应用生态研究所博士后。2005—2011年任辽宁大学科研处处长，2011年至今任辽宁大学环境学院院长、城市与能源环境国际工程研究院院长，兼任辽宁省生态学会副理事长、辽宁省环境科学学会副秘书长，主要从事环境经济学、环境科学与工程、分子生物学等方面的研究。

被评为国务院政府特殊津贴专家、辽宁省优秀专家、辽宁省学术头雁、兴辽计划科技创新领军人才、辽宁省特聘教授、沈阳市杰出人才等；近年来主持国家重大科技专项、国家自然科学基金等国家级课题8项，省部级及横向课题30余项；获辽宁省自然科学奖二等奖2项、三等奖2项，省教学成果奖二等奖1项、三等奖1项；发表论文140余篇，SCI收录70余篇；出版教材、专著5部，获国家专利20余项。

## ◆ 宋效中教授，博士生导师

1946年锦州生人，中国人民大学本科毕业，辽宁大学经济学硕士、博士，先后在辽宁大学经济学院、燕山大学经济管理学院担任教授、博士生导师，在日本山口大学、北海道大学担任客座研究员、客座教授等职，主要从事宏观经济、企业管理、环境经济学等方面的研究。

主持及参与“中外宏观经济管理模式比较”等国家、省部级科研课题20余项；出版《现代管理会计》《公司理财》《中日金融政策比较研究》《反偷逃税与税务稽查》《企业纳税筹划》等教材、专著10余部；在CSSCI、国家核心等学术期刊上发表论文100余篇；指导经济学领域博士研究生近20人，硕士研究生200余人。

## ◆ 朱京海教授，博士生导师

1960 年北京生人，沈阳建筑大学本科毕业，美国夏威夷大学管理学硕士，同济大学城市规划与设计工学博士，东北大学科学技术哲学博士。曾任辽宁省建设厅副厅长、本溪市常务副市长、辽宁省环境保护厅厅长、中国医科大学党委书记等职。现任辽宁省政协人口与环境资源委员会副主任、辽宁省环境科学学会理事长，中国医科大学环境健康研究所长。主要从事城市规划与公共卫生、环境经济与管理等方面的研究。

国家重点研发计划项目、国家重大科技专项首席科学家，主持省部级科研课题 20 余项；近年来出版《消耗臭氧层物质解析》《辽宁省建设项目环境监理培训教材》《污染减排工作手册》等教材、专著 10 余部，发表学术论文 20 余篇，获得辽宁省科技进步二等奖 8 项、三等奖 7 项；在国内率先提出并实施了环境保护优化经济增长，并创办了全国首个省属正厅级环保产业集团。

## ◆ 王俭教授，硕士生导师

1974 年锦州生人，东北大学本科、硕士、博士，中国科学院沈阳应用生态研究所博士后。曾任辽宁大学环境学院副院长，现任辽宁大学生态学一级学科负责人，主要从事河流生态修复、环境信息技术、环境规划与管理等方面的研究。

先后被评为辽宁省高校优秀人才、辽宁省特聘教授、辽宁省创新人才、辽宁省普通高等学校本科教学名师；主持国家及省部级科研课题 10 余项，校企合作项目 8 项；获得辽宁省科技进步三等奖 2 项，辽宁省教学成果二等奖 1 项、三等奖 1 项；发表学术论文 30 余篇，获得中华人民共和国软件著作登记权 2 项，专利 4 项，出版教材 1 部。